“十二五”职业教育国家规划教材
经全国职业教育教材审定委员会审定

工程制图

武晓丽　主　编
马彦辉　副主编

中国铁道出版社
2017年·北　京

内容简介

本书为“十二五”职业教育国家规划教材。为了更好地适应现代职业教育发展，本书参照教育部关于技能型紧缺人才培养与培训工程的精神和要求，本着“着重职业技术技能训练基础理论够用为度”的原则，并结合近几年教学改革实践经验编写而成。

全书共分十二章。主要内容包括：制图基本知识与技能，正投影法和三视图，点、直线、平面的投影，基本体的视图，立体表面交线，组合体，轴测图，图样的基本表示法，连接件及常用件的特殊表示法，零件图，装配图，计算机绘图简介等。

本书可作为高等职业技术学院、中等工程专科学校以及成人中职中专机械类各专业的通用教材，也可供其他相近专业使用或参考。

图书在版编目(CIP)数据

工程制图/武晓丽主编. —北京：中国铁道出版社，2017.6
“十二五”职业教育国家规划教材
ISBN 978-7-113-22317-5
Ⅰ.①工… Ⅱ.①武… Ⅲ.①工程制图-高等职业教育-教材
Ⅳ.①TB23
中国版本图书馆 CIP 数据核字(2016)第 211944 号

书　　名：工程制图
作　　者：武晓丽　主编

责任编辑：阚济存　**编辑部电话：**010-51873133　**电子信箱：**td51873133@163.com
封面设计：崔　欣
责任校对：苗　丹
责任印制：郭向伟

出版发行：中国铁道出版社（100054，北京市西城区右安门西街 8 号）
网　　址：http：//www.tdpress.com
印　　刷：北京海淀五色花印刷厂
版　　次：2017 年 6 月第 1 版　2017 年 6 月第 1 次印刷
开　　本：787 mm×1 092 mm　1/16　印张：16.5　字数：421 千
书　　号：ISBN 978-7-113-22317-5
定　　价：36.00 元

前　言

本书为“十二五”职业教育国家规划教材。为了更好地适应现代职业技术教育的发展，参照教育部关于技能型紧缺人才培养与培训工程的精神和要求，本着“着重职业技术技能训练，基础理论够用为度”的原则，在广泛听取各类职业学校制图教学改革经验的基础上，我们编写了这本适合中等职业教育机电类各专业使用的制图教材——《工程制图》。编者采用新的课程体系，以职业需要为主线，力求体现基础性、实用性和专业性的特点。

本书具有以下特点：

1.针对中等职业教育重在实践能力和职业技能的培养目标，以突出人才的创新素质和创新能力的培养为宗旨，贯彻基本理论以“必需、够用”为度，简化传统知识，力争在内容上体现先进性、实用性。

2.本教材力求文字叙述通俗易懂，图例尽量结合机车车辆专业，内容循序渐进，内容安排有利于组织教学和便于学生自学。

3.本教材与配套习题集自始至终贯彻以识图为主又不忽视画图的编写思路，以画图促识图，同时加强徒手画草图能力的训练、着重培养学生的画、读图能力和实用工程数据(尺寸、公差、表面结构等)的分析能力。

4.在编写中特别注意国家标准的更新，全面贯彻与本课程有关的最新国家标准；同时对标准的基本概念和表述方法均严格按照国家标准工作组对标准解释的精神处理。

5.书中带＊号章节为选学内容，各校可根据专业特点进行取舍。考虑到目前教学计划中一般都设“计算机实训”课程，因此本教材对于计算机绘图只作简单介绍。

6.本教材插图全部采用计算机绘制和润饰，大大提高了插图的准确性、清晰度和表达效果，提高了整体教材的质量。

全书共分十二章，主要内容有：第一章制图基本知识与技能，第二章正投影法和三视图，第三章点、直线、平面的投影，第四章基本体的视图，第五章立体表面交线，第六章组合体，第七章轴测图，第八章图样的基本表示法，第九章连接件及常用件的特殊表示法，第十章零件图，第十一章装配图，第十二章计算机绘图简介。

本书可作为高等职业技术学院、中等工程专科学校以及成人中职中专机电类各专业的通用教材，也可供其他相近专业使用或参考。

本书由兰州交通大学武晓丽任主编，呼和浩特市机械工程职业技术学校马彦辉任副主编。

编写分工如下:武晓丽编写第三章、附录;马彦辉编写第一、二章;兰州交通大学铁道技术学院李德福编写第四、十、十一章;呼和浩特市机械工程职业技术学校杜学飞编写第七、九章,孙敏编写第八章,楚宇杰编写第十二章;辽宁铁道职业技术学院王晶晶编写第五、六章。

限于作者的水平,书中难免仍有错漏之处欢迎广大读者特别是任课教师提出批评意见和建议。

编　者

2017 年 3 月

目　录

绪　论

一、图样及其在生产中的用途

在工程实践中，根据投影原理和有关标准的规定把工程物体的形状用二维图形表示在图纸上，并用数字、文字和符号标注其大小、材料和技术要求，这样的图样称为工程图样。

在现代生产活动中，无论是机器制造与维修，还是房屋建筑、水利工程、桥梁工程等，在设计建造时都必须依赖工程图样才能进行。

工程图样已成为工程实践中设计人员表达设计意图和交流技术思想的工具，是机械制造、工程施工的重要依据。因此说，图样是工程技术的语言，是工程技术人员必须掌握的重要工具之一。

工程制图就是研究工程图样的绘制(画图)和识读(看图)规律与方法的一门学科。

二、本课程主要任务和要求

本课程的主要任务是培养学生具有一定的识读和绘制工程图样的能力。通过本课程的教学，使学生达到如下要求：

1. 掌握正投影法的基础理论和基本方法；
2. 培养绘图和阅读工程图样的基本能力；
3. 培养空间想象能力和空间分析能力；
4. 初步具备计算机绘图能力；
5. 培养认真负责的工作态度和严谨细致的工作作风。

此外在教学过程中应注重培养学生的自学能力、审美能力和创新能力。

三、本课程的学习方法

1. 本课程是一门有理论要求且实践性较强的技术基础课。学习时不仅应了解基本内容、基本概念、投影原理，还要掌握基本作图方法。

2. 学习投影作图的基本理论和方法时不能死记硬背，必须明了工程物体的空间形状及其与视图间对应的投影关系。培养空间思维能力是提高读图能力及图解能力的基础。

3. 本课程的各种训练是通过一系列作业来贯彻的，按时完成作业是培养学生掌握绘图技巧、提高读图能力及图解能力不可缺少的手段。

4. 要树立严格遵守、认真贯彻国家标准的意识，绘图时要有目的的记忆与工程制图有关的国家标准，做到严格遵守、认真贯彻，其中常用的标准应熟记。还应该能熟练地查阅相关标准和手册。

四、学习制图标准时应注意的问题

所有的工程图样都是运用工程制图的基本理论和基本方法绘制的，都必须遵守制图的有关国家标准。技术人员设计绘图、制图教师备课和学生进行课程设计或毕业设计时，往往需要查阅标准文本。查阅时应注意以下几个问题：

1. 图文并读。因为，制图标准中的条文往往需要通过图例给出规定，因此，图例本身就是规定。在标准中，图文具有同等的效力。

2. 查用、贯彻标准时应以标准文本为准，一般不以教科书或手册为依据。

3. 要关注并及时地捕捉标准制订及修订信息，查用现行有效的、最新的标准，以免错用了废止的标准。

4. 对学校的制图教学或企业的职工培训来说，要处理好《技术制图》与《机械制图》两者的关系。为使工程界各专业领域建立更多的联系，便于技术沟通，由《技术制图》作出统一的通则性的基本规定。因此《技术制图》是比《机械制图》《房屋建筑制图统一标准》《CAD 工程制图规则》等各专业制图高一层次的制图标准，一经颁布，《机械制图》等各专业制图原则上必须遵循。但是，为适应各专业领域自身的特点，相应的《机械制图》等标准可选用《技术制图》标准中的若干基本规定，在不违背《技术制图》标准中基本规定的前提下，做出必要的、技术性的具体补充。

复习思考题

1. 工程制图课程的主要任务是什么？
2. 学习本课程时，在学习方法上应注意什么问题？
3. 学习制图标准时应注意哪些问题？

第一章

制图基本知识与技能

● **学习目标**

本章的教学目标是培养学生画好平面图形的基本技能,建立严格遵守、认真贯彻国家标准的意识,养成严格遵守、认真贯彻执行国家标准的习惯、认真负责的工作态度和一丝不苟的工作作风。

● **本章重点**

(1)制图工具的使用方法。

(2)掌握图幅、图线、字体和尺寸注法等《机械制图》国家标准的基本规定及其在工程图样中的应用。

(3)掌握常用的几何作图和平面图形的作图方法(包括线段和尺寸分析及作图顺序)。

● **本章难点**

(1)正确理解国标关于尺寸注法的四项基本规则。

(2)平面图形的线段分析(连接线段)和定位尺寸的分析。

第一节　绘图工具和用品的使用

正确地选择和使用绘图工具,是提高绘图质量和效率的基础,是工程技术人员的基本技能。本节简要介绍常用绘图工具、用品及使用方法。

一、常用的绘图工具

1. 图板

图板用胶合板制成。图板大小有不同规格,适用于不同幅面的图纸。图板要求板面平整、左右两短边(称导边)必须平直,以保证与丁字尺头的内侧边的良好接触,从而保证作图的准确性(图 1-1)。为防变形,图板不能用水刷洗,不能在阳光下暴晒。

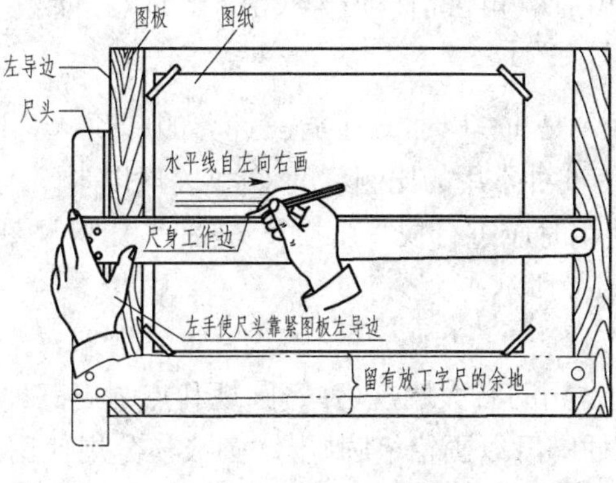

图 1-1　图板和丁字尺

2. 丁字尺

丁字尺一般用有机玻璃制成，由尺头与尺身两个部分组成，尺头和尺身的结合必须牢固。画图时应左手握尺头，右手轻扶尺身右侧使尺头靠紧图板左侧的导边做上下移动，移至合适位置后，左手移至画线部位将尺身压住，右手执笔沿尺身的工作边自左向右画水平线。丁字尺主要用于画水平线(图 1-1)以及与三角板配合画竖直线或各种 15°倍角的斜线。

3. 三角板

绘图时要准备一副规格不小于 25 cm 的三角板(45°角和 30°、60°角各一块)，三角板用有机玻璃制成，三角板应板平边直，角度准确。三角板与丁字尺配合使用，可画竖直线(图 1-2)和 15°倍角的斜线(图 1-3)。

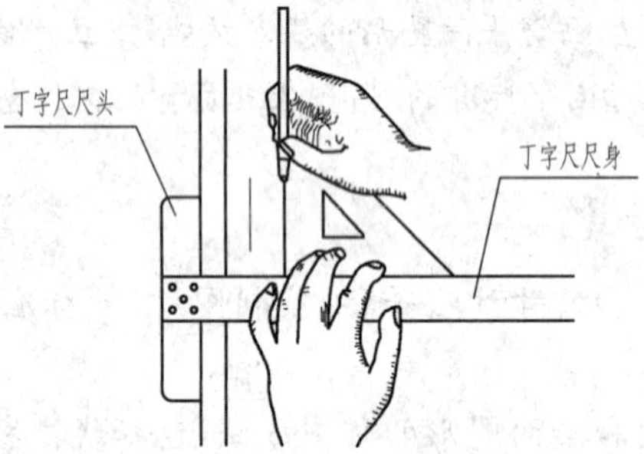

图 1-2　用丁字尺和三角板配合画竖直线

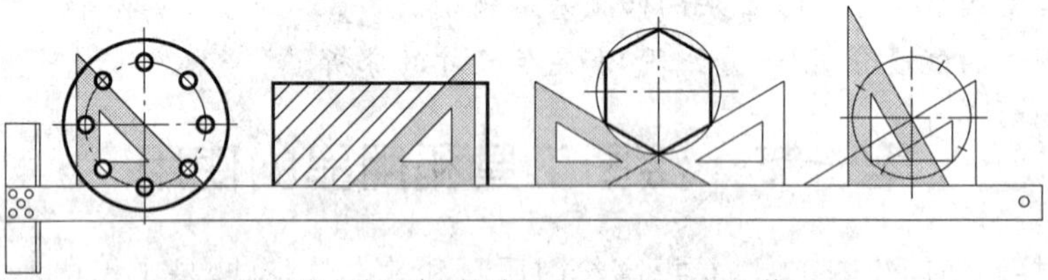

(a)三角板与丁字尺配合画45°、30°和60°线

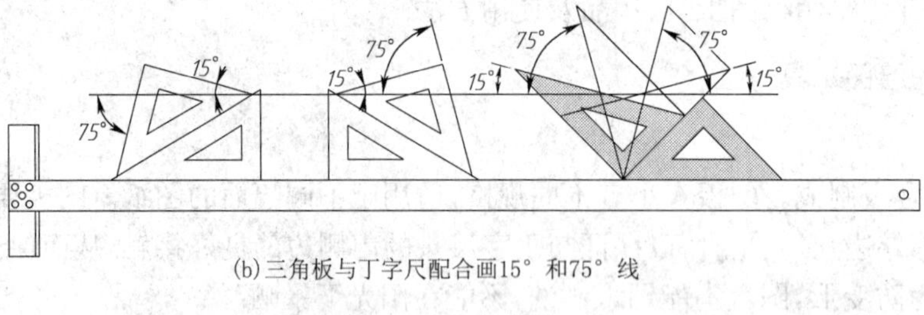

(b)三角板与丁字尺配合画15°和75°线

图 1-3　用三角板和丁字尺配合画 15°倍角斜线

4. 比例尺

当手工绘图采用的比例不是 1∶1 时，为了省去计算的麻烦，要用比例尺来量取尺寸。比例尺俗称三棱尺，在棱面上共有 6 种常用的比例刻度，刻度一般以米(m)为单位，而机械图样是以毫米(mm)为基本单位，因此使用时应进行换算。换算方法是：比例尺刻度为 1 m 处当 10 mm 用，2 m 处当 20 mm 使用，如图 1-4 所示。

5. 圆规

圆规用于画圆或圆弧，常用的有大圆规、弹簧圆规和点圆规三种。大圆规的结构及其附件如图 1-5 所示，装上不同的插脚可以画铅笔圆、墨线圆或作分规使用。圆规定心钢针和铅芯的安装如图 1-6 所示。

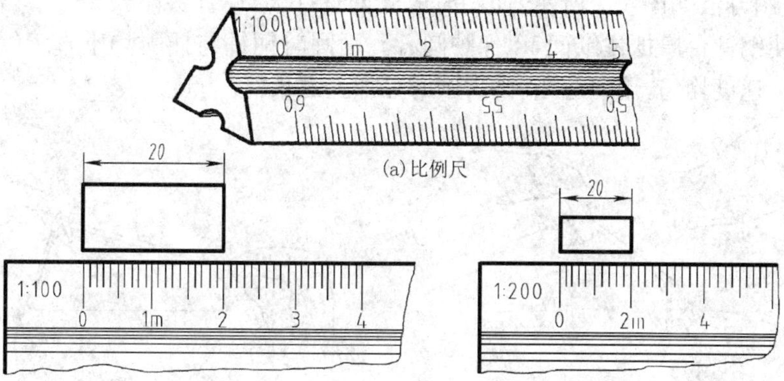

(a)比例尺

(b)用1∶1画出的图形　(c)用1∶2画出的图形

图 1-4　比例尺的用法

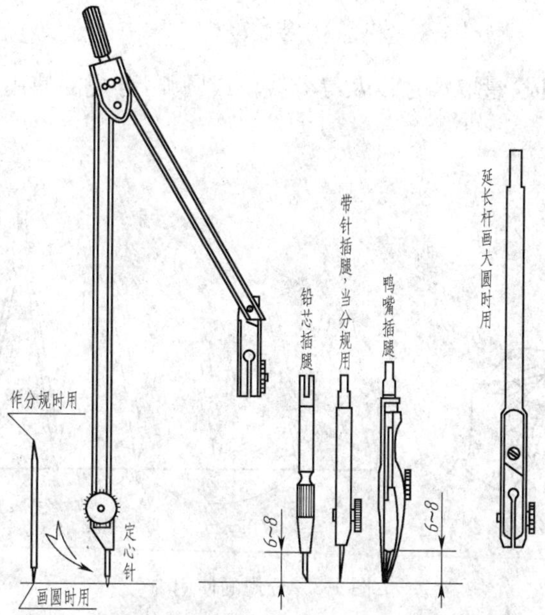

图 1-5　大圆规及附件

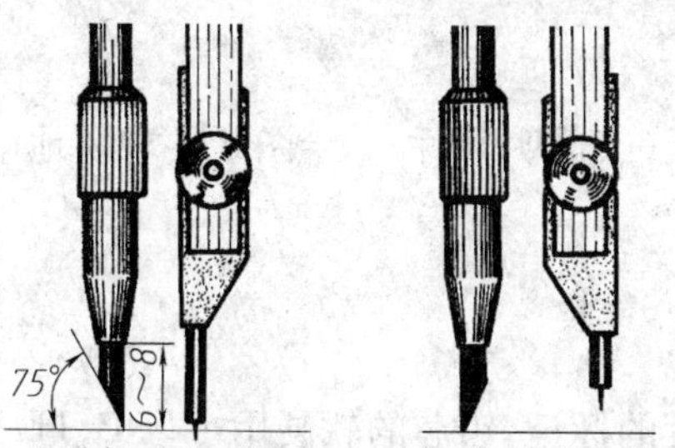

画圆时定心钢针用带台阶一端，以免扩大纸孔；针尖比笔尖略长

两脚不齐；钢针放到螺栓外侧；铅芯斜面向内

(a)正确　(b)错误

图 1-6　定心钢针和铅芯的安装

圆规的使用方法如图 1-7 所示：使用时应先调整针脚，使针尖略长于铅芯，针尖扎入圆心要扎透纸面，使钢针台肩抵住纸面，以保护圆心。画圆时钢针与插腿均垂直于纸面，圆规略向旋转方向倾斜，速度均匀，用力适当，画大圆时可加上延长杆。

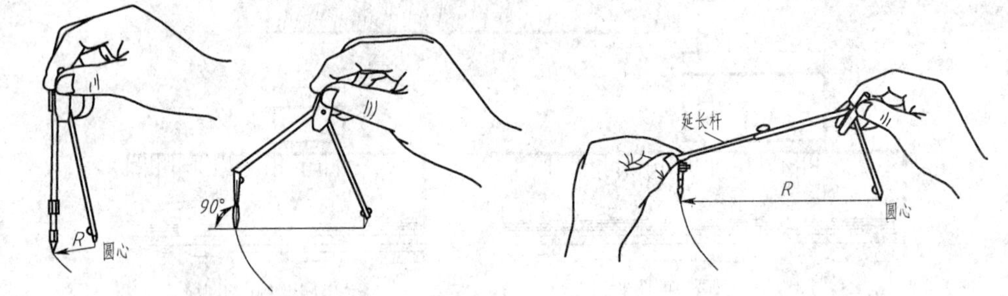

(a)画圆的基本姿势　(b)画大圆

图 1-7　画圆的方法

6. 分规

分规可用来截取线段、量取尺寸以及等分线段或圆弧，分规的使用方法如图 1-8 所示。

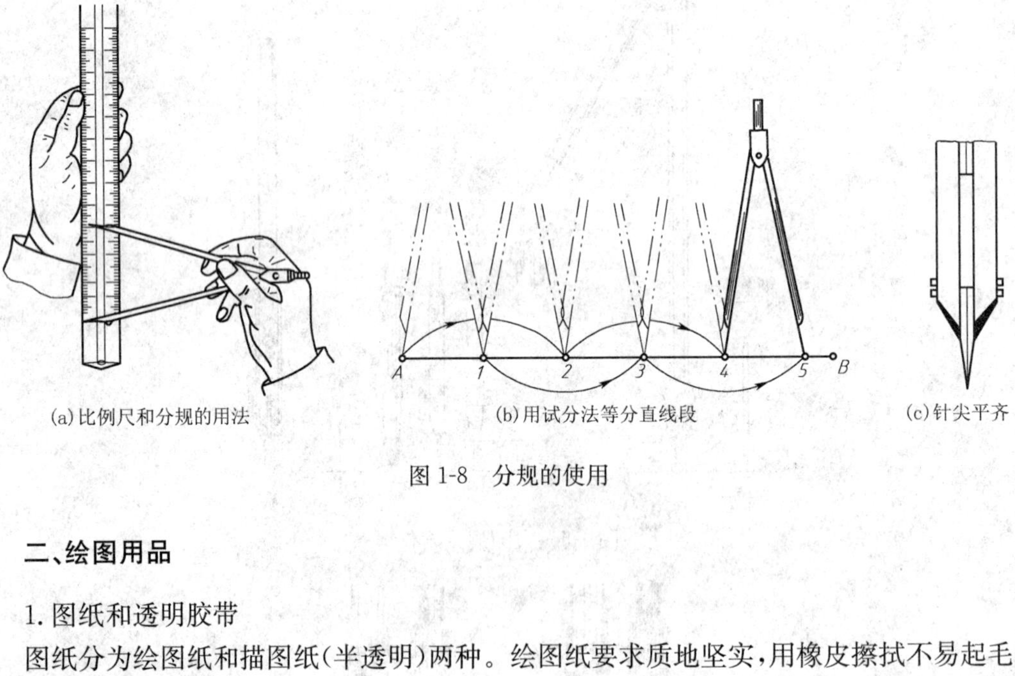

(a)比例尺和分规的用法　(b)用试分法等分直线段　(c)针尖平齐

图 1-8　分规的使用

二、绘图用品

1. 图纸和透明胶带

图纸分为绘图纸和描图纸（半透明）两种。绘图纸要求质地坚实，用橡皮擦拭不易起毛，并符合国家标准规定的幅面尺寸。

透明胶带用于固定图纸。

2. 绘图铅笔

铅笔的一端印有铅笔硬度的标记，铅芯的软硬用字母 B、H 表示，B 愈多表示铅芯愈软，H 愈多表示铅芯愈硬。一般画底稿用 2H 或 3H 较硬的铅笔，加深图纸时根据绘制图线的粗细不同，所需铅芯的软硬也不同，通常加深粗线可采用 HB、B、2B，加深细线可采用 2H、H、HB 的铅笔，写字宜使用 HB 的铅笔。

画底稿、绘制各种细线及写字画箭头的笔芯常削磨成锥形；绘制粗实线的笔芯削磨成扁铲形，其厚度应符合所绘图形的粗细；装入圆规插脚中铅芯的削磨方法也应如此。铅笔的削法如

图 1-9 所示。

画线时铅笔与尺的位置关系如图 1-9(c)所示，即从正面看铅芯应略向画线方向倾斜，从侧面看铅芯应与纸面垂直。

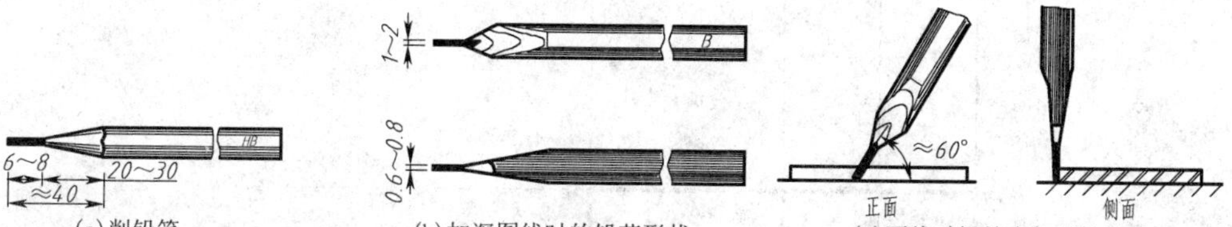

(a)削铅笔　(b)加深图线时的铅芯形状　(c)画线时铅笑声与尺的关系

图 1-9　铅笔的削磨

3. 其他用品

①绘图橡皮　用于擦除铅笔线，清除图中污迹。

②擦图片　在擦图时，用来保护应有图线不会被擦去。

③小刀和砂纸　用于削磨铅笔。

第二节　制图国家标准的基本规定

国家标准《技术制图》是一项基础技术标准，是面向各行各业的通则性标准，是对各行各业共性的制图内容，如图幅、字体、比例、剖面表示法、标题栏等提出的统一要求。国家标准《机械制图》则是针对机械行业的专业制图标准。工程技术人员必须严格遵守、认真执行国家标准的有关规定。

本节主要介绍《技术制图》GB/T 14689～14691—1993、GB/T 16675. 2—2012 和《机械制图》GB/T 4457. 4—2002、GB/T 4458. 4—2003 一般规定中的主要内容。

国家标准的代号为“GB”和“GB/T”，其中“GB”是强制性国家标准代号，“GB/T”是推荐性国家标准代号。“14689”“4457. 4”为标准的批准顺序号，“1993”“2002”表示该标准发布的年号（规定一律书写四位）。

一、图纸幅面和格式(GB/T 14689—2008)

1. 图纸幅面

为了便于图样的保管和使用，绘制技术图样时应优先采用表 1-1 所规定的基本幅面。

表 1-1　图纸的基本幅面及图框尺寸

mm

幅面代号	A0	A1	A2	A3	A4
$B \times L$	841×1 189	594×841	420×594	297×420	210×297
a	25				
c	10			5	
e	20		10		

注：a、c、e 为周边宽度（即图纸幅面至图框的距离），参见图 1-11、图 1-12。

必要时也允许选用加长幅面，加长幅面应按基本幅面的短边成整数倍增加，以利于图纸的折叠和保管，如图 1-10 所示。

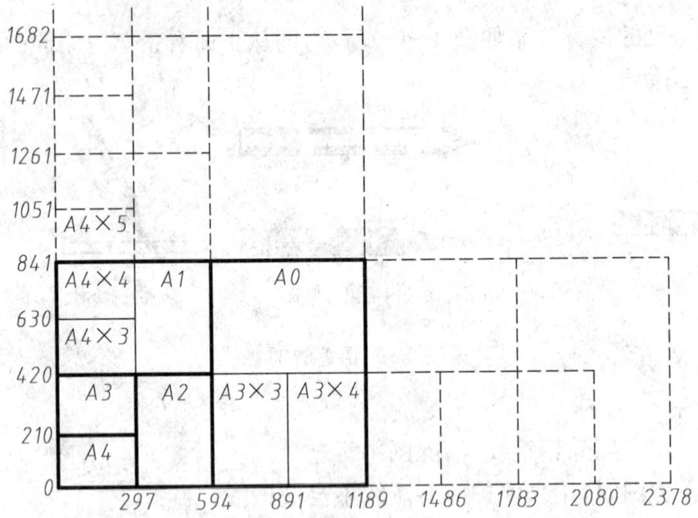

图 1-10　图纸幅面的加长

2. 图框格式

在图纸上必须用粗实线画出图框，其格式分为保留装订边的图框格式，如图 1-11 所示和不留装订边的图框格式，如图 1-12 所示。

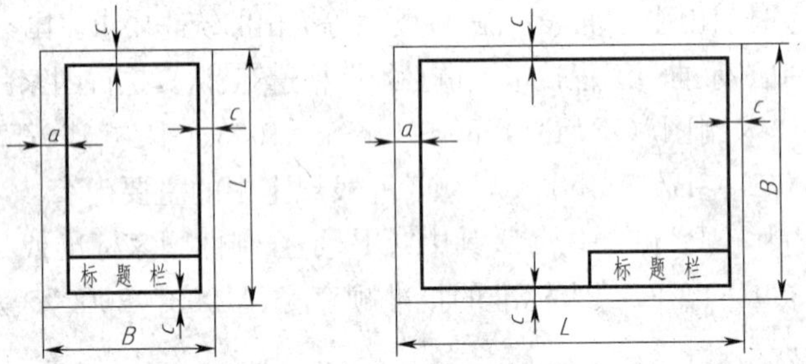

图 1-11　留装订边的图框格式

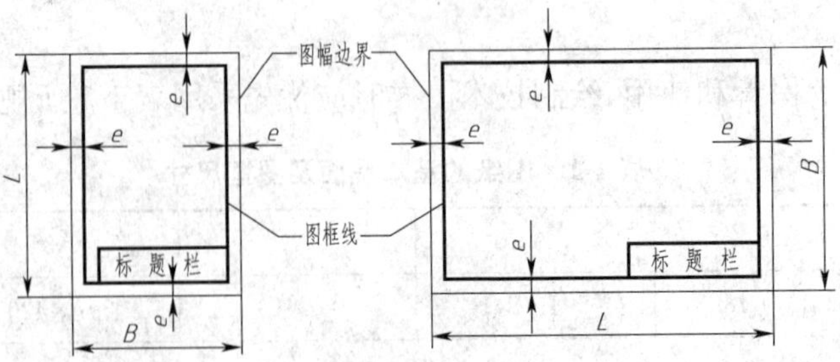

图 1-12　不留装订边的图框格式

3. 标题栏

在每张图纸的右下角应画出标题栏，其格式和尺寸在《技术制图》GB/T 10609.1—2008“标题栏”中已有规定，用于学生作业的标题栏可由学校自定。图 1-13 所示的格式可供参考。

4. 附加符号

(1)对中符号　为使图样复制或缩微摄影时便于定位，在图纸各边的中点处分别画出对中

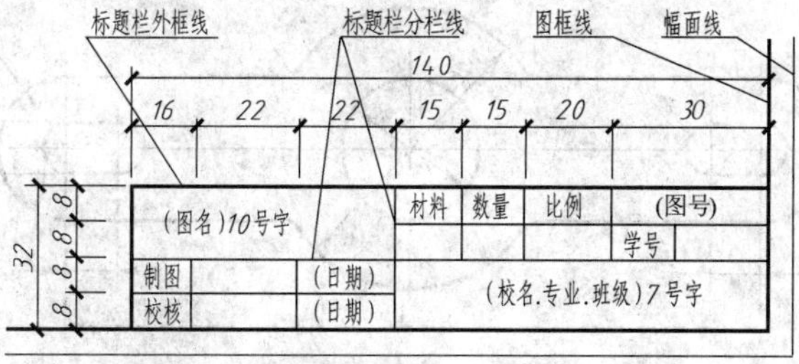

图1-13　学生用标题栏

符号。对中符号用粗实线绘制，自周边伸入图框内约5 mm。若对中符号处于标题栏范围内时，伸入部分应当省略不画，如图1-14所示。

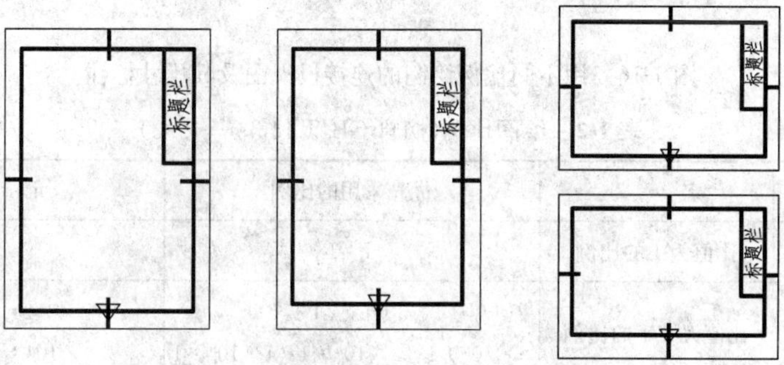

图1-14　图纸中的附加符号

(2)方向符号　为了利用预先印制好的图纸，允许将图1-11、图1-12所示图纸中的标题栏置于图1-14所示的位置。此时，应在图纸下边的对中符号处画出方向符号，如图1-14所示。方向符号是用细实线绘制的等边三角形，其尺寸如图1-15所示。

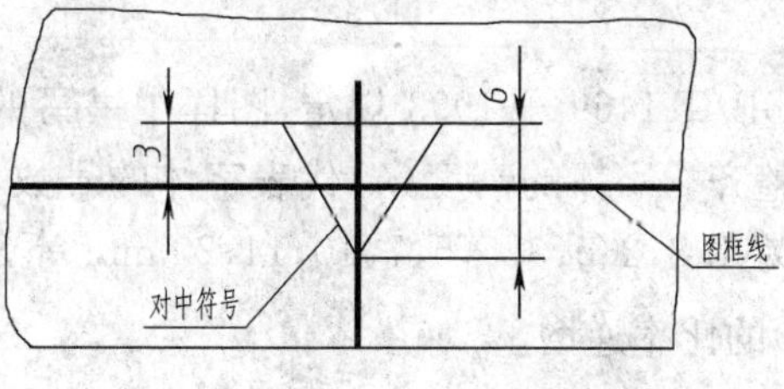

图1-15　方向符号的位置及画法

二、比　　例

图样中的图形与实物相应要素的线性尺寸之比，称为比例。线性尺寸是指能用直线表达的尺寸，例如直线长度、圆的直径等，而角度尺寸则为非线性尺寸。图样比例分为原值比例、放大比例、缩小比例。比例符号以"："表示。图样中所注的尺寸数值均应为物体的真实大小，与图形的画图比例无关，如图1-16所示。

绘制图样的比例应在表1-2的比例系列中选取。

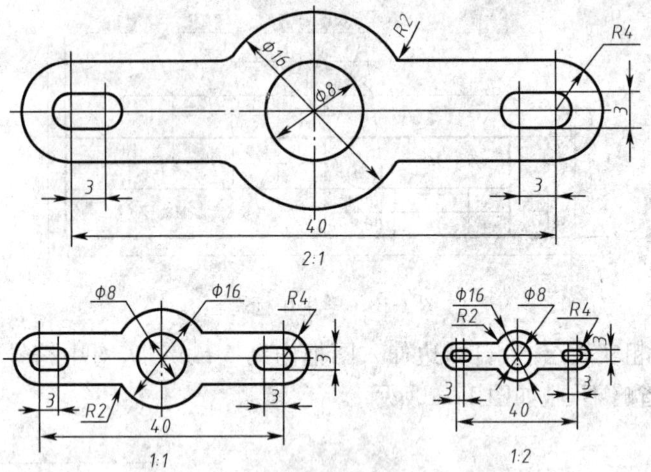

图 1-16　用不同比例绘制的连接板视图及其尺寸标注

表 1-2　绘图比例(摘自 GB/T 14690—1993)

种　类	定　义	优先采用的比例	允许选用的比例
原值比例	比值为 1 的比例	1∶1	—
放大比例	比值大于 1 的比例	5∶1　2∶1 5×10^n∶1　2×10^n∶1　1×10^n∶1	4∶1　2.5∶1 4×10^n∶1　2.5×10^n∶1
缩小比例	比值小于 1 的比例	1∶2　1∶5　1∶10 1∶2×10^n　1∶5×10^n　1∶1×10^n	1∶1.5　1∶2.5　1∶3　1∶4　1∶6 1∶1.5×10^n　1∶2.5×10^n　1∶3×10^n 1∶4×10^n　1∶6×10^n

注:n 为正整数。

三、字　　体

国家标准《技术制图》GB/T 14691—1993 规定,图样中书写的字体必须做到:字体工整、笔画清楚、间隔均匀、排列整齐。字体的高度(h)代表字体的号数,如 7 号字的高度为 7 mm。字体高度的公称尺寸系列为 1.8,2.5,3.5,5,7,10,14,20 mm 等 8 种。若需要书写更大的字则字体高度应按$\sqrt{2}$(≈1.4)的比率递增。

1. 汉字

汉字应写成长仿宋体字,并采用国家正式公布推行的简化字,其书写要领是:横平竖直,注意起落,结构匀称,填满方格。汉字的高度 h 不应小于 3.5 mm,字宽一般为 $h/\sqrt{2}$(字宽约为字高的 70%)。长仿宋体汉字的书写示例如图 1-17 所示。

2. 字母和数字

字母及数字的笔画宽度分 A 型和 B 型,在同一张图上只允许采用同一型式的字体。A 型字体的笔画宽度(d)为字高(h)的 1/14,B 型字体的笔画宽度(d)为字高(h)的 1/10。

字母及数字可写成斜体或直体。斜体字的字头向右倾斜,与水平基准线成 75°。机械工程上常采用斜体书写,如图 1-18、图 1-19、图 1-20 所示。

指数、分数、极限偏差、注脚的数字及字母,一般采用小一号字体。

10号字

字体工整　笔画清楚　间隔均匀　排列整齐

7号字

横平竖直　注意起落　结构匀称　填满方格

5号字

机械制图细线画法剖面符号专业技能工程技术表面粗糙度极限与配合

3.5号字

国家标准《技术制图》是一项基础技术标准国家标准《机械制图》是机械专业制图标准

图 1-17　长仿宋字示例

(a)大写斜体

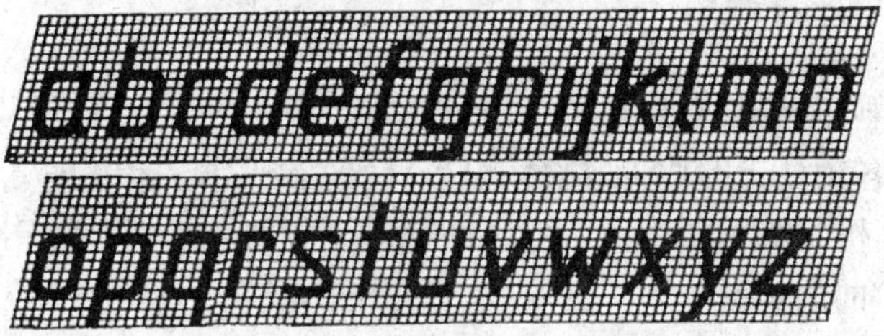

(b)小写斜体

图 1-18　拉丁字母示例

(a)斜体

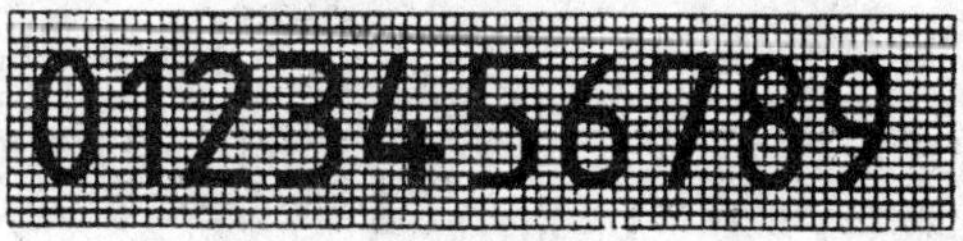

(b)直体

(c)书写方法

图 1-19　阿拉伯数字示例及书写方法

3. 罗马数字、希腊字母(图 1-20)。

(a)罗马数字斜体示例

(b)希腊字母斜体示例

图 1-20　罗马数字、希腊字母

四、图　　线

国家标准《技术制图》GB/T 17450—1998 规定了图线的名称、图线宽度尺寸系列及画法规则,可广泛适用于各种技术图样,如机械、电器、建筑和土木工程图样等。但是,它所规定的是共性的部分,而对机械图样中各种图线的应用则需要遵守国家标准《机械制图》GB/T 4457. 4—2002"图线"的规定。

1. 基本线型

国家标准《机械制图》GB/T 4457. 4—2002 规定了绘制图样中常用的线型及名称,见表 1-3,其应用示例如图 1-21 所示。

表 1-3　线型及应用(摘自 GB/T 4457. 4—2002)

代码 №	名　称	机械图常用线型及名称	图线宽度(d)	应 用 及 说 明
01. 1	细实线		$d/2$	尺寸线及尺寸界线、剖面线、指引线、过渡线、重合断面轮廓线
	波浪线		$d/2$	用于断裂处的边界线,视图和剖视图的分界线等
	双折线		$d/2$	同波浪线
01. 2	粗实线		d	可见轮廓线等
02. 1	细虚线		$d/2$	不可见轮廓线等
02. 2	粗虚线		d	允许表面处理的表示线
04. 1	细点画线		$d/2$	轴线、对称中心线、剖切线、轨迹线等

续上表

代码 №	名　称	机械图常用线型及名称	图线宽度(d)	应 用 及 说 明
04.2	粗点画线	━━━ · ━━━ · ━━━	d	限定范围表示线
05.1	细双点画线	——— - - ——— - - ———	$d/2$	极限位置轮廓线，假想投影轮廓线，相邻辅助零件轮廓线，中断线

注：在一张图样上一般采用一种线型，如断裂处的边界线或剖视图与视图的分界线采用波浪线或双折线。

2. 图线宽度(d)

国家标准规定了 9 种图线宽度。绘制工程图样时所有线型宽度应在下面系列中选择：

0.13 mm；0.18 mm；0.25 mm；0.35 mm；0.5 mm；0.7 mm；1 mm；1.4 mm；2 mm。

该数系的公比为 $1:\sqrt{2}$（$\approx 1:1.4$），同一张图样中相同线型的宽度应一致。

在绘制机械图样时，应根据图幅的大小、图样的复杂程度等因素综合考虑选定粗实线的宽度。常用粗实线宽度建议采用 0.7 mm 或 1 mm。

国家标准规定机械图样采用粗、细两种线宽，它们之间的比例为 2：1。

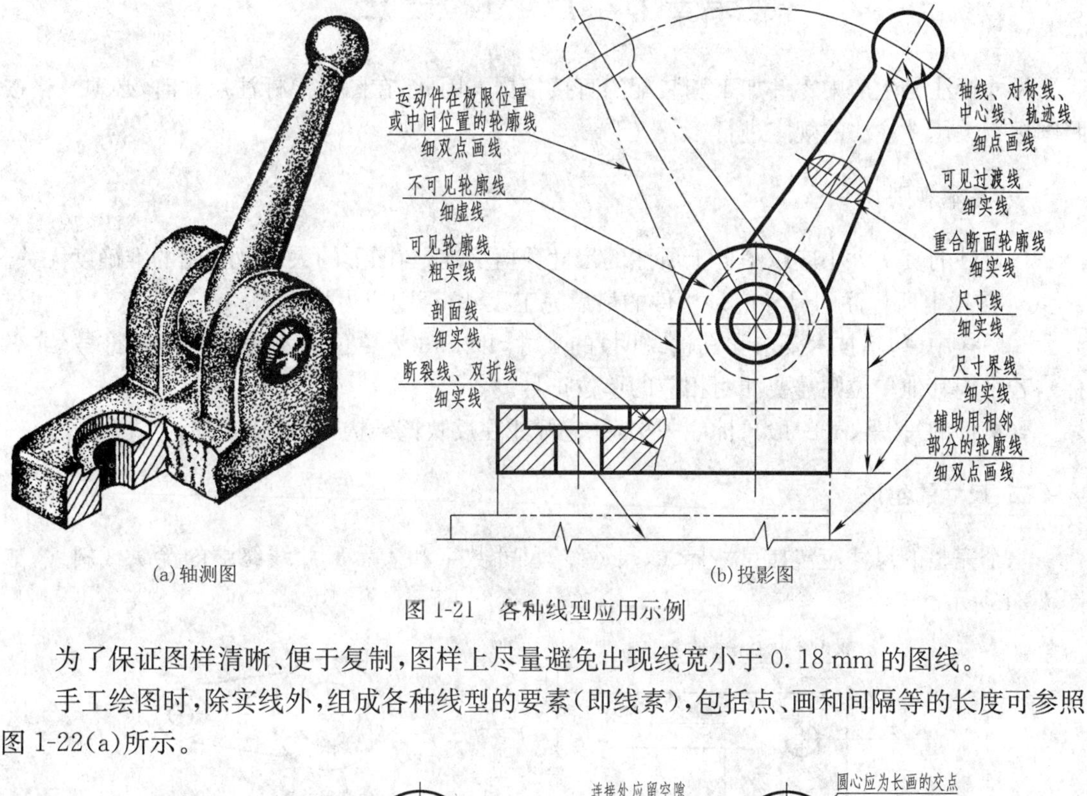

(a)轴测图　　　(b)投影图

图 1-21　各种线型应用示例

为了保证图样清晰、便于复制，图样上尽量避免出现线宽小于 0.18 mm 的图线。

手工绘图时，除实线外，组成各种线型的要素（即线素），包括点、画和间隔等的长度可参照图 1-22(a)所示。

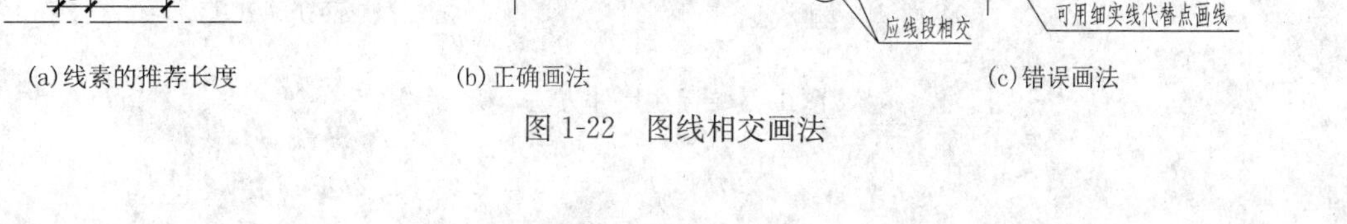

(a)线素的推荐长度　　　(b)正确画法　　　(c)错误画法

图 1-22　图线相交画法

3. 图线画法

(1)图线相交时，都应以线相交，而不应该是点或间隔相交，如图 1-22 所示。

(2)双折线的画法如图 1-23 所示，实际应用可参看图 1-21。

(3)细虚线直线在粗实线延长线上相接时，细虚线应留出间隔；细虚线圆弧与粗实线相切时，细虚线圆弧应留出间隔，如图 1-22 所示。

(4)绘图时，图线的首末端应是画，不应是点。细点画线的两端应超出轮廓线 2～5 mm，如图 1-22 所示。

(5)当圆的图形较小(直径小于 12 mm)时允许用细实线代替细点画线，如图 1-22 所示。

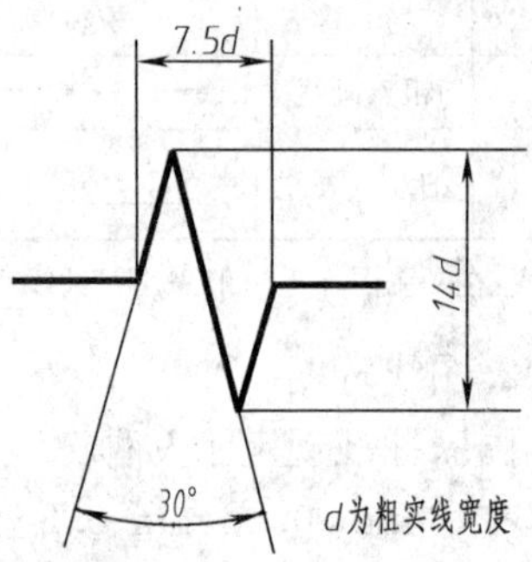

图 1-23　双折线画法

第三节　尺 寸 注 法

尺寸标注是生产中零件加工和装配的直接依据。因此，在图样上标注尺寸时，必须严格按照国标有关尺寸注法的规定进行。

一、基本规则

1. 机件的真实大小应以图样上所注的尺寸数值为准，与图形的大小及作图的准确度无关。

2. 图样上所标注的尺寸应是机件的最后完工尺寸，否则应另加说明。

3. 图样中(包括技术要求和其他说明)的尺寸，以 mm 为单位时不需标注单位符号(或名称)，若采用其他单位则需要注明相应的单位符号。

4. 机件的每一尺寸一般只标注一次，并应标注在反映该结构最清晰的图形上。

二、尺寸的组成

一个完整的尺寸应包括尺寸界线、尺寸线、尺寸数字和表示尺寸线终端的箭头或斜线，如图 1-24 所示。

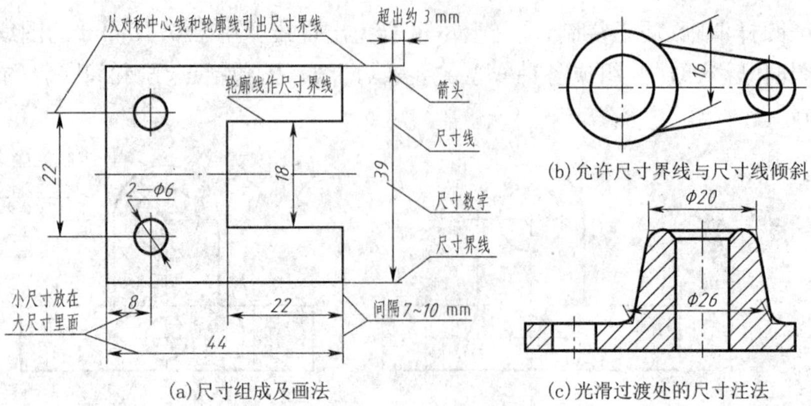

(a)尺寸组成及画法

(b)允许尺寸界线与尺寸线倾斜

(c)光滑过渡处的尺寸注法

图 1-24　标注尺寸方法

1. 尺寸界线

尺寸界线用细实线绘制，用来指明所注尺寸的范围，应由图形的轮廓线、轴线或中心线处引出，并超出尺寸线末端 3 mm。有时也可借用轮廓线、轴线或对称中心线作为尺寸界线。尺寸界线一般应与尺寸线垂直，必要时才允许倾斜，如图 1-24(b)、(c)所示。

2. 尺寸线

如图 1-24 所示，尺寸线用细实线绘制，且不能用其他图线代替，也不得与其他图线重合或画在其延长线上。线性尺寸的尺寸线应与所标注的要素平行，且尺寸线与轮郭线，尺寸线与尺寸线之间的距离应大致相等，一般以不小于 7 mm 为宜。

相互平行的尺寸应使较小的尺寸靠近图形(小尺寸在里)，较大的尺寸依次向外分布(大尺寸在外)，如图 1-24(a)所示。

在圆或弧上标注直径或半径尺寸时，尺寸线或其延长线应通过圆心。

标注角度和弧长时，尺寸线应画成圆弧，圆心是该角径向线的顶点。

3. 尺寸线终端

(1)箭头　形式如图 1-25(a)所示，适用于各种类型的尺寸。

(2)斜线　用细实线绘制，其方向和画法如图 1-25(b)所示。斜线形式只能用于线性尺寸且尺寸线与尺寸界线相互垂直的情况。当尺寸线与尺寸界线相互垂直时，同一张图样中只能采用一种尺寸线终端的形式。

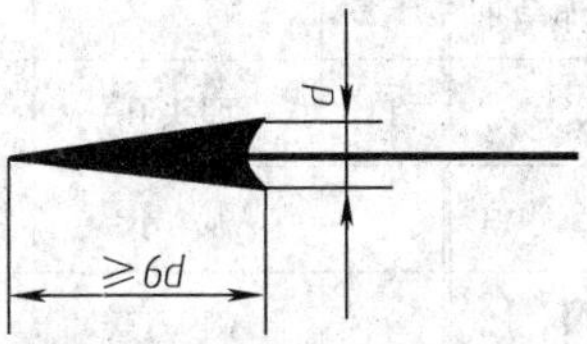

(a)箭头画法（d—粗实线宽度）

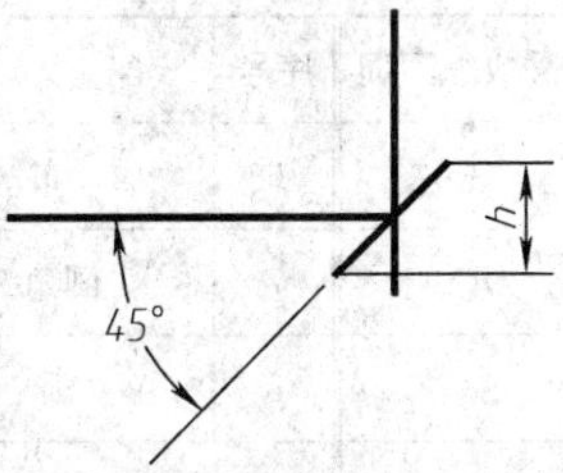

(b)45° 斜线画法（h—字高）

图 1-25　箭头与 45°斜线画法

机械图样中一般采用箭头作为尺寸线的终端。建筑图样多采用建筑斜线形式作为尺寸线的终端。

4. 尺寸数字及其符号

线性尺寸的数字一般应注写在尺寸线的上方，也允许注写在尺寸线的中断处。尺寸线上方注写尺寸数字为首选形式，如图 1-24 所示。但同一图样中只允许采用一种形式。

线性尺寸数字的方向，一般应随尺寸线的方向而变化，如图 1-26(a)所示，并尽可能避免在图示的 30°范围内标注尺寸。无法避免时，可按图 1-26(b)所示形式标注。

对于非水平方向的尺寸，在不致引起误解时，其数字也允许水平注写在尺寸线的中断处，如图 1-27 所示。

在同一张图样中，应尽可能采用同一种方法标注。同时尺寸数字不可被任何图线所通过，否则应将该图线断开；图样中标注参考尺寸时应将尺寸数字加上圆括弧。

标注尺寸时应尽可能使用符号和缩写词，见表 1-4。符号的比例画法如图 1-28 所示。

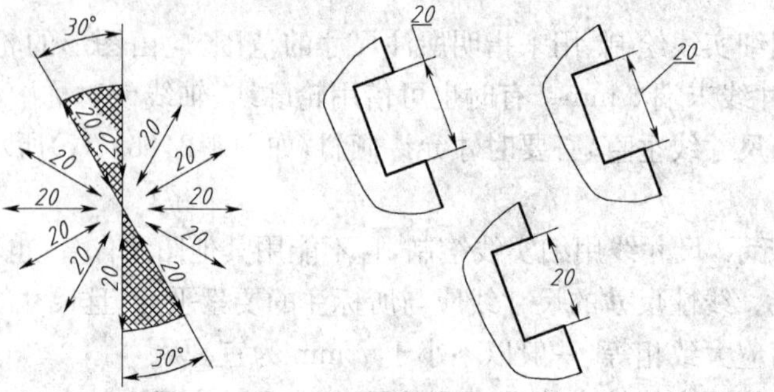

(a)避免在图示30° 范围内注尺寸　(b)在30° 范围内尺寸的标注方法

图 1-26　尺寸数字的注写方向

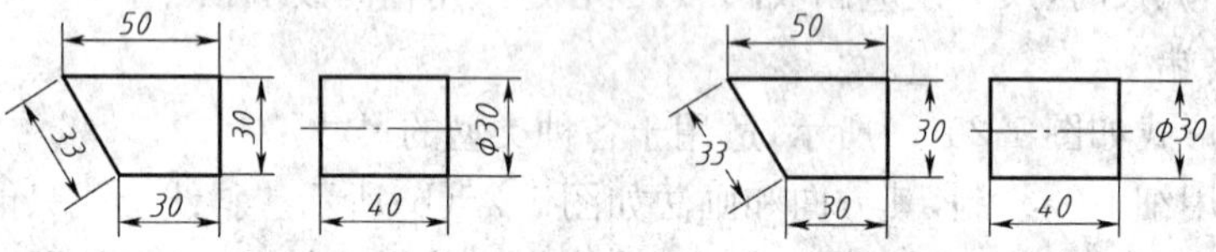

(a)数字与尺寸线同方向　(b)数字均水平书写

图 1-27　非水平方向尺寸数字的注写

表 1-4　标注尺寸的符号及缩写词(摘自 GB/T 4458.4—2003)

序号	含 义	符号或缩写词	序号	含 义	符号或缩写词	序号	含 义	符号或缩写词
1	直 径	ϕ	6	均 布	EQS	11	埋头孔	⌵
2	半 径	R	7	45°倒角	C	12	弧 长	⌒
3	球直径	$S\phi$	8	正方形	□	13	斜 度	∠
4	球半径	SR	9	深 度	↧	14	锥 度	◁
5	厚 度	t	10	沉孔或锪平	⌴	15	型材截面形状	(按 GB/T 4656.1—2000)

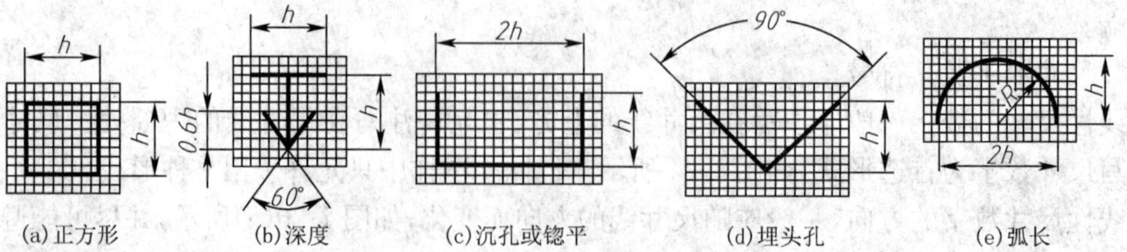

(a)正方形　(b)深度　(c)沉孔或锪平　(d)埋头孔　(e)弧长

图 1-28　标注尺寸用符号的比例画法

三、常用的尺寸注法示例

常用尺寸注法示例见表 1-5。

表 1-5　常用尺寸的注法

<table>
<tr><th>内容</th><th>图　　例</th><th>说　　明</th></tr>
<tr><td rowspan="2">线性尺寸的标注</td><td>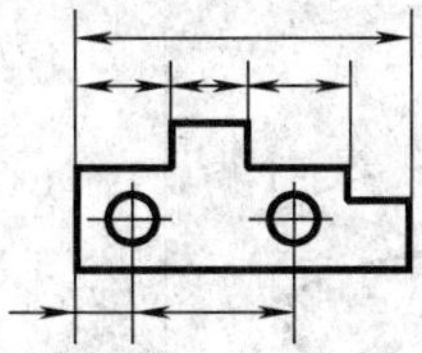</td><td>串联尺寸，箭头对齐</td></tr>
<tr><td>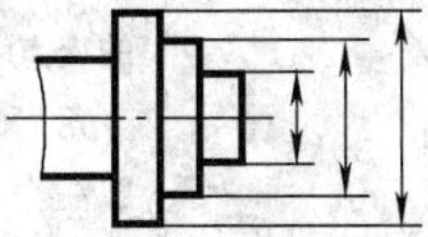</td><td>并联尺寸，小在内，大在外，尺寸线间隔不小于 7～10 mm</td></tr>
<tr><td>圆和圆弧</td><td>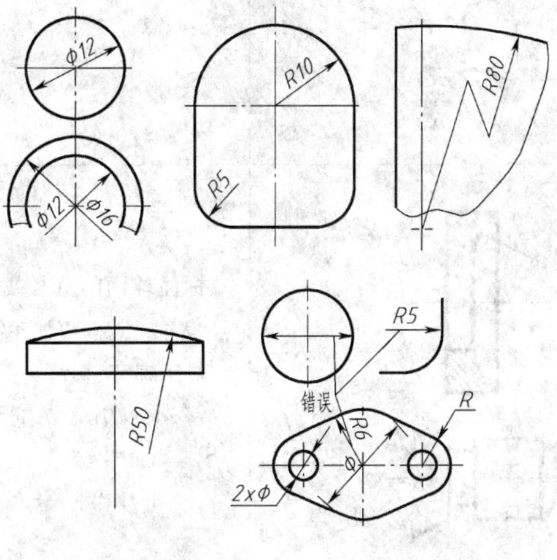
</td><td>圆和大于半圆的圆弧尺寸应标注直径，尺寸线通过圆心，箭头指在圆周上，且应在尺寸数字前加注符号“φ”
小于和等于半圆的圆弧尺寸一般标注半径，只在指向圆弧的一端尺寸线上画出箭头，尺寸线或其延长线指向圆心，且应在尺寸数字前加注符号“R”</td></tr>
<tr><td>狭小部位</td><td>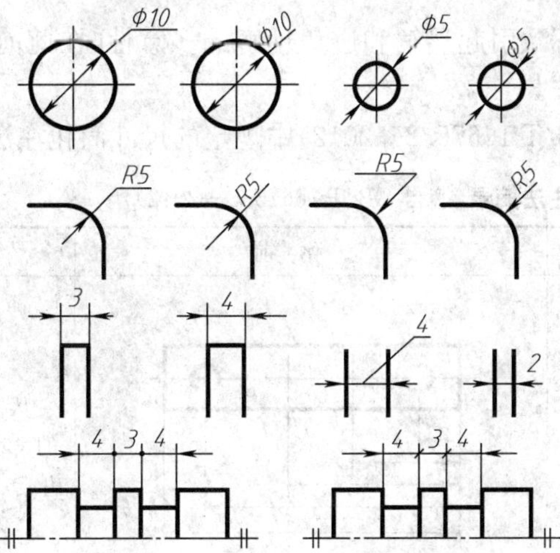
</td><td>当没有足够位置画箭头和写数字时，可将其中之一布置在外面，也可把箭头和数字都布置在外面
标注一连串小尺寸时，可用小圆点或斜线代替中间两个相对的箭头</td></tr>
</table>

续上表

内容	图　　例	说　　明
角度和弧度	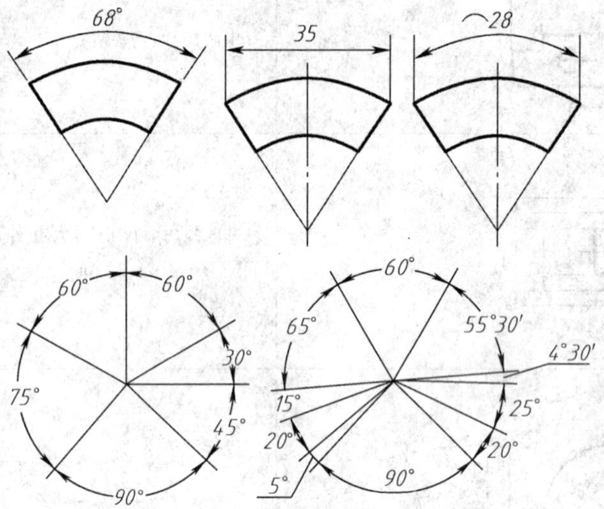	角度的尺寸界线沿径向引出，尺寸线画成圆弧，其圆心是两径向引出线的交点 角度的数字一律写成水平方向，一般注写在尺寸线的中段处，必要时也可注写在尺寸线的上方、外面或引出标注
球　面	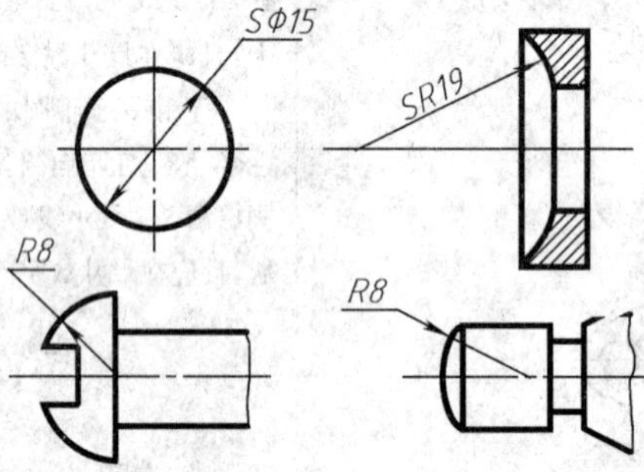	标注球面的直径或半径时，应在符号“ϕ”或“R”前再加注符号“S” 对于螺钉、铆钉头部、轴和手柄端部等，在不致引起误解时，可省略符号“S”

四、尺寸的简化注法示例

采用简化注法的原则是必须保证不致引起误解和避免理解的多意性，在此前提下力求制图简便。对初学者不提倡采用简化注法。

表 1-6 为国家标准《技术制图》(GB/T 16675.2—2012)中规定的尺寸简化注法摘录。

表 1-6　尺寸简化注法摘录(摘自 GB/T 16675.2—2012)

序号	简 化 后	简 化 前	说　明
1	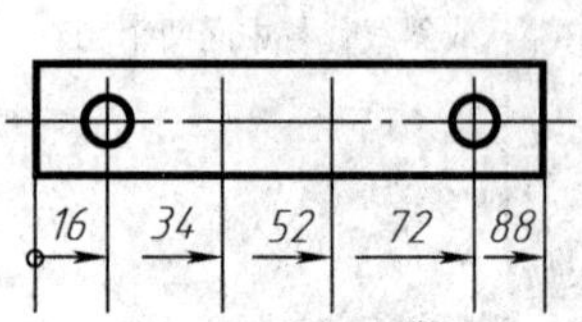	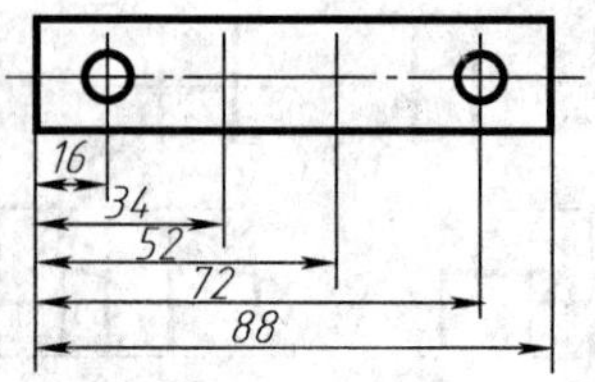	从同一基准出发的尺寸可按左图(简化后)的形式标注

续上表

序号	简化后	简化前	说明
2	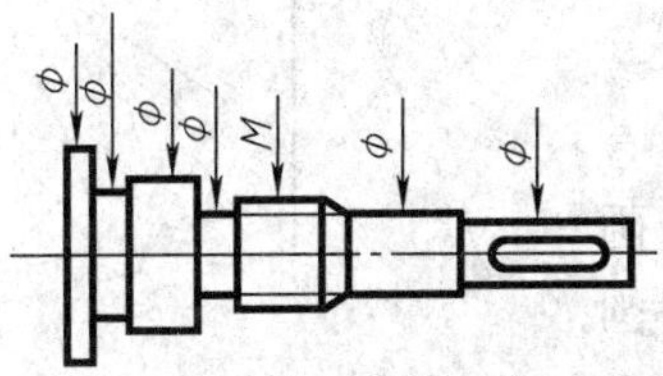	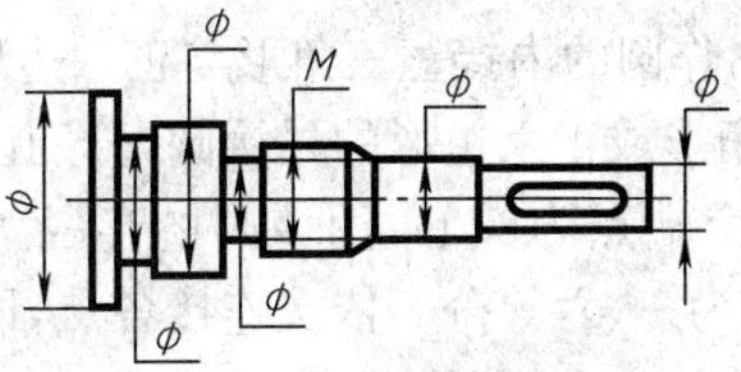	标注尺寸时，可采用带箭头的指引线
3	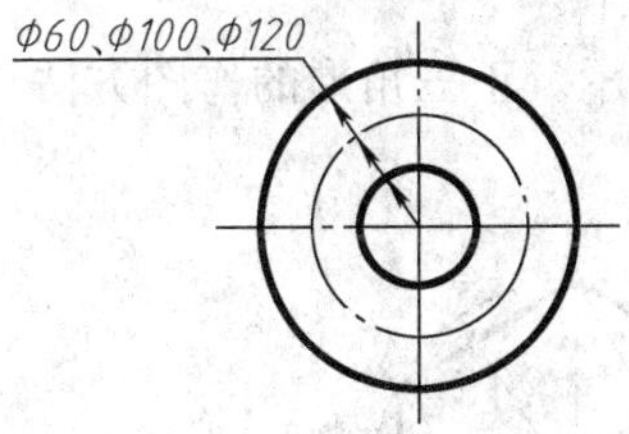	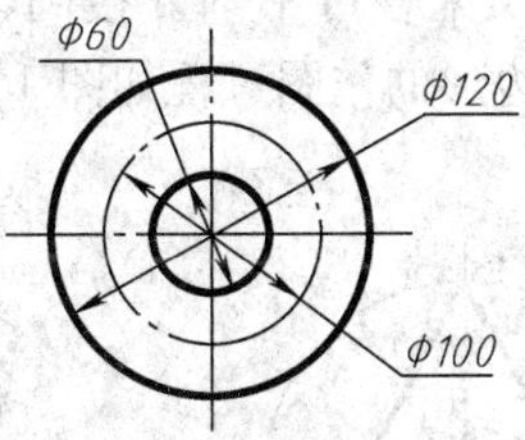	一组同心圆或尺寸较多的台阶孔的尺寸，也可用共用的尺寸线和箭头依次表示
	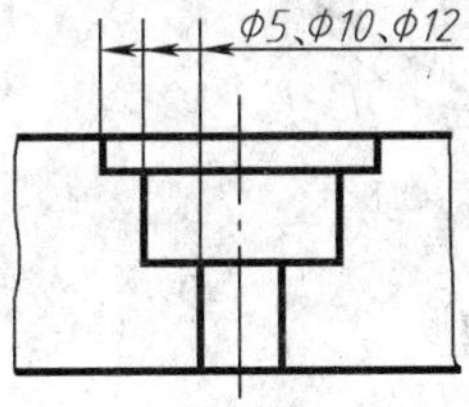	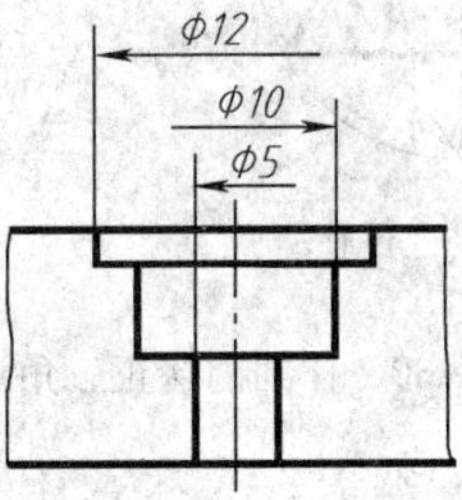	
4	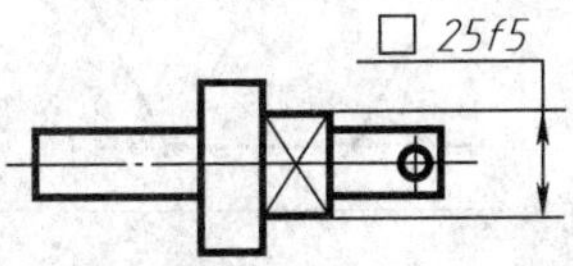	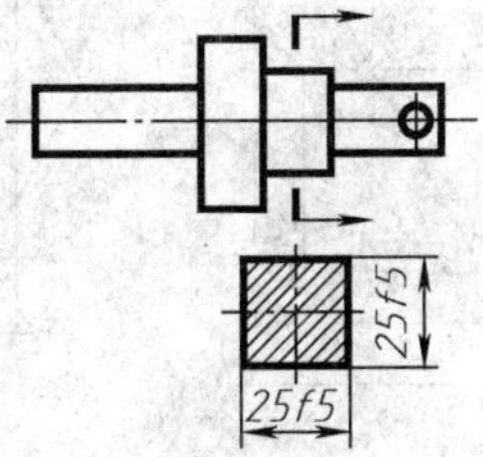	标注正方形结构的尺寸时，可在正方形边长尺寸数字前加注“□”符号

第四节　几 何 作 图

机件的形状虽然各不相同，但分析起来，都是由直线、圆弧和其他一些非圆曲线等基本的几何图形组成。熟练掌握常见几何图形的作图原理、作图方法是绘制工程图样的基本技能。

一、等分作图

1. 等分线段

如图 1-29 所示，将线段 AB 五等分。

自线段端点 A 引任一直线 AC 与 AB 相交；在 AC 上以适当长度截取五等分，得 $1'$、$2'$、$3'$、$4'$、$5'$各点；连 $5'B$；过 $1'$、$2'$、$3'$、$4'$各点分别引 $5'B$ 的平行线，在 AB 上得 1、2、3、4 各点，即为该

线段的等分点。

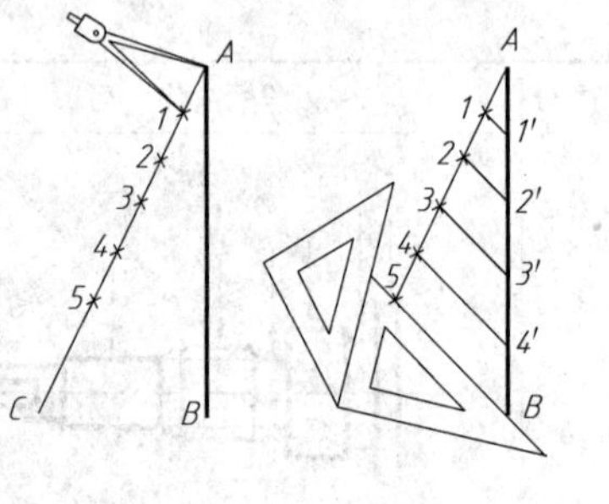

图 1-29　等分线段

2. 等分圆周及作正多边形

(1)三、六等分圆周

如图 1-30 所示，作圆的内接正三角形与正六边形。

首先画出正三角形或正六边形的外接圆，分别以一条直径的一个端点或两个端点为圆心，用该圆的半径为半径画弧，就可以把圆周分为三、六等分。依次连接各点，即可得圆的内接正三角形或内接正六边形。

用 30°、60°三角板与丁字尺配合可不画外接圆，直接作出正三角形和正六边形，正六边形的作图过程如图 1-31 所示。正三角形的作图方法请读者自行分析。

(a)作正三角形　　(b)作正六边形

图 1-30　作圆内接正三角形与正六边形

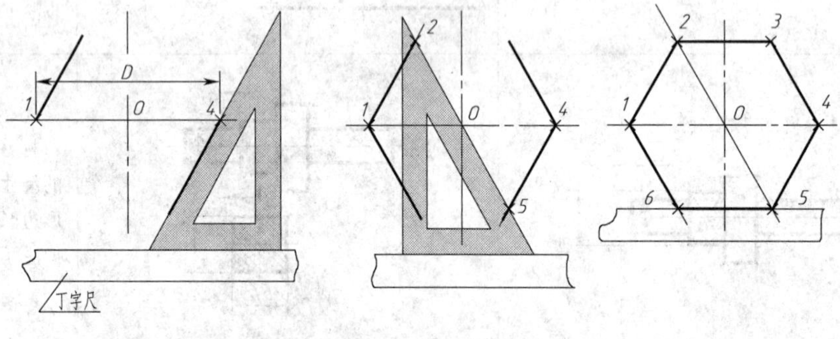

(a)已知外接圆直径

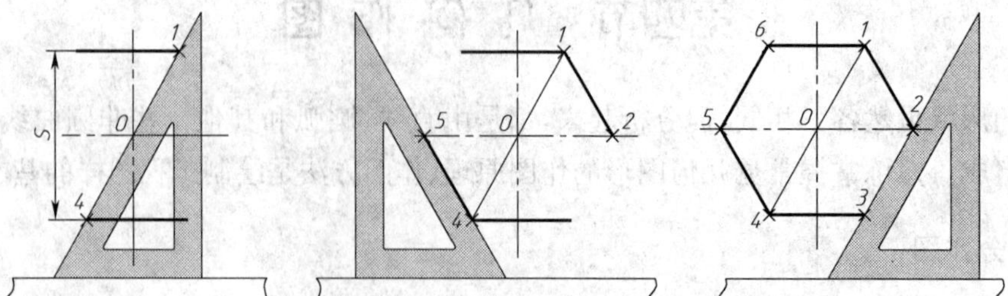

(b)已知内接圆直径

图 1-31　用三角板、丁字尺作正六边形

(2)五等分圆周

①如图 1-32 所示，作圆的内接正五边形。

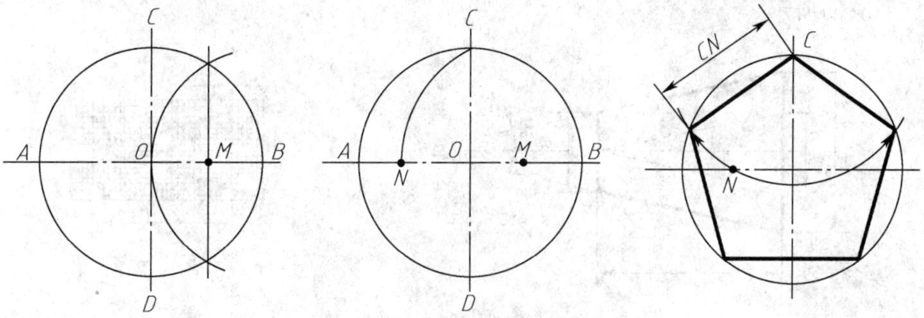

(a)　(b)　(c)

图 1-32　作圆内接正五边形

②二等分半径 OB，得点 M。

③以点 M 为圆心、MC 长为半径，画弧交 AO 于 N 点。

④CN 为五边形之边长，在圆周上顺次截取五等分，连接各点即成圆的内接正五边形。

二、斜度与锥度

1. 斜度(S)

斜度是指一直线(或平面)相对于另一直线(或平面)的倾斜程度。

斜度：$S=(H-h)/L=\tan\alpha$，如图 1-33(a)所示。斜度符号"∠"的画法如图 1-33(b)所示。标注斜度时，符号所示的方向应与所标注斜度方向一致。

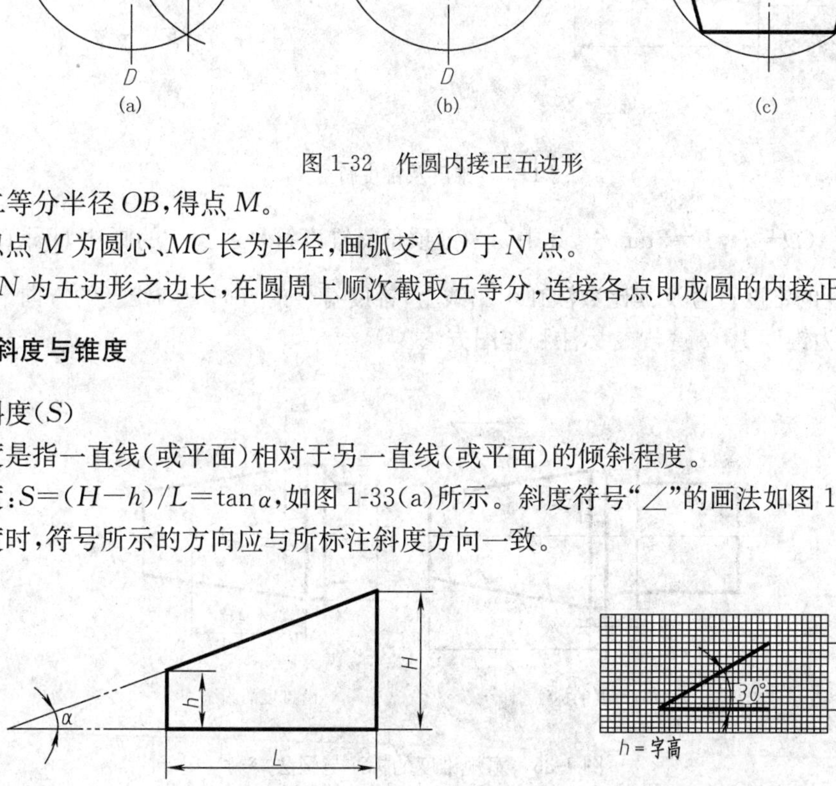

(a)斜度　(b)斜度符号

图 1-33　斜度及斜度符号

图 1-34 为工字钢翼板斜度 1∶7 的标注和作图方法。

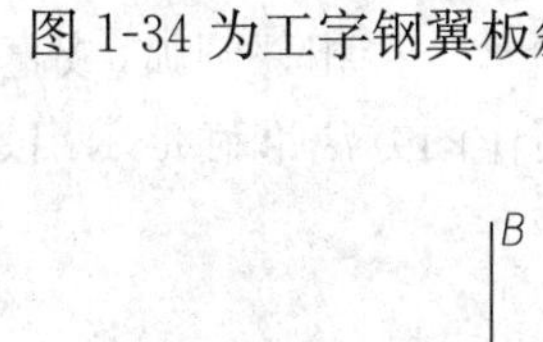

(a)作$OB\perp OA$，在OA上任取7个单位长度，在OB上取1个单位长度，连接7点和1点，即为1∶7的斜度线

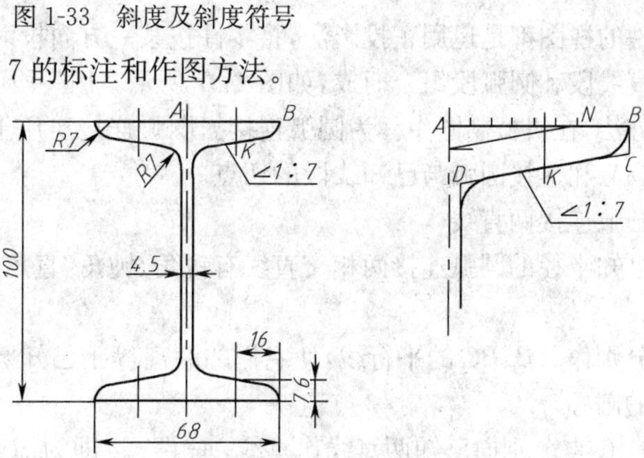

(b)　(c)

图 1-34　斜度的画法及标注

2. 锥度(C)

两个垂直于圆锥轴线的圆截面直径差与该两截面间的轴向距离之比称为锥度,用 C 表示,如图 1-35(a)所示。

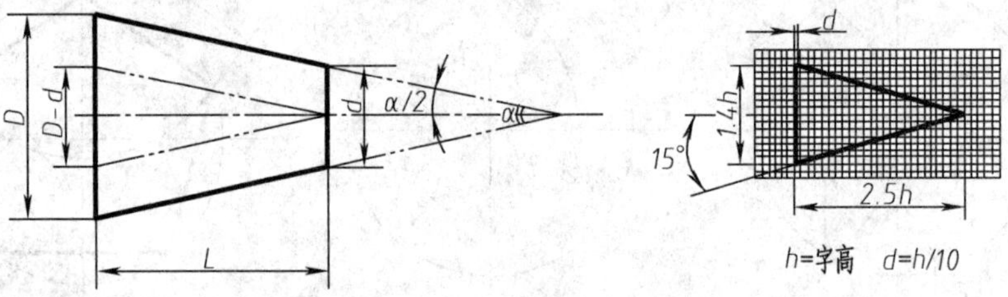

(a) 锥度　　(b) 锥度符号

图 1-35　锥度及锥度符号

锥度:$C=(D-d)/L=2\tan\frac{\alpha}{2}$,其中 α 为锥顶角。锥度符号"▷"的画法如图 1-35(b)所示。表示锥度的锥度符号及其比数注在引出线上,锥度符号的方向应与锥度的方向一致。

图 1-36 为锥度 1∶3 塞规的标注和作图方法。

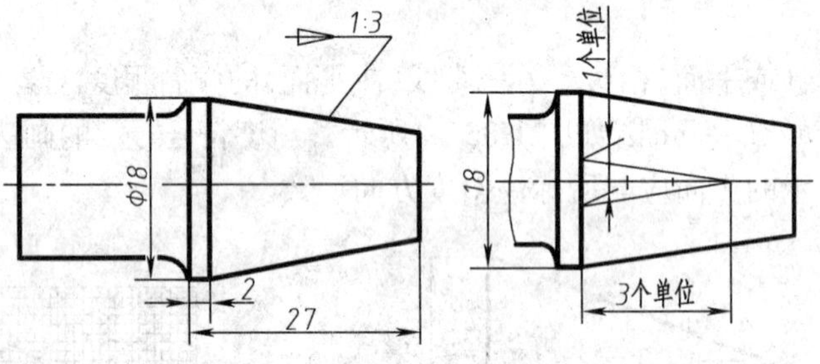

(a) 锥度的标注　　(b) 锥度的画法

图 1-36　塞规锥度的标注与画法

三、圆弧连接

零件的视图都是运用正投影法,将零件按某一方向投射得到的平面图形,而平面图形则是由若干直线段和圆弧段组合而成,如图 1-37 所示。用一段圆弧光滑地连接相邻圆弧(或直线)的作图方法,在机械制图中称为圆弧连接。圆弧连接实质上就是用作图方法准确地求出连接圆弧的圆心和连接圆弧与已知线段的切点。

1. 圆弧连接两直线

用已知半径的圆弧连接两相交直线有锐角、钝角、直角三种情况,如图 1-38 所示。作图方法如下:

①分别作 AB、BC 的平行线,使它们的距离等于已知圆弧半径 R。两平行线的交点 O 即是圆弧的圆心。

②自 O 点分别向已知两直线作垂线,垂足 1、2 即为切点。

③以 O 为圆心、R 为半径,在两切点 1、2 之间画连接圆弧即为所求。

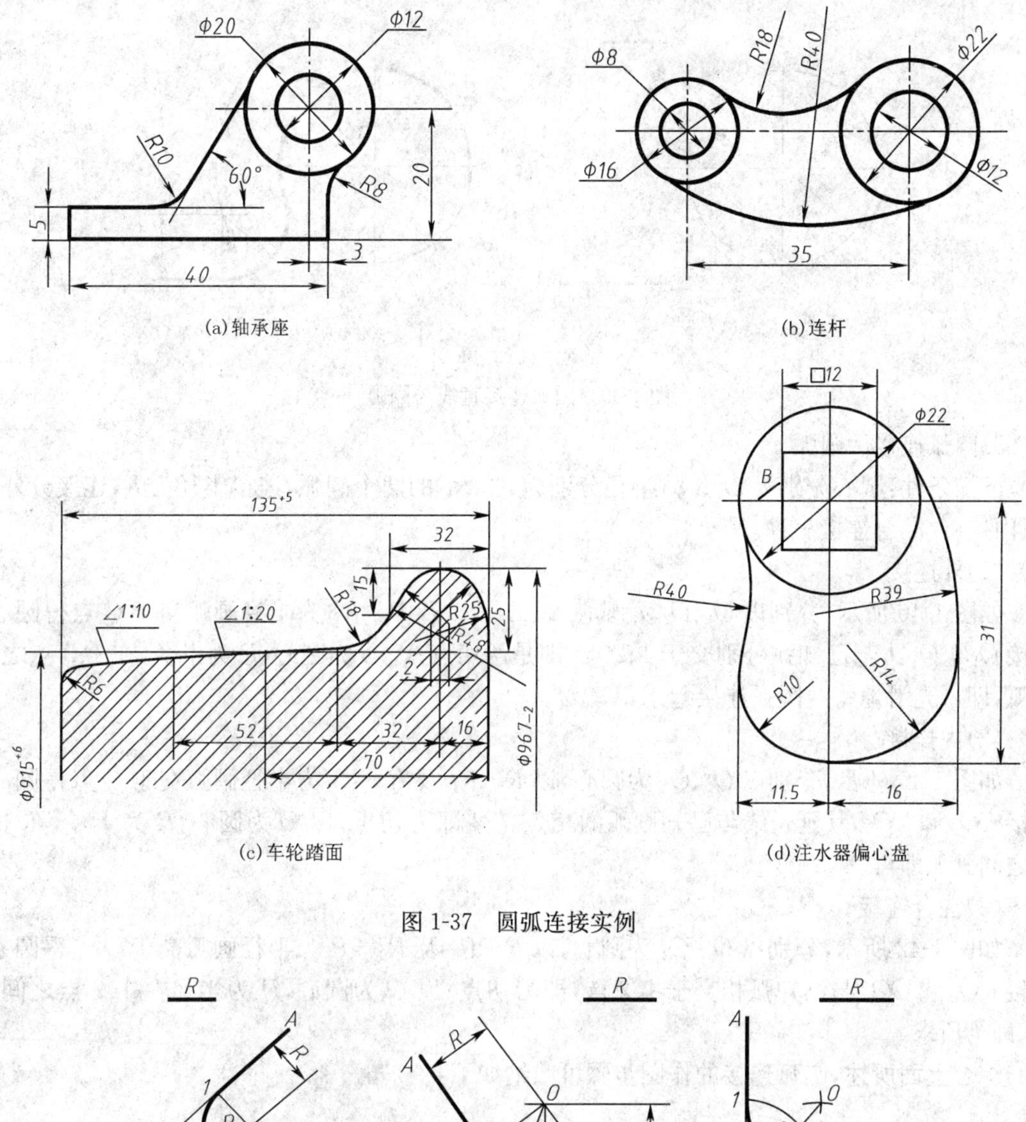

(a)轴承座　(b)连杆　(c)车轮踏面　(d)注水器偏心盘

图 1-37　圆弧连接实例

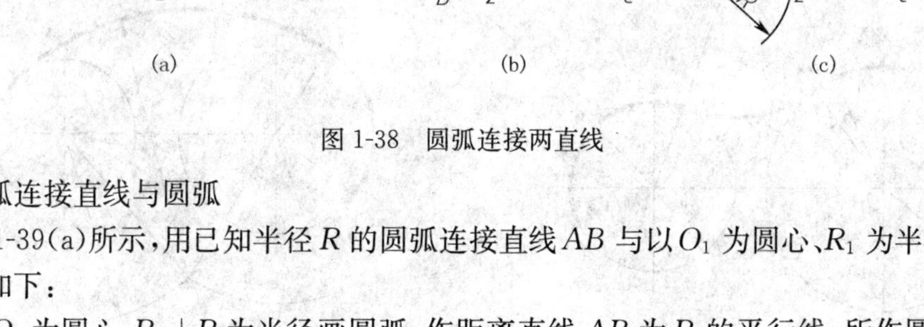

(a)　(b)　(c)

图 1-38　圆弧连接两直线

2. 圆弧连接直线与圆弧

如图 1-39(a)所示，用已知半径 R 的圆弧连接直线 AB 与以 O_1 为圆心、R_1 为半径的圆弧。作图方法如下：

①以 O_1 为圆心、R_1+R 为半径画圆弧；作距离直线 AB 为 R 的平行线，所作圆弧与直线的交点 O 即为圆心。

②连接 O_1O 得切点 1；过 O 点作直线 AB 的垂线，得切点 2；以 O 为圆心、R 为半径在 1、2 点之间画圆弧，完成圆弧连接，如图 1-39(b)所示。

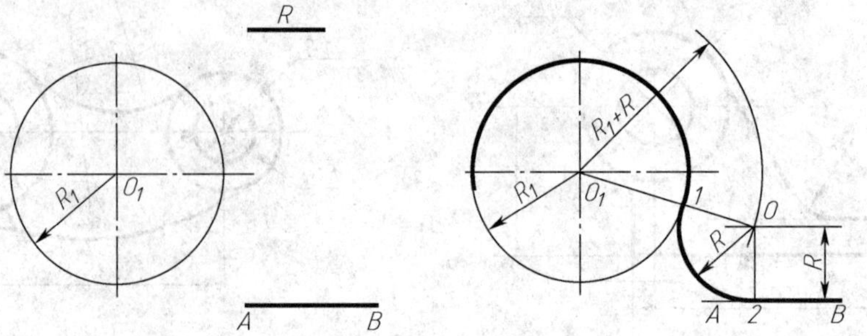

(a)　　(b)

图 1-39　圆弧连接直线与圆弧

3. 圆弧连接两圆弧

已知条件：圆心分别为 O_1、O_2，半径分别为 R_1、R_2 的两个圆弧，连接半径为 R，连接分外连接、内连接、混合连接三种。

(1)外连接

如图 1-40 所示，分别以 O_1、O_2 为圆心，以 $R+R_1$ 及 $R+R_2$ 为半径画弧交于 O 点得圆心；连接 O_1O、O_2O，与已知弧分别交于 1、2 点，即是两切点；以 O 为圆心，R 为半径，在 1、2 点之间画弧，即可光滑地将两圆弧连接起来。

(2)内连接

如图 1-41 所示，分别以 O_1、O_2 为圆心，以 $R-R_1$ 及 $R-R_2$ 为半径画弧交于 O 点得圆心；连接 OO_1 和 OO_2，其延长线与已知圆弧的交点 1、2 即为切点；以 O 为圆心，R 为半径，在 1、2 点之间画弧即可。

(3)混合连接

如图 1-42 所示，分别以 O_1、O_2 为圆心，以 $R+R_1$ 及 R_2-R 为半径画弧交于 O 点得圆心；连接 OO_1 和 OO_2 与已知弧相交于 1、2 点，即为切点；以 O 为圆心，R 为半径在 1、2 点之间画弧，即为所求。

综合上面所述，圆弧连接的作图步骤可归纳如下：

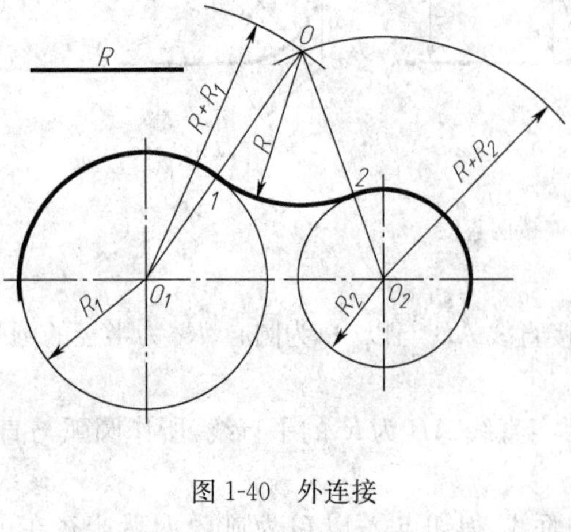

图 1-40　外连接

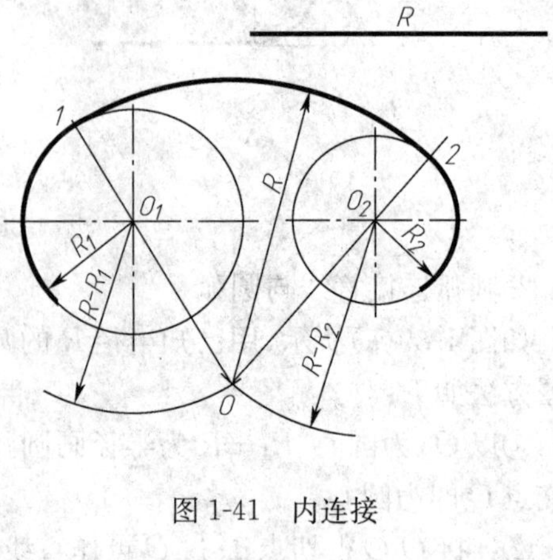

图 1-41　内连接

(1)根据圆弧连接的作图原理，求出连接弧的圆心；

(2)求出切点；

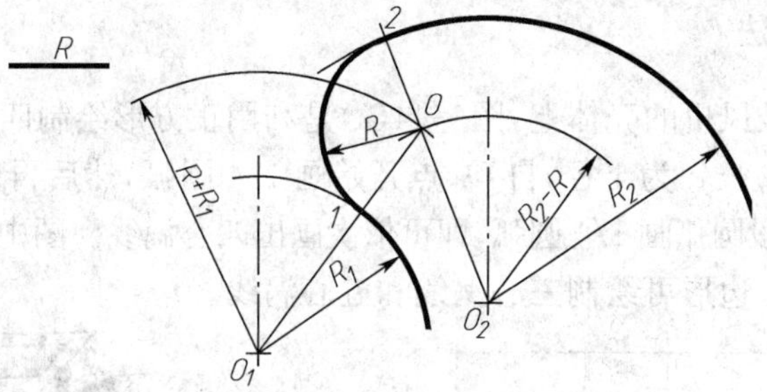

图 1-42　混合连接

(3)用连接弧半径在两切点间画弧。

第五节　常用的非圆平面曲线

工程上常用的非圆平面曲线有：椭圆、抛物线、双曲线、阿基米德螺旋线、圆的渐开线、摆线和涡线等二次曲线，均可用相应的二次方程或参数方程表示。画图时则按其运动轨迹求作一系列点或根据参数方程描点，然后用曲线板把所求各点光滑地连接起来。下面以椭圆和四心涡线为例说明非圆平面曲线的画法。

一、椭圆画法

(1)同心圆法：已知椭圆长轴 AB 和短轴 CD。如图 1-43(a)所示，分别以 AB、CD 为直径作同心圆，过圆心 O 作一系列射线与两圆相交，过大圆上各交点 Ⅰ、Ⅱ…作短轴的平行线，过小圆上各交点 1、2…作长轴的平行线，两对应直线交于 M_1、M_2…各点。用曲线板光滑连接各点。

(2)四心圆弧近似法：已知椭圆的长轴 AB 和短轴 CD。如图 1-43(b)所示，连接 AC，在 OC 延长线上取 $OE=OA$，再在 AC 上取 $CF=CE$，然后作 AF 的垂直平分线，与长、短轴分别交于 1、2 两点，并做出其对称点 3、4。分别以 2、4 为圆心，以 $2C(=4D)$为半径画两段大圆弧，以 1、3 为圆心，以 $1A(=3B)$为半径画两段小圆弧，四段圆弧相切于 K、K_1、N_1、N 点，组成一个近似的椭圆。

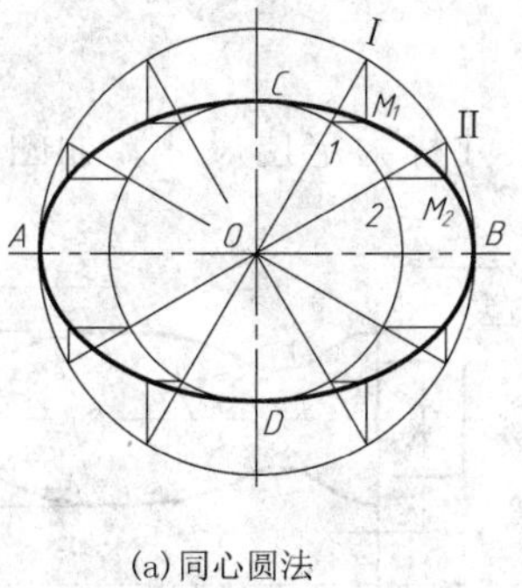

(a)同心圆法

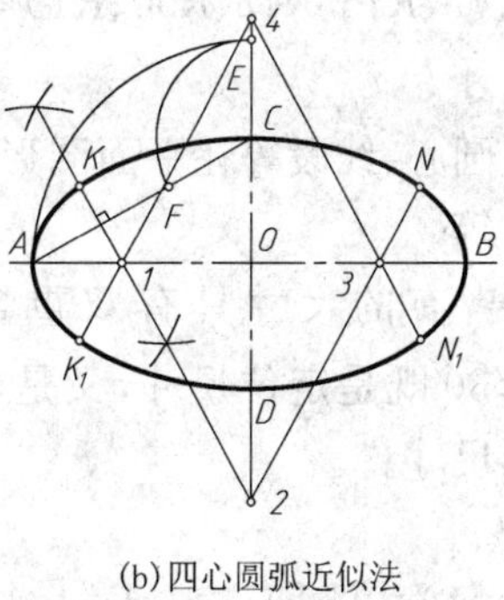

(b)四心圆弧近似法

图 1-43　椭圆的画法

二、四心涡线的画法

四心涡线常用在鼓风机的壳体上，图 1-44(a)是利用正方形绘制四心涡线的方法。以正方形的顶点 O_1 为圆心，边长 a 为半径，自 O_4 点开始画 1/4 圆弧，然后再以 O_2 为圆心，正方形边长的两倍为半径，接上段圆弧画 1/4 圆弧，即可依次画出四心涡线。图中边长 $a=(G-H)/2$。同理利用正三角形或正五边形可绘制三心涡线和五心涡线。

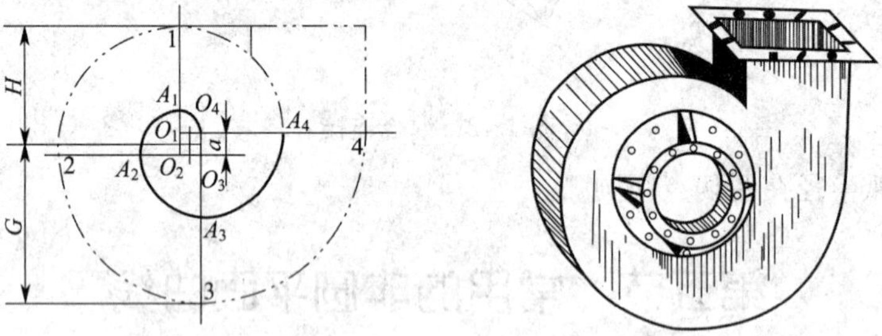

(a)四心涡线的画法　　(b)鼓风机外壳的轴测图

图 1-44　四心涡线

第六节　平面图形的画法

图 1-37 所示平面图形都是零件某方向的视图，所以绘制零件的视图很多情况下是绘制零件按某一方向投射得到的平面图形。而平面图形中各线段的大小及其相对位置都由图中尺寸确定，绘制平面图形就必须根据图中所注尺寸，分析尺寸与线段间的关系，以确定线段的种类和画图步骤。分析平面图形中尺寸和线段间的关系，在机械制图中称尺寸分析和线段分析。

一、尺寸分析

尺寸按其在图形中所起的作用大致可分为两类。

1. 定形尺寸

用于确定线段的长度、圆弧半径(或圆的直径)和角度大小的尺寸称为定形尺寸。如图 1-45中的 $\phi20$、$\phi5$、$R15$、$R12$、$R50$、$R10$ 等。

2. 定位尺寸

用于确定圆心、线段等在平面图形中所处位置的尺寸称为定位尺寸。如图 1-45 中 $\phi30$、长度 75、15、8 等。

必须指出，有的尺寸具有双重含义。比如图 1-45 中的 $\phi30$ 既是定位尺寸，又是确定手柄最大直径的定形尺寸。

3. 尺寸基准

定位尺寸通常以图形的对称中心线、中心线和较长的直线作为标注尺寸的起点，这个起点称为尺寸基准，见图 1-45 中的 A 和 B。

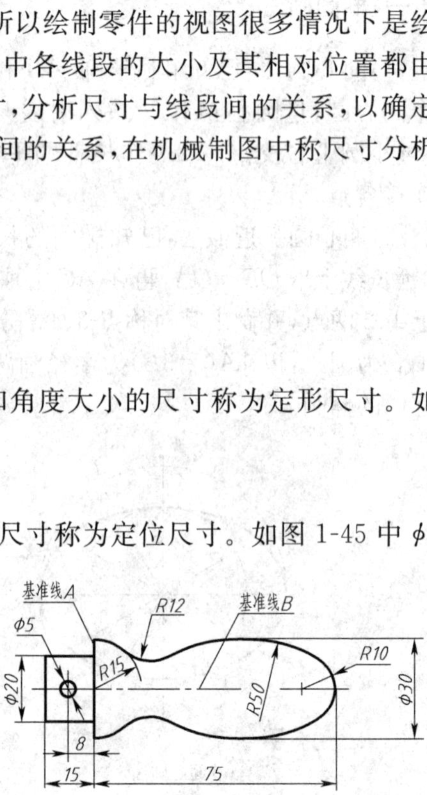

图 1-45　手柄

二、线段分析

平面图形中的线段(直线或圆弧)按其定位尺寸是否齐全可分为三类(因为直线连接的作图较简单,所以这里只介绍圆弧的情况):

1. 已知线段　定形尺寸和定位尺寸齐全,根据图中所注尺寸可直接绘制的线段称为已知线段,如图 1-45 中的 $\phi5$、$R10$、$R15$、$\phi20$ 和长度尺寸 15、8、75。

2. 中间线段　有定形尺寸也有定位尺寸,但定位尺寸不全的线段称为中间线段。所以中间线段需根据与其相邻的已知线段的相切关系,求作圆心后绘制,如图 1-45 中的 $R50$。

3. 连接线段　只有定形尺寸,没有定位尺寸的线段,称为连接线段。连接线段由于缺少定位尺寸,只有借助它和已经画出的两端相邻线段的相切条件才能画出来。如图 1-45 中的 $R12$。

故平面图形的一般作图步骤是先画已知线段,再画中间线段,最后画连接线段。

三、绘图的方法和步骤

线段分析建立在尺寸分析的基础上,通过尺寸分析才能确定线段的种类,确定了线段种类,才能确定平面图形的画图步骤。

1. 分析平面图形的尺寸,作出基准线。根据所注尺寸确定哪些是已知线段、哪些是中间线段和连接线段。

2. 画出已知线段。

3. 根据圆弧连接作图方法,作出中间线段和连接线段。

现以手柄为例说明平面图形的作图方法和步骤,见表 1-7。

表 1-7　手柄的作图步骤

1. 画中心线和基准线 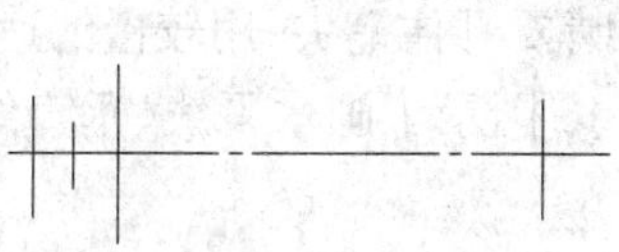	2. 画出已知线段 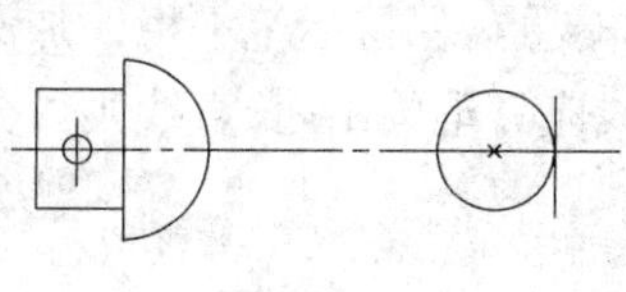
3. 确定中间圆弧 $R50$ 的圆心并画出中间线段 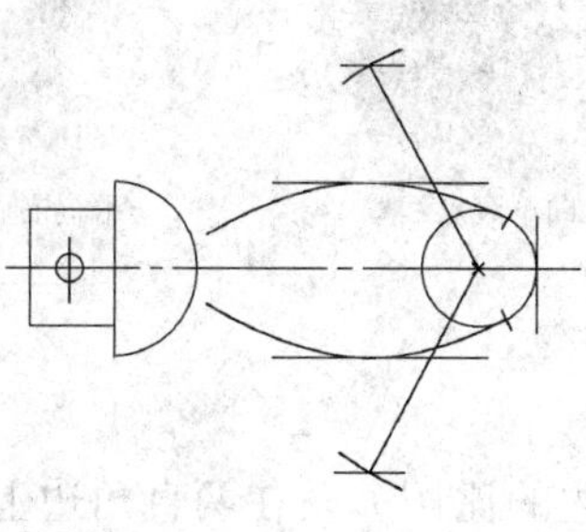	4. 确定连接圆弧的圆心并画出连接弧 $R12$ 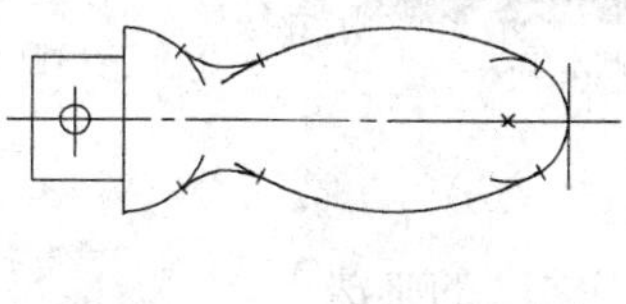

续上表

<table>
<tr>
<td>5. 标注尺寸线和尺寸界线
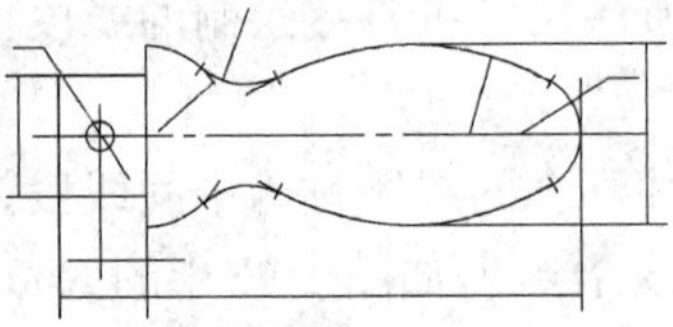</td>
<td>6. 描深图线,画箭头,填写尺寸数字
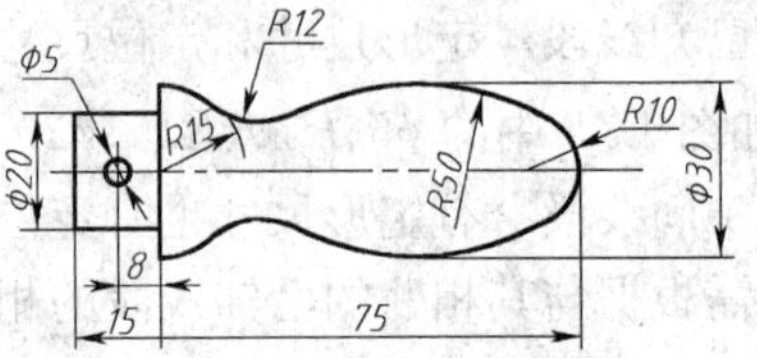
</td>
</tr>
</table>

第七节　草图的画法

以目测估计图形与实物的比例,徒手(不使用或部分使用绘图工具和仪器)绘制的工程图样称为草图。草图在产品设计及现场测绘中占有重要地位,如在设计新产品时,常先画出草图以表达设计意图;现场测绘时也是先画草图,以便把所需资料迅速记录下来。因此,草图是工程技术人员交流、记录、构思、创作的有力工具,也是工程技术人员必须掌握的一项重要的基本技能。

一、草图图线的徒手画法

画草图时,图纸不必固定,可随时转动图纸使欲画图线正好是顺手方向,执笔要自然,手腕抬起,不要靠在图纸上。

1. 直线的画法

徒手画直线时,眼睛朝着前进的方向,注意画线的终点,用较快的速度画线。同时小拇指靠着纸面作支点,保持运笔平稳。加深、加粗底稿线时,眼睛要盯住笔尖,用较慢的速度画线。

短直线应一笔画出,长直线则可分段相接而成。图 1-46 图示了画水平线、垂直线、倾斜线的手势。

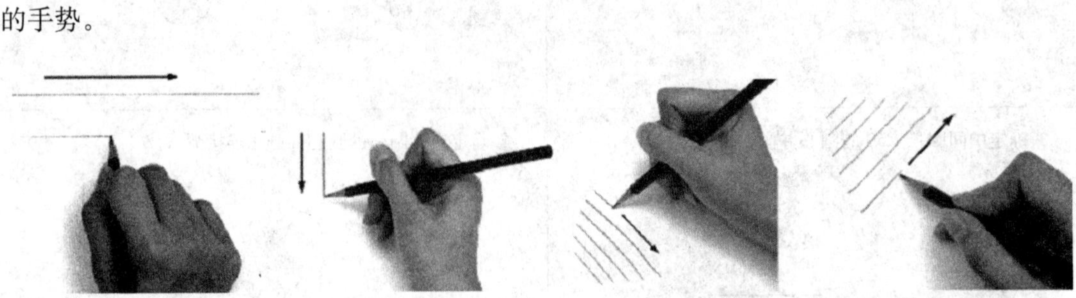

(a)画水平线　(b)画垂直线　(c)向下画斜线　(d)向右画斜线

图 1-46　徒手画直线

2. 常用角度的画法

画 30°、45°、60°等常见角度的斜线时,可根据两直角边的比例关系在两直角边上定出两端点,然后连接而成,如图 1-47 所示。

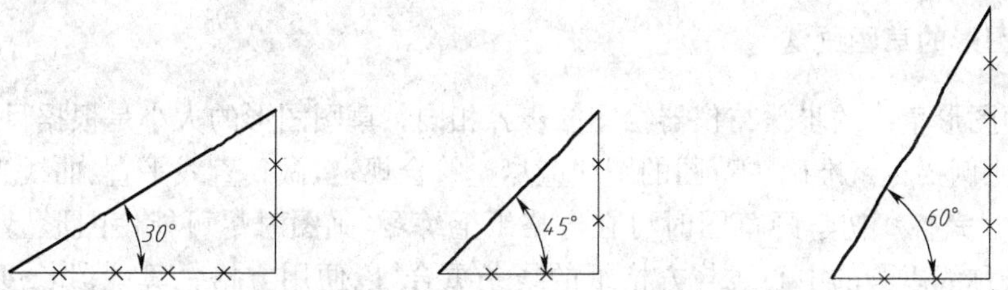

图 1-47　斜线的徒手画法

3. 圆和圆角的画法

画小圆时，先画中心线，在中心线上按半径大小目测定出 4 点，然后过 4 点分两半画出，如图 1-48(a)所示。

画直径较大的圆时，可过圆心加画两条 45°的斜线，按半径目测定出 8 点，然后连接成圆，如图 1-48(b)所示。

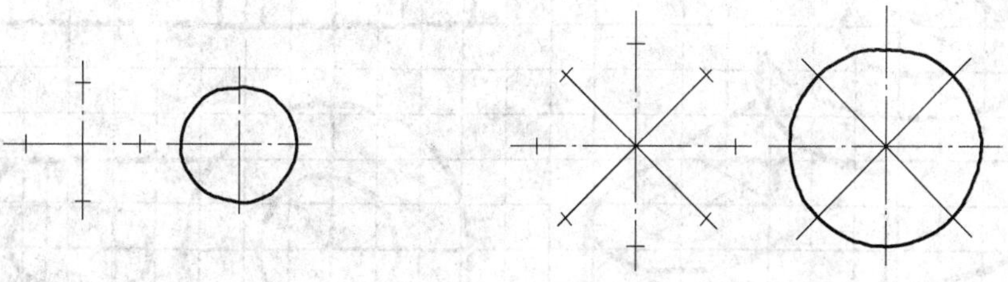

(a) 画小圆　(b) 画大圆

图 1-48　圆的徒手画法

画圆角及圆弧连接时，根据圆角半径大小，在分角线上定出圆心位置，从圆心向分角两边引垂线，定出圆弧的两连接点，并在分角线上定出圆弧上的点，然后过这三点作圆弧，如图 1-49(a)所示；也可以利用圆弧与正方形相切的特点画出圆角或圆弧，如图 1-49(b)所示。

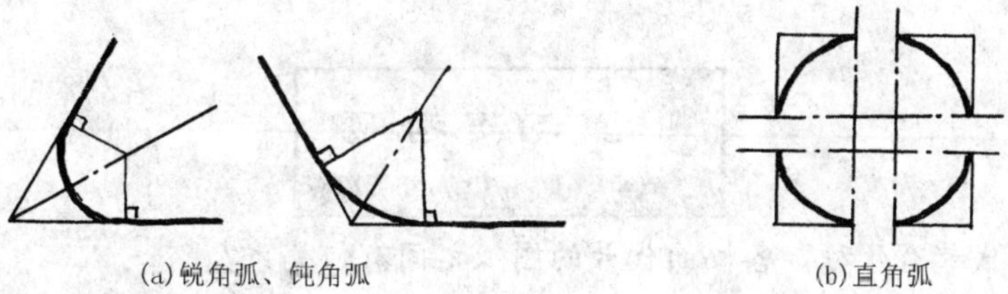

(a) 锐角弧、钝角弧　(b) 直角弧

图 1-49　圆角、圆弧连接的徒手画法

4. 椭圆的画法

画椭圆时，先画椭圆长短轴，定出长短轴顶点，过 4 个顶点画矩形，然后作椭圆与矩形相切，如图 1-50(a)所示；或者利用其与菱形相切的特点画椭圆，如图 1-50(b)所示。

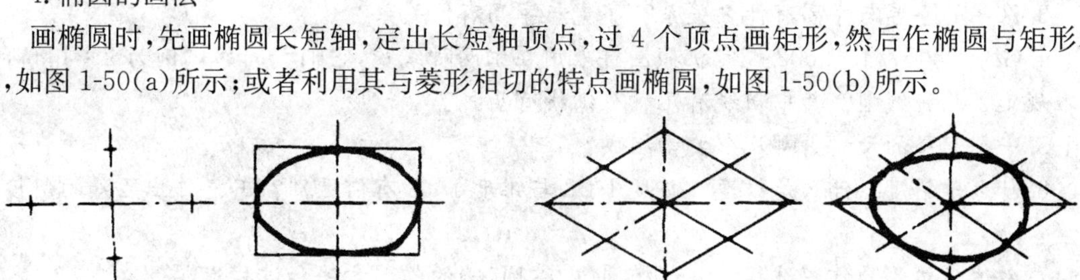

(a) 矩形法　(b) 菱形法

图 1-50　椭圆的徒手画法

二、平面图形的草图画法

绘制平面图形草图的步骤与仪器绘图的步骤相同。草图图形的大小是根据目测估计画出的，目测尺寸比例要尽量准确。草图的图线应尽量符合规定，做到直线平直、曲线光滑、各部分比例恰当、尺寸完整。初学画草图时可在方格纸上练习，画图时尽可能使图形上主要的水平线、垂直线、对称线以圆的中心线与方格纸的线条重合，以便用方格估算线段长度，如图 1-51 所示。经过练习后可逐步脱离方格纸在空白图纸上画出工整的草图。

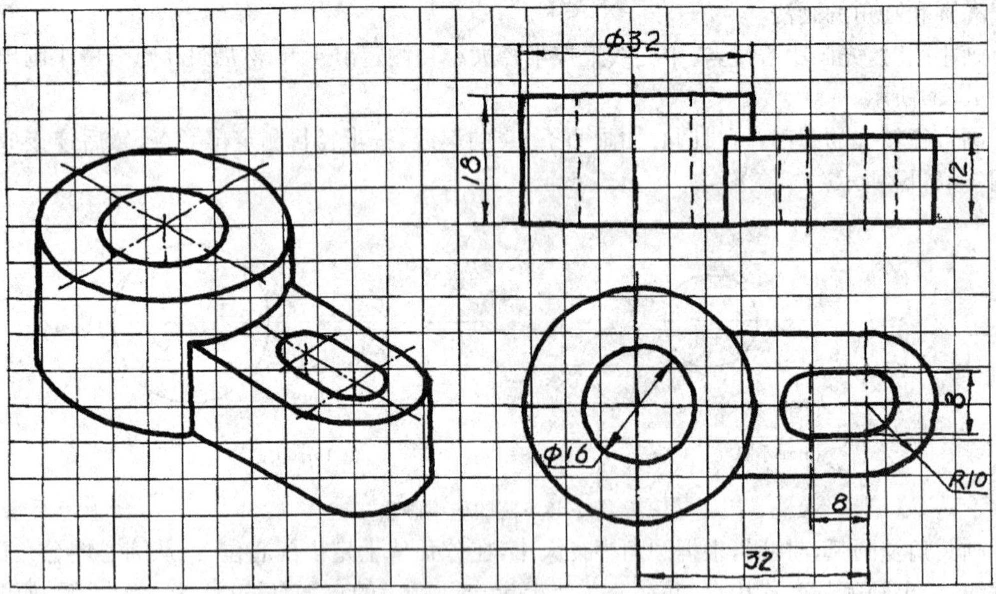

图 1-51　在方格纸上徒手画图示例

复习思考题

1. 图纸幅面代号有几种？各幅面代号的图纸之间有何关系？

2. 图样中书写的字体必须做到哪些要求？汉字应写成什么字体？常用字体高度的公称系列有几种？

3. 汉字的字号与字高有什么关系？字宽与字高有何关系？

4. GB/T 4457.4—2002 规定机械图样采用粗细两种线宽，它们之间的比例为 2∶1，请问：标准规定了几种线型？其中粗线有几种？细线有几种？

5. 一个完整的尺寸由哪几个要素组成？

6. 什么是斜度？什么是锥度？斜度 1∶3 与锥度 1∶3 有何区别？怎样作出已知的斜度和锥度？

7. 叙述五边形的作图过程。叙述椭圆（四心圆法）的作图方法和过程。

8. 什么是平面图形的尺寸基准、定形尺寸和定位尺寸？

9. 试述“已知线段”“中间线段”“连接线段”与尺寸的关系及绘制平面图形的方法和步骤。

第二章

正投影法和三视图

● **学习目标**

1. 理解、掌握正投影法，正确绘制简单物体的正投影图。
2. 熟悉三投影面体系的内容。
3. 熟记三视图的形成及其对应关系。

● **本章重点**

(1)掌握正投影法的基本原理和基本特征。

(2)理解三视图的形成过程、深刻领会三视图与物体方位之间的关系。

● **本章难点**

(1)三视图的三等对应关系和六个方位关系。

(2)空间概念的建立及空间想象能力的培养。

第一节　投影法的基本概念

工程中常需要把空间物体的形状和大小，在平面(图纸或计算机屏幕)上完整、正确地表示出来(图示法)，有时还需要在平面上通过作图的方法解决空间几何问题(图解法)。投影法正是解决这些问题的基本方法。

物体在光线的照射下，就会在地面或墙壁上产生影子，这就是投影现象。人们将这种自然现象加以科学的抽象，找出了影子和物体之间的几何关系，逐步形成了投影法。工程上常用各种投影法来绘制用途不同的工程图样。

如图 2-1(a)中的自然现象可抽象为图 2-1(b)所示的情况。即将灯泡抽象为点光源 S 称投影中心。S 点与物体上任一点间的连线(如 SA)称投射线。平面 P 称投影面，SA 的延长线与投影面的交点 a，称 A 点在投影面上的投影。

一、投影法的分类

根据投射线是否汇交于一点，投影法可分为两大类，即中心投影法和平行投影法。

1. 中心投影法

投射线在有限远处汇交于一点的投影法，称为中心投影法，如图 2-1 所示。

运用中心投影法绘制的图样称透视图，如图 2-2 所示。透视图与照相成影的原理相似，所以其投影图接近于视觉映象，富有真实感，直观性强。故常作为建筑、桥梁及各种土木工程物体的辅助图样。透视图虽然直观性强，但作图复杂且度量性较差，故在机械图样中很少使用。随着计算机绘图技术的发展，用计算机绘制透视图可避免人工作图的繁杂性。因此在工艺美

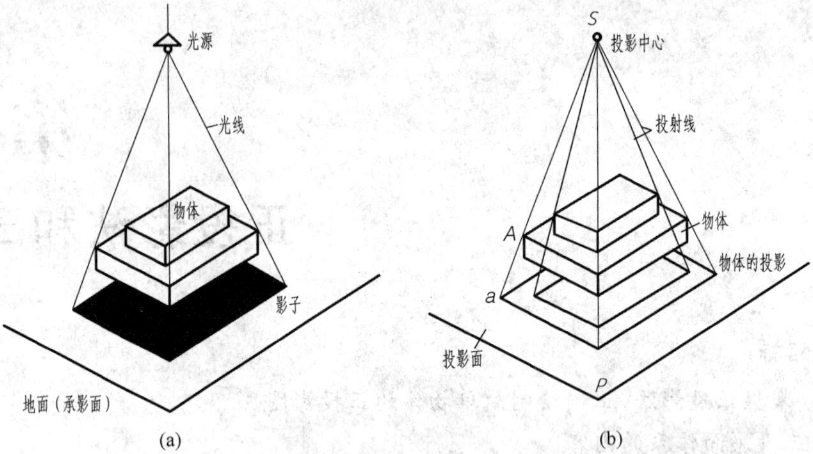

(a)　　　　(b)

图 2-1　中心投影法

术及宣传广告中也常采用透视图。

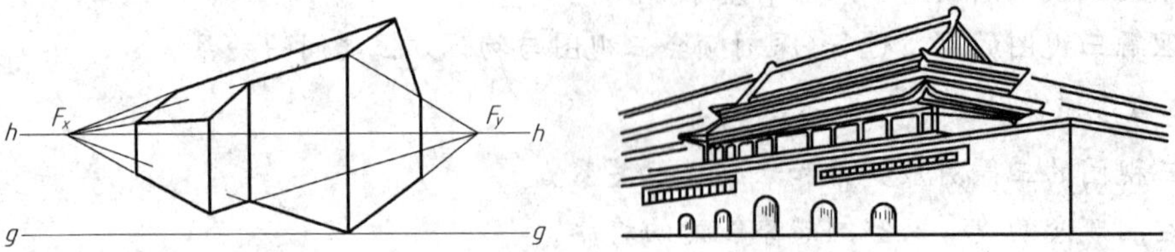

图 2-2　中心投影法绘制的透视图

2. 平行投影法

投影面保持不动，将投影中心 S 移至无穷远处，则投射线相互平行，称平行投影法，如图 2-3 所示。其中，投射线倾斜于投影面称平行斜投影法如图 2-3(a)所示；投射线垂直于投影面称平行正投影法，简称正投影法如图 2-3(b)所示。

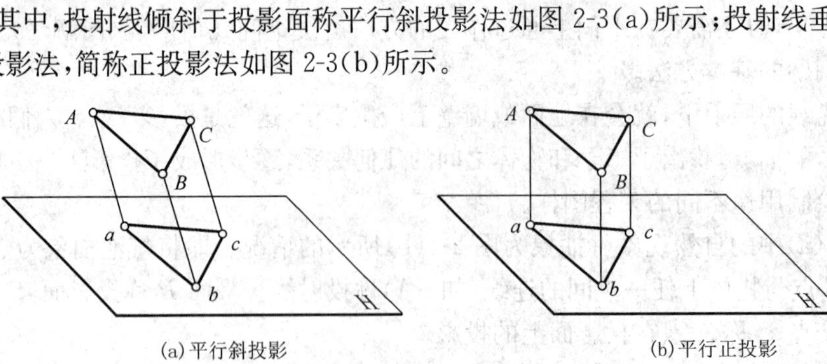

(a) 平行斜投影　　　　(b) 平行正投影

图 2-3　平行投影法

二、正投影的基本性质

直线和平面对于投影面的相对位置有三种情况——平行、垂直、倾斜决定了正投影的三个特性。

(1)实形性　当直线和平面平行于投影面时，其正投影反映实长或实形的性质称为实形性，如图 2-4 所示。

(2)积聚性　当直线和平面垂直于投影面时，其正投影积聚为一点或直线的性质称为积聚

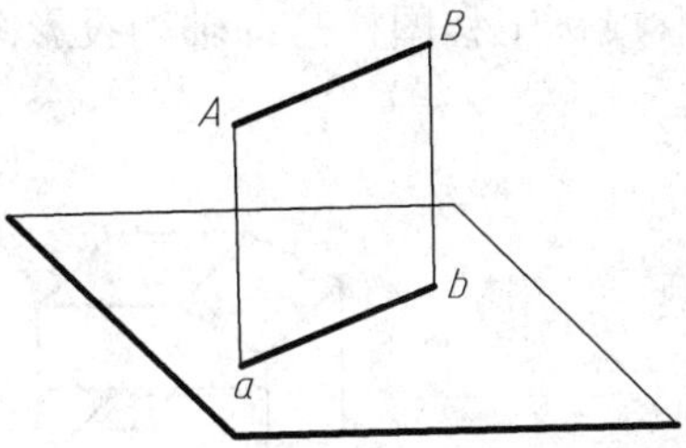

(a) 直线平行于投影面

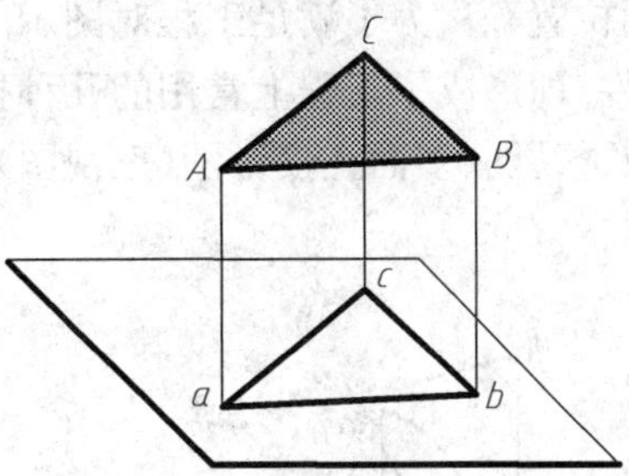

(b) 平面平行于投影面

图 2-4　正投影的实形性

性，如图 2-5 所示。

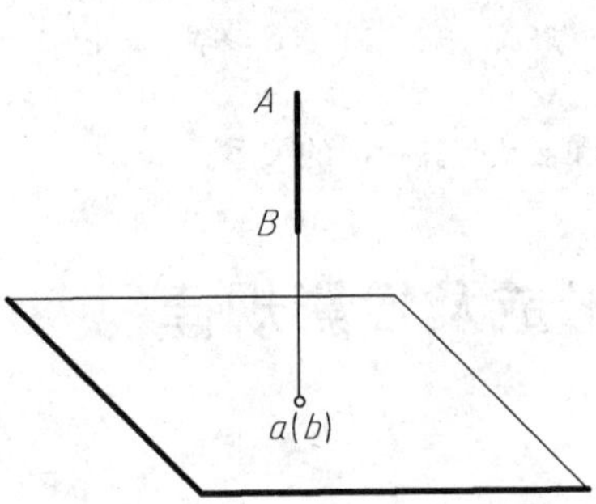

(a) 直线垂直于投影面

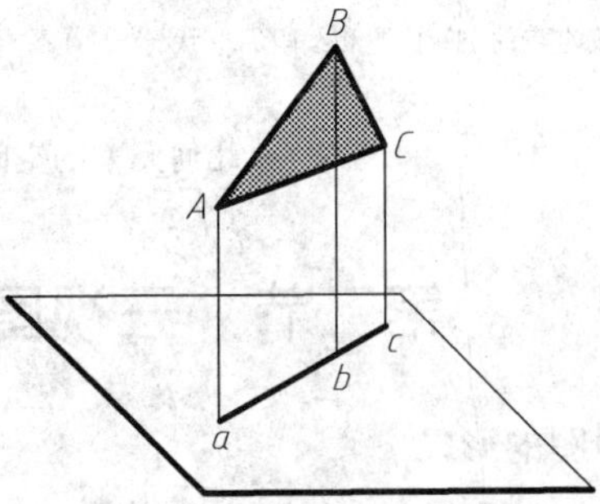

(b) 平面垂直于投影面

图 2-5　正投影的积聚性

(3)类似性　当直线和平面倾斜于投影面时，其正投影变短或变成类似形的性质称为类似性，如图 2-6 所示。

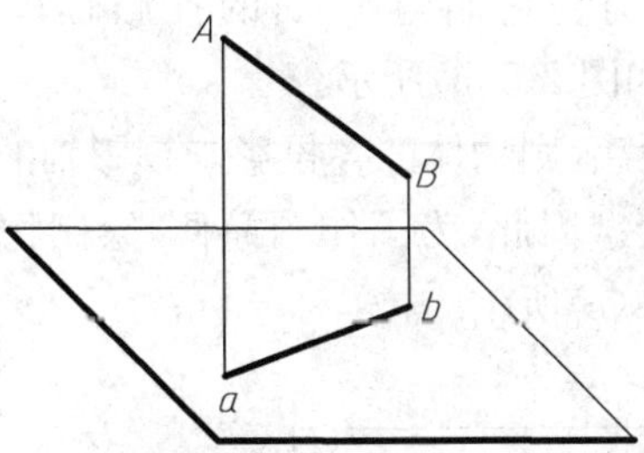

(a) 直线倾斜于投影面

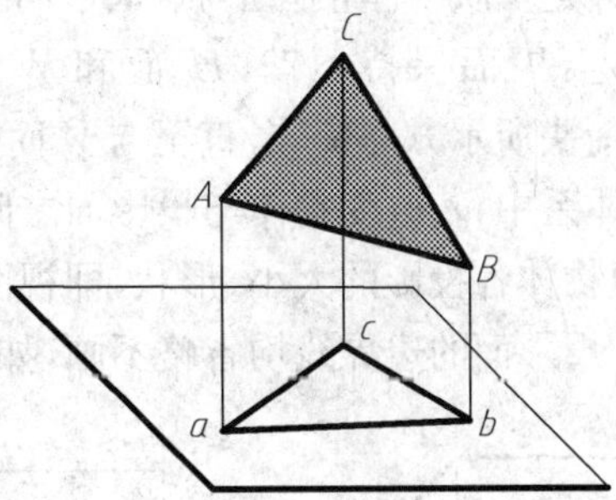

(b) 平面倾斜于投影面

图 2-6　正投影的类似性

三、视图的基本概念

如图 2-7(a)所示，运用正投影法，将空间点 A 和线段 BC 向投影面 P 投射，它们在投影面上均有唯一的投影 a 和 bc。但是若仅根据点 A 和线段 BC 的一个投影 a 和 bc，则无法确定它们的空间位置和形状。同样如图 2-7(b)所示，点 D 和线段 EF 的一个投影也无法确定它们之间的从属关系。又如图 2-7(c)所示，投影面 P 上的投影，所表达的可以是物体Ⅰ，也可以是物体Ⅱ，还可以是物体Ⅲ、物体Ⅳ…由此可见，仅有物体的一个投影不能确定其形状和结构。而工程对工程图样的图示要求是：确切、唯一地反映物体的形状以及构成物体的几何元素间的相互关系、空间位置等。为了满足工程对图示的要求，在中心投影法和平行投影法中科学地添加一些补充条件，即形成了工程上常用的几种投影图（或称工程图样），即轴测投影图、标高投影图（地形图）、透视图、多面正投影图（三视图）。

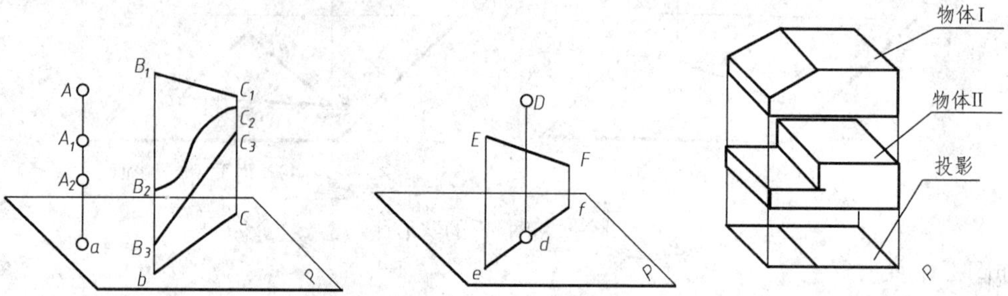

(a)不能确定点的空间位置和线段的形状　(b)不能确定点与线段的从属关系　(c)不能确定空间物体的形状

图 2-7　几何元素的空间位置和形状与其投影的关系

第二节　三视图的形成及投影规律

一、三视图的形成

如图 2-8(a)，设置三个互相垂直的投影面 V（正投影面）、H（水平投影面）、W（侧投影面）形成一个三投影面体系。将物体分别向三个投影面投射得到物体的三个投影，物体在投影面上的投影称作视图。在机械制图中，物体在 V 面上的投影称主视图；H 面上的投影称俯视图；W 面上的投影称左视图。

工程图样是反映物体正确形状和大小的平面图纸，为此，要将三个投影面展开成一个平面。因此规定：V 面保持不动，H 面和 W 面分别绕它们与 V 面的投影轴（OX、OZ），如图 2-8(a)中箭头所示方向旋转，直至与 V 面重合如图 2-8(b)所示。

在投影体系中，若改变物体与投影面之间的距离，则物体的各投影与投影轴的距离也随之发生变化，但物体各投影的大小、形状，即视图不变。因此，为了作图简便，绘制物体的三视图时，投影轴和投影面的边界线均省略不画，如图 2-8(c)所示。

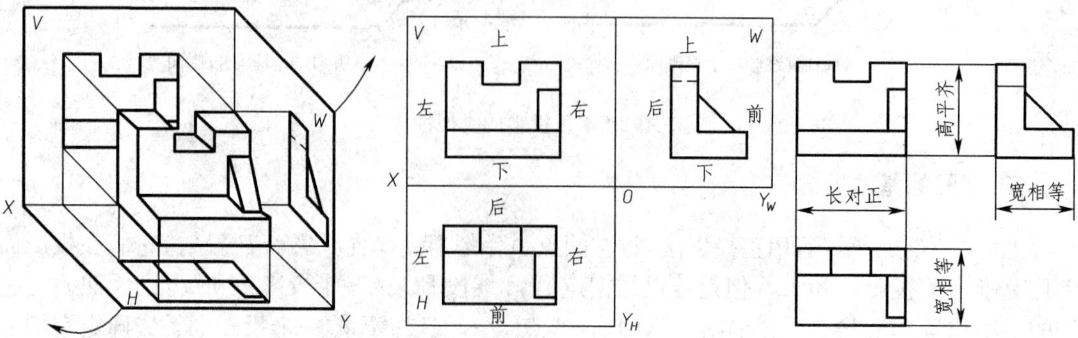

(a)三视图的形成　(b)三投影面体系的展开　(c)三视图的投影关系

图 2-8　三视图的形成及其投影规律

二、三视图的对应关系

三视图是用三个视图共同表达一个物体，主视图表达了物体与正投影面平行的所有表面的形状，俯视图表达了物体与水平投影面平行的所有表面的形状，左视图表达了物体与侧投影面平行的所有表面的形状。三视图之间有如下三个对应关系：

(1)方位关系，此处方位指物体的上下、左右、前后六个方位。主视图反映了物体的长和高，根据主视图可区分物体的上下、左右；俯视图反映了物体的长和宽，根据俯视图可区分物体的左右、前后；左视图反映了物体的高和宽，根据左视图可区分物体的上下、前后。在看、画图实践中，难点在于判别俯、左两图的前后方位，口诀："里后外前"揭示了俯、左两视图的前后方位关系，如图 2-8(b)、(c)所示。

(2)位置关系，投影面展开后，物体的三个视图之间保持了一定的位置关系如图 2-8(c)所示。俯视图位于主视图的正下方，共同表达出物体的长度；左视图位于主视图的正右方，共同表达出物体的高度；俯视图与左视图则宽度相等。

(3)投影关系，根据三视图之间的方位关系和位置关系，可知三视图之间必然存在，且应保持如下投影关系，如图 2-8(c)所示。

主视图与俯视图——长对正

主视图与左视图——高平齐

俯视图与左视图——宽相等

在三视图中，物体及其每一局部，如物体上的点、线、面等均应保持这种对应的投影关系，它是我们今后看图、画图的依据，必须深刻领会。看、画图实践证明，主视图和左视图所反映的物体的上下、左右方位的相对位置容易判断，而判断俯视图和左视图所反映的前后方位的相对位置时容易出错，看、画图时要特别引起注意。

三、三视图的作图方法和步骤

画物体的三视图，首先按正常位置摆正物体，选好主视图的投射方向。然后依据所画物体的大小和复杂程度确定画图比例和图纸幅面。再根据正投影原理及三视图的对应关系作图。

(1)根据所画物体的大小和复杂程度，确定画图比例和图纸幅面。

(2)布置视图位置。即在图纸上画出各视图的中心线、对称线、轴线及其他基准线。

(3)画底稿。注意：要保证三视图间的对应关系。

(4)检查和描深。

【例 2-1】 绘制图 2-9(a)所示物体的三视图。具体作图步骤如图 2-9(b)～(f)所示。

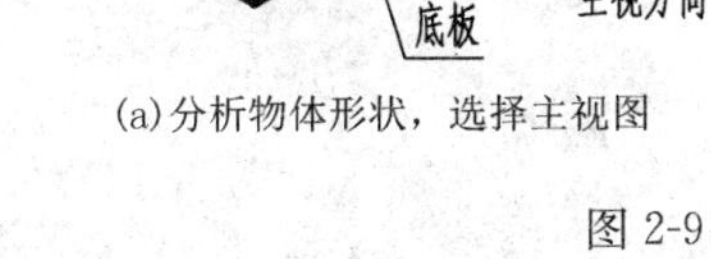

(a)分析物体形状，选择主视图

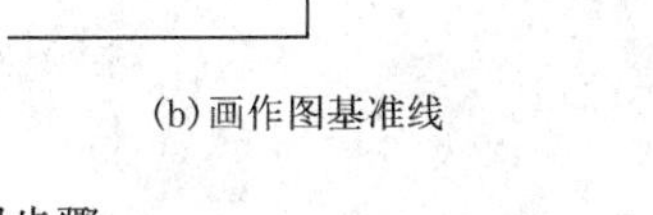

(b)画作图基准线

图 2-9　三视图的作图步骤

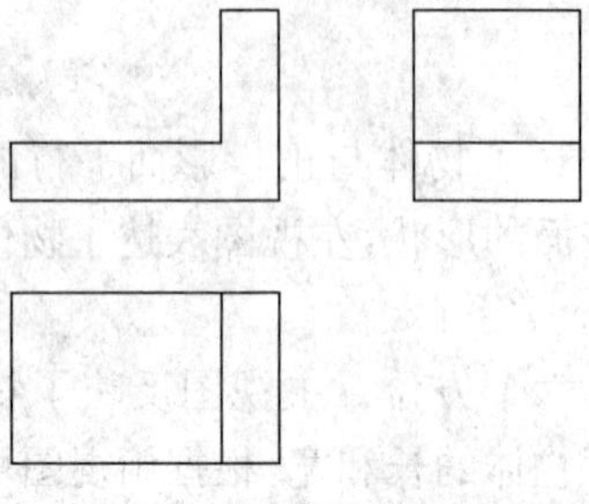

(c)画弯板（由底板和竖板组成）的三视图

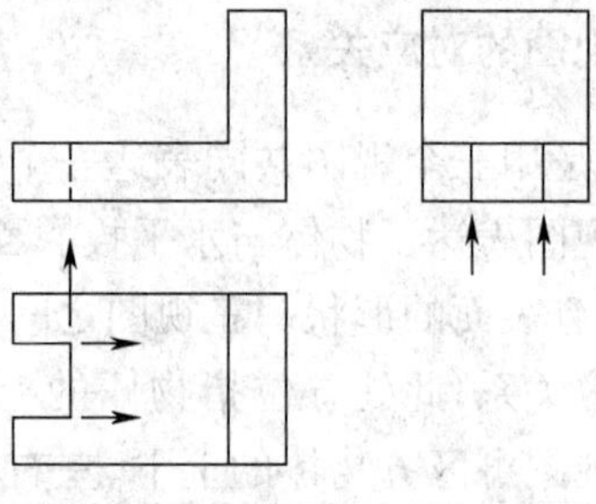

(d)画左端方槽的三面投影（先画水平投影）

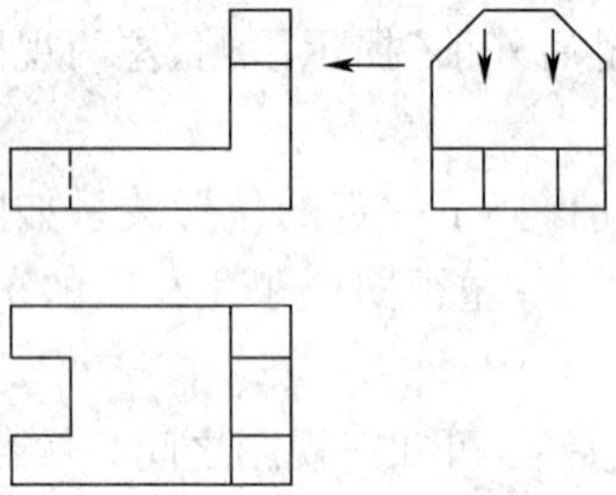

(e)画竖板切角的三面投影（先画侧面投影）

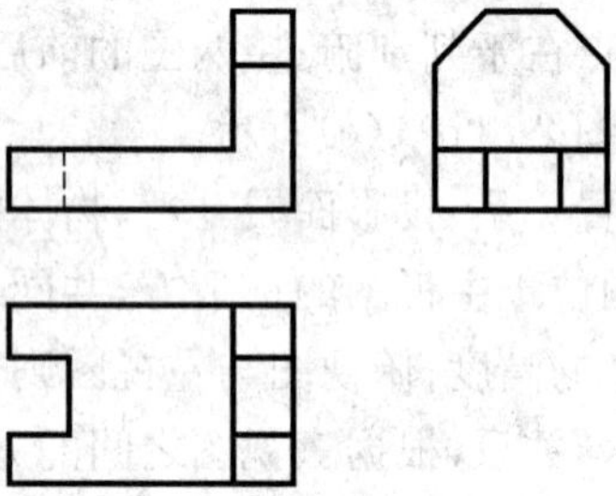

(f)描粗加深，完成三视图

图 2-9　三视图的作图步骤(续)

复习思考题

1. 投影法可分为哪几类？
2. 中心投影法与平行投影法的区别是什么？
3. 平行投影法又分为哪几种？机械图样采用哪种投影法绘制而成？
4. 直线和平面的正投影特性是什么？

第三章

点、直线、平面的投影

● **学习目标**

对点、直线、平面的三面投影特征和作图方法要在理解的基础上熟记在心。做到看到它的三面投影，就可判断出它的空间位置，为今后学好基本体的三视图打下基础。

● **本章重点**

(1)点的三面投影规律，重影点的投影及可见性判断。

(2)直线及平面在三投影面体系中的各种位置及投影特性。

● **本章难点**

(1)直线和平面空间概念的建立和空间想象能力的培养。

(2)空间各种位置直线及平面的三投影画法。

第一节　点 的 投 影

点是组成立体的最基本的几何元素。要正确地画出物体的三视图，必须首先掌握点在三投影面体系中的投影规律。

一、点的三面投影

由空间点 A 分别向投影面 H、V、W 面引垂线，则垂足点 a、a'、a''即为点 A 的三面投影①〔图 3-1(a)〕。移去空间点 A，V 面保持不动，将 H 面绕 OX 轴向下旋转 90°，W 面绕 OZ 轴向右旋转 90°〔图 3-1(b)〕与 V 面共面，即得点的三面投影图〔图 3-1(c)〕。

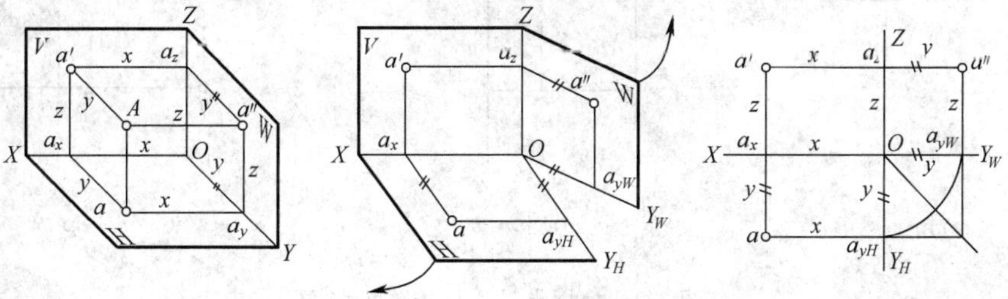

(a)直观图　　(b)投影面展开　　(c)点的三面投影图

图 3-1　点的三面投影图

点的三面投影的投影规律是：

① 关于空间点及其投影的规定标记：空间点用大写字母，例如 A、B、C…水平投影用相应的小写字母，如 a、b、c…正面投影用相应的小写字母加一撇，如 a'、b'、c'…侧面投影用相应的小写字母加二撇，如 a''、b''、c''…

(1)$a'a \perp OX$,即点的正面投影和水平投影的连线垂直于 OX 轴;

(2)$a'a'' \perp OZ$,即点的正面投影和侧面投影的连线垂直于 OZ 轴;

(3)$aa_x = a''a_z$,即点的水平投影到 OX 轴的距离等于该点的侧面投影到 OZ 轴的距离。

为了作图方便,可自原点 O 作一条 45°的辅助线,以保证 $aa_x = a''a_z$,如图 3-2(c)所示。

二、点的投影与直角坐标的关系

在三投影面体系中,点的位置可由点到三个投影面的距离来决定。即把投影面当作坐标面,把投影轴当作坐标轴,则点的投影和点的坐标关系如图 3-1 所示。

$x = Aa'' = a'a_z = aa_{yH}$ =空间点 A 到 W 面的距离

$y = Aa' = aa_x = a''a_z$ =空间点 A 到 V 面的距离

$z = Aa = a'a_x = a''a_{yW}$ =空间点 A 到 H 面的距离

点 A 的水平投影 a 反映该点的 X 和 Y 坐标,正面投影 a' 反映该点的 X 和 Z 坐标,侧面投影 a'' 反映该点的 Y 和 Z 坐标。点的任何两个投影都包含 x、y、z 三个坐标,因此,已知点的两个投影,可求出其第三投影。而且点的正面投影和水平投影的都具有相同的 X 坐标,所以它们的连线必垂直于 OX 轴;点的正面投影和侧面投影都具有相同的 Z 坐标,所以它们的连线必垂直于 OZ 轴;由于点的水平和侧面投影都具有相同的 Y 坐标,所以水平投影 a 至 OX 轴的距离一定等于侧面投影 a'' 至 OZ 轴的距离。

【例 3-1】 已知空间点 $B(16,10,12)$,求作它的三面投影。

作图:

(1)画出投影轴;在 OX 轴上量取 16,得 b_X〔图 3-2(a)〕。

(2)过 b_X 作 OX 轴的垂线,自 b_X 沿 OZ 方向量取 12,沿 OY 方向量取 10,得 b' 和 b 点,如图 3-2(b)所示。

(3)根据 b、b' 求出第三投影 b'',如图 3-2(c)所示。

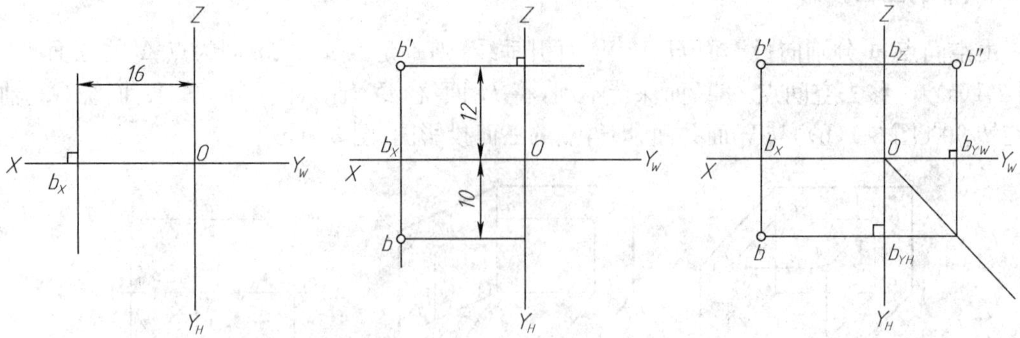

(a)求 b_x　　(b)求 b、b'　　(c)求 b''

图 3-2　根据点的坐标求作投影图

三、两点的相对位置

两点在空间的相对位置可根据两点的坐标大小来判定,如图 3-3 所示。

(1)点的方位。根据两点的 X 坐标大小判别两点间的左右位置,坐标值大者在左;

根据两点的 Y 坐标大小判别两点间的前后位置,坐标值大者在前;

根据两点的 Z 坐标大小判别两点间的上下位置,坐标值大者在上。

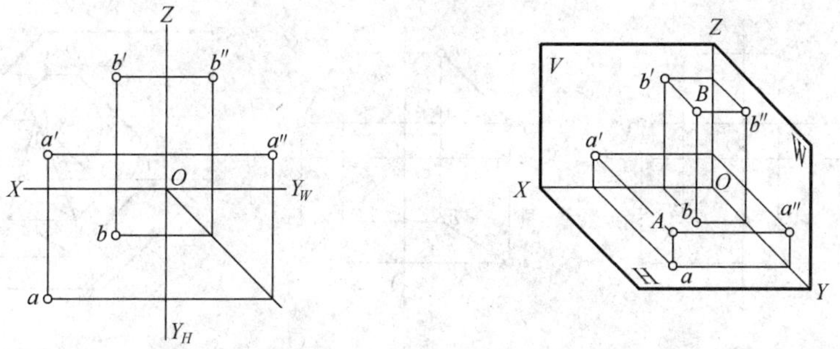

(a)投影图　　(b)直观图

图 3-3　两点的相对位置

(2)重影点。如图 3-4 所示,C、D 两点处在向 H 面投射的同一条投射线上,则 C、D 两点的 H 面投影 c、d 重合在一起,说明 C、D 两点的 X、Y 坐标均相等。C、D 两点的 H 面投影点称为重影点。

判断重影点可见性,可根据这两点不重影投影的坐标大小来确定。坐标值大的投影点可见。重影点在标注时应将点的不可见投影用括号括起来,如图 3-4 所示中的"(d)"。

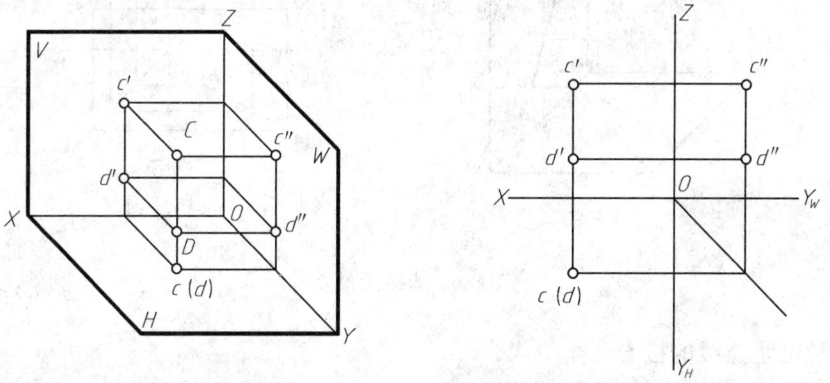

(a)三视图　　(b)投影图

图 3-4　重影点的投影及其可见性

第二节　直线的投影

由于确定直线的几何条件是"两点确定一条直线"。点属于直线的投影特性是"点在直线上,则点的投影在直线的同面投影上"。所以直线的投影就是作出直线上任意两点的投影,并连接其同面投影,如图 3-5 所示。

一、直线的三面投影

如图 3-5 所示,作出 A、B 两点的三面投影 a、a'、a''、和 b、b'、b'',连接该两点在同一投影面上的投影(称同面投影)得 ab、$a'b'$、$a''b''$,即为直线的三面投影。

二、直线上的点

直线上点的投影,一定在该直线的同面投影上。如图 3-6 所示,C 点在 AB 直线上,则 C

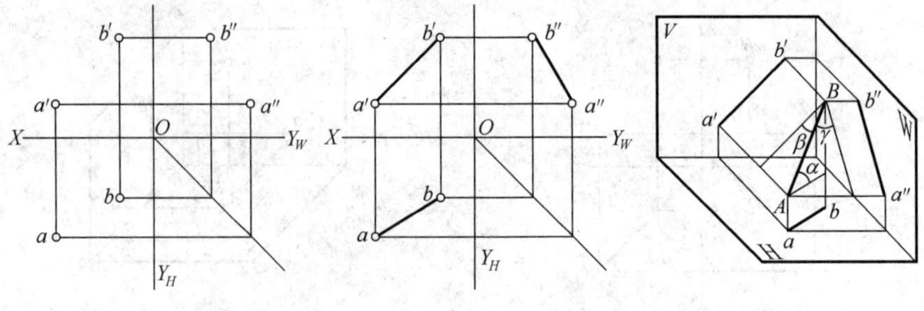

(a)　　　　(b)　　　　(c)

图 3-5　两点确定一直线

点的 V 面投影 c' 在直线 AB 的 V 面投影 $a'b'$ 上，C 点的 H 面投影 c 在直线 AB 的 H 面投影 ab 上。而 C 点的 V、H 面投影 c' 与 c 的投影连线垂直于投影轴 OX。

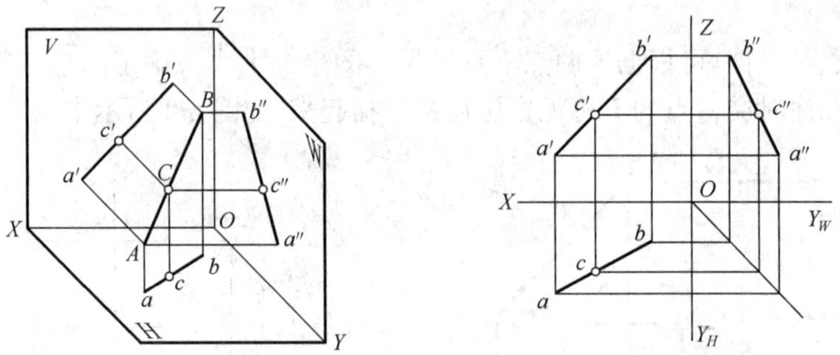

(a)直观图　　　　(b)投影图

图 3-6　直线上的点

三、各种位置直线的投影

空间直线在三投影面体系中的位置有三种：

一般位置直线——与三个投影面都倾斜的直线；

投影面垂直线——垂直于一个投影面与另两个投影面平行的直线；

投影面平行线——平行于一个投影面与另两个投影面倾斜的直线。

后两类直线称为特殊位置直线。

1. 一般位置直线

图 3-6 所示的直线对三个投影面都倾斜，即一般位置直线，其投影特性如下：

(1)三个投影的长度均不反映空间直线的实长，且小于实长，但投影仍为直线。

(2)三个投影均与投影轴倾斜。

2. 投影面垂直线

垂直于 V 面，平行于 H 面、W 面的直线——称正垂线；

垂直于 H 面，平行于 V 面、W 面的直线——称铅垂线；

垂直于 W 面，平行于 V 面、H 面的直线——称侧垂线。

投影面垂直线的三面投影图及其投影特性见表 3-1。

表 3-1　投影面垂直线

名称	正垂线（⊥V，//H和W）	铅垂线（⊥H，//V和W）	侧垂线（⊥W，//H和V）
直观图	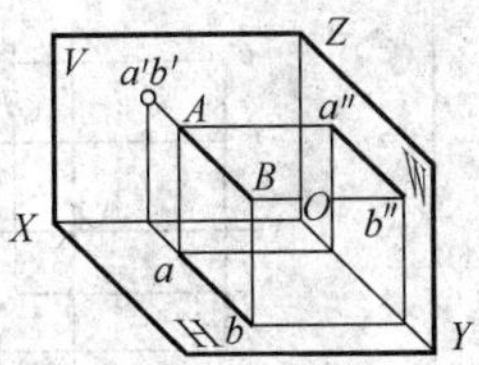	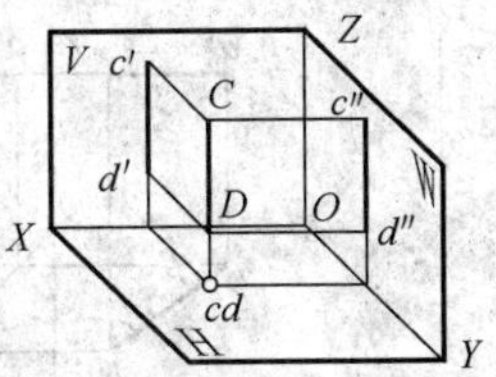	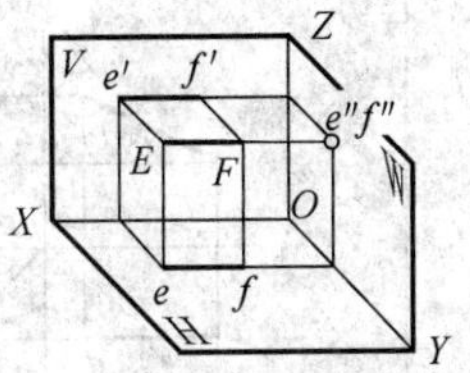
投影图	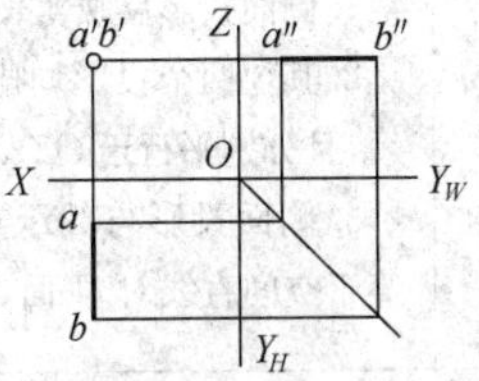	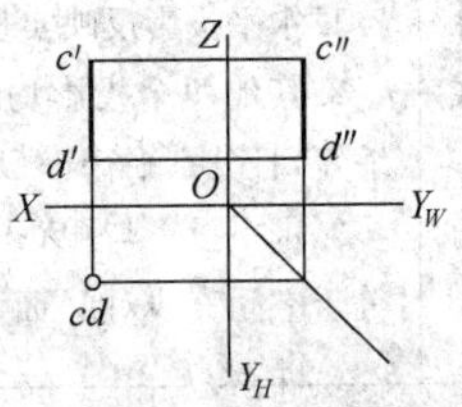	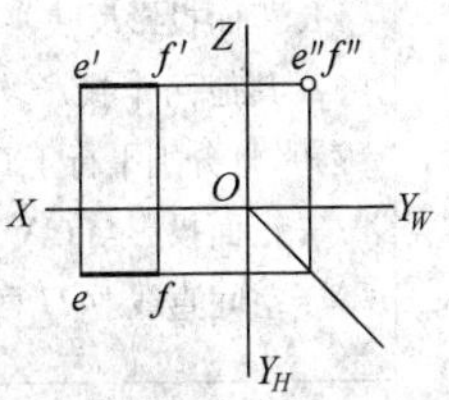
投影特性	1. 正面投影积聚成一点 2. 其他两个投影反映实长，且分别垂直于OX、OZ轴	1. 水平投影积聚成一点 2. 其他两个投影反映实长，且分别垂直于OX、OY轴	1. 侧面投影积聚成一点 2. 其他两个投影反映实长，且分别垂直于OY、OZ轴
	小结：1. 在所垂直的投影面上的投影积聚成一点 2. 其他投影反映空间线段实长，且垂直于相应的投影轴		

3. 投影面平行线

平行于V面，倾斜于H面、W面的直线——称正平线；

平行于H面，倾斜于V面、W面的直线——称水平线；

平行于W面，倾斜于V面、H面的直线——称侧平线。

投影面平行线的投影图及其投影特性见表 3-2。

表 3-2　投影面平行线

名称	正平线（//V，倾斜于H和W）	水平线（//H，倾斜于V和W）	侧平线（//W，倾斜于H和V）
直观图		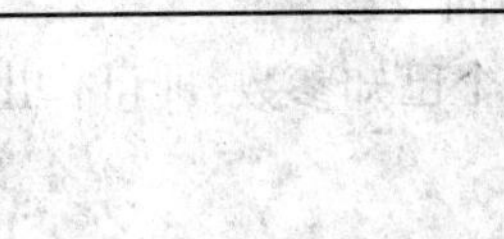	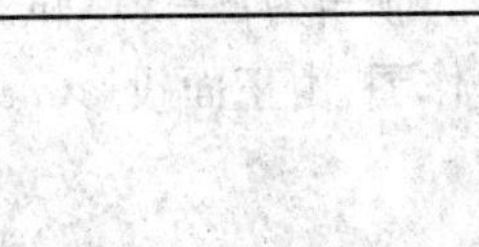

续上表

名 称	正平线（//V，倾斜于 H 和 W）	水平线（//H，倾斜于 V 和 W）	侧平线（//W，倾斜于 H 和 V）
投影图	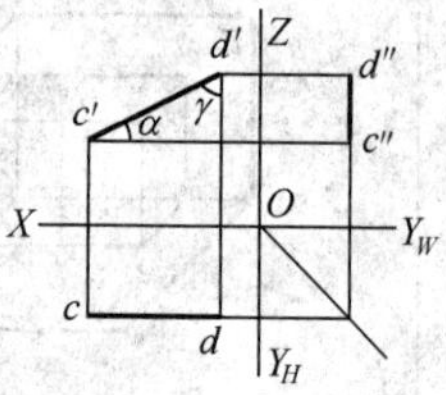	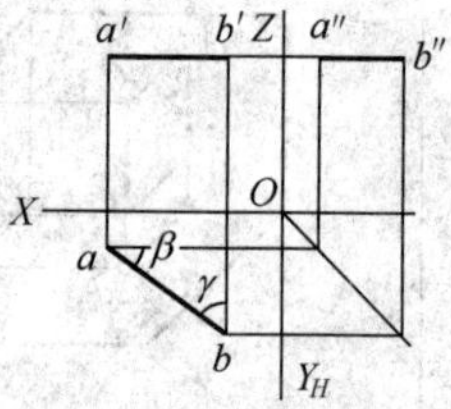	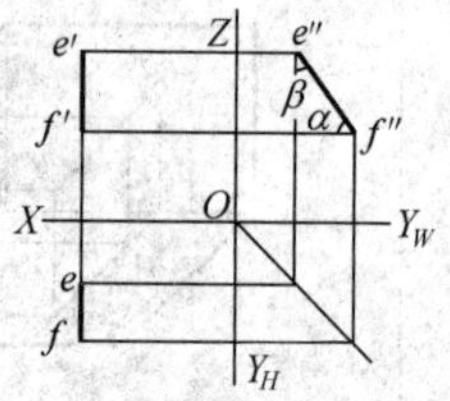
投影特性	1. 正面投影反映实长，位置倾斜 2. 其他两个投影均比空间直线缩短，且分别平行于 OX、OZ 轴 3. 正面投影与 OX 与 OZ 的夹角等于空间直线对 H 面、W 面倾角	1. 水平投影反映实长，位置倾斜 2. 其他两个投影均比空间直线缩短，且分别平行于 OX、OY 轴 3. 水平投影与 OX 与 OY 的夹角等于空间直线对 V 面、W 面倾角	1. 侧面投影反映实长，位置倾斜 2. 其他两个投影均比空间直线缩短，且分别平行于 OZ、OY 轴 3. 侧面投影与 OY 与 OZ 的夹角等于空间直线对 H 面、V 面倾角
	小结：1. 在所平行的投影面上的投影为反映实长的斜线 2. 其他两个投影缩短，且平行于相应的投影轴 3. 反映实长的投影与投影轴的夹角等于空间直线对相应投影面的倾角		

注：规定空间直线对各投影面的倾角，对 V 面倾角用 β 表示；对 H 面倾角用 α 表示；对 W 面倾角用 γ 表示。

四、求一般位置直线的实长和对投影面的倾角

在设计或绘制图样时，有时需要求出一般位置直线的实长和对投影面的倾角。直角三角形法就是利用直线的投影求其实长及对投影面倾角的一种方法，现介绍如下：

图 3-7(a)表示了直角三角形法的空间几何关系。过点 A 作 AC // ab，在空间直角三角形 ABC 中，斜边 AB 就是线段的实长，一直角边 AC 等于线段的水平投影 ab，另一直角边 BC 等于线段两端点 A 和 B 对水平投影面的距离之差，即 A、B 两点的 Z 坐标差 ΔZ，也等于 a'、b' 到 OX 轴的距离之差，而斜边 AB 与直角边 AC 的夹角即为线段 AB 对水平投影面的倾角 α。

在投影图上的作图方法，如图 3-7(b)所示。以水平投影 ab 为一直角边，过 b 作 ab 的垂线为另一直角边，量取 $B_1b=\Delta Z$，连接 aB_1 即为空间线段 AB 的实长，$\angle baB_1$ 即为线段 AB 对水平投影面的倾角 α。线段 AB 对 V 面倾角 β 的作法亦如图 3-7(b)中正面投影所示。

同理，如欲求线段对 W 面的倾角 γ，则可利用侧面投影，其作图原理和方法与上述类同，请自行分析。

通过分析，直角三角形法的作图原理是：将线段 AB 在某个投影面上的投影作为直角三角形的邻边，用其另一投影两个端点的坐标差作为对边，作出一直角三角形。此直角三角形的斜边就是线段的实长，而斜边与邻边的夹角就是线段对该投影面的倾角。

【例 3-2】 如图 3-8(a)所示，已知线段 AB 的正面投影和端点 B 的水平投影，并知 AB 对 V 面的倾角为 $\beta=30°$，试完成其两面投影。

作图：由正面投影 $a'b'$ 和 β 两个已知参数，即可作出一个直角三角形 $a'b'B_1$，如图 3-8(b)

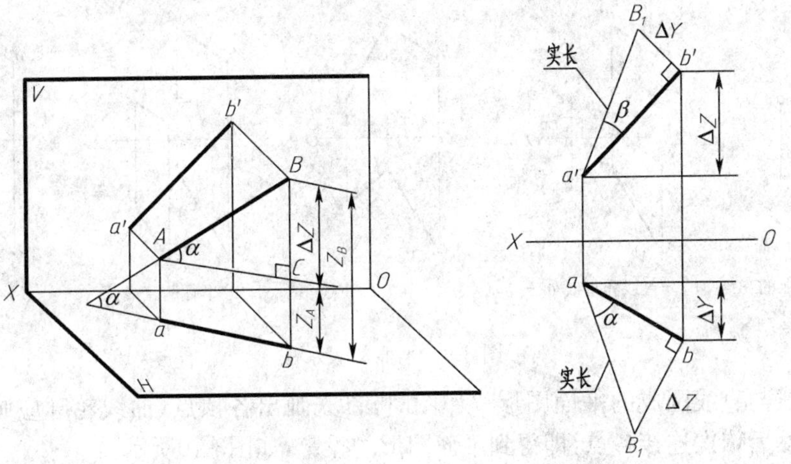

(a)示意图 (b)投影图

图 3-7 直角三角形法求线段的实长和倾角

所示。其斜边 $a'B_1$ 为线段 AB 的实长，而对边 $b'B_1$，即为另一投影 ab 两端点的坐标差 ΔY，再将 ΔY 移到 H 面投影中去，便可作出水平投影 ab。

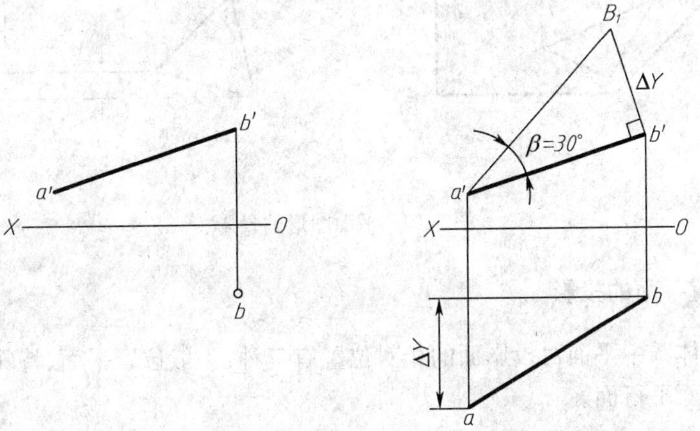

(a)已知条件 (b)求作AB的水平投影

图 3-8 用直角三角形法完成直线的投影

第三节 平面的投影

几何学中的平面是指无限的平面，而本节所讨论的平面多指平面的有限部分，即平面图形。

一、平面表示法

不属于同一直线的三点可确定一平面。因此平面可由几何元素(点、直线)表示，通常有图 3-9 所示的 5 种形式，平面的投影可用几何元素的投影来表示。

在物体的三视图中空间平面就是视图中封闭的平面图形，如三角形、矩形、多边形及一些

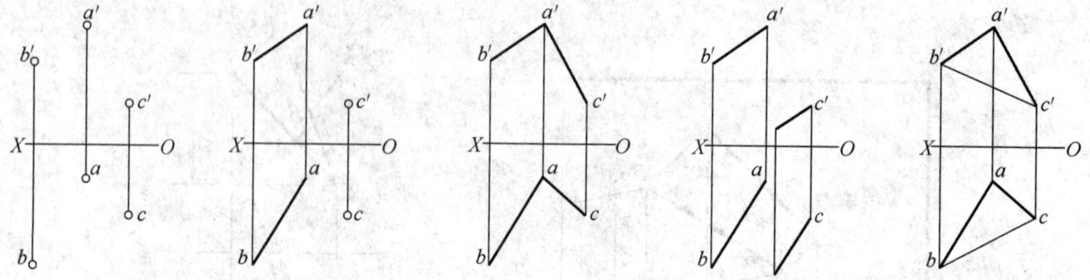

(a)不在直线上的三点 (b)一直线和直线外一点 (c)相交两直线 (d)平行两直线 (e)任意平面图形

图 3-9　平面的表示法

由曲线或曲线与直线围成的平面图形。作图时，首先画出各顶点(曲线轮廓应画出主要轮廓点)的投影，然后依次连接各点，即得到平面图形的投影，如图3-10所示。

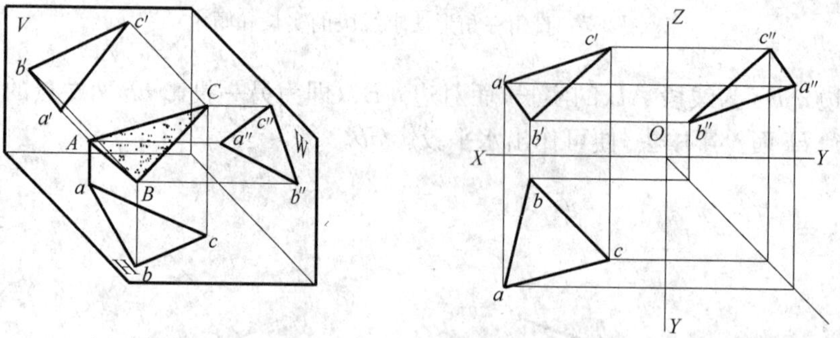

(a)示意图　(b)投影图

图 3-10　平面图形的投影

二、各种位置平面的投影

在三投影面体系中平面对投影面的相对位置有三种:一般位置平面、特殊位置平面指投影面垂直面和投影面平行面。

1. 一般位置平面

对三个投影面都倾斜的平面称为一般位置平面。如图 3-11 所示的$\triangle ABC$就是一般位置平面。其投影特性为:平面的三个投影都是小于空间平面的类似形。

2. 投影面垂直面

垂直于一个投影面而与另两个投影面倾斜的平面称为投影面垂直面。

垂直于V面，倾斜于H面、W面的平面——称正垂面；

垂直于H面，倾斜于V面、W面的平面——称铅垂面；

垂直于W面，倾斜于V面、H面的平面——称侧垂面。

投影面垂直面的投影图及其投影特性见表 3-3。

表 3-3　投影面垂直面

名 称	正垂面(⊥V,倾斜于 H 和 W)	铅垂面(⊥H,倾斜于 V 和 W)	侧垂面(⊥W,倾斜于 H 和 V)
直观图	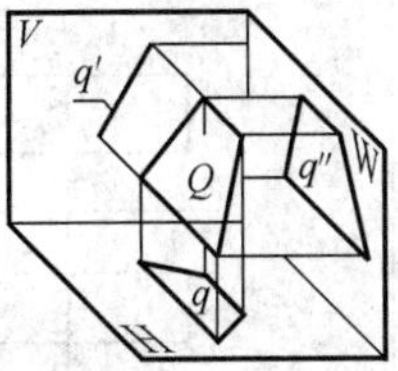	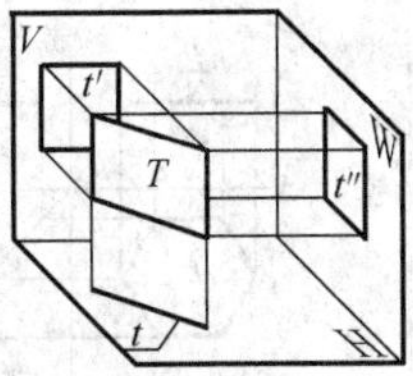	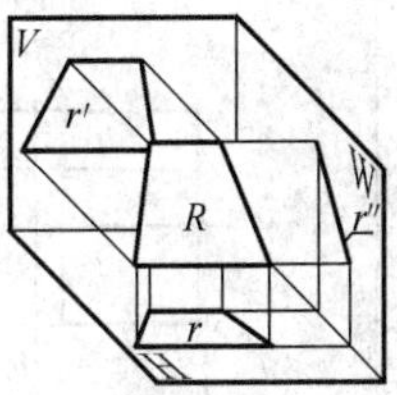
投影图	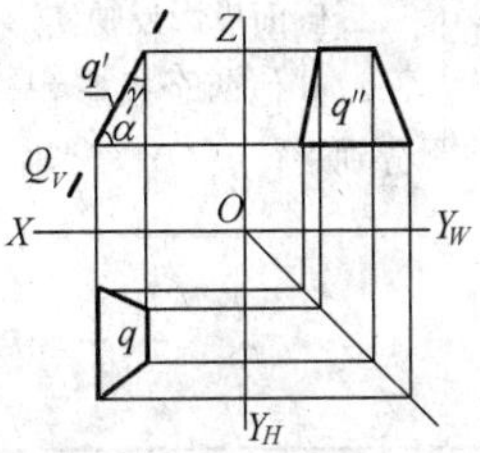	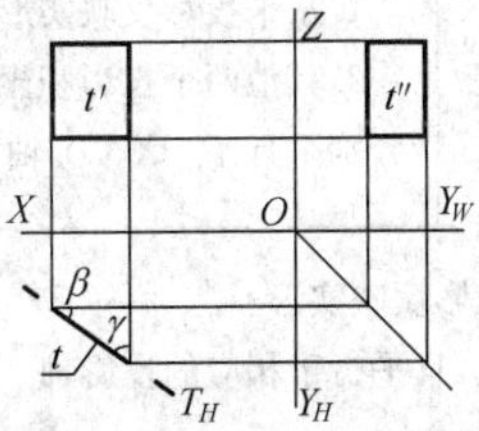	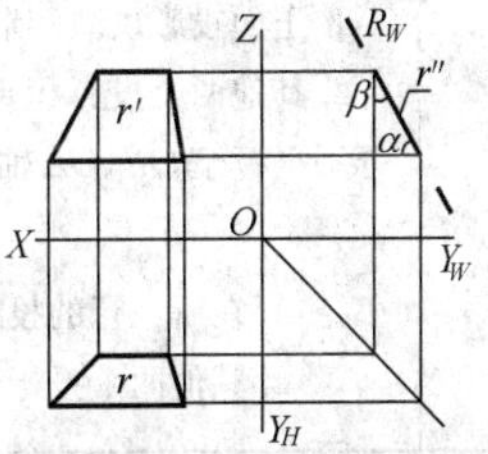
投影特性	1. 正面投影积聚为斜直线,反映平面与 H 面、W 面的倾角 2. 其他两个投影缩小,为原平面形的类似形	1. 水平投影积聚为斜直线,反映平面与 V 面、W 面的倾角 2. 其他两个投影缩小,为原平面形的类似形	1. 侧面投影积聚为斜直线,反映平面与 H 面、V 面的倾角 2. 其他两个投影缩小,为原平面形的类似形
	小结:1. 在所垂直的投影面上的投影积聚为斜线,它与投影轴的夹角反映平面对其他两投影面的倾角 2. 其他两个投影缩小,为原形的类似形		

3. 投影面平行面

平行于一个投影面而与另两个投影面垂直的平面称为投影面平行面。

平行于 V 面,垂直于 H 面、W 面的平面——称正平面;

平行于 H 面,垂直于 V 面、W 面的平面——称水平面;

平行十 W 面,垂直于 V 面、II 面的平面——称侧平面。

投影面平行面的投影图及其投影特性见表 3-4。

表 3-4　投影面平行面

名 称	正平面(//V,⊥H 和 W)	水平面(//H,⊥V 和 W)	侧平线(//W,⊥V 和 H)
直观图	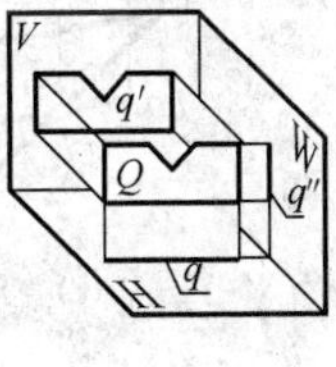	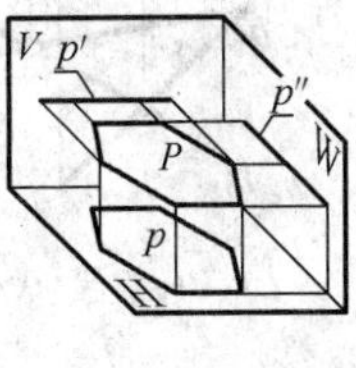	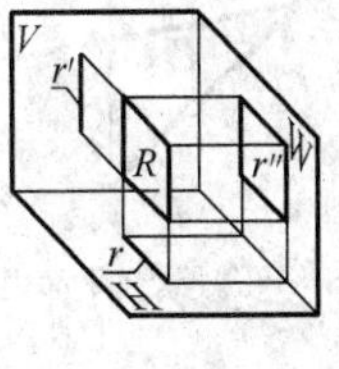

续上表

名 称	正平面(//V,⊥H 和 W)	水平面(// H,⊥V 和 W)	侧平线(//W,⊥V 和 H)
投影图	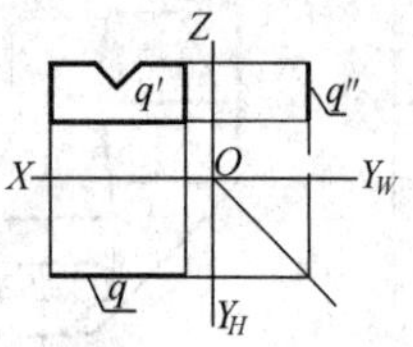	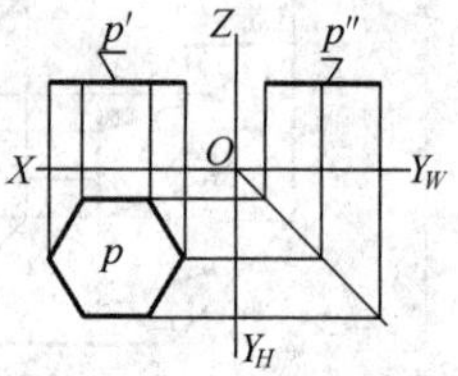	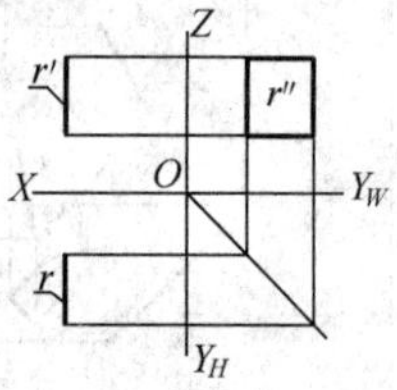
投影特性	1. 正面投影反映实形 2. 其他两个投影积聚成直线,且分别平行于 OX、OZ 轴	1. 水平投影反映实形 2. 其他两个投影积聚成直线,且分别平行于 OX、OY 轴	1. 侧面投影反映实形 2. 其他两个投影积聚成直线,且分别平行于 OY、OZ 轴
	小结:1. 在所平行的投影面上的投影反映实形 2. 其他两个投影积聚成直线,且平行于相应的投影轴		

三、平面内的点和线

属于平面内的点和直线必须符合下述几何条件之一:

1. 若点在平面(P)内的已知直线上,则该点属于此平面,如图 3-11(a)中的 K 点。

2. 若直线通过平面(P)内的两个已知点,则该直线属于此平面,如图 3-11(b)中的 MN 直线。

3. 若直线通过平面(P)内的一已知点,且平行于这个平面上的任一已知直线,则该直线属于此平面,如图 3-11(c)中的 DE 直线。

据此可得出根据投影图在面(平面或曲面)上定点、定线的作图方法是:在面上定点必须先在面上取线;但要在面上取线又必须先在面上的已知线上找点,如图 3-11(b)所示。

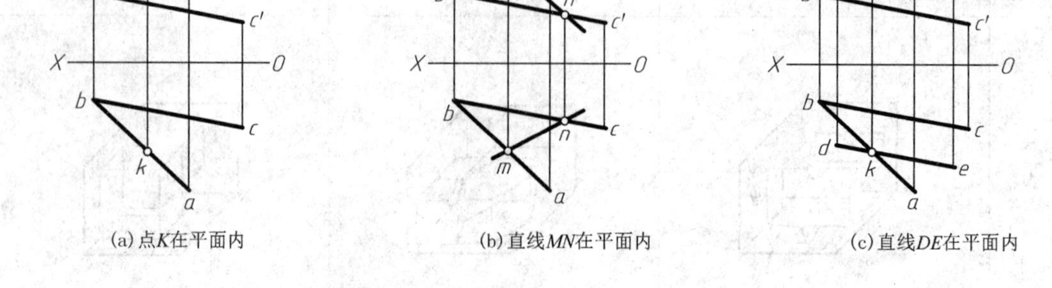

(a) 点K在平面内　　(b) 直线MN在平面内　　(c) 直线DE在平面内

图 3-11　平面内的点和直线

【例 3-5】 已知△ABC 内一点 K 的正面投影 k'，求作它的水平投影 k，如图 3-12(a)所示。

作图：

(1)过△ABC 上一点 A 及 K 点的正面投影作一直线 $a'k'$，与 $b'c'$ 交于点 $1'$。

(2)过 $1'$ 点作 OX 轴的垂线，交 bc 于 1，连 $a1$。

(3)过 k' 点作 OX 轴的垂线与 $a1$ 线相交，交点为 K 的水平投影 k。

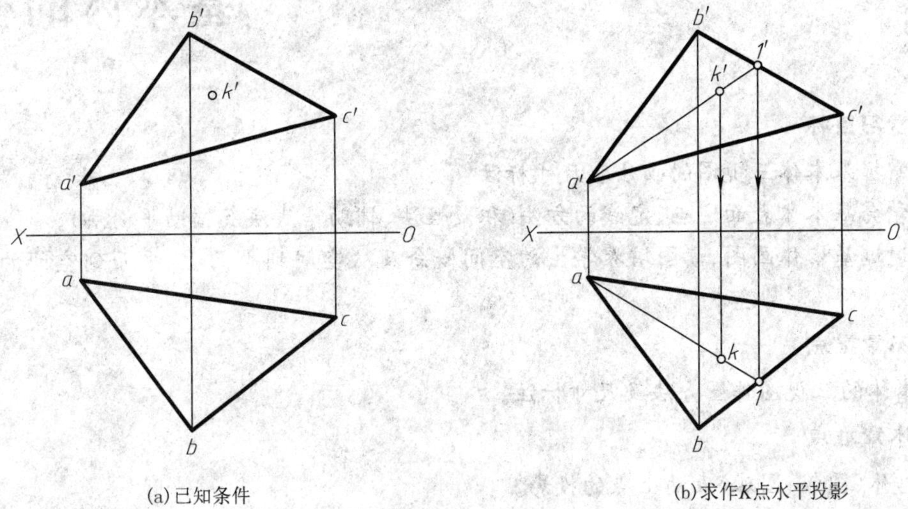

图 3-12　求平面内点的投影

复习思考题

1. 产生重影点的条件是什么？重影点在投影上如何表示，如何判断重影点的可见性？

2. 为什么一般位置直线的投影均小于实长？

3. 以铅垂线为例，说明投影面垂直线的投影特性。

4. 以正平线为例，说明投影面平行线的投影特性。

5. 一般位置平面、投影面垂直面与投影面平行面各有哪些特性？

6. 为什么平面对投影面倾斜时，其投影为类似形而不是相似形？

第四章
基本体的视图

● **学习目标**

1. 掌握基本体三视图的画法和尺寸标注。

2. 学会基本体表面定点、定线的方法(积聚性法、辅助素线法及辅助平面法)。

3. 通过基本体画图、读图培养学生的空间概念及从空间到平面、从平面到空间的基本分析能力。

● **本章重点**

基本体的三视图作图方法及尺寸标注。

● **本章难点**

回转体(圆锥、圆球)表面上点的投影。

根据基本体的体表面性质,基本体可分为两类:

(1)平面体　由若干平面所围成的立体,如棱柱、棱锥等,如图 4-1 所示。

(2)曲面体　由曲面或曲面与平面所围成的立体。工程中最常见的曲面体是回转体,如圆柱、圆锥、圆球、圆环等,如图 4-1 所示。

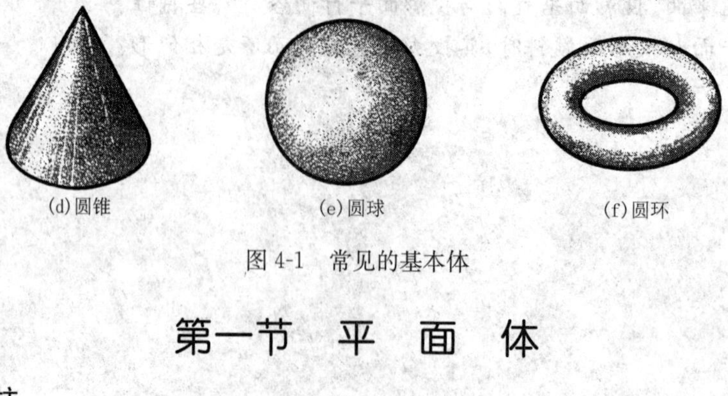

图 4-1　常见的基本体

第一节　平　面　体

一、棱　　柱

1. 棱柱的三视图

图 4-2 表示了一个正三棱柱的投影,它的顶面和底面为水平面;三个矩形侧棱面中,后面

是正平面，左右两面为铅垂面；三条侧棱为铅垂线。

画三视图时，先画顶面和底面的投影。因是水平面，在水平投影中均反映实形（三角形）且重影；其正面和侧面投影都有积聚性，积聚成分别平行于 OX 和 OY_W 轴的直线；三条侧棱的水平投影积聚为三角形的三个顶点，其正面和侧面投影均平行于 OZ 轴且反映了棱柱的高，图 4-2(b)所示为三棱柱的三视图。

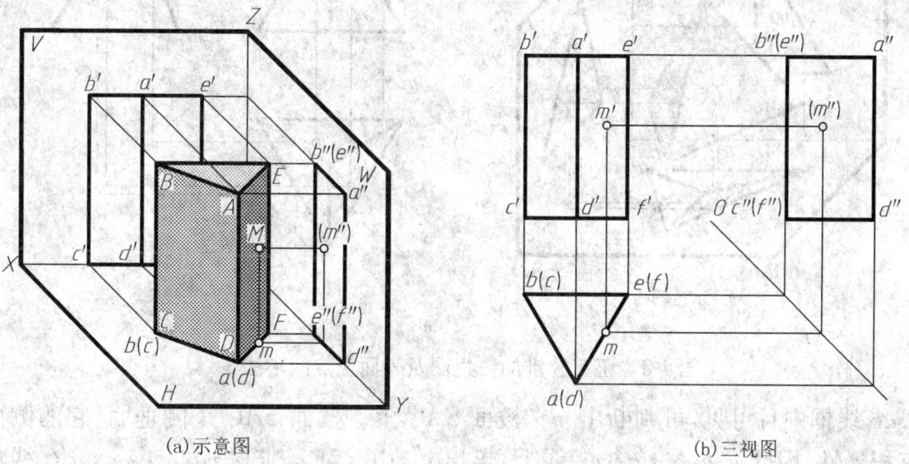

图 4-2　正三棱柱的三视图及其表面上定点

2. 棱柱体表面定点

求立体表面上点的投影是依据平面上取点的方法作图，但需判别点的投影的可见性：即点所在表面的投影可见，则点的同面投影也可见；反之为不可见。不可见点的投影需加圆括号表示。

如图 4-2 所示，已知三棱柱上一点 M 的正面投影 m'，求 m 和 m''。

根据投影图中，m'在线框 $a'd'f'e'$之中，且可见，可判断出 M 点位于 $AEFD$ 平面内，因 $AEFD$ 为铅垂面其水平投影有积聚性，故 M 点的水平投影 m 可直接求出。侧面投影 m''可根据 m 和 m' 直接作图求出，由于 $AEFD$ 的侧面投影不可见，因此 m''也不可见，应加圆括号表示。

二、棱　　锥

1. 棱锥的三视图

图 4-3 所示为正三棱锥，它由底面△ABC 与三个相等的侧棱面△SAB、△SBC 和△SAC 组成，底面为水平面，其水平投影反映实形，其他两面投影分别积聚成直线。棱面 SAC 为侧垂面，因此其侧面投影积聚成直线，其他两面投影都是类似形。棱面△SAB 和△SBC 为一般位置平面，它的三面投影均为类似形。

棱线 SB 为侧平线，棱线 SA、SC 为一般位置直线，棱线 AC 为侧垂线，棱线 AB、BC 为水平线。

画正三棱锥的三视图时，先画出底面△ABC 的三面投影，再画出锥顶 S 的三面投影，连接 S 与△ABC 各顶点的同面投影即为正三棱锥的三视图，如图 4-3(b)所示。

2. 棱锥体表面定点

组成棱锥体的表面有特殊位置平面，也有一般位置平面。特殊位置平面上点的投影可利用积聚性直接作图。一般位置平面上点的投影需通过在平面上作辅助线的方法求得。

如图 4-3(b)所示，已知三棱锥上点 M 的正面投影 m' 和点 N 的水平投影 n，试求点 M、N 的其他两投影。

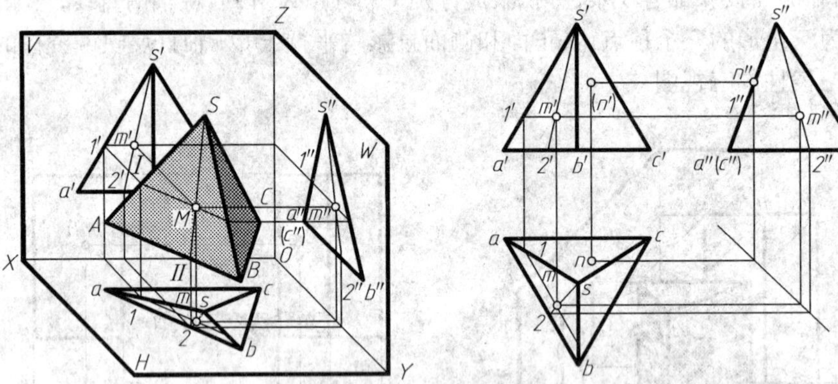

(a)示意图　　　　(b)三视图

图 4-3　正三棱锥的三视图及表面上点的求法

n 在 sac 线框中且可见，可判断出 n 在棱面 SAC 上。棱面 SAC 是侧垂面，它的侧面投影 $s''a''(c'')$ 有积聚性，因此 n'' 必在 $s''a''(c'')$ 线上，求出 n''，由 n 和 n'' 求得 n'。m' 在 $s'a'b'$ 线框中且可见，可判断出 M 点在棱面 SAB 上。棱面 SAB 是一般位置平面，需过锥顶 S 及点 M 作一辅助线 SⅡ，然后根据点在直线上的投影特性求出其水平投影 m，再由 m'、m 求出 m''。若过点 M 作一水平辅助线 ⅠM，同样可求得点 M 的其他两投影，如图 4-3(b)所示。

第二节　回　转　体

在机件中常见的曲面体是回转体。由一条母线(直线或曲线)绕轴线回转而形成的表面称为回转面。圆柱、圆锥、圆球、圆环等是常见的回转体。

一、圆　　柱

1. 圆柱的三视图

圆柱由圆柱面与上下两端面围成。圆柱面可以看作是由一条直母线绕平行于它的轴线回转而成的。圆柱面上任意一条平行于轴线的直线称为圆柱面的素线，如图 4-4(a)所示。

图 4-4(b)、(c)中所示圆柱的三视图，因圆柱轴线是铅垂线，故圆柱的上下端面是水平面，其在 H 面投影反映实形，V 面投影和 W 面投影积聚为直线。圆柱面的 H 面投影积聚在圆周上；V 面投影中，前后两半圆柱面的投影重合为矩形，矩形的两条竖线分别是圆柱的最左、最右素线的投影，称投影轮廓素线；W 面投影矩形的两条竖线分别是圆柱的最前、最后素线的投影。作图时应先画水平投影中圆的中心线和圆柱轴线的各投影，然后从投影为圆的视图画起，逐步完成其他视图。

2. 圆柱体表面定点

圆柱体表面上点的投影，可利用圆柱面投影的积聚性来求得。如图 4-4(c)所示，已知圆柱表面上点 M 的正面投影 m'，求其他两面投影。圆柱表面的水平投影有积聚性，所以点 M 的水平投影应在圆柱面水平投影的圆周上。点 M 的已知投影是其正面投影 m' 且可见，可判断出

M 点是在圆柱的前半圆柱面上，据此可先求出 m，再根据 m'、m 求出 m''，如图 4-4 所示。

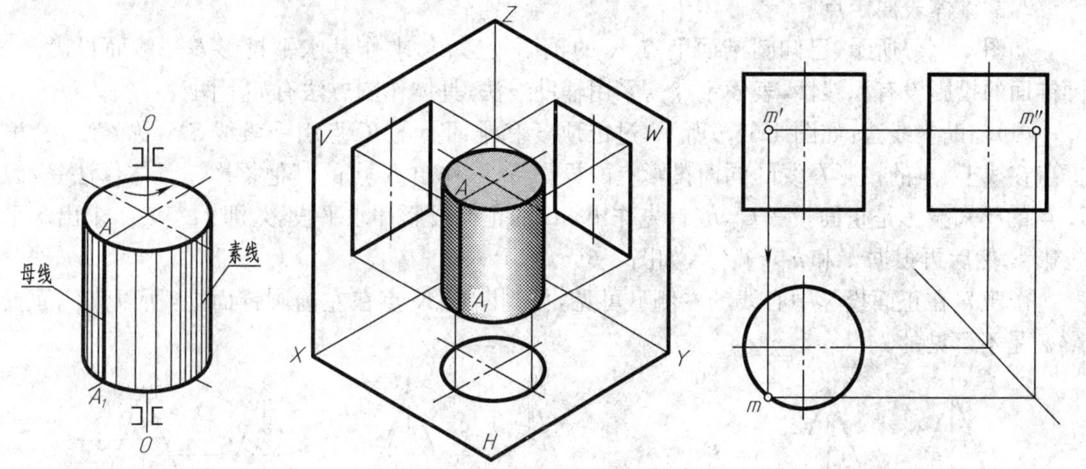

(a) 圆柱的形成　(b) 示意图　(c) 三视图

图 4-4　圆柱的形成及视图分析和表面定点

二、圆　　锥

1. 圆锥的三视图

圆锥体由圆锥面和底面围成。圆锥面可看作是由一条直母线绕与其斜交的轴线回转而成，如图 4-5(a) 所示。

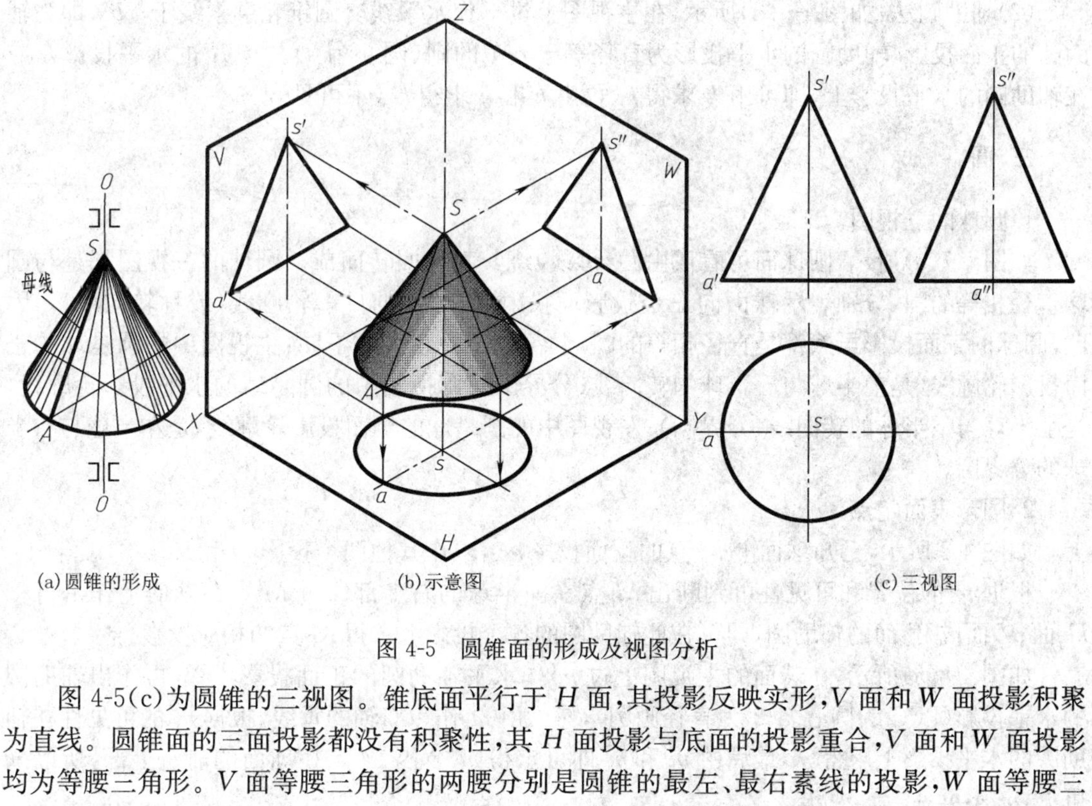

(a) 圆锥的形成　(b) 示意图　(c) 三视图

图 4-5　圆锥面的形成及视图分析

图 4-5(c) 为圆锥的三视图。锥底面平行于 H 面，其投影反映实形，V 面和 W 面投影积聚为直线。圆锥面的三面投影都没有积聚性，其 H 面投影与底面的投影重合，V 面和 W 面投影均为等腰三角形。V 面等腰三角形的两腰分别是圆锥的最左、最右素线的投影，W 面等腰三

角形的两腰分别是圆锥的最后、最前素线的投影。

2. 圆锥体表面定点

如图 4-6(a)所示,已知圆锥面上点 K 的正面投影 k',求作其水平投影 k 和侧面投影 k''。圆锥面的投影没有积聚性,表面定点需采用辅助线法,具体作图方法有如下两种。

(1)辅助素线法:如图 4-6(c)所示,过锥顶 S 和锥面上的 K 点引一素线 SE,称素线法,根据点在线上、点的投影在线的同面投影上的投影特性,作出 K 点的其他投影。具体作法是:因 K 点的已知投影是正面投影 k',故首先作出 SE 的正面投影和水平投影,即 $s'e'$ 和 se,求出水平投影 k,然后再根据 k' 和 k 求得 k'',如图 4-6(c)所示。

由于 k' 在正面投影中心线的左侧且可见,可判断出 K 点在左前圆锥面上,所以其侧面投影 k'' 是不可见的。

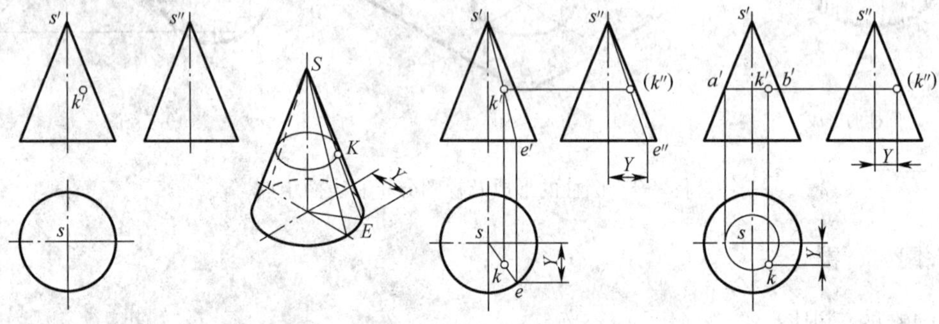

(a)投影图　(b)直观图　(c)素线法　(d)纬圆法

图 4-6　求圆锥表面上点的投影

(2)辅助圆法:如图 4-6(d)所示,在主视图上过 k' 作水平线交圆锥轮廓素线于 $a'b'$,即为辅助圆的正面投影,辅助圆的水平投影为直径等于 $a'b'$ 的圆(圆心为 s)。点 K 的水平投影 k 应在辅助圆的水平投影上,即可由 k' 求得 k,再由 k' 和 k 求得 k''(不可见)。

三、圆　球

1. 圆球的三视图

如图 4-7(a)所示,圆球面可看成由圆(母线)绕其直径回转而成。圆球的三视图都是与圆球直径相等的圆,分别表示球面向三个投影面投射时,球面的投影轮廓线(或称转向线)。因此,圆球的三面投影虽然都是直径相等的圆,但各个圆的意义却不同:主视图中的圆是球的正面投影轮廓线,是前半球与后半球的转向线(分界圆);俯视图中的圆是球的水平投影轮廓线,是上半球与下半球的转向线(分界圆);左视图中的圆是球的侧面投影轮廓线,是左半球与右半球的分界圆。

2. 圆球表面定点

如图 4-8 所示,已知球面上 M 点的正面投影 m',求作其他两个投影 m 和 m''。

根据 m' 的位置和可见性可判断出 M 点在前半球的右上部。过 M 点在球面上作平行于 H 面、V 面或 W 面的辅助圆,即可在此辅助圆的各个投影上求得 M 点的相应投影。

如图 4-8(a)所示,在球面的主视图上过 m' 作水平辅助圆的正面投影 $1'2'$,再作出辅助圆的水平投影(以 O 为圆心、$1'2'$ 为直径画圆),然后由 m' 作 OX 轴的垂线,根据 m' 的可见性在辅助圆的水平投影上求得 m,最后由 m' 和 m 即可求得 m''。因 M 点在球面的前右上部,所以 m 可见,m'' 不可见。

同样，也可按图 4-8(b)所示，在球面上作出平行于 W 面的辅助圆的正面投影 $3'4'$，先求出该辅助圆的侧面投影和点 M 的侧面投影 m''，再由 m' 和 m'' 求得 m。还可以 O' 为圆心，$O'm'$ 为半径作平行于 V 面的辅助圆的正面投影，求出该圆的水平投影 56 或侧投影（本例为水平投影），求出 m，由 m'、m 求 m''。

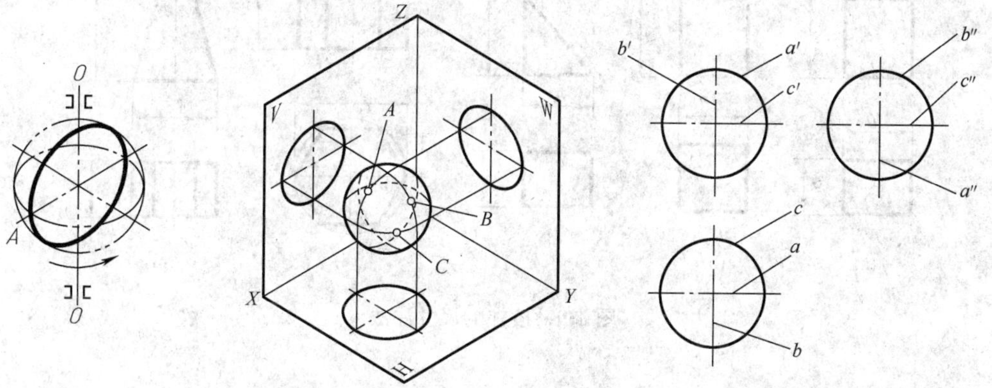

(a)球的形成　　(b)示意图　　(c)三视图

图 4-7　圆球面的形成及视图分析

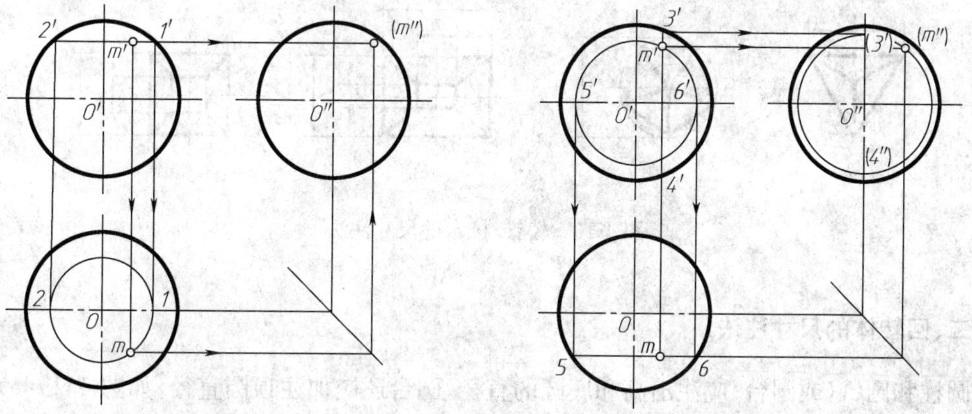

(a)作水平辅助圆取点　　(b)作侧平辅助圆和正平辅助圆取点

图 4-8　球面上点的投影

第三节　基本体的尺寸注法

图样中的尺寸是加工和检验机器零件的依据，是表达零件结构形状必不可少的内容，因此正确标注图样的尺寸是学习工程制图课必须给予足够重视的内容。

一、平面体的尺寸注法

棱柱、棱锥及棱台，除了标注确定其顶面和底面形状大小的尺寸外，还要标注高度尺寸。为了便于看图，确定顶面和底面形状大小的尺寸应标注在其反映实形的视图上，如图 4-9、图 4-10所示。

标注正方形尺寸时，应在正方形边长的尺寸数字前，加注正方形符号“□”，如图 4-9(b)、图 4-10(d)所示。

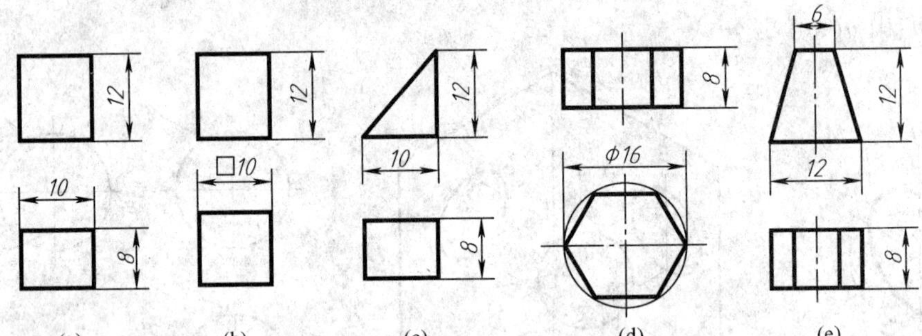

(a) (b) (c) (d) (e)

图 4-9　棱柱的尺寸注法

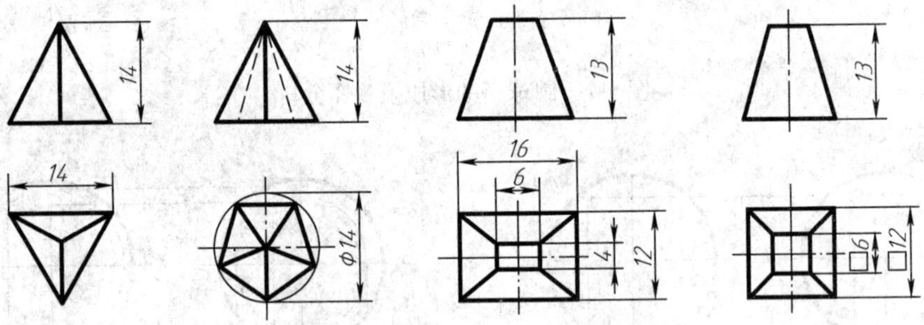

(a) (b) (c) (d)

图 4-10　棱锥、棱台的尺寸注法

二、回转体的尺寸注法

圆柱和圆锥(或圆台)应注出高和底圆的直径，圆台还应加注顶圆直径，如图 4-11(a)、(b)所示。在注直径尺寸时需在数字前加注符号“ϕ”，圆球需在直径尺寸数字前加注符号“$S\phi$”，如图 4-11(c)所示。圆环应注出素线圆的直径和素线圆中心轨迹圆的直径，如图 4-11(d)所示。

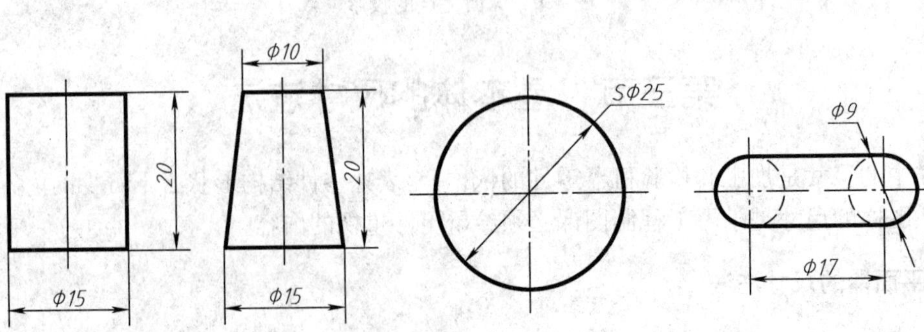

(a)圆柱　(b)圆台　(c)圆球　(d)圆环

图 4-11　回转体的尺寸注法

复习思考题

1. 常见的基本体有哪几种？其中哪些是平面体？哪些是回转体？
2. 机件上常见的回转体有哪些？它们是怎样形成的？它们的投影有何特点？
3. 试比较平面上定点和曲面上定点的作图方法有何异同之处。
4. 在圆锥表面上定点，有几种作图方法？
5. 在圆球面上过一点能作几个圆？其中过该点且与投影面平行的圆有几个？

第五章
立体表面交线

● **学习目标**

本章主要介绍立体表面的截交线、相贯线的性质，及基本体中常见的平面体、回转体截交线、相贯线的作图方法。

● **本章重点**

(1)掌握辅助平面法的作图原理和辅助平面的设置原则。

(2)掌握截交线、相贯线的基本作图方法和作图步骤。

● **本章难点**

圆锥、圆球切割后截交线及柱球、锥球相贯，相贯线的画法是这部分内容的教学难点，教学的难易程度可以根据学生的专业灵活掌握。

机件的表面是由一些平面或曲面构成的。零件上两个表面相交即形成表面交线，掌握常见立体表面交线的性质和画法，将有助于正确分析和表达机件的结构形状。图 5-1 所示是一些常见零件上的表面交线。

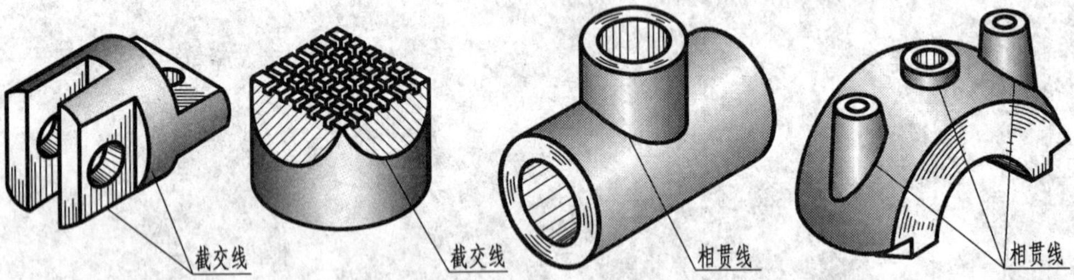

(a)拉杆接头　(b)千斤顶顶盖　(c)三通　(d)轴承盖

图 5-1　立体的表面交线

第一节　截 交 线

立体被平面截断后的形体称为截断体，用来截切立体的平面称为截平面，截平面与立体的表面交线称为截交线，如图 5-2 所示。

截交线具有下列两个性质：

(1)任何立体的截交线都是一个封闭的平面图形(平面折线、平面曲线或两者的组合)。

(2)截交线是截平面与立体表面的共有线，截交线上的点是两面的共有点。

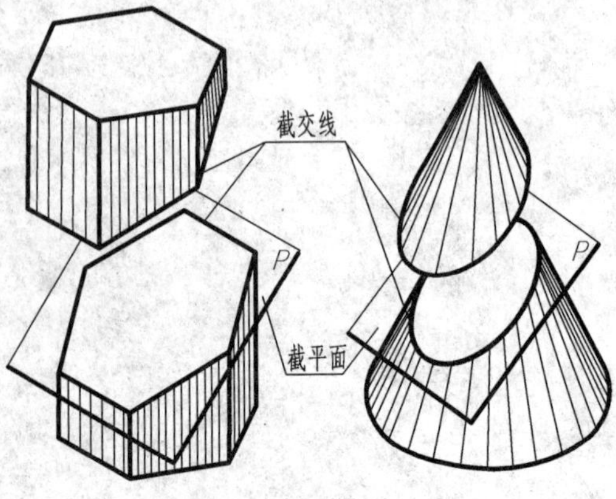

图 5-2　截平面与截交线

求作立体表面截交线的投影，实质就是求截

平面与立体表面上一系列共有点的投影。

一、平面立体的截交线

平面立体的截交线是一个封闭的平面多边形。作平面立体的截交线就是求截平面与平面立体上各被截棱线的交点,然后依次连接即得截交线。

【例 5-1】 求作图 5-3(a)所示开槽正六棱柱的三视图。

分析:正六棱柱上的通槽是由三个特殊位置平面截切棱柱而形成的。三个截平面在 V 面的投影均积聚为直线,反映通槽的形状特征。槽的两侧壁被两侧平面所截,侧面投影反映为矩形(实形),槽底被水平面所截,水平投影反映为六边形(实形)。

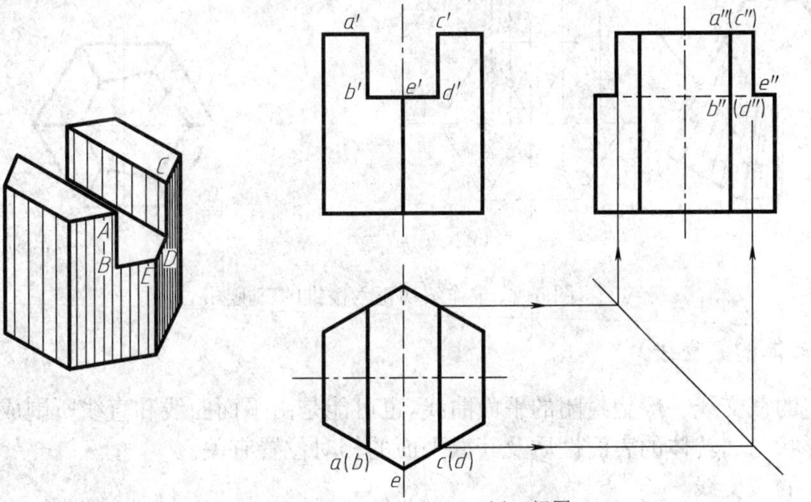

(a)轴测图　(b)三视图

图 5-3　开槽正六棱柱

作图〔图 5-3(b)、(c)〕:

(1)先补画六棱柱的左视图,在通槽的主视图加字母标记(图形前后、左右对称,只标注前半部),如图 5-3(b)所示。

(2)通槽两侧壁的水平投影积聚为两直线段,槽底的水平投影反映实形,故可直接作出通槽的水平投影。

(3)通槽两侧壁的侧面投影反映实形,并重合在一起,求出两侧壁截平面与六棱柱棱面的交线 AB、CD 的侧面投影 $a''b''$、$(c'')(d'')$,并对称画出其后半部分,即求出通槽侧壁的侧面投影。槽底截平面的侧面投影积聚为直线,$b''(d'')$点是槽底面细虚线与粗实线的分界点。

(4)擦去被切掉部分的图线,完成作图。

【例 5-2】 求作斜切正六棱锥的三视图,如图 5-4 所示。

分析:正六棱锥被正垂面截切,截平面正面投影积聚为斜直线;水平面和侧面的投影均为正六边形的类似形。

作图:

(1)先作出完整的正六棱锥的三视图及截平面的正面投影 $a'd'$。

(2)在主视图上找出截平面有积聚性的投影 $a'd'$ 与六棱锥棱线另外四个交点的投影,即 b'、(f')、c'、(e')。

(3)根据"长对正、高平齐、宽相等"的投影规律,作出 A、B、C、D、E、F 六个点的水平面、侧面的相应投影。

(4)依次连接各点，加深图线(被切掉部分可擦除，也可用细双点画线表示)，完成作图，如图 5-4(c)所示。

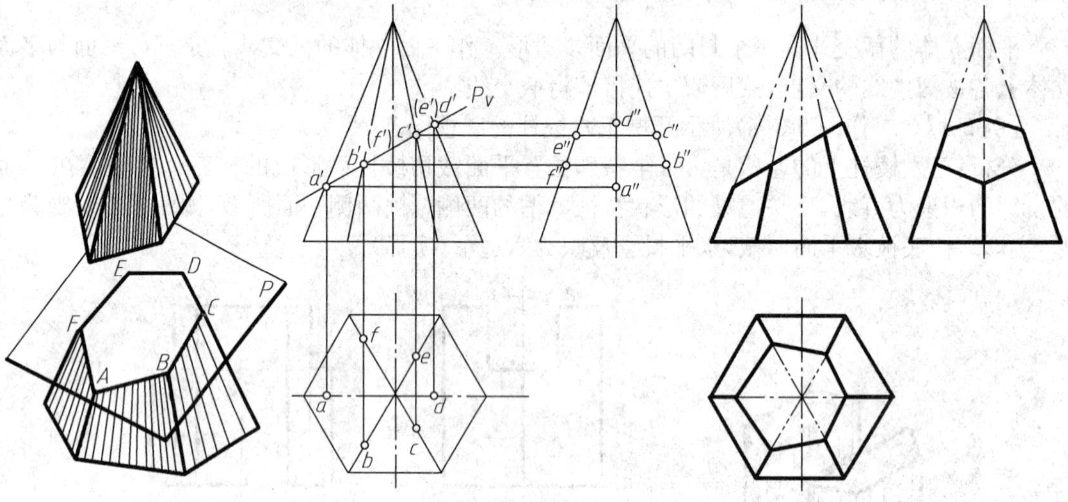

(a)轴测图　　(b)找点　　(c)三视图

图 5-4　求作斜切正六棱锥的三视图

二、回转体的截交线

回转体的截交线一般是封闭的平面曲线，也可能是由平面曲线和直线所围成的平面图形。截交线的形状与回转体的表面性质及其截平面的相对位置有关。

1. 圆柱的截交线

根据截平面与圆柱轴线的相对位置不同，圆柱的截交线有三种情况，见表 5-1。

表 5-1　圆柱的截交线

截平面的位置	与轴线平行	与轴线垂直	与轴线倾斜
轴测图	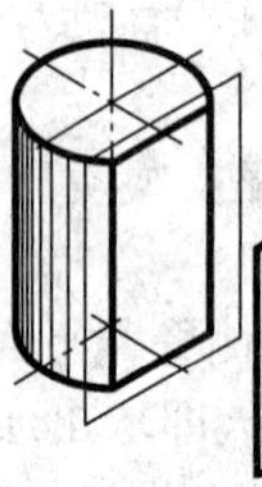	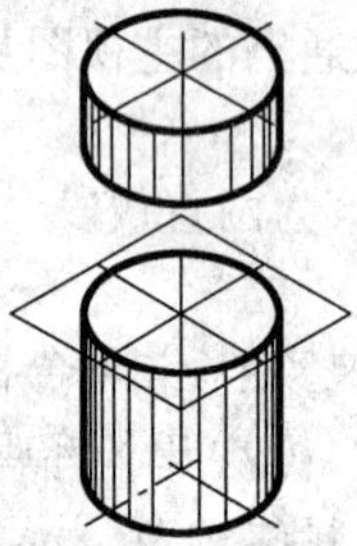	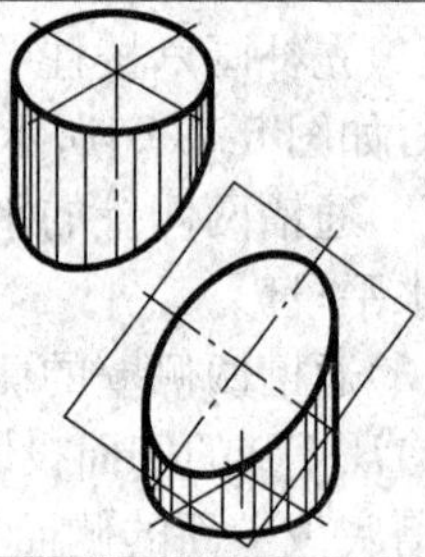
投影图	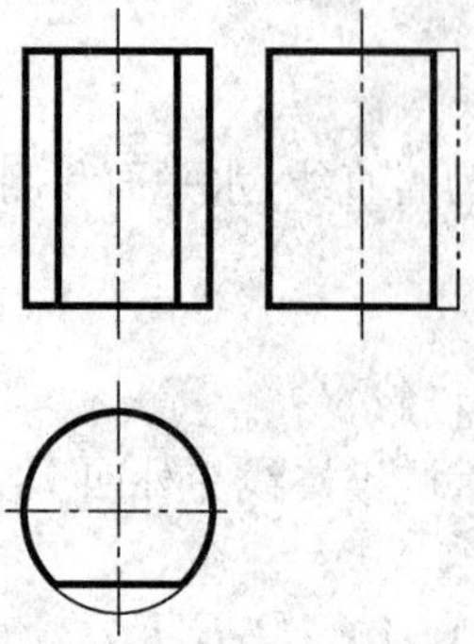	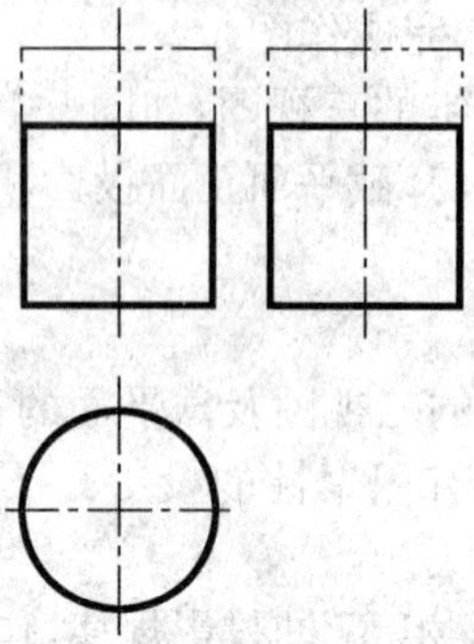	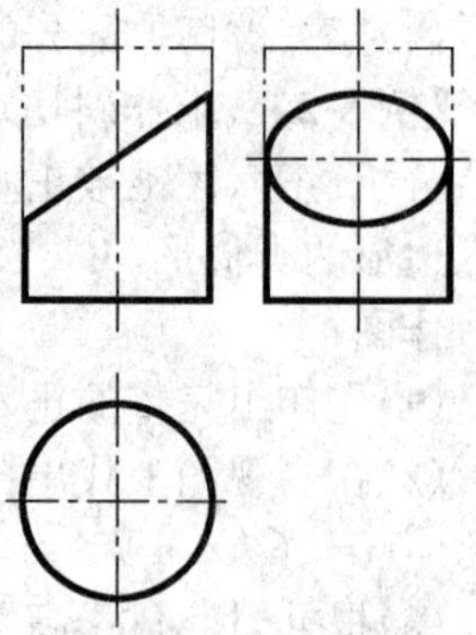
截交线形状	直线(矩形)	圆	椭圆

【例 5-3】 求作图 5-5(a)所示斜切圆柱的三视图。

分析: 截平面 P 与圆柱轴线斜交,截交线为一椭圆。椭圆为正垂面,其正面投影积聚成一条斜直线,水平投影与圆柱面重合,W 面投影是椭圆。

作图:

(1)画出圆柱的三视图及截平面有积聚性的正面投影。

(2)求特殊位置点。两端点 A、B 是椭圆最高点和最低点,两端点 C、D 是椭圆最前点和最后点,它们均位于圆柱的投影轮廓素线上。处于轮廓素线上且可限制截交线最大范围的点称为特殊位置点。作图时,根据截面和圆柱面有积聚性的投影(本例为正面投影及水平投影)a'、b'、c'、(d')及 a、b、c、d),求出第三投影,本例为侧面投影 a''、b''、c''、d''〔图 5-5(b)〕。

(3)作适当数量的一般位置点。为作图准确,一般在投影为圆的视图上取点 e、f、g、h,利用截平面的积聚性求出正面投影 e'、(f')、g'、(h'),最后求得侧面投影 e''、f''、g''、h''〔图 5-5(c)〕。

(4)将各点的侧面投影用曲线板光滑连接起来,即得椭圆截交线的投影〔图 5-5(d)〕。

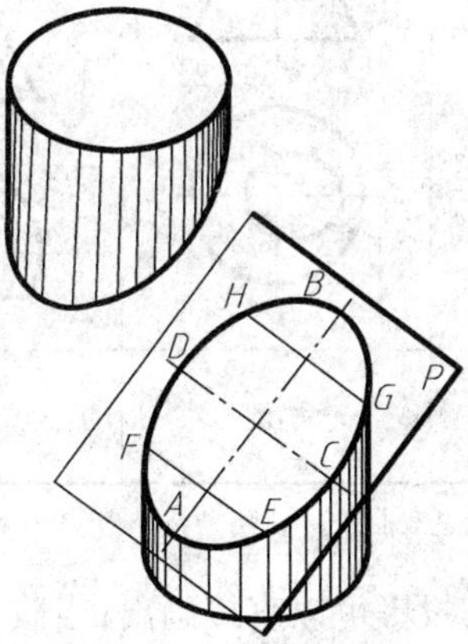

(a)轴测图

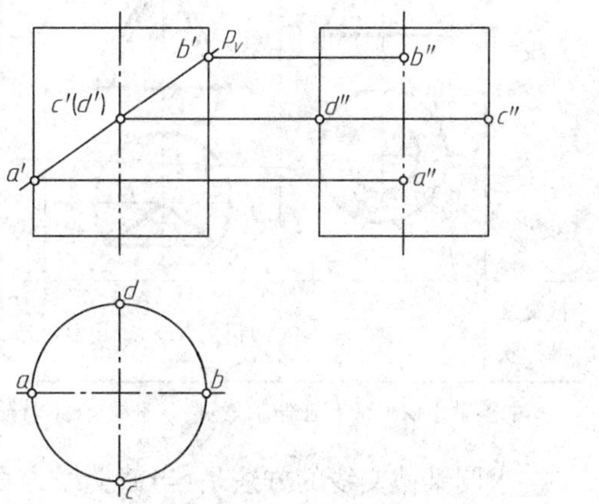

(b)求特殊位置点的投影

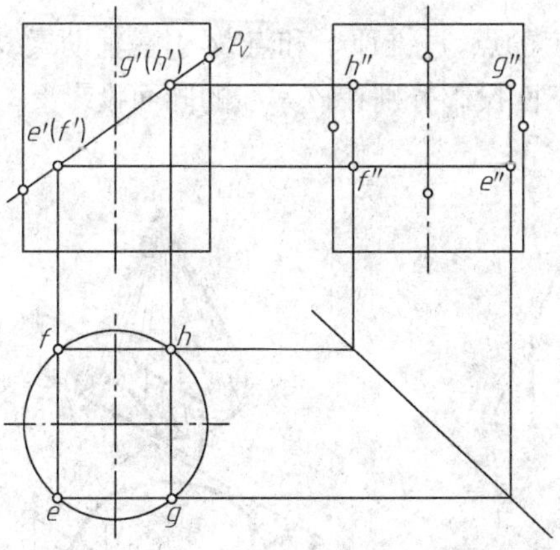

(c)求一般位置点的投影

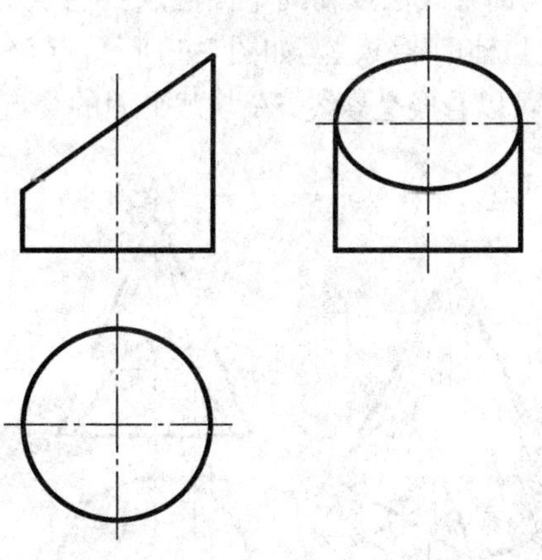

(d)描深并完成全图

图 5-5　斜切圆柱的截交线

2. 圆锥的截交线

根据截平面与圆锥轴线的相对位置不同,圆锥上截交线有 5 种情况,见表 5-2。

表 5-2　圆锥的截交线

截平面的位置	与轴线垂直	过锥顶	平行于某一素线	与轴线倾斜（与所有素线相交）	与轴线平行（或平行于两条素线）
轴测图	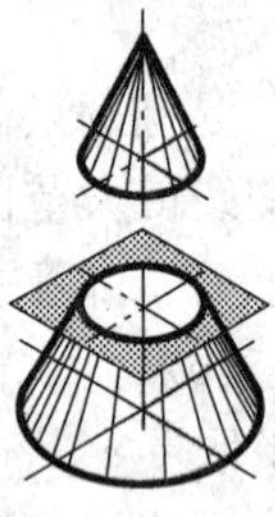	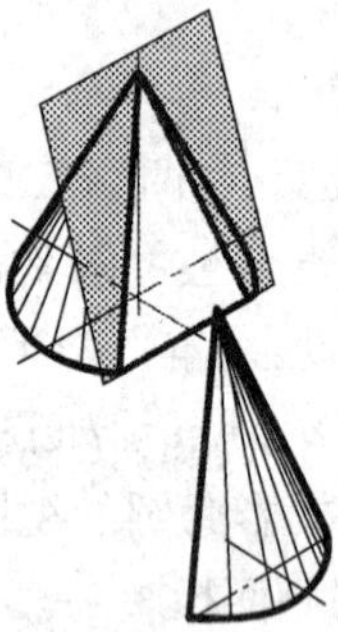	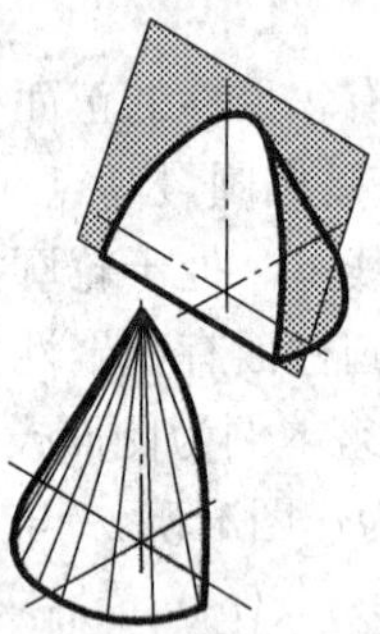	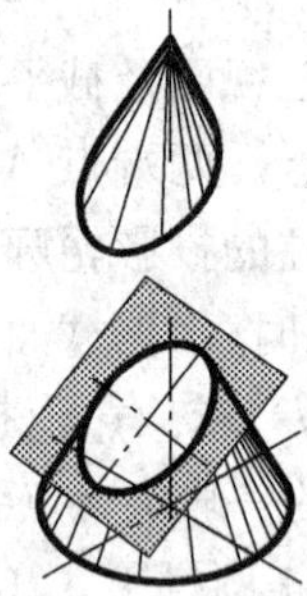	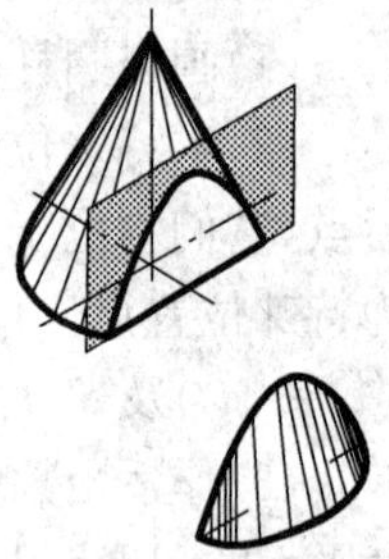
投影图	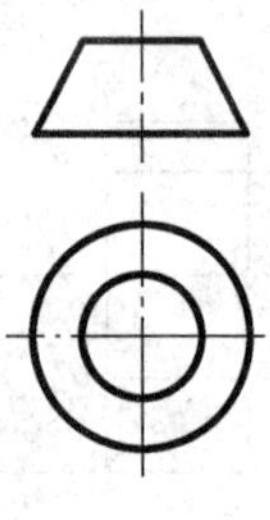	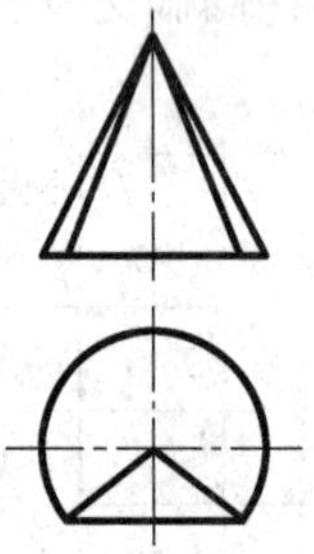	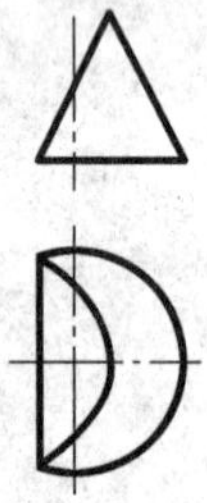	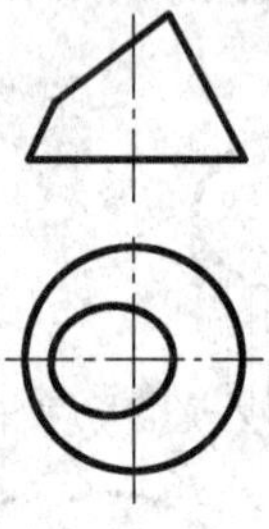	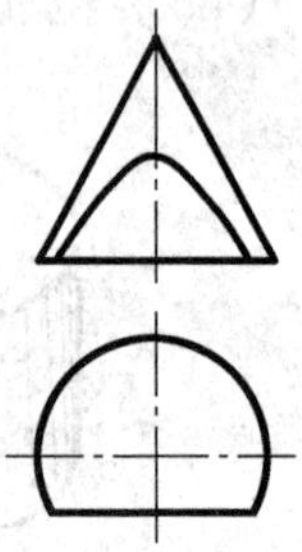
截交线的形状	圆	两相交直线（三角形）	抛物线	椭圆	双曲线

讨论：截平面平行于圆锥的任意两条素线，但不与轴线平行，截交线也是双曲线。

求圆锥截交线的方法是：当截交线为直线和圆时，其投影可以直接画出；当截交线为椭圆、抛物线、双曲线时，需先求出若干个共有点的投影。由于圆锥面的三个投影都没有积聚性，需采用辅助素线法或辅助平面法求共有点的投影。

（1）辅助素线法。如图 5-6 所示，点 M 为截交线上的点，过锥顶 S 和点 M 引一辅助素线 SA，点 M 可以看成是素线 SA 与截平面的交点，点 M 的三面投影分别在该素线的同面投影上。

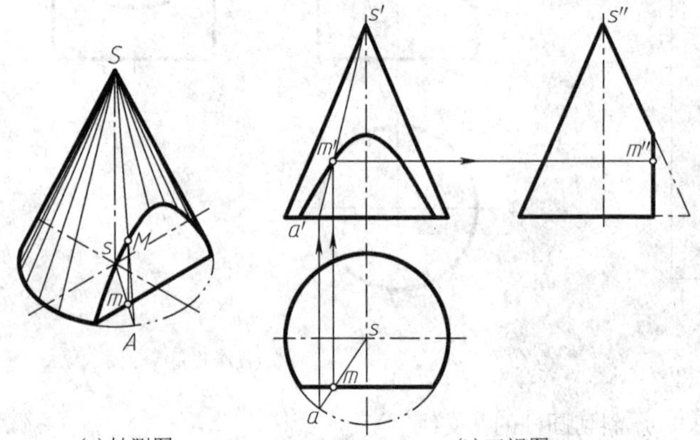

(a) 轴测图　　(b) 三视图

图 5-6　辅助素线法

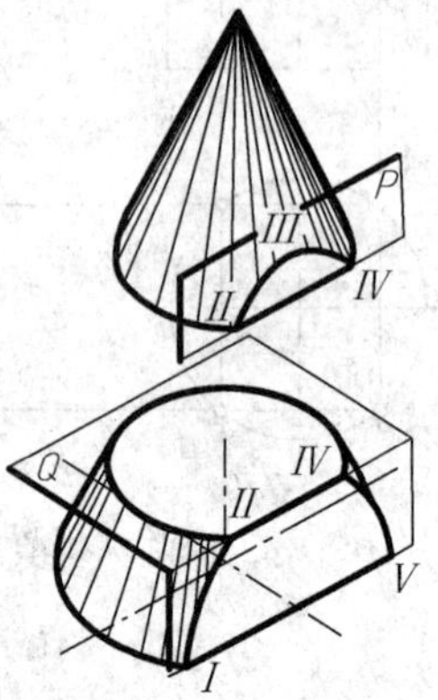

图 5-7　辅助平面法

(2)辅助平面法(或称纬圆法):如图5-7所示,作垂直于圆锥轴线的辅助平面 Q,它与圆锥面的截交线为圆,该圆与截平面 P 相交得两交点Ⅱ、Ⅳ,这两点是圆锥面、截平面 P 和辅助平面 Q 三个面的共有点,也是截交线上的点。

【例5-4】 求作图5-8(a)所示被正平面所截圆锥的三视图。

分析: 截平面与圆锥轴线平行,截交线为双曲线。截交线的水平投影和侧面投影都积聚成直线,正面投影为双曲线的实形,需作图求出。

作图:

(1)求特殊位置点。点Ⅲ为最高点,利用截平面的积聚性,根据侧面投影3″求出正面、水平投影3′和3。点Ⅰ、Ⅴ为最低点,在圆锥底圆上,根据水平投影1和5求出正面、侧面投影1′、5′和1″、5″〔图5-8(b)〕。

(2)作适当数量的一般位置点。利用辅助平面法(辅助纬圆法),作辅助平面 Q 与圆锥相交得纬圆,纬圆的水平投影与截平面的水平投影 P_H 相交于2和4两点,即为三面共有点的水平投影,据此求出正面、侧面的投影2′、4′和2″、(4″)〔图5-8(c)〕。

(3)将1′、2′、3′、4′、5′用曲线板光滑连接起来,即为截交线的正面投影〔图5-8(d)〕。

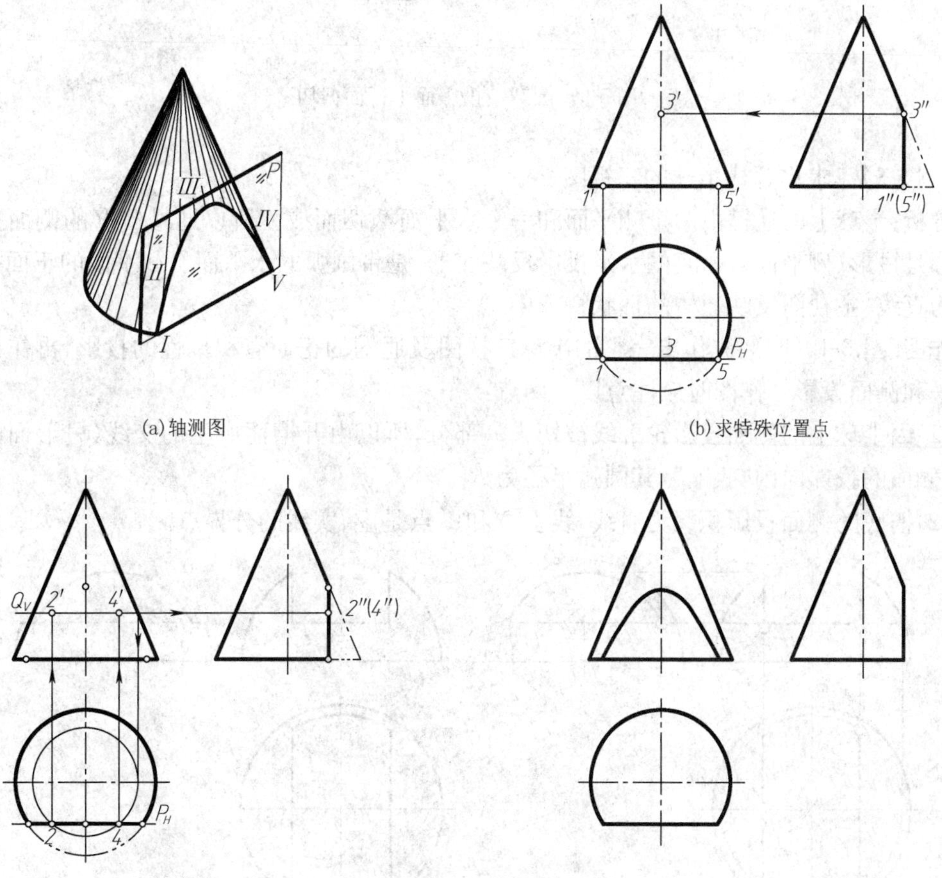

(a)轴测图　(b)求特殊位置点

(c)求一般位置点　(d)描深并完成全图

图5-8　被正平面截切圆锥的截交线

3. 圆球的截交线

圆球被任意方向的平面截切其截交线都是圆。截平面通过球心时所截得的圆直径最大，等于圆球的直径；截平面离球心越远，所截得的圆直径越小。当截平面与投影面平行时，截交线圆在该投影面的投影为实形，即圆；在另两面的投影均积聚为直线，其长度等于相应圆的直径，如图 5-9 所示。当截平面与投影面倾斜时，截交线圆在该投影面的投影为椭圆。

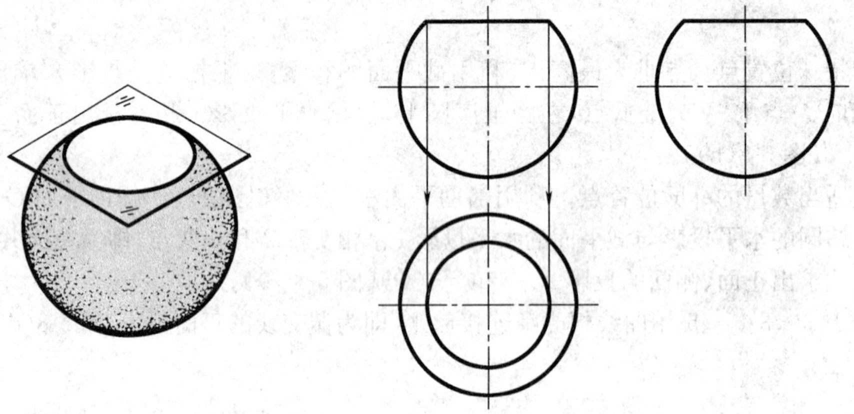

(a) 轴测图　　(b) 三视图

图 5-9　圆球被投影面平行面截切

【例 5-5】 求作开槽半球的三视图。

分析：半球上的通槽由两个侧平面和一个水平面截切而成。所以通槽侧壁的侧面投影反映实形是弓形（侧平面）；槽底的水平投影反映实形，是带圆弧的水平面。截平面的正面投影均积聚为直线，主视图反映通槽的形状特征。

作图〔图 5-10(b)〕：先作出完整的半球三视图及通槽的正面有积聚性的投影，再作出通槽的水平和侧面投影。作图时应注意以下两点：

(1)因半球上的侧面投影轮廓线被切去一部分，所以由开槽而产生的交线（弓形面的圆弧线）在侧面的投影向内“收缩”，其圆弧半径为 R_1。

(2)槽底的侧面投影积聚为直线，线上 2″和 1″点是虚、实线的分界点。

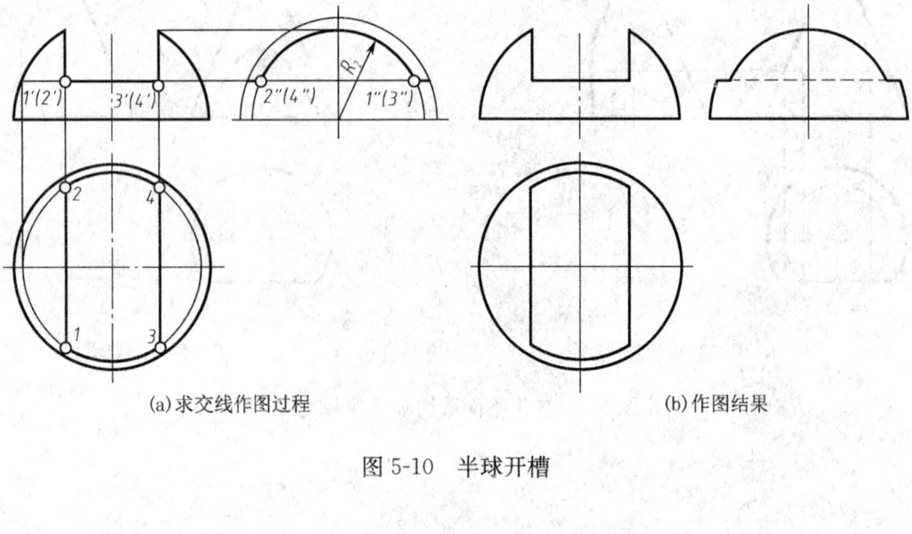

(a) 求交线作图过程　　(b) 作图结果

图 5-10　半球开槽

第二节　相　贯　线

两个立体表面相交称为相贯，其表面交线称为相贯线，如图 5-11 所示。

由于参加相贯的立体其表面性质、大小和相对位置的不同，其相贯线的形状也不同。相贯线都具有下列两个性质：

(1)一般情况下，相贯线都是封闭的空间折线或曲线，特殊情况下为平面折线或曲线；

(2)相贯线是两立体表面的共有线，相贯线上的点是相交两立体表面的共有点。

(3)相贯线是两相交立体表面的分界线。

相贯线是两相交回转体表面的共有线，因此求作回转体表面相贯线的投影，就是求作两相交回转体表面一系列共有点的投影，可利用回转体投影的积聚性，或辅助面求作。

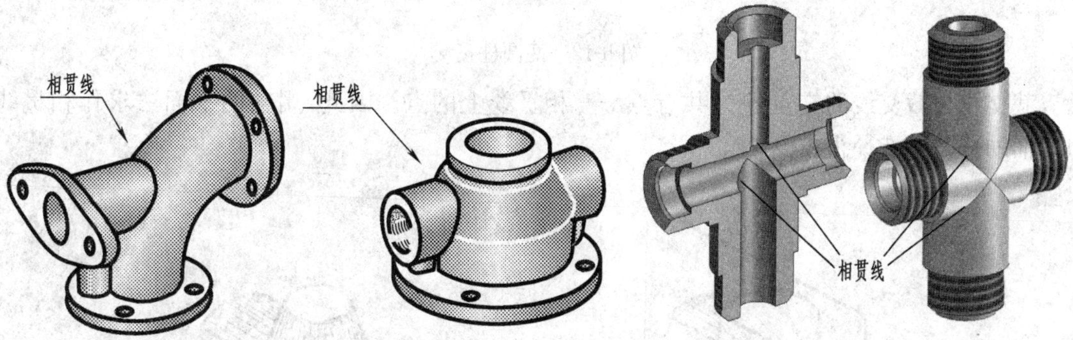

(a)三通弯管　(b)阀体　(c)四通

图 5-11　相贯线实例

一、利用积聚性求相贯线

【例 5-6】 求作图 5-12 所示两圆柱正交相贯线的投影。

分析：小圆柱贯穿于大圆柱相贯线为空间曲线，且小圆柱轴线为铅垂线，小圆柱面的水平投影有积聚性，因此相贯线的水平投影积聚在小圆柱的水平投影圆周上，大圆柱的轴线为侧垂线，其侧面投影有积聚性，故相贯线的侧面投影积聚在大圆柱侧面投影的一段圆弧上，故本例只需求出相贯线的正面投影。

作图：

(1)求特殊位置点。1、2 是相贯线上的最左点和最右点，也是最高点。由 1、2 和 1″、(2″)可求出 1′、2′。3、4 是相贯线上的最前点和最后点，也是最低点，还是小圆柱侧面投影轮廓线上的点。所以由 3、4 和 3″、4″可求出正面投影 3′、(4)′〔图 5-12(b)〕。

(2)作适当数量的一般位置点。为作图准确，在俯视图上取 5、6、7、8 四点，根据“宽相等”的关系，在侧面得投影 5″、(6″)、7″、(8″)，再根据“高平齐、长对正”的关系求出正面投影 5′、6′、(7′)、(8′)。

(3)依次光滑连接各点，即为相贯线的正面投影〔图 5-12(b)〕。

二、利用辅助平面法求相贯线

辅助平面法的基本原理是三面共点。如图 5-13，先求出辅助平面与两相贯回转体的截交

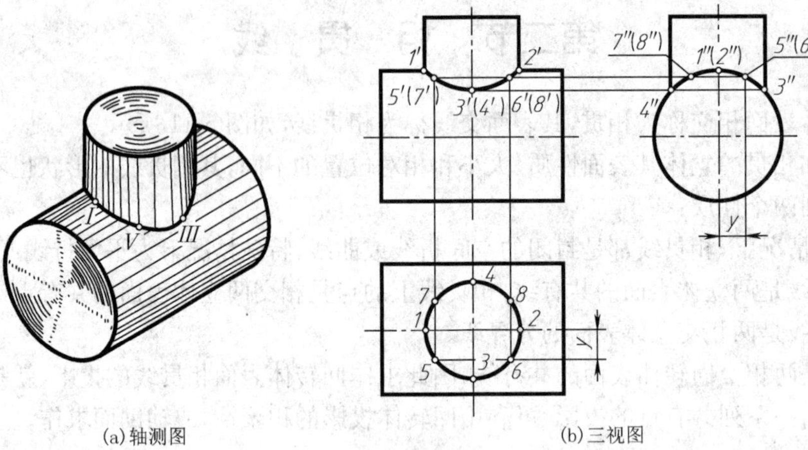

(a)轴测图　　(b)三视图

图 5-12　两圆柱正交

线，截交线与截交线的交点即为共有点——相贯线上的点。因此，用辅助平面法求作相贯线时，辅助平面的选择很重要。

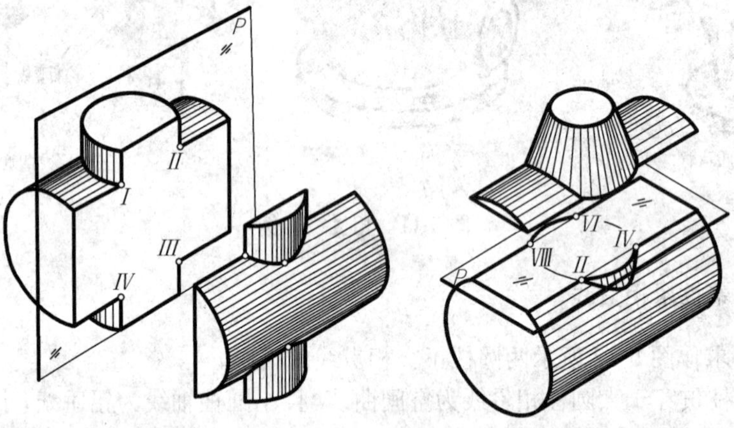

(a)辅助平面为正平面　　(b)辅助平面为水平面

图 5-13　辅助平面法的原理

【例 5-7】 求作图 5-14 所示圆柱与圆锥正交相贯线的投影。

分析：圆柱与圆锥轴线正交，相贯线是一条前后、左右对称的封闭的空间曲线，其侧面投影与圆柱的侧面投影重合为一段圆弧，需求出相贯线的正面投影和水平投影。

作图：

(1)求特殊位置点。首先求出两回转体正面投影轮廓线上的点，即相贯线上的最左、最右点Ⅰ、Ⅴ(也是最高点)，利用圆柱侧面投影的积聚性求出圆锥侧面投影轮廓线上的点，即相贯线上的最前、最后点Ⅲ、Ⅶ(也是最低点)，如图 5-14(b)所示。

(2)求一般位置点。根据分析结果，选用水平面 P 作为辅助平面。辅助平面与圆柱的截交线为两条直线，与圆锥的截交线为一个圆。圆柱截交线与圆锥截交线的交点即为相贯线上的点，如图 5-14(c)所示。

(3)在主视图 1′、5′和 3′、(7′)之间作 P 面有积聚性的投影 P_V，将 P_V 直线延伸至左视图，

即为 P 平面在左视图上的投影 P_W。

(4)求 P 平面与圆柱和圆锥的截交线，在俯视图上两截交线投影的交点即为相贯线上的点Ⅱ、Ⅳ、Ⅵ、Ⅷ的水平投影 2、4、6、8。

(5)过 2、4、6、8 点向主视图作投影连线，与 P_V 的交点即为正面投影 $2'$、$4'$、$6'$、$8'$。

(6)判别可见性，并依次光滑连接各点的同面投影，即得相贯线的水平投影和正面投影〔图 5-14(d)〕。

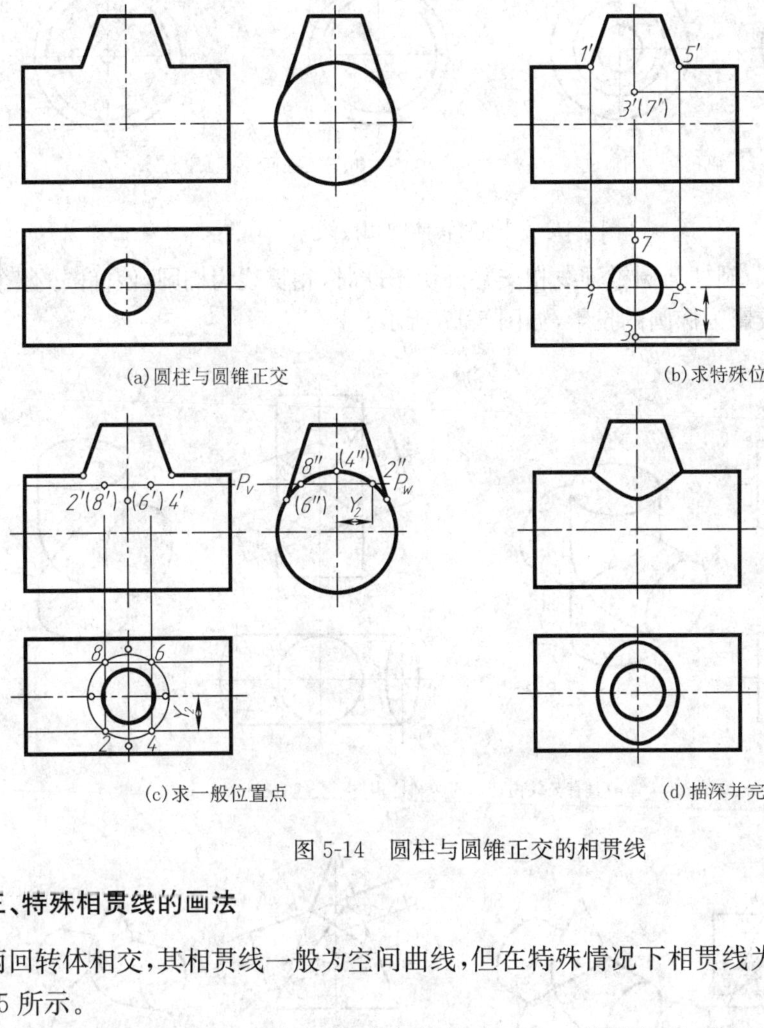

(a)圆柱与圆锥正交　(b)求特殊位置点

(c)求一般位置点　(d)描深并完成全图

图 5-14　圆柱与圆锥正交的相贯线

三、特殊相贯线的画法

两回转体相交，其相贯线一般为空间曲线，但在特殊情况下相贯线为平面曲线或直线，如图 5-15 所示。

(1)当两回转体具有公共轴线时，其相贯线为垂直于轴线的圆，该圆的正面投影为直线段，水平投影为圆，如图 5-16 所示。

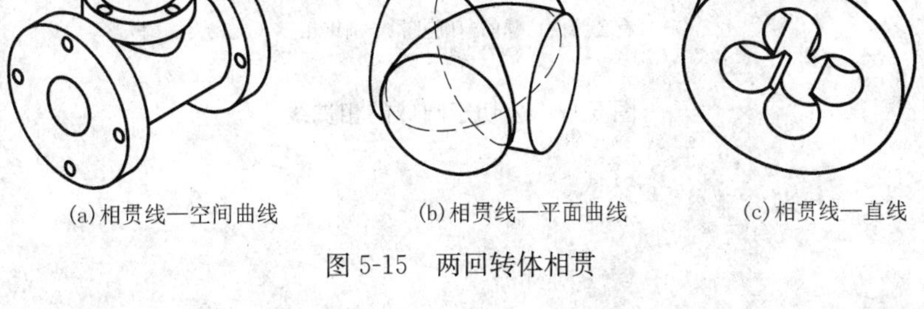

(a)相贯线—空间曲线　(b)相贯线—平面曲线　(c)相贯线—直线

图 5-15　两回转体相贯

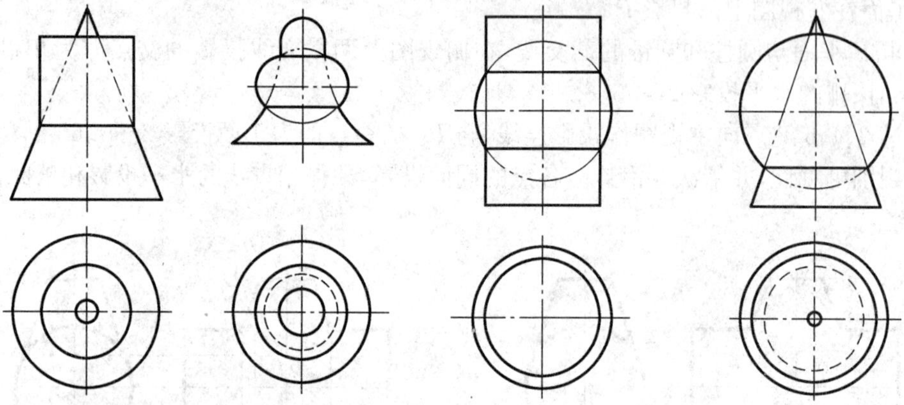

(a)两回转体同轴时　　(b)球心在回转体轴线上

图 5-16　同轴回转体的相贯线

(2)当圆柱与圆柱、圆柱与圆锥轴线相交并公切于球时，相贯线为椭圆，该椭圆的正面投影积聚为直线段，水平投影为椭圆的投影，如图 5-17 所示。

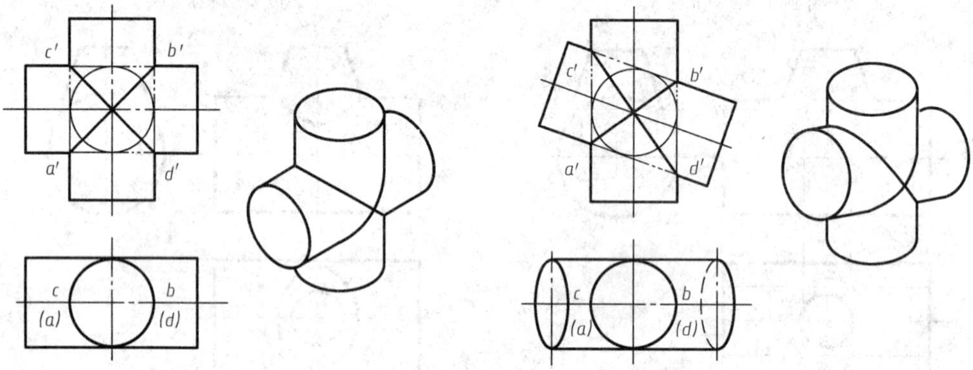

(a)具有公共内切球的两圆柱相贯（交线为椭圆）

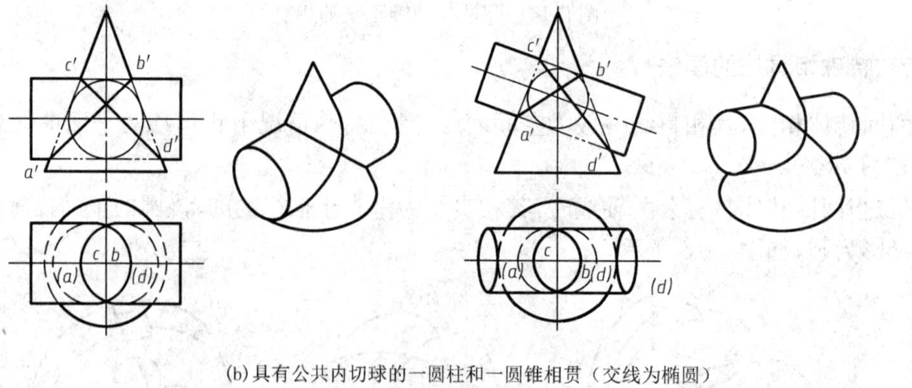

(b)具有公共内切球的一圆柱和一圆锥相贯（交线为椭圆）

图 5-17　公切于圆球的相贯线

四、相贯线在视图中的简化画法

为了简化作图，国家标准规定：在不致引起误解时，图形中的过渡线、相贯线可以简化。例如用圆弧或直线代替相贯线（图 5-18），也可采用模糊画法表示相贯线（图 5-19）。

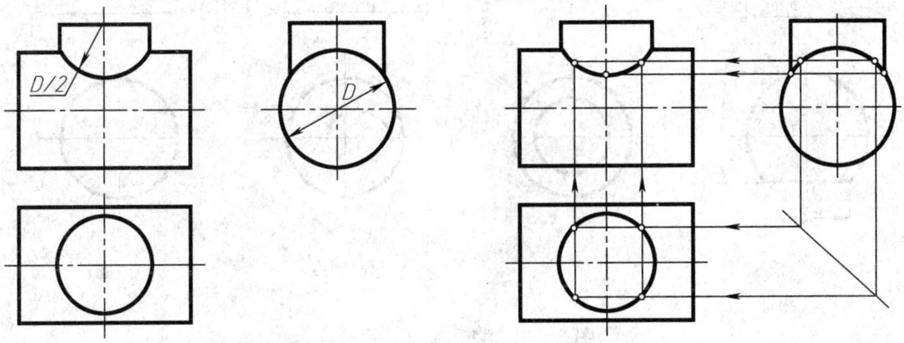

(a)简化后　(b)简化前

图 5-18　相贯线用圆弧代替

GB/T 4458.1—2002 规定过渡线采用细实线绘制，且不宜与轮廓线相交（图 5-20）。

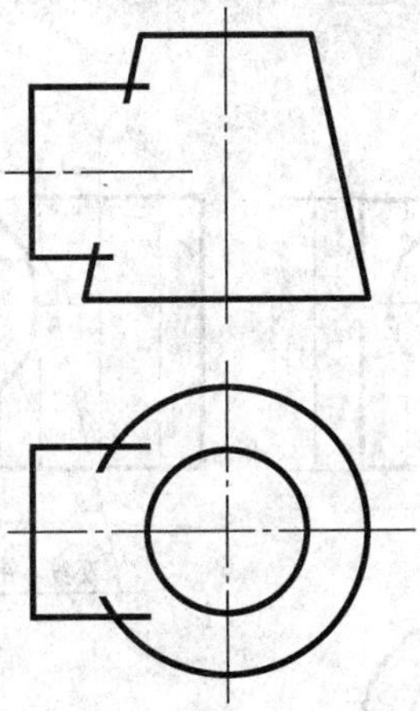

图 5-19　相贯线的模糊画法

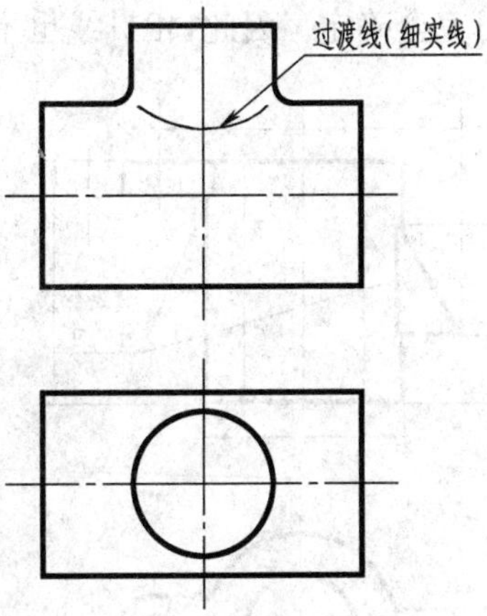

图 5-20　过渡线的画法

第三节　截断体与相贯体的尺寸标注

一、截断体的尺寸标注

如图 5-21 所示，截断体除了注出基本体的大小尺寸外，还应注出截平面的位置尺寸。只有当基本体与截平面的相对位置确定后，截断体的形状和大小即可完全确定，因此，截交线不需要标注尺寸，图中标有“×”号的尺寸为截交线尺寸不应标注。

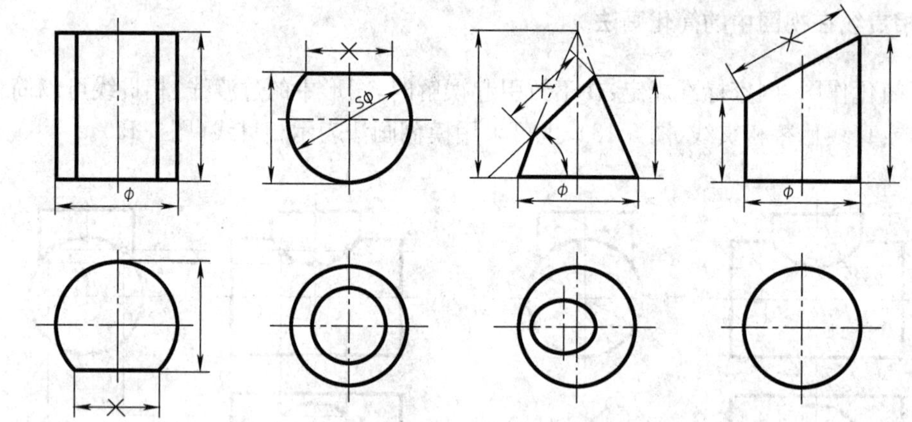

(a)圆柱　(b)球　(c)圆锥　(d)圆柱

图 5-21　截断体的尺寸标注

二、相贯体的尺寸注法

如图 5-22 所示，相贯体除了注出相交两基本体的大小尺寸外，还应注出确定两基本体的相对位置尺寸。当两相交基本体的形状、大小及相对位置确定后，相贯线的形状、大小及相对位置即可完全确定。因此，相贯线也不需要标注尺寸。

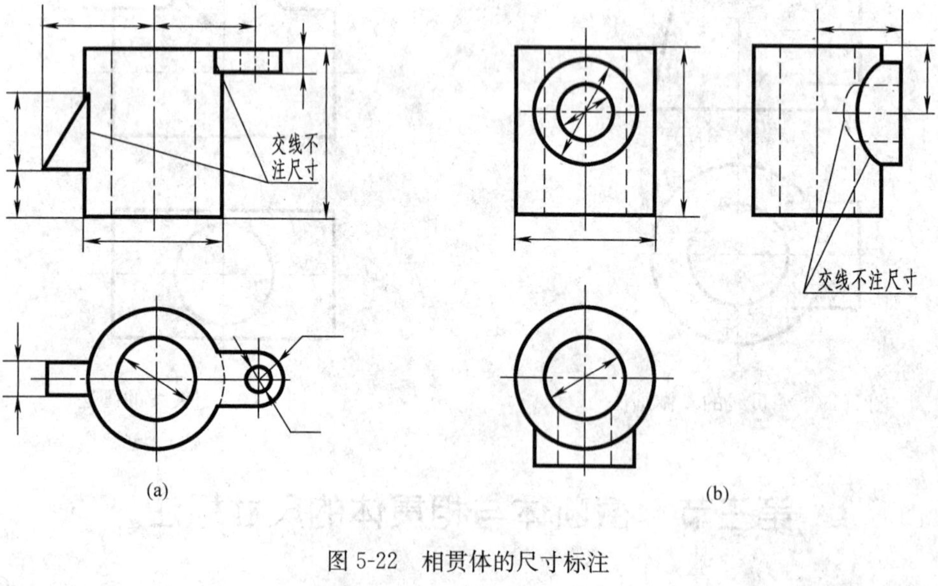

(a)　(b)

图 5-22　相贯体的尺寸标注

复习思考题

1. 立体的表面交线分哪两大类？
2. 立体被截平面切割产生的表面交线称为截交线。请问截交线具有哪些性质？
3. 圆柱被截平面切割产生的截交线形状有哪几种？

4. 圆锥被截平面切割产生的截交线形状有哪几种?

5. 两个立体表面相交称为相贯,其表面交线称为相贯线。请问相贯线具有哪些性质?

6. 举例说明采用素线法或辅助平面法求立体表面点的作图方法。

7. 简述辅助平面法原理。

8. 截断体与相贯体的尺寸标注应注意哪些问题?

第六章
组　合　体

● **学习目标**

本章是前几章的综合内容，也是全书的重点部分。是培养空间想象能力和读图能力的关键一章，组合体是典型化与抽象化了的零件，学好组合体视图的画法、尺寸标注及读图方法，可为学好零件图的识读与绘制打好基础。

● **本章重点**

(1)通过形体分析和线面分析，绘制组合体的三视图。

(2)运用形体分析法和线面分析法正确识读组合体的视图。

● **本章难点**

正确补画组合体三视图(补画视图、补画漏线)。

组合体的组合类型如图 6-1 所示，常见的为综合型。

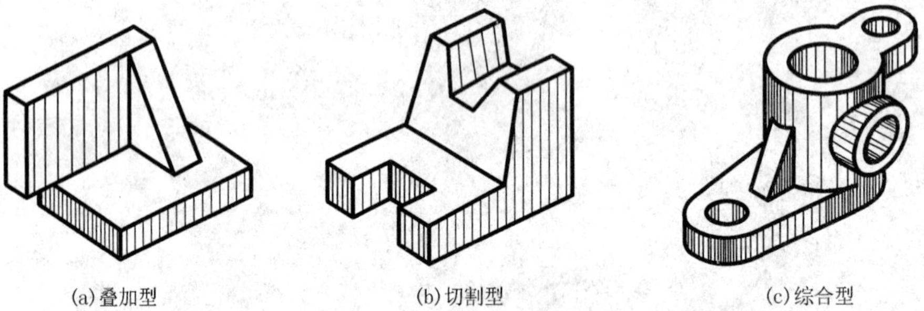

(a)叠加型　(b)切割型　(c)综合型

图 6-1　组合体的类型

第一节　组合体的形体分析

一、形体分析法

为了正确而迅速地绘制和读懂组合体视图，通常在画图、标注尺寸和读图过程中，假想把组合体分解成若干基本体，并分析各基本体的形状、相对位置、组合形式以及邻接表面关系，称为形体分析法，可使复杂的问题简单化。

图 6-2 所示支架，用形体分析法可分解成下底板、圆筒、耳板三个基本体，按照各部分的相对位置逐个画出各基本体的投影，从而完成整个支架的三视图。

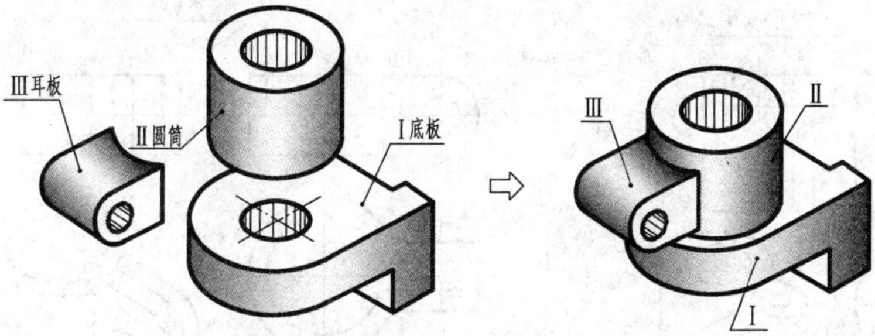

(a)分解　　(b)组合

图 6-2　支架

二、形体之间的邻接表面关系

画组合体视图时必须正确表达各基本体之间的邻接表面关系。组合体的邻接关系可归纳为相接不平齐、相接平齐、相交和相切 4 种情况。画图时要正确表达表面之间的邻接关系，不多画线也不漏画线。看图时注意到基本体间的邻接关系才能正确识读组合件的结构形状。

(1)不平齐：两基本体表面不平齐，两表面投影的分界处应用粗实线隔开，如图 6-3 所示。

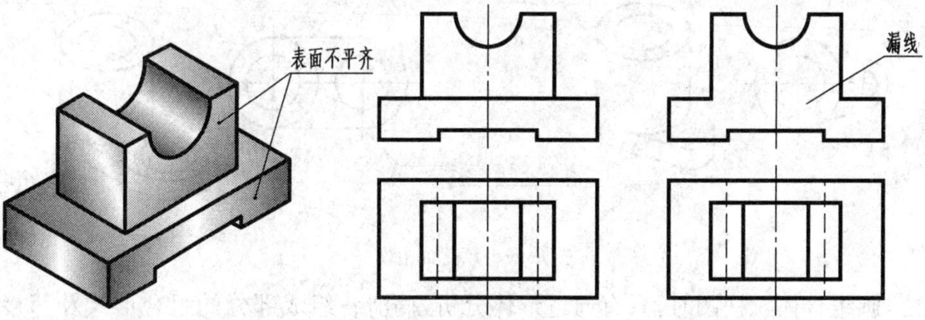

(a)　　(b)正　　(c)误

图 6-3　表面不平齐

(2)平齐：两基本体表面平齐时构成一个完整的平面，画图时不能用线隔开，如图 6-4 所示。

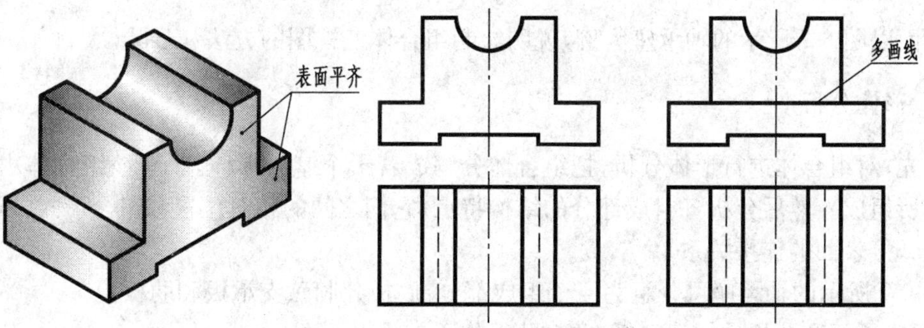

(a)　　(b)正　　(c)误

图 6-4　表面平齐

(3)相交：当相邻两基本体的表面相交时，在相交处应画出交线(图 6-5)。

(4)相切：当相邻两基本体的表面相切时，两个基本体表面光滑连接，相切处无分界线，故

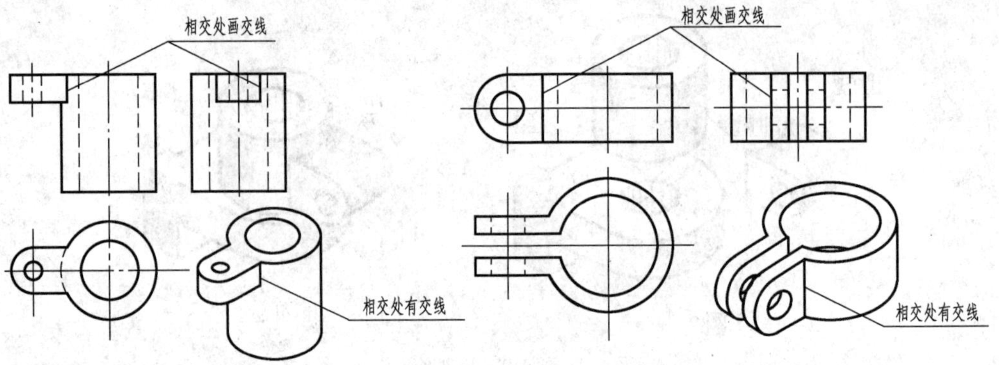

图 6-5　表面相交

在相切处不应该画线；而切点则是区分两基本体的特殊点（图 6-6）。

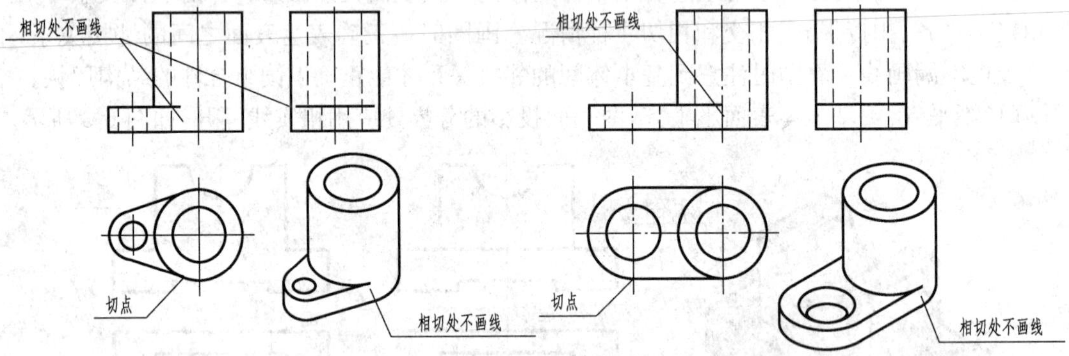

图 6-6　表面相切

总之，画组合体三视图时，只有通过形体分析，搞清各组成部分的组合形式及邻接表面的连接关系，想象出组合体的整体结构形状，才能做到不多画线、不漏画线，正确画出组合体的三视图。

第二节　组合体三视图的画法

下面以图 6-7 所示的轴承座为例，说明绘制组合体三视图的方法和步骤。

一、形体分析

首先，对组合体进行形体分析，把组合体分解成若干个基本形体，了解该组合体由哪些基本形体所组成。然后分析各组成部分的结构特点，它们之间的相对位置和组合形式，以及各形体之间邻接表面的连接关系。

图 6-7 所示的轴承座可分解为 4 个组成部分：底板、圆筒、支承板和肋板。

(1)支承板和肋板叠加于底板上方，肋板位于支承板前面；

(2)圆筒和支承板的左、右侧面与圆筒表面相切；

(3)肋板与圆筒相交，交线由圆弧和直线组成；

(4)整个组合体左右对齐。

二、选择主视图

选择主视图时，一般应选择反映组合体各组成部分形状和相对位置较为明显的方向作为主视图的投射方向。为使投影能得到实形，便于作图，应使物体主要平面和投影面平行，同时考虑组合体的自然安放位置，并要兼顾其他两个视图表达的清晰性。

若以箭头所指的 A 向作为图 6-7 所示的轴承座中主视图的投射方向，主视图能反映组合体的形状特征，左视图能反映组合体的结构特征，故比较合理。主视图选定后，俯视图和左视图也随之而定。

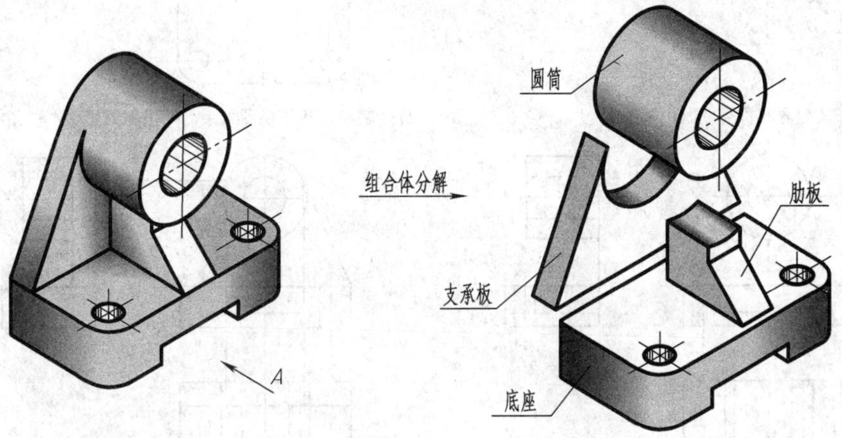

图 6-7 轴承座的形体分析

三、选择比例、定图幅

视图确定后，应根据机件实物的大小和复杂程度，按要求选择比例和图幅。在表达清晰的前提下，尽可能选用 1∶1 的比例。图幅的大小应考虑视图所占的面积、图边距、标注尺寸的位置以及绘制标题栏的空间。

四、绘 图

具体步骤如图 6-8 所示。

为正确、迅速地画出组合体的三视图，应注意以下几点：

1. 首先布置视图，画出作图基准线

作图基准线通常应尽可能与尺寸基准重合，每个视图都应该有两个方向的基准线，如对称中心线、主要回转体的轴线、底面及重要端面的位置线等都可作为基准线。

2. 分析形体，定出画图顺序

根据各形体的投影规律，逐个画出各个基本体的三视图。画形体的顺序，一般是从基准线画起，将和基准线有直接关系的部分先画出来，也可归纳为：先画主要部分，后画次要部分；先画大形体，再画小形体；先画看得见的部分，后画看不见的部分；先画圆和圆弧，再画直线。

3. 画图时应考虑形体的形状和位置特征

组合体的每一部分最好是三个视图一起画，每部分应先从反映形状特征和位置特征最明显的视图画起，再按投影规律画出其他两个视图。而不是先画完一个视图，再画另一个视图。这样既可以避免多线、漏线、还可以提高画图效率。

4. 完成底稿，描深全图

底稿完成后，应按形体逐个认真检查，尤其应考虑各形体之间的邻接表面关系。确定无误后，用粗实线描深。描深时，一般顺序是：先上后下、先左后右、先曲后直、先小后大。

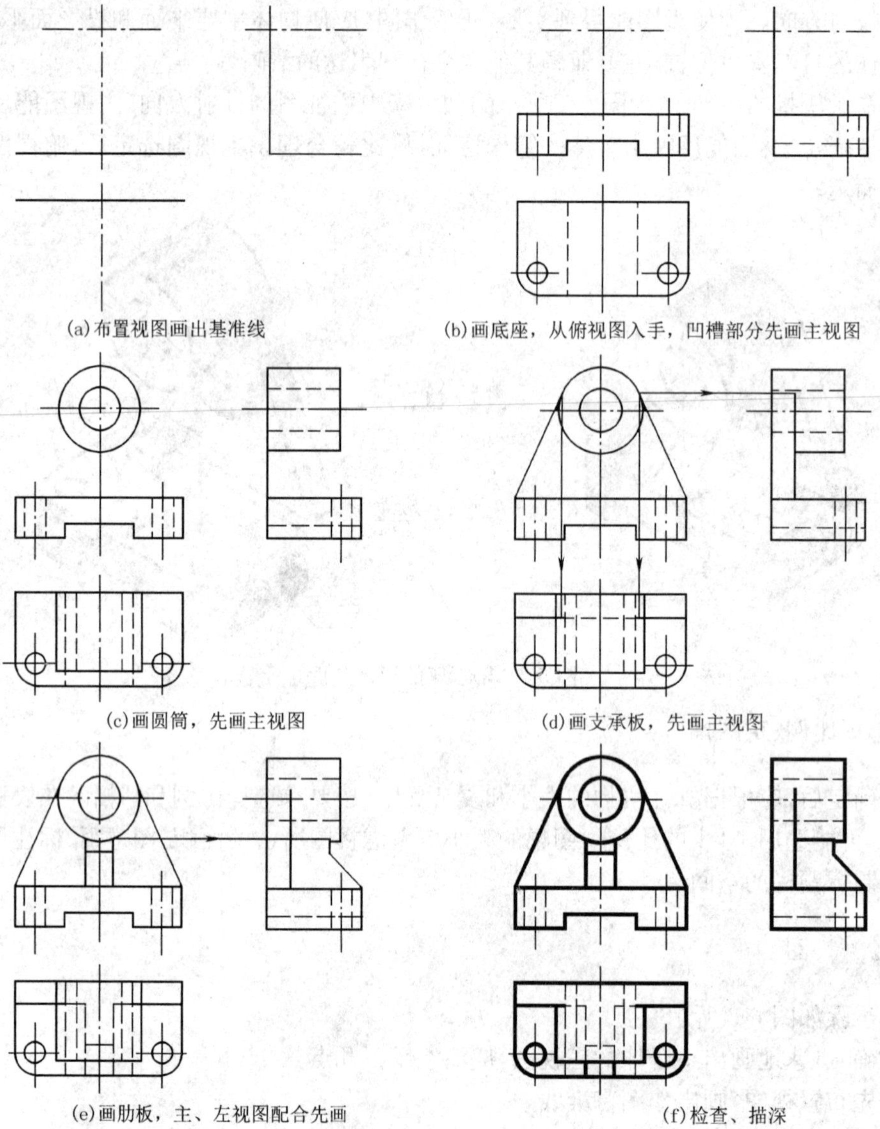

(a)布置视图画出基准线　(b)画底座，从俯视图入手，凹槽部分先画主视图

(c)画圆筒，先画主视图　(d)画支承板，先画主视图

(e)画肋板，主、左视图配合先画　(f)检查、描深

图 6-8　组合体画图步骤

第三节　组合体的尺寸标注

视图可以表达机件的形状，而机件的大小则应根据视图中所标注的尺寸来确定，因此正确地标注组合体的尺寸对于正确地标注机件的尺寸非常重要。

一、尺寸种类

1. 定形尺寸

确定组合体各组成部分大小的尺寸，称为定形尺寸。图 6-9(a)所示的轴承座可分为底座、立板、肋板三个部分，各部分的定形尺寸如图 6-9(c)所示。其中底座的长 32、宽 24、高 7，两圆孔直径 $\phi6$，圆弧半径 $R6$；立板的长 5，宽 11、18，高 6、24，圆孔直径 $\phi9$；肋板的长 11、宽 4、高 8 等尺寸都属于定形尺寸。

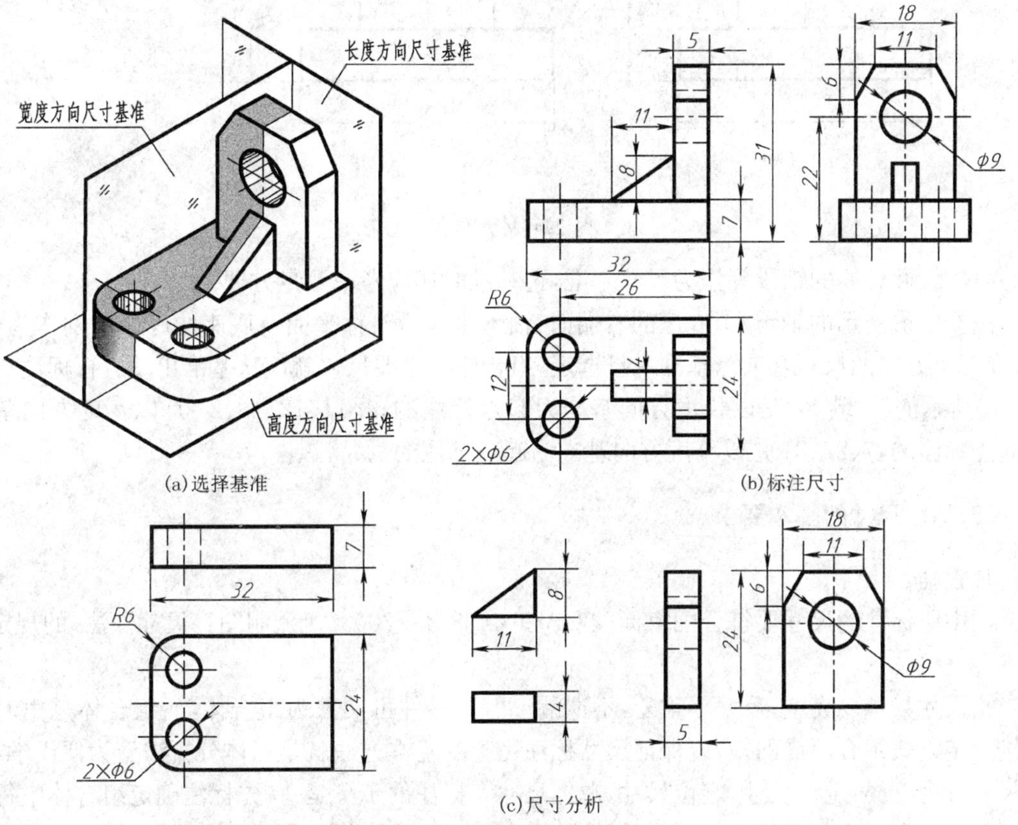

(a)选择基准　(b)标注尺寸　(c)尺寸分析

图 6-9　轴承座的尺寸分析

2. 定位尺寸

确定组合体各组成部分之间相对位置的尺寸，称为定位尺寸。如图 6-9(b)所示，俯视图中的 26 和 12 分别是底座上两圆孔长度和宽度方向的定位尺寸，即钻孔的位置；左视图中的 22 是立板上圆孔轴线在高度方向的定位尺寸。由于圆孔位于板的对称平面上，其位置可直接确定，不需标注宽度方向的定位尺寸。

3. 总体尺寸

确定组合体外形大小的总长、总宽、总高的尺寸，称为总体尺寸。如图 6-9(b)中底座的定形尺寸 32、24 也是轴承座总长和总宽的尺寸，总高尺寸为 31。标注了总体尺寸之后，某些定形尺寸必须去掉，如图 6-9(c)中立板的高度尺寸 24 就不标注。

组合体的一端或两端为回转体时，为明确回转体的确切位置，常将总体尺寸注到回转体的轴线位置，而不直接注出总体尺寸，否则会出现重复尺寸，如图 6-10 所示。

二、尺寸基准的选择

标注尺寸的起点称为尺寸基准。由于组合体具有长、宽、高三个方向的尺寸，每个方向至少应有一个尺寸基准。基准的确定应体现组合体的结构特点，一般把组合体的重要端面、底

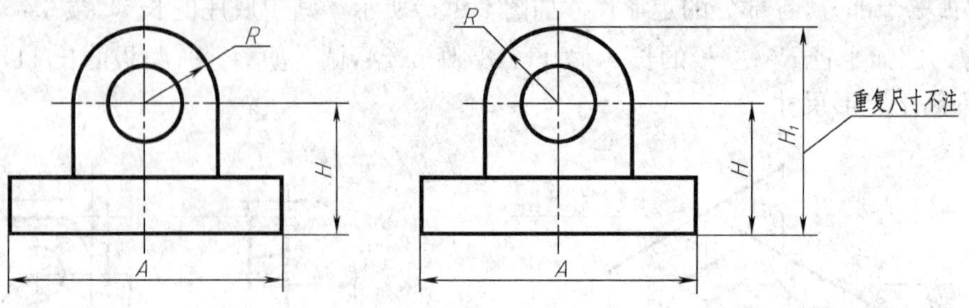

(a)正确 (b)错误

图 6-10 回转体总体尺寸注法

面、对称面、回转体的轴线等作为尺寸基准,选基准时还应考虑测量方便。

图 6-9(a)所示的轴承座,底座的右端面、轴承座前后对称平面及底座的底面分别作为长、宽、高三个方向的尺寸基准。基准一旦选定,组合体的主要尺寸就应从基准出发进行标注。图 6-9(b)所示的 5、26、32 是以长度方向基准为起点标注的,4、11、12、18、24 是以宽度方向基准为起点标注的,7、22、31 是以高度方向基准为起点标注的。

三、标注尺寸的基本要求

1. 正确

图中所标注的尺寸要符合国家标准 GB/T 4458.4—2003《机械制图 尺寸注法》的规定。

2. 完整

指尺寸数量要完整,尺寸不重复,不遗漏。由于零件可抽象为组合体,而组合体是由基本体按一定方式组合而成的,所以保证尺寸标注完整的基本方法就是形体分析法。为便于学习,将尺寸分为三类:定形尺寸、定位尺寸、总体尺寸。标注的步骤是:首先标注确定组合体中每个基本体形状和大小的定形尺寸,然后标注确定各个基本体间相对位置的定位尺寸,最后根据组合体的形状、结构特点调整标注组合体的总体尺寸。

3. 清晰

图样中所注尺寸要排列整齐、位置明显、层次清楚、便于看图。

为了保证所注尺寸的清晰,除严格遵守机械制图国家标准的规定外,还应注意以下几点:

(1)尺寸应尽量标注在反映各基本体形状特征明显、位置特征清楚的视图上。同一基本体的定形尺寸和定位尺寸应尽量集中标注,以便于看图,如图 6-11 所示。

(2)尺寸应合理布局,尽量注在视图外面,与两个视图有关的尺寸应尽量标注在两个视图之间,如图 6-12 所示。

(3)虚线上尽量不注尺寸,如图 6-11 中的圆孔直径。

(4)同轴回转体的各径向尺寸一般注在非圆视图上,圆弧半径应注在投影为圆弧的视图上,如图 6-13 所示。

四、标注尺寸的方法与步骤

组合体标注尺寸时,应先进行形体分析,选择基准,依次注出定形尺寸、定位尺寸及总体尺寸,最后进行核对、调整,使所注的尺寸正确、清晰、完整。以轴承座尺寸标注为例,具体方法和步骤见表 6-1。

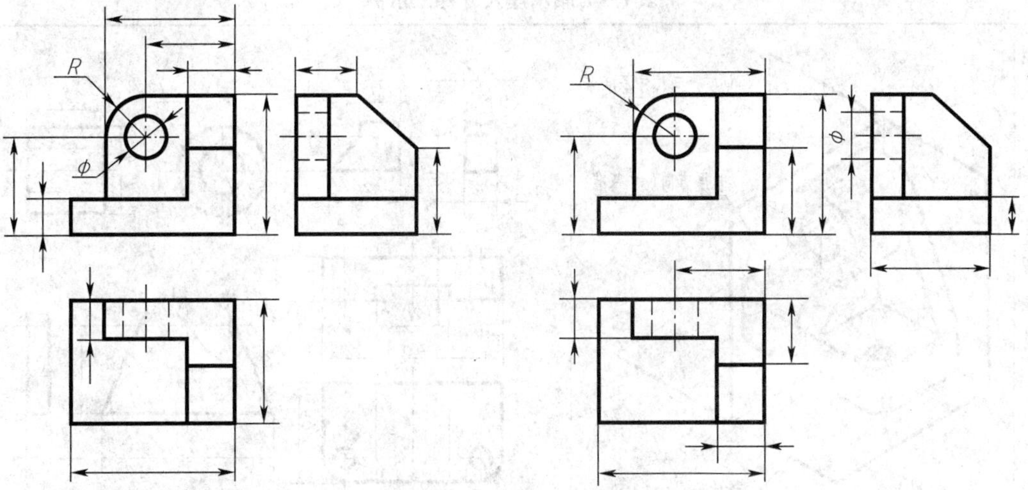

(a)清晰 (b)不清晰

图 6-11 尺寸标注应明显、清晰

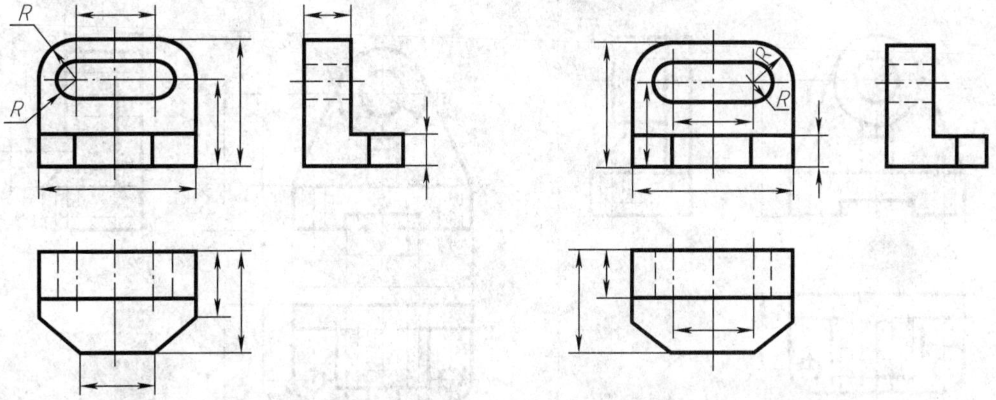

(a)清晰 (b)不清晰

图 6-12 尺寸应合理布局

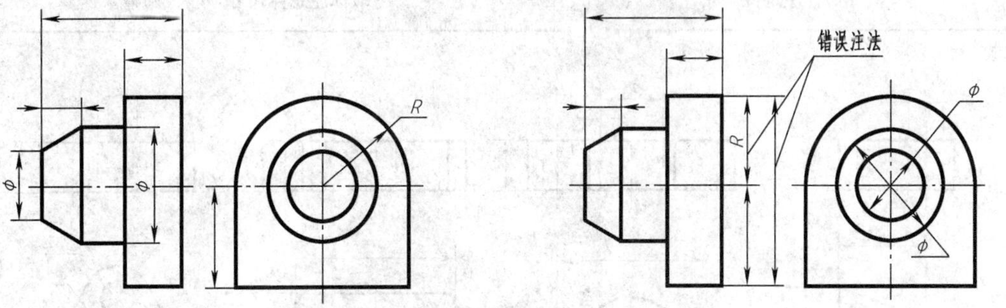

(a)清晰 (b)不清晰

图 6-13 同轴回转体的尺寸标注

五、常见结构的尺寸注法

图 6-14 列出了组合体常见结构不直接标注总体尺寸的标注示例，供参考。

表 6-1 轴承座尺寸标注示例

图例	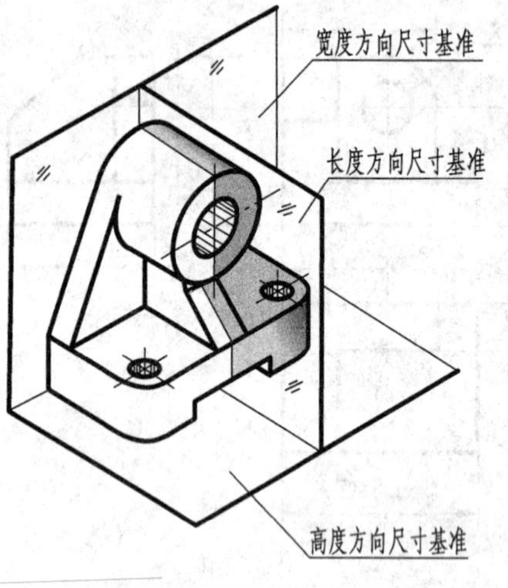	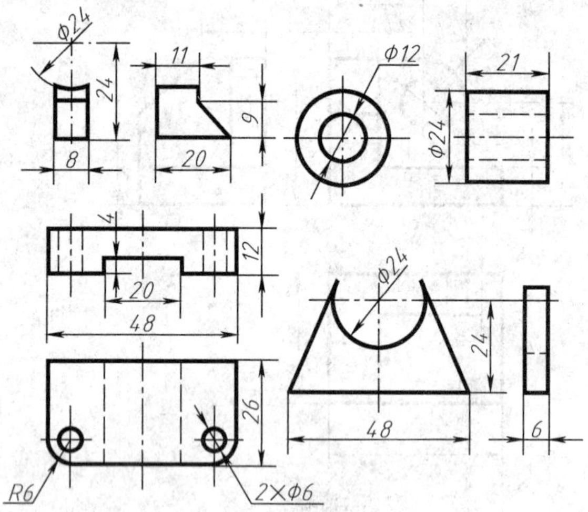
说明	(a)形体分析，选择尺寸基准	(b)标注每个形体的定形尺寸
图例	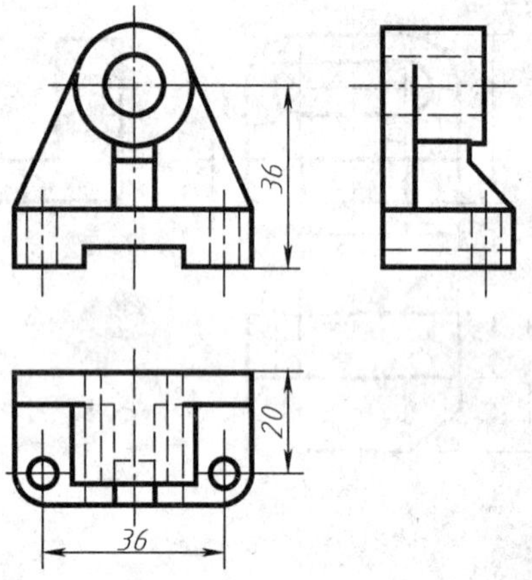	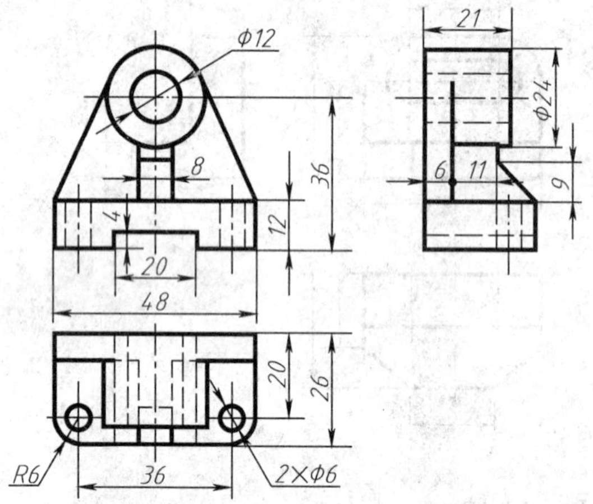
说明	(c)标注定位尺寸	(d)标注总体尺寸，核对、调整

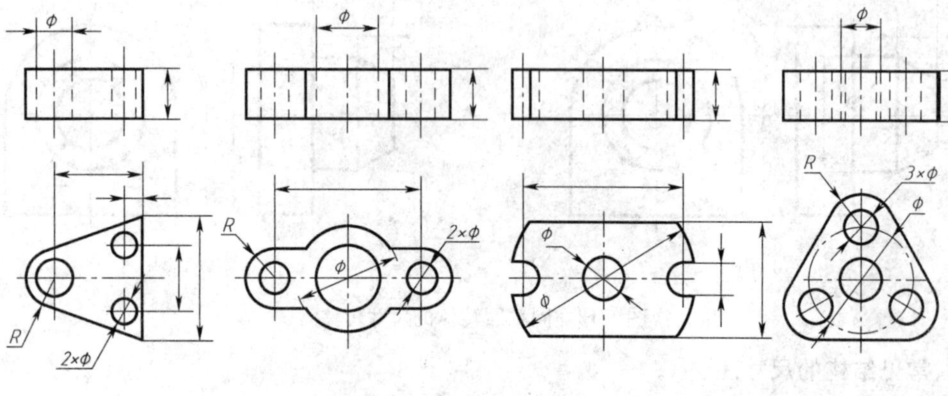

(a) (b) (c) (d)

图 6-14 不直接标注总体尺寸的示例

第四节 读组合体视图的方法

画图，是将物体画成视图并标注尺寸来表达其形状、结构和大小；读图，是依据视图想象出物体的形状。显然读图的难度要大于画图。为了能够正确而迅速地读懂视图，必须掌握读图的基本要领和基本方法，通过反复实践，培养空间思维想象能力，提高看图水平。

一、读图的基本要领

1. 不能只凭一个视图臆断立体的形状

在工程图样中，是用几个视图共同表达物体形状的，通常组合体用三视图表达。每个视图只能反映物体某个方向的形状，而不能概括其全貌，例如：在图 6-15 中，同一个主视图，配上不同的俯视图和左视图，就表达了不同的物体。所以只看一个或两个视图是不能确定物体形状的，看图必须将零件图中给出的所有视图联系起来看。

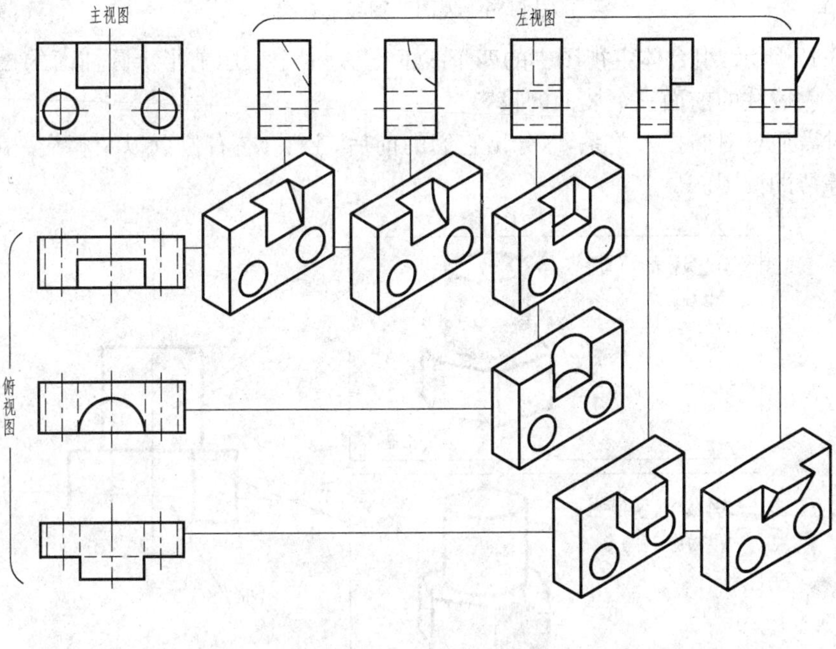

图 6-15 一个视图不能确定物体的形状

2. 注意分析视图中图线和线框的含义

视图是由一个个封闭线框所组成，而线框又是由图线构成，因此明确图线及线框的含义才能正确识别组合体及其基本体表面间的相对位置和邻接关系。

(1)视图中图线(粗实线和虚线)的含义

以图 6-16 为例，视图中的图线有如下含义：

①物体上垂直于投影面的平面或曲面有职聚性的投影；

②物体上表面交线的投影；

③物体上曲面转向轮廓线的投影。

视图中的点画线，一般表示物体的中心线和图形的对称线。

(2)视图中线框的含义

一般情况下，视图中每个封闭线框（包括虚线或虚线与粗实线共同构成）都表示物体上的一个平面或曲面或孔的投影，相邻或重叠的线框则表示物体上不同位置面的投影，并反映了基本体之间的连接关系。

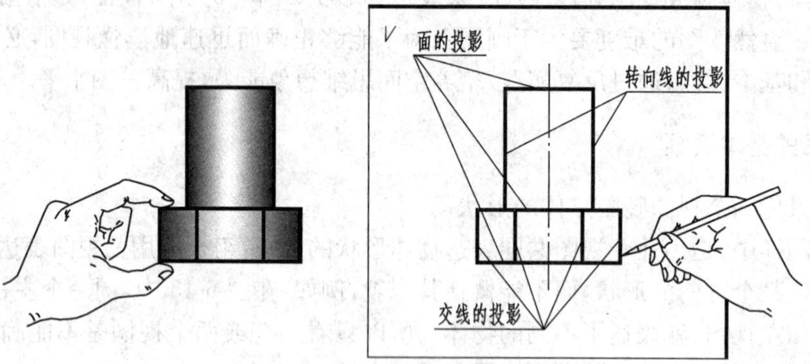

图 6-16　视图上图线的含义

如图 6-17 所示，组合体主视图中的四个线框，上方一个表示前半个圆柱面的投影；下方三个分别表示六棱柱的前面三个棱面的投影。

读图时需通过对照投影关系，区分出它们的前后、上下、左右位置以及相交、相切、共面等连接关系等帮助读图。

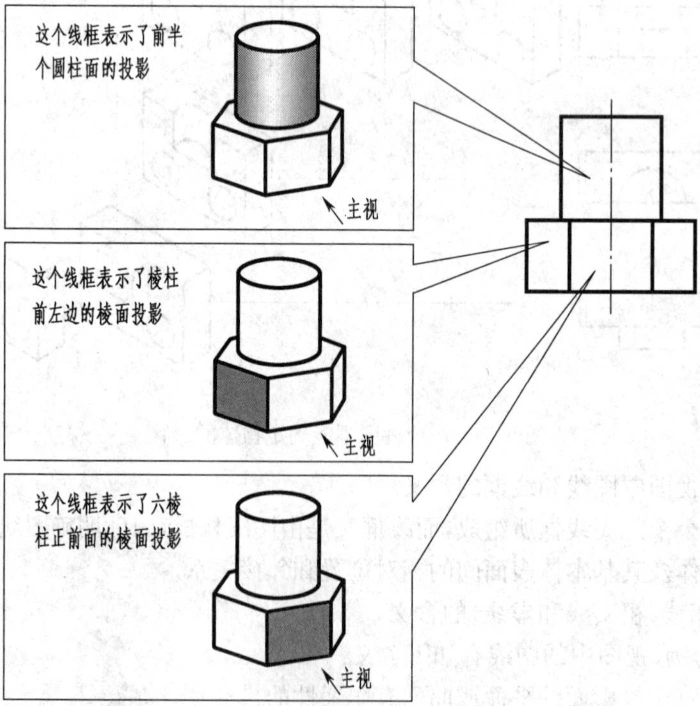

图 6-17　视图上线框的含义

3. 熟悉基本体的投影特性，多做形体积累

即使是初学者，看到图 6-18 所示的三视图都会马上反应出：图 6-18(a)表达的是一个水平

放置的圆柱体，图6-18(b)表达的是一个直立的圆锥体。这是因为通过学习基本体的投影，已经了解并熟悉了圆柱体、圆锥体的投影特性，并能随时根据其投影反应出立体形状来；另一原因是图上所表达的物体就是你经常看到和摸到的实物，或是类似的实物。看图时就会产生一种“好像见过面”的感觉，这就是形体积累在看图过程中的反应。构成组合体的各个基本体，就像一篇文章里的字和词，若字和词都不认识，当然无法阅读文章。若熟悉基本体的投影特性以及形体积累不断增多，就能增进空间立体感，较快地提高投影分析能力和读图能力。

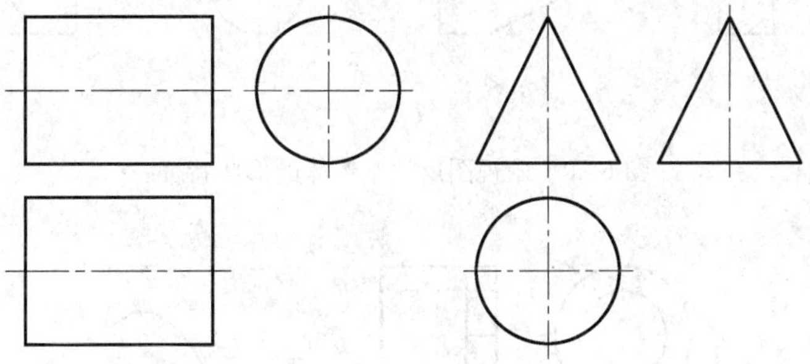

(a)圆柱　　(b)圆锥

图6-18　基本体的三视图

二、读图的方法和步骤

1. 形体分析法

形体分析法是读图的基本方法之一。运用形体分析法读图，关键在于掌握分解复杂图形的方法。只有将复杂的图形分解出几个简单图形来，才能通过对简单图形的识读达到读懂复杂图形的目的。

(1)抓住形状特征视图想形状

对于基本体来说，在几个视图中，总有一个视图能比较充分地反映该基本体的形状特征，如图6-19的左视图和6-20的俯视图。在形体分析的过程中，若能找到基本体的形状特征视图，再联系其他视图，就能比较快而准确地辨认基本体。

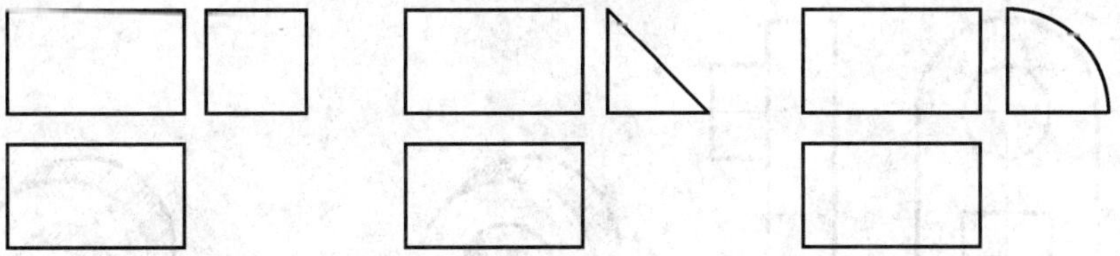

(a)　　(b)　　(c)

图6-19　左视图反映基本体的形状特征

但是由基本体构成的组合体的各基本体的形状特征，并非都集中在一个视图上，而是可能每个视图上都有一些，如图6-21中的支架是由四个基本体叠加而成，主视图反映了基本体Ⅰ和基本体Ⅳ的形状特征，左视图反映了基本体Ⅲ的形状特征，俯视图反映了基本体Ⅱ的形状特征。看图时就是要找到能够反映基本体形状特征的线框，联系其他视图，来划分基本体和看懂基本体的形状。

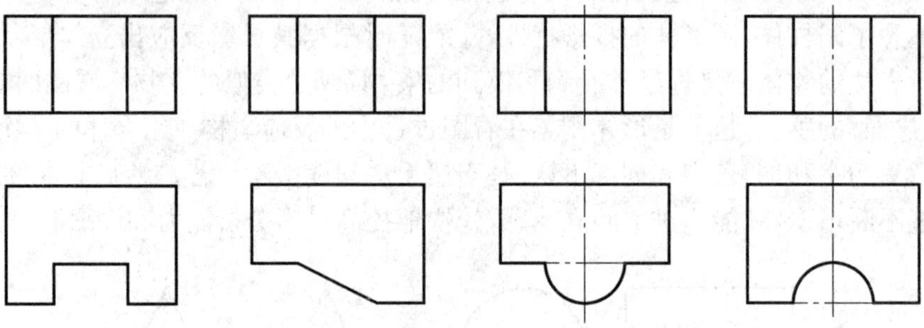

(a) (b) (c) (d)

图 6-20　俯视图反映基本体的形状特征

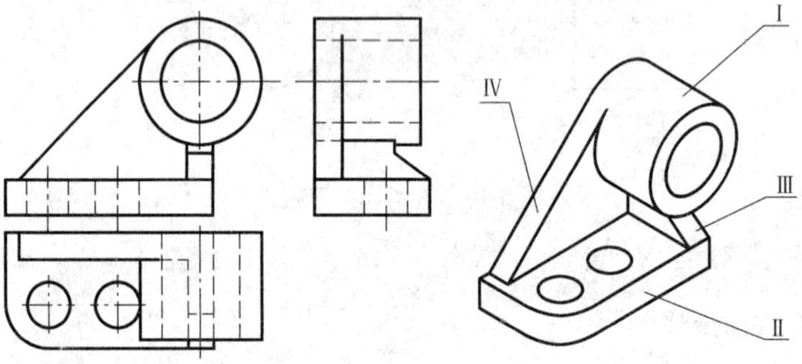

图 6-21　组合体中各基本体的形状特征

(2)抓住位置特征视图想位置

反映各形体之间相对位置最为明显的视图称为位置特征视图。如图 6-22(a)所示,如果仅看主视图和俯视图不能确定形体Ⅰ和Ⅱ哪个是凸出的,哪个是凹进的。如果再结合左视图,显然,形体Ⅰ凸出,形体Ⅱ凹进,因此,本例中左视图是反映该形体位置特征最明显的视图,即位置特征视图;主视图为形状特征视图。

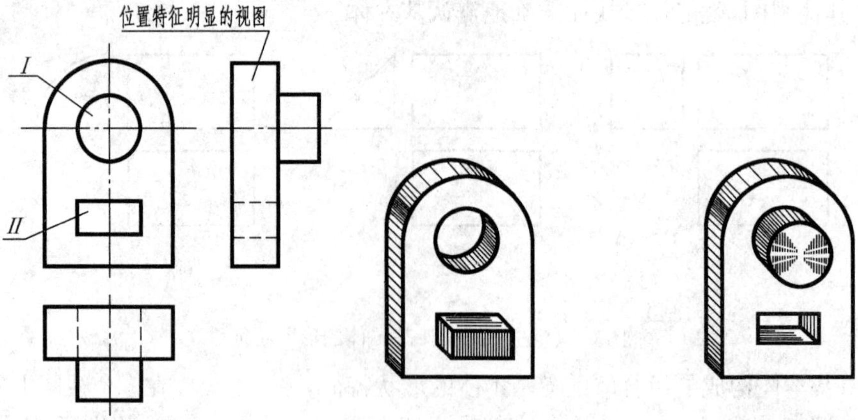

(a)视图分析　(b)错误　(c)正确

图 6-22　位置特征视图

(3)投影分析想形状,综合起来想整体

将形体分解为几个组成部分,从体现每部分特征的视图出发,依据“三等”规律在其他视图中找出对应投影,经过分析想象出每部分的形状。然后再根据三视图搞清楚各形体间的相对位置、结合形式和表面连接关系等综合想出物体的完整形状。

如图 6-23(a)所示为已知组合体的主、俯视图,要求读懂物体的形状、结构并补画左视图。

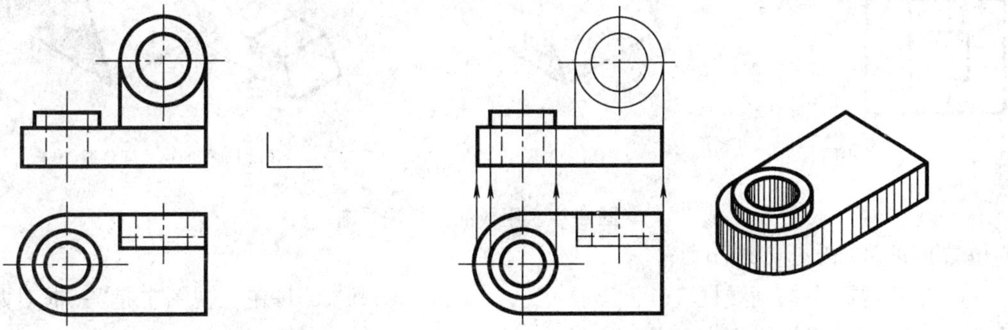

(a)补画左视图　　(b)分析底板

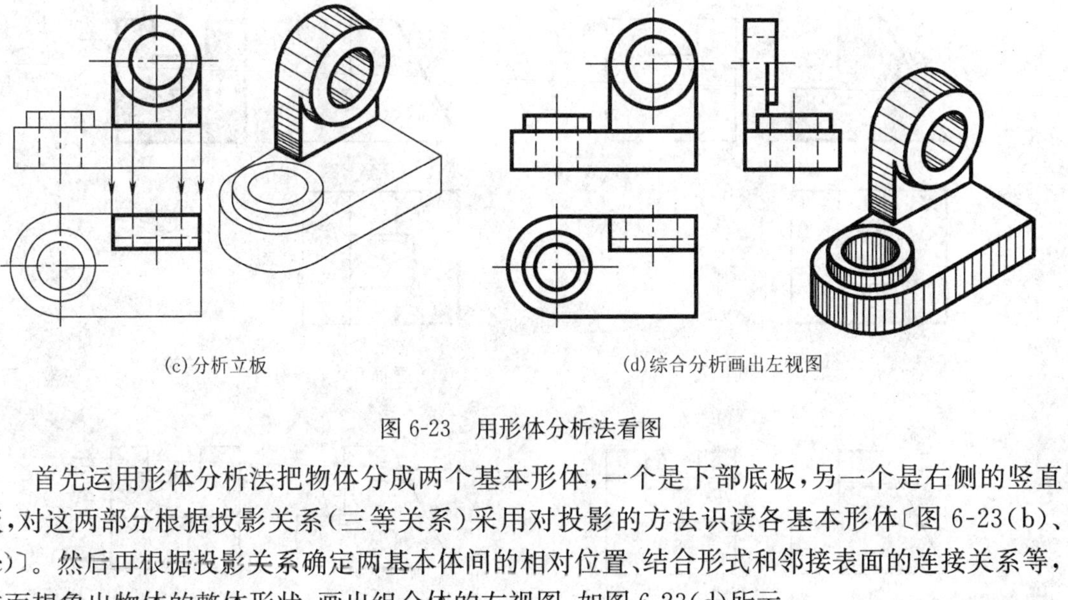

(c)分析立板　　(d)综合分析画出左视图

图 6-23　用形体分析法看图

首先运用形体分析法把物体分成两个基本形体,一个是下部底板,另一个是右侧的竖直板,对这两部分根据投影关系(三等关系)采用对投影的方法识读各基本形体〔图 6-23(b)、(c)〕。然后再根据投影关系确定两基本体间的相对位置、结合形式和邻接表面的连接关系等,进而想象出物体的整体形状,画出组合体的左视图,如图 6-23(d)所示。

2. 线面分析法

用线面分析法看图,就是运用投影规律,通过识别线、面等几何元素的空间位置、形状,进而想象出物体的形状。对于识读切割类组合体的视图,除形体分析法外还需运用线面分析法,分析其截平面的位置、截交线的形状。

如图 6-24(a)所示的组合体三视图。图 6-24(a)所示组合体属于切割类,切割过程如图 6-24(c)所示。对于这类组合体看图时需采用线面分析法。

(1)依据线框确定线框所表示面的投影特性

该组合体三视图可大致分为以下 5 个封闭线框:

①在主视图中找到线框 1′(1、1′、1″),在三视图中是“一框对两线”,故该平面在三投影面中的位置是正平面〔图 6-25(a)〕;

②在俯视图中找到线框 2(2、2′、2″),在三视图中是“一线对两框”,故该平面在三投影面中

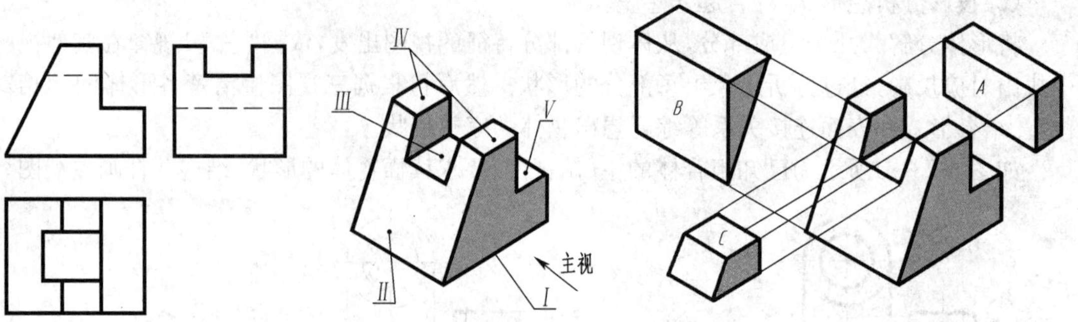

(a)三视图　(b)轴测图　(c)切割体的形成轴测图

图 6-24　用线面分析法看图

的位置是正垂面〔图 6-25(b)〕；

③在俯视图中找到线框 3、4、5(3、3′、3″、4、4′、4″和 5、5′、5″)，在三视图中是“一框对两线”，故这三个平面在三投影面中的位置均为水平面〔图 6-25(c)、(d)〕。

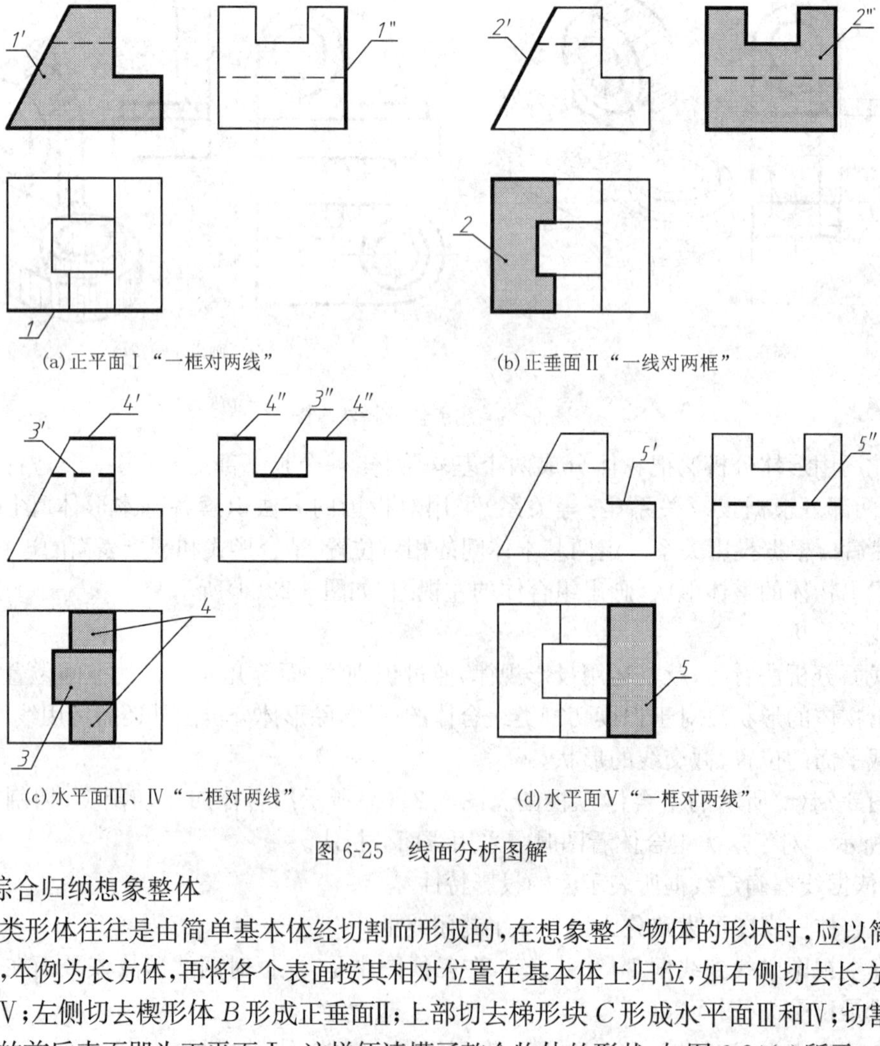

(a)正平面Ⅰ“一框对两线”　(b)正垂面Ⅱ“一线对两框”

(c)水平面Ⅲ、Ⅳ“一框对两线”　(d)水平面Ⅴ“一框对两线”

图 6-25　线面分析图解

(2)综合归纳想象整体

切割类形体往往是由简单基本体经切割而形成的，在想象整个物体的形状时，应以简单基本体为基础，本例为长方体，再将各个表面按其相对位置在基本体上归位，如右侧切去长方体 A 形成水平面Ⅴ；左侧切去楔形体 B 形成正垂面Ⅱ；上部切去梯形块 C 形成水平面Ⅲ和Ⅳ；切割后剩余的基本体的前后表面即为正平面Ⅰ。这样便读懂了整个物体的形状，如图 6-24(c)所示。

三、看图举例

在看图练习中，常常要求补画视图中所缺的图线或由给出的两个视图补画第三视图，这是培养和检验读图能力主要的有效方法。

【例 6-1】 补画图 6-26(a)所示组合体三视图中所缺的漏线。

(1)形体分析。三视图所表达的组合体由一个圆柱体和一个 L 形的座板叠加而成，圆柱与座板的邻接表面是相切关系。

(2)从俯视图上可看出，座板的上表面(水平面)与圆柱表面的交线是一个半圆，因此座板的上表面应一直延伸至俯视图上圆与直线的切点处，所以在主视图上，座板上表面有积聚性的投影应画至切点处，在左视图上，座板上表面的投影也积聚为一条直线，因被圆柱体遮挡，故画成虚线。

(3)校核后，加深轮廓线。

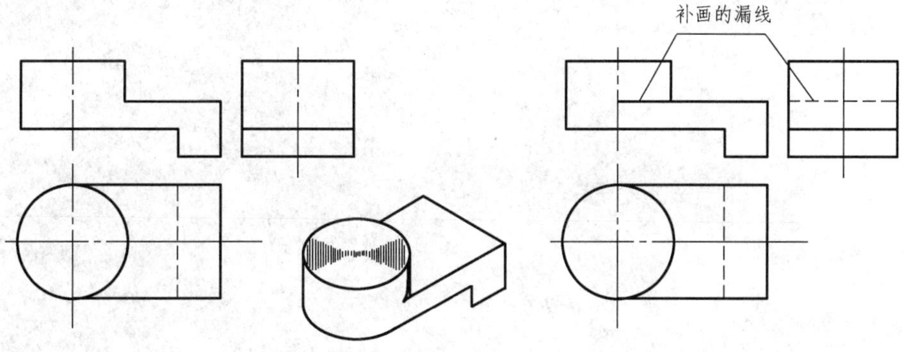

(a)已知条件　(b)补全漏线

图 6-26　补画组合体视图中所缺的漏线

【例 6-2】 看懂图 6-27(a)所示主、俯视图，补画出左视图。

首先由主、俯视图做形体分析，分为两个基本体底板Ⅰ和竖板Ⅱ。按形体分析的结果补画出两基本体主要部分的左视图——底部半圆柱板和竖放半圆头柱板，再运用线面分析法补画各部分的细节——切割底部半圆柱板，竖放半圆头柱板钻孔的投影，最后检查无误描深全图。补画左视图的作图过程如图 6-27(b)～(d)所示。

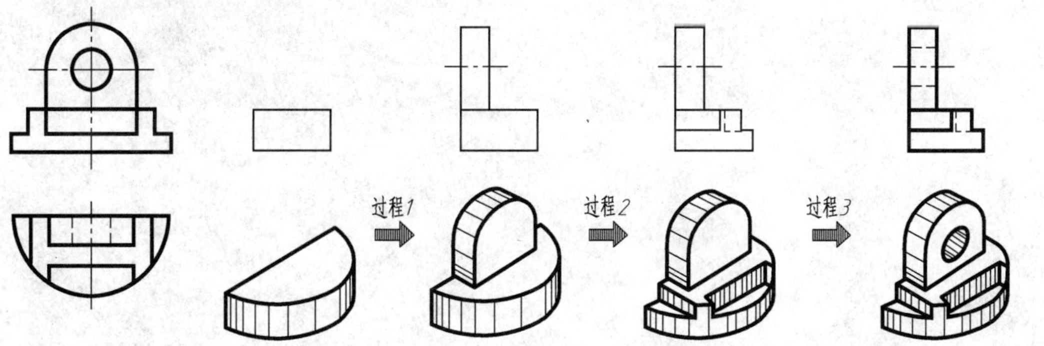

(a)由视图构思立体形状　(b)画底部半圆柱板　(c)画竖放半圆柱板　(d)画底部半圆柱板切割形状　(e)画竖放半圆柱板的小孔，描深图线

图 6-27　已知主、俯视图补画左视图作图过程

复习思考题

1. 组合体的组合形式有哪几种？各基本体邻接表面间的连接关系有哪些？它们的画法各有何特点？

2. 画组合体视图时，如何选择主视图？

3. 试述运用形体分析法画图、读图的方法与步骤。

4. 什么叫线面分析法？试述运用线面分析法看图的方法与步骤。

5. 组合体尺寸标注的基本要求是什么？

6. 如何保证组合体的尺寸标注完整，不重复、不遗漏？

第七章
轴　测　图

● **学习目标**

由于轴测图富有立体感，而且采用单一投影面，故将其独立成章进行编排。本章主要介绍轴测图的基本知识及工程上应用较多的正等测及斜二测的作图方法。

● **本章重点**

(1)掌握正等测、斜二测的作图方法与步骤。

(2)掌握徒手绘制轴测草图的基本技法。

● **本章难点**

正等测各坐标面平行上椭圆的方向和画法及徒手画轴测草图的基本技法。

第一节　轴测图的基本知识

一、轴测图的形成

轴测图是采用平行投影法，将物体连同三根直角坐标轴 OX、OY、OZ 沿不平行于任一坐标轴的方向，向投影面 P 投射，所得的投影称轴测图。如图 7-1 所示，其中投影面 P 称轴测投影面，空间直角坐标轴 OX、OY、OZ 的投影 O_1X_1、O_1Y_1、O_1Z_1 称为轴测轴。

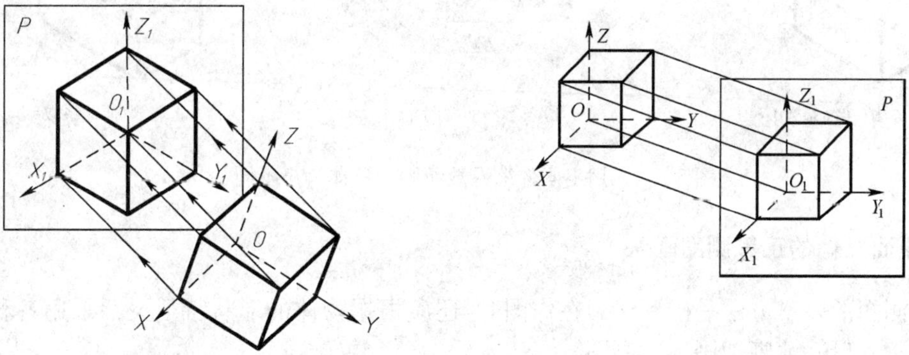

(a)正等轴测图　(b)斜二等轴测图

图 7-1　轴测图的形成

二、轴测图的投影特性

由于轴测图是根据平行投影法画出来的，因而它具有平行投影的基本性质。适用于轴测投影的平行投影特性有：

1. 平行性　物体上相互平行的线段，其轴测投影也相互平行；与坐标轴平行的线段，其轴测投影必平行于相应的轴测轴。

2. 定比性　空间相互平行的线段之比等于它们的轴测投影之比。因此，物体上的轴向线段（平行于坐标轴的线段），其轴测投影与相应的轴测轴有着相同的轴向伸缩系数。

但是应注意，物体上那些不平行于坐标轴的线段（非轴向线段），其投影的变化与平行于轴线的那些线段不同，因此不能将非轴向线段的长度直接移到轴测图上。画非轴向线段的轴测投影时，需要应用坐标法定出其两端点在轴测坐标系中的位置，然后再连成线段的轴测投影。

第二节　正等轴测图

一、正等轴测图的投影特点

正等轴测图（简称正等测）的三根轴测轴的轴间角相等，都是 120°；因此，其轴向伸缩系数也相等，都是 0.82，如图 7-2(a)所示。

作图时，一般将轴测轴 O_1Z_1 画成竖直位置，则轴测轴 O_1X_1 和 O_1Y_1 均与水平线成 30°角，利用 30°三角板可方便地作出轴测轴 O_1X_1 和 O_1Y_1，如图 7-2(b)所示。

为了免除作图时计算尺寸的麻烦使作图简便，常采用简化伸缩系数 1 来绘制正等轴测图（即 $p=q=r=1$）。采用简化伸缩系数画出的图形，其轴向尺寸均为原来尺寸的 1/0.82（≈1.22 倍），如图 7-2(c)所示，这样既不影响立体感，又给作图带来了方便。

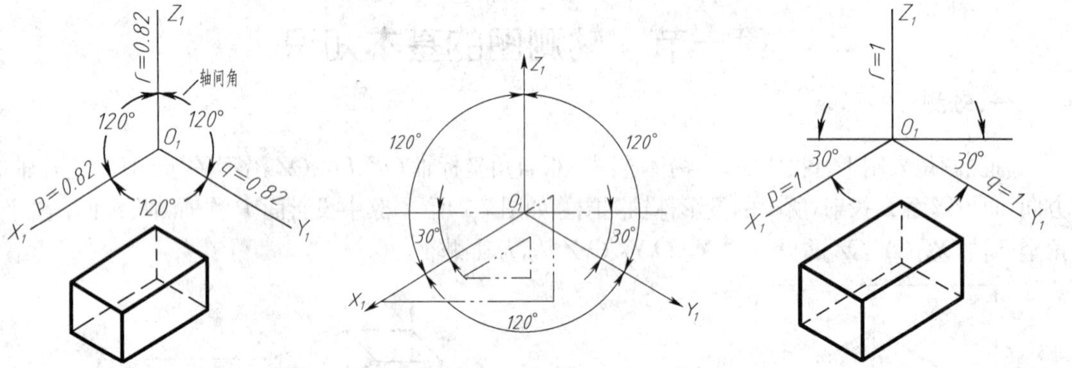

(a) 正等测（伸缩系数0.82）　(b) 正等测的轴间角　(c) 正等测（伸缩系数=1）

图 7-2　采用不同伸缩系数所画的物体大小不同

二、平面立体的正等测图画法

画轴测图的基本方法是坐标法。在作图时，还应根据物体的形状特征灵活采用各种不同的作图步骤，简单、清晰地画出轴测图。

【例 7-1】　根据正六棱柱的主、俯视图，作出其正等测图。

轴测图上一般不画虚线，为减少不必要的作图线，应根据立体的形状特点，确定恰当的坐标系。一般先从组合体的顶面和前面开始作图比较好，坐标原点的确定如图 7-3 所示。

三、回转体的正等测图画法

1. 属于或平行于坐标面，圆的正等测图画法

平行于坐标面，圆的正等测图为椭圆。图 7-4 所示为平行于三个不同坐标面的圆的正等测图，其形状、大小完全相同，除长短轴的方向不同外，画法都一样。

作圆的正等测图时，必须清楚长短轴的方向。从图 7-4(b)中可以看出，椭圆的长轴方向与菱形的长对角线重合，短轴方向与菱形的短对角线重合。

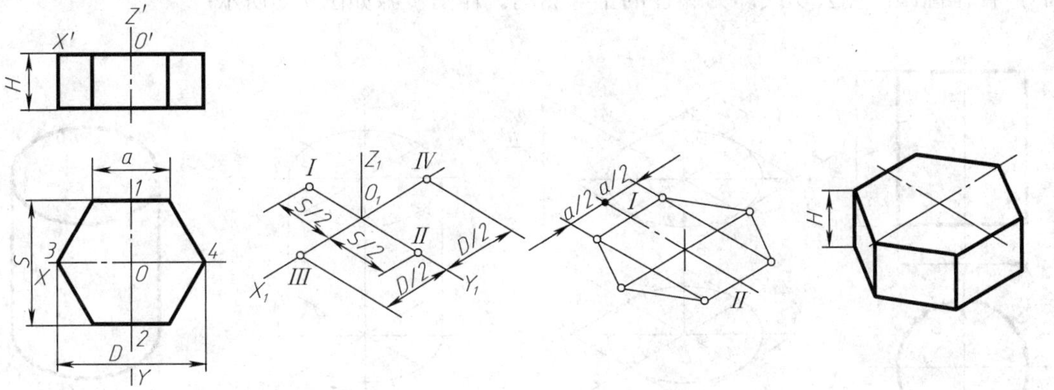

(a)在视图上定坐标轴　(b)画轴测轴，根据尺寸S、D定出Ⅰ、Ⅱ、Ⅲ、Ⅳ点　(c)过Ⅰ、Ⅱ作直线平行于OX并在所作两直线上各取a/2，连接各顶点　(d)过各顶点向下画侧棱截取尺寸H，画底面各边并描深，即完成全图

图 7-3　用坐标法画正六棱柱的正等测图

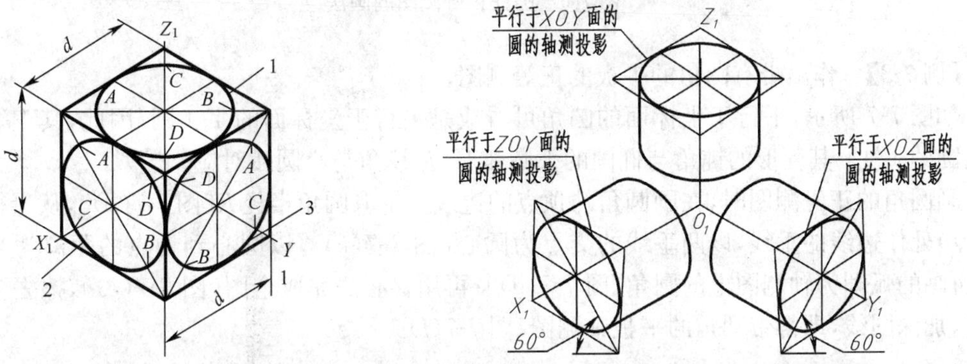

(a)平行于三个不同坐标面椭圆的画法　(b)椭圆长短轴与菱形对角线间的关系

图 7-4　坐标面上圆的正等测图

2. 正等测图椭圆的近似画法

正等测图椭圆的近似画法常采用菱形法，作图方法与步骤如图 7-5 所示。

图 7-5 所示是属于或平行于 $X_1O_1Y_1$ 坐标面上圆的轴测投影的画法，对于属于或平行于 $X_1O_1Z_1$ 和 $Y_1O_1Z_1$ 坐标面上圆的轴测投影，除长短轴方向不同外，画法完全相同。画图时应先画菱形，再画椭圆不但可确定构成椭圆的 4 段圆弧的圆心，而且可通过菱形的方向确定椭圆的长短轴方向，如图 7-5 所示。

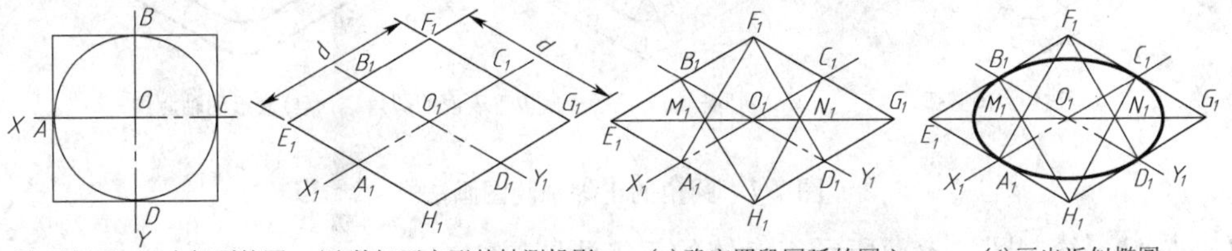

(a)平行于XOY坐标面的圆　(b)外切正方形的轴测投影　(c)确定四段圆弧的圆心　(d)画出近似椭圆

图 7-5　按外切菱形画椭圆

【例 7-2】 作圆柱的正等测图。

如图 7-6 所示，圆柱的上、下两圆平行，其正等测图均为椭圆，因此，将顶面和底面的椭圆画好，再作椭圆两侧公切线即为圆柱的正等测图。作图步骤如图 7-6 所示。

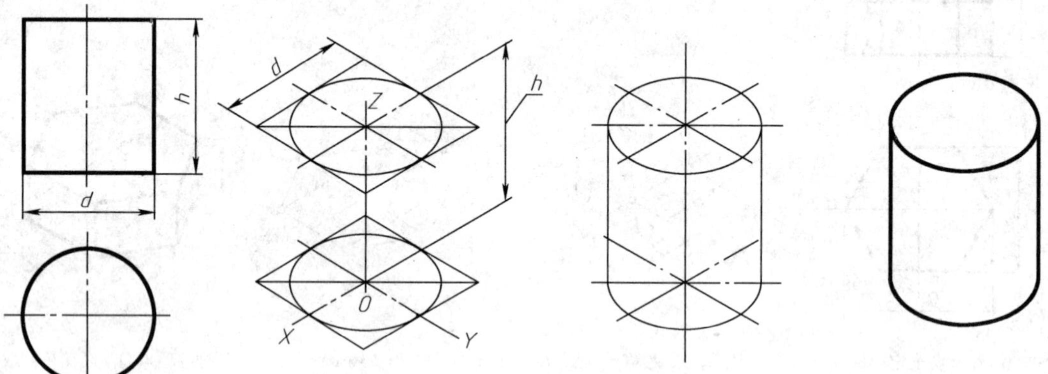

(a)圆柱视图　(b)画轴测轴，定上下底圆中心，画上下底椭圆　(c)作出两边轮廓线(注意切点)　(d)描深并完成全图

图 7-6　圆柱正等测图的画法

【例 7-3】 作出带有圆角的平板的正等测图。

如图 7-7 所示，平行于坐标面的圆角可看成是平行于坐标面的 1/4 圆，因此，其正等测图是椭圆的 1/4。其菱形的钝角与椭圆的大圆弧对应，锐角与小圆弧对应。

画圆角的正等测图时，在画圆角的顶点的边线上量取圆角半径 R〔图 7-7(b)〕，从量得的点(切点)处作边线的垂线，以两垂线的交点为圆心〔图 7-7(c)〕，以圆心到切点的距离为半径画弧，所画的弧即为轴测图上的圆角〔图 7-7(d)〕；再用移心法完成全图〔图 7-7(e)〕，擦去多余作图线，加深图线，即得带圆角的平板轴测图〔图 7-7(f)〕。

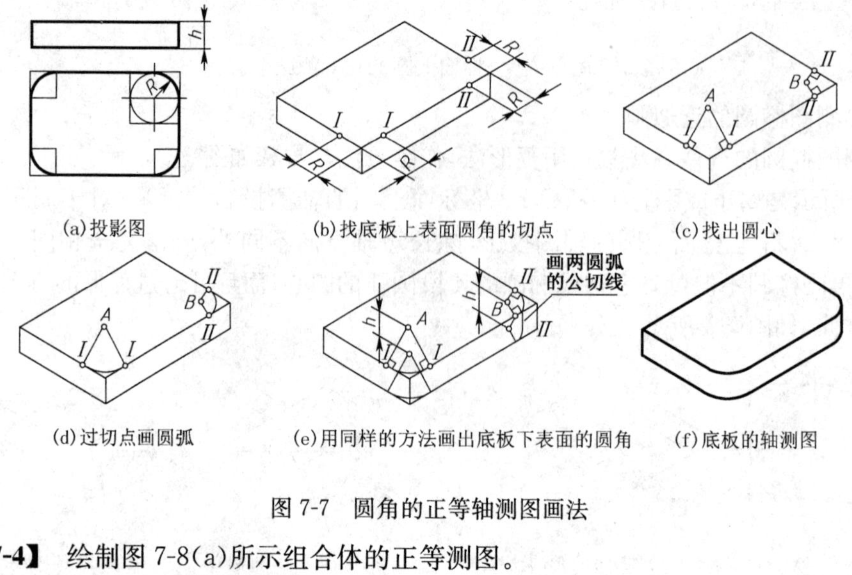

(a)投影图　(b)找底板上表面圆角的切点　(c)找出圆心

(d)过切点画圆弧　(e)用同样的方法画出底板下表面的圆角　(f)底板的轴测图

图 7-7　圆角的正等轴测图画法

【例 7-4】 绘制图 7-8(a)所示组合体的正等测图。

图 7-8(a)所示组合体由带有圆角和小圆孔的底板、空心圆柱以及在底板上直立的支撑板

和肋板等四部分组成。

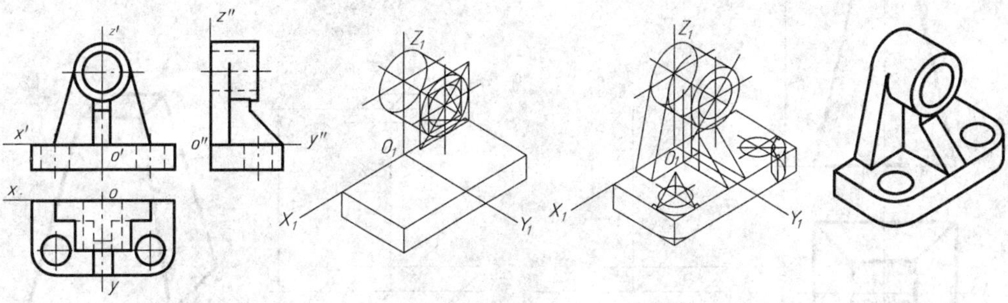

(a)三视图　(b)绘制底板及空心圆柱　(c)绘制支撑板、肋板及细节　(d)轴测图

图 7-8　叠加组合体的正等测画法

第三节　斜二等轴测图

一、斜二等轴测图的形成及投影特点

1. 斜二等轴测图的形成

斜二等轴测图(简称斜二测),如图7-1(b)所示。若以正投影面作为轴测投影面,所得轴测图称立面斜二等轴测图,以水平投影面作为轴测投影面,所得轴测图称水平斜二等轴测图。机械制图中常用立面斜二测,本书也仅介绍立面斜二测的画法。

2. 轴间角和轴向伸缩系数

斜二测图的轴间角$\angle XOZ=90°$,OX、OZ 轴的轴向伸缩系数 $p=r=1$,而轴测轴 Y 的方向和轴向伸缩系数 q 依据斜投影方向的改变而变化。国家标准中规定斜二测图的 OY 轴的方向是轴间角$\angle XOY=\angle ZOY=135°$,即 OY 轴与水平线成 45°,并取其轴向伸缩系数 $q=1/2$,如图 7-9 所示。

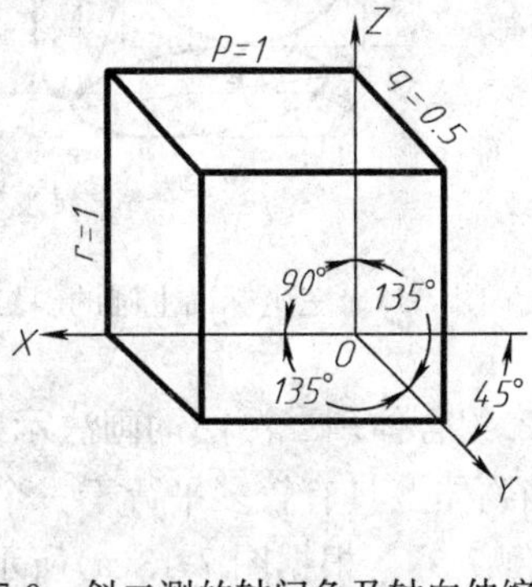

图 7-9　斜二测的轴间角及轴向伸缩系数

二、斜二测图画法

1. 平面体的斜二测图画法

例如,已知图 7-10(a)所示的正四棱锥台的两视图,其斜二测的画法如图 7-10(b)、(c)、(d)所示。

2. 回转体的斜二测图画法

(1)圆的斜二测图画法

如图 7-11 所示,平行于正面的圆的斜二测图仍然是圆,而平行于水平面和侧平面的圆的斜二测图为长、短轴大小相同的椭圆。椭圆长轴的方向与相应坐标轴方向夹角约为 7°,偏向于椭圆外切平行四边形的长对角线一边,短轴垂直于长轴。长轴大小约为 1.06d,短轴大小约为 0.34d。斜二测投影水平坐标面椭圆的画法如图 7-12 所示。

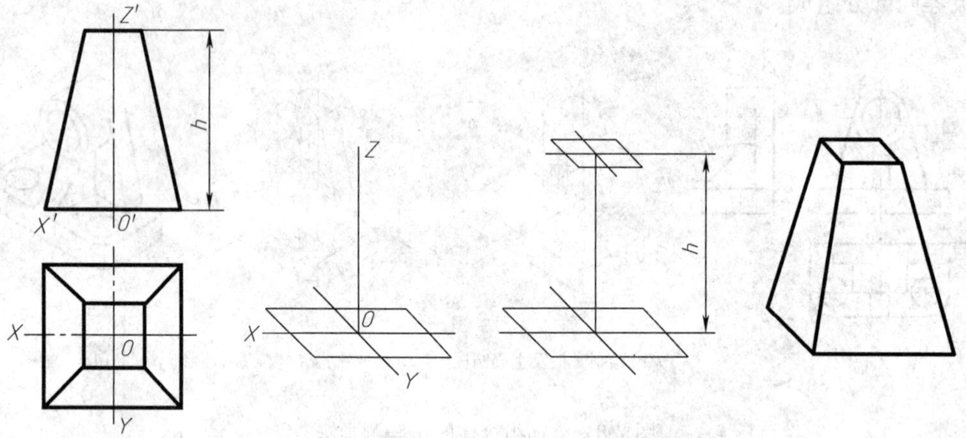

(a)选坐标轴　(b)画轴测轴，作底面的轴测图　(c)量取锥台高度h　(d)连线并描深

图 7-10　正四棱锥台斜二测图画法

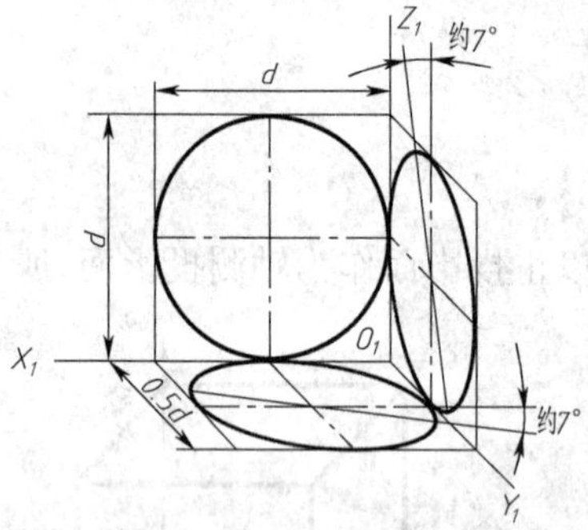

图 7-11　三坐标面上圆的斜二测

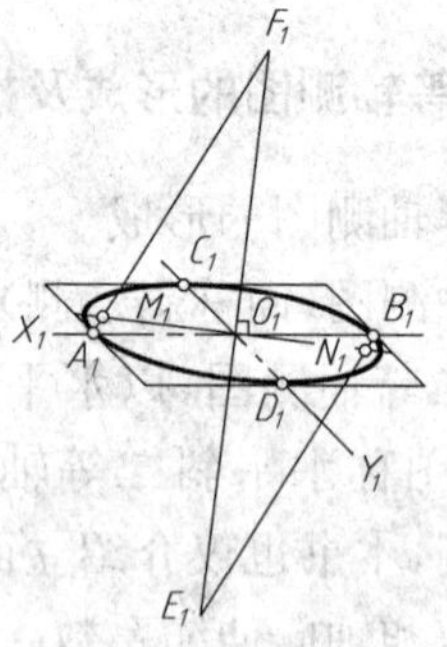

图 7-12　斜二测中水平椭圆的画法

(2)组合体斜二测图的画法示例

当物体上具有较多平行于一个方向的圆时，画斜二测比画正等测简便，如图 7-13 所示。

【例 7-5】 根据图 7-13(a)所示主、俯两视图，作支架的斜二测图。

分析：如图 7-13(a)所示，支架两端面均平行于正面。确定直角坐标系时，使坐标轴 OY 与支架的中心圆孔轴线重合，坐标原点与前端面圆孔中心重合，坐标面 XOZ 与支架端面平行。选择前端面作轴测投影面，这样支架上的圆和半圆的轴测投影为实形，因此作图较为简便。

作图：

(1)在投影图上定坐标原点及坐标轴〔图 7-13(a)〕。

(2)作出轴测轴，以 O 为圆心，画出支架正面投影〔图 7-13(b)、(c)〕。

(3)在 OY 轴上，向 OY 轴反方向量取 $l/2$ 处取一点作为后端面圆的圆心。再重复上一步的作法，作出支架后端面的轴测图，并画出上部圆右侧的公切线以及 OY 轴方向的轮廓线〔图 7-13(d)〕。

(4)擦掉不可见的轮廓线和作图线，加深图线，完成支架的斜二测图〔图 7-13(e)〕。

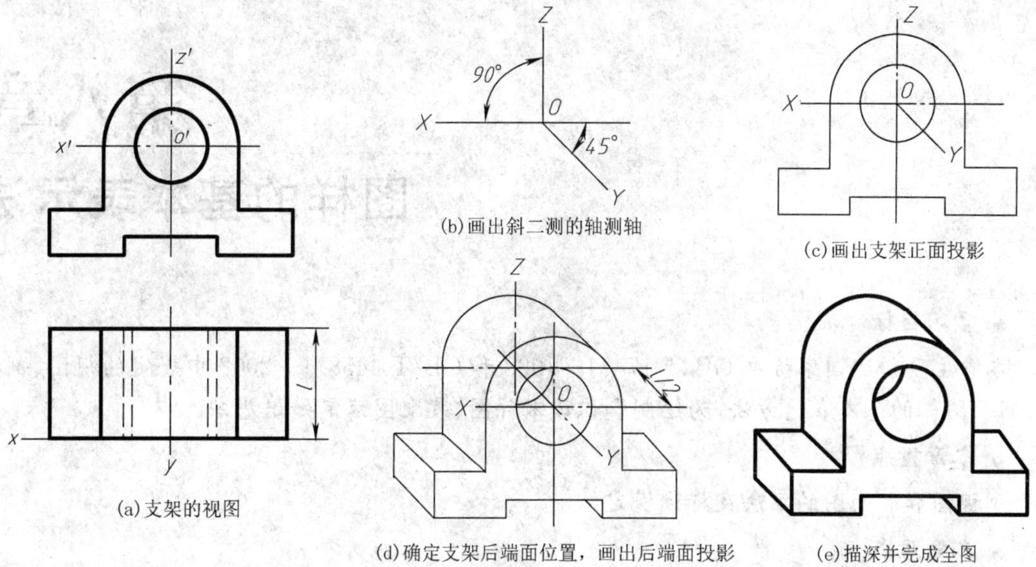

(a)支架的视图 (b)画出斜二测的轴测轴 (c)画出支架正面投影 (d)确定支架后端面位置，画出后端面投影 (e)描深并完成全图

图 7-13 支架的斜二测图画法

复习思考题

1. 正等测图的轴间角、各轴的轴向伸缩系数分别为何值？它的简化伸缩系数为何值？

2. 试述平行于坐标面的圆的正等测近似椭圆的画法，椭圆的长短轴位置有什么特点？

3. 斜二测图的轴间角和各轴的轴向伸缩系数分别为何值？

4. 平行于哪一个坐标面的圆在斜二测中仍为圆且与其正投影大小相等？

5. 当物体上具有较多的平行于坐标面 XOZ 的圆或曲线时，选用哪一种轴测图作图较方便？

第八章
图样的基本表示法

● **学习目标**

本章主要讲述国家标准 GB/T 17451—1998 和 GB/T 4458.1—2002 中规定的视图、剖视图、断面图等的基本表达方法，为绘制和识读零件图、装配图奠定知识基础。

● **本章重点**

剖视图和断面图的画法及标注规定。

● **本章难点**

视图、剖视、断面等基本表示法的应用。

第一节　视　　图

视图是用正投影法将机件向投影面投射所得的图形。视图主要用来表示物体的外部形状，必要时才画出虚线表示出物体的内部形状。

视图分为基本视图、向视图、局部视图和斜视图 4 种。视图画法要遵循 GB/T 4458.1—2002《机械制图　图样画法　视图》的规定。

一、基本视图

基本视图是机件向基本投影面投射所得的视图。

如图 8-1 所示，在原有三个投影面的基础上增加三个投影面，构成一个正六面体，正六面体的六个面称为基本投影面。将机件置于正六面体中间，分别向六个投影面投射，得到机件的六个基本视图。除了前述的主视图、俯视图和左视图外，还有从右向左投射所得的右视图、从下向上投射所得的仰视图和从后向前投射所得的后视图。

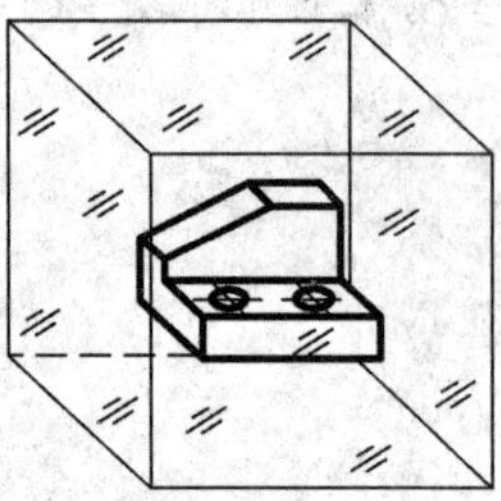

图 8-1　六个基本投射方向

按图 8-2 所示方法展开投影面，展开后的六个基本视图的配置如图 8-3 所示。

六个基本视图按图 8-3 配置时，一律不标注视图名称，但仍保持“长对正、高平齐、宽相等”的投影关系。

实际画图时，应根据机件的表达需要选择基本视图的数量，视图选择的一般原则是：在完整、清晰地表达机件各部分形状的前提下，力求视图数量最少，制图简便。

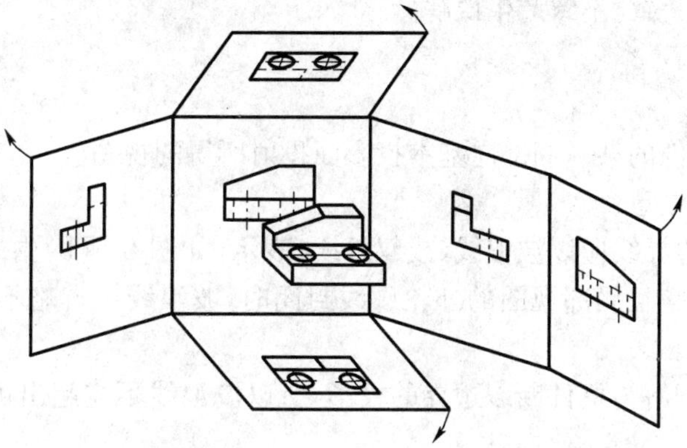

图 8-2　六个基本投影面的展开

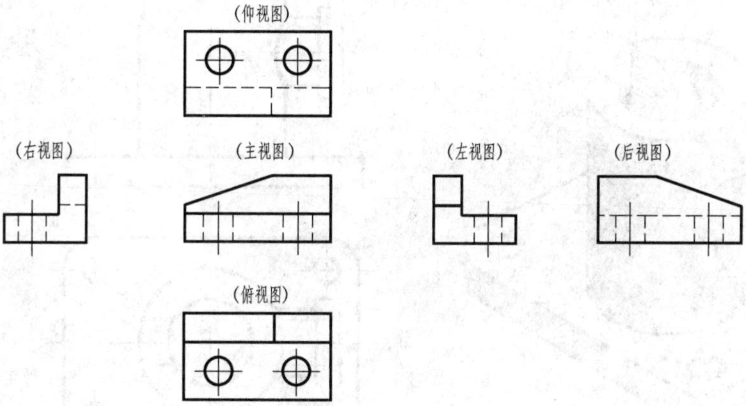

图 8-3　六个基本视图的名称及配置

二、向 视 图

向视图是可以自由配置的视图。为了便于看图，应在向视图上方用大写拉丁字母标注出该向视图的名称，并在相应视图附近用箭头指明投射方向，标注相同的字母，如图 8-4 所示。

画向视图时应注意：向视图是未按投影对应关系配置的视图。当某视图不能按投影对应关系配置时，可按向视图绘制，如图 8-4 所示。

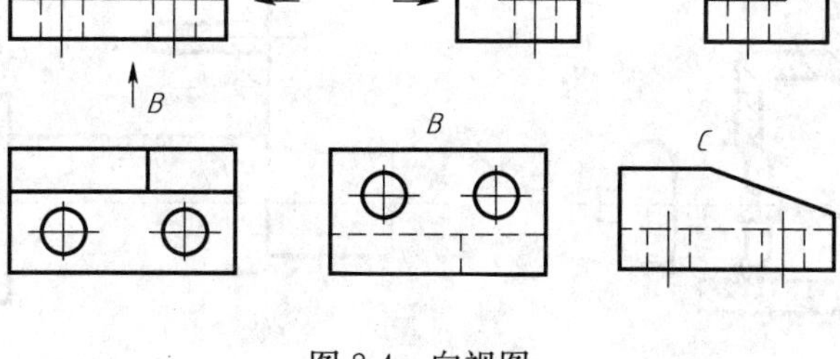

图 8-4　向视图

若指明同一投射方向的箭头标注在不同视图上时，向视图所在的投影面应按箭头所指方向，向外展开并与箭头所在视图的投影面共面后，再随该投影面展开与正投影面共面，因此，绘制以向视图方式表达的后视图时，投射方向的箭头应画在左视图或右视图上，所获得的后视图与基本视图中后视图一致，不致产生误解。

三、局部视图

局部视图是将机件的某一局部向基本投影面投射所得的视图。

画局部视图时应注意：

(1)其断裂处的边界线应以波浪线(或双折线)表示，如图 8-5(b)中的 A 向视图。当所表达的局部结构形状完整且局部视图的外轮廓线封闭时，波浪线可省略不画，如图 8-5(b)中的左视图所示。

(2)可将波浪线理解为机件断裂边界的投影，所以波浪线不应超出机件的外轮廓线，也不能画在机件的中空处。

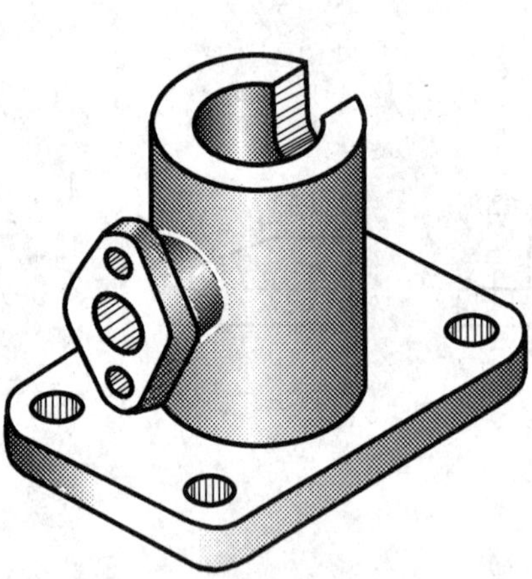

(a)轴测图

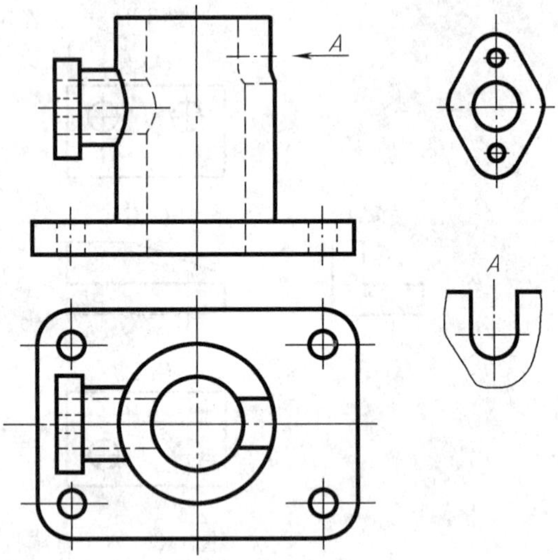

(b)视图

图 8-5　局部视图

(3)局部视图的配置可选用以下形式，并进行必要的标注：

①按基本视图的配置形式配置，一般不标注，如图 8-5(b)中的左视图所示。

②按向视图的配置形式配置和标注，如图 8-5(b)中的 A 向视图所示。

③按第三角画法[①]配置在含所需表达局部结构的视图附近，并用细点画线将两者相连，如图 8-6(a)所示。无中心线的图形也可用细实线联系两图〔图 8-6(b)〕，此时无需另行标注。

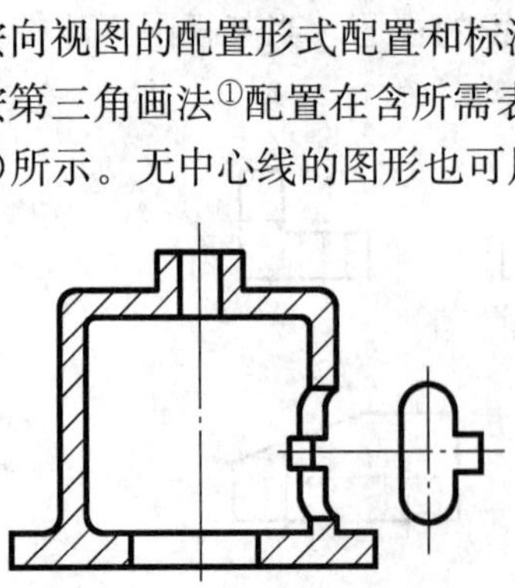

(a)

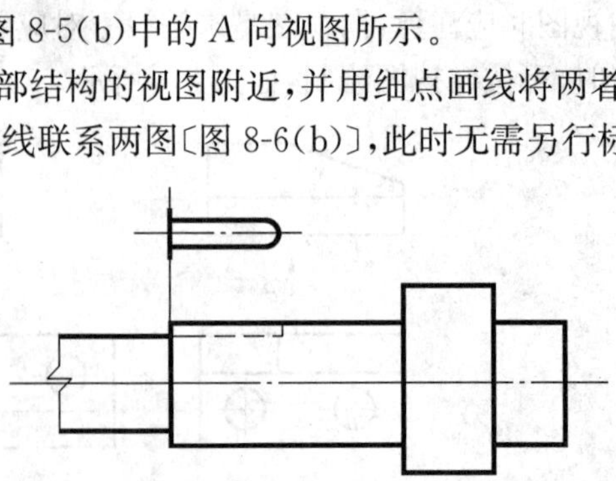

(b)

图 8-6　按第三角画法配置的局部视图

① 关于第三角画法见本章第六节。

(4)为简化作图,可将对称机件画成一半或 1/4,并在对称中心线的两端画出对称符号(两条与中心线垂直的平行细实线),如图 8-7 所示。

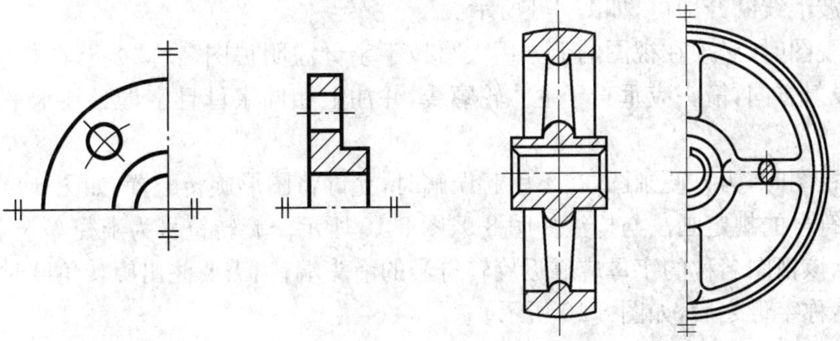

图 8-7　对称机件的局部视图

四、斜 视 图

斜视图是机件向不平行于基本投影面的平面投射所得的视图。斜视图的形成如图 8-8(a)所示。

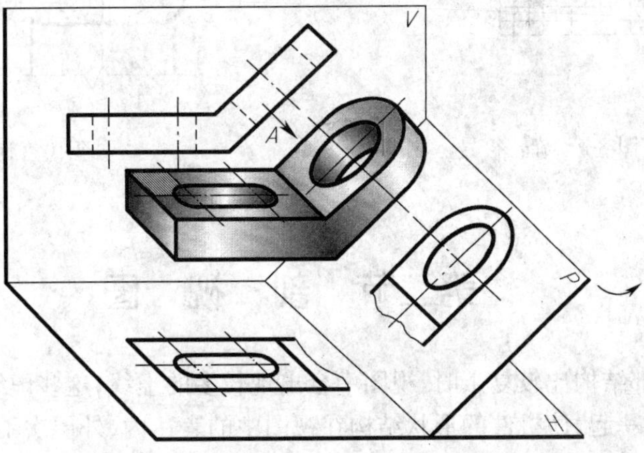

(a)斜视图形成示意图

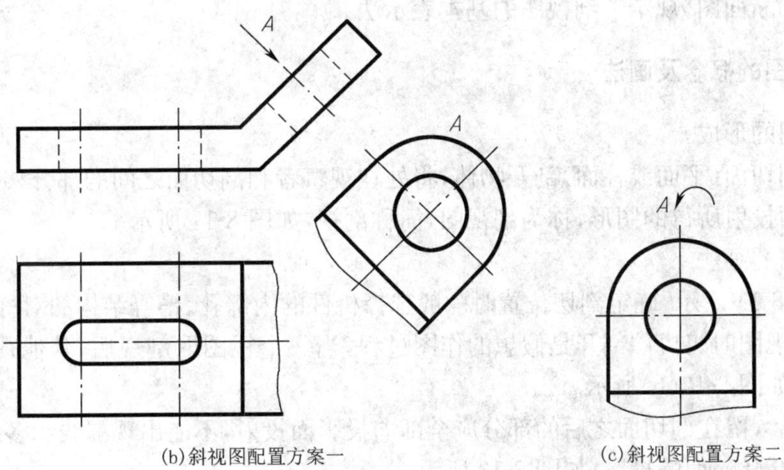

(b)斜视图配置方案一　(c)斜视图配置方案二

图 8-8　斜视图

画斜视图时应注意：

(1)斜视图通常用于表达机件上的倾斜结构。画出倾斜结构的实形后，机件的非倾斜结构不必画出，用波浪线断开即可，如图 8-8 所示。

(2)画斜视图时，必须在视图的上方用大写拉丁字母注明视图名称“×”，在相应视图附近用箭头指明投射方向，箭头应垂直于主体轮廓线，并注上相同字母且字母必须水平书写，如图 8-8(b)所示。

(3)画斜视图时，为方便画图，在不引起误解时，允许将图形旋转配置，如图 8-8(c)所示。

(4)旋转符号的规定画法与标注如图 8-9、图 8-10 所示。旋转符号为半径等于字体高度的半圆弧。表示该视图名称的字母应靠近旋转符号的箭头端；当需要注出旋转角度时，角度数值应写在视图名称字母之后，如图 8-10 所示。

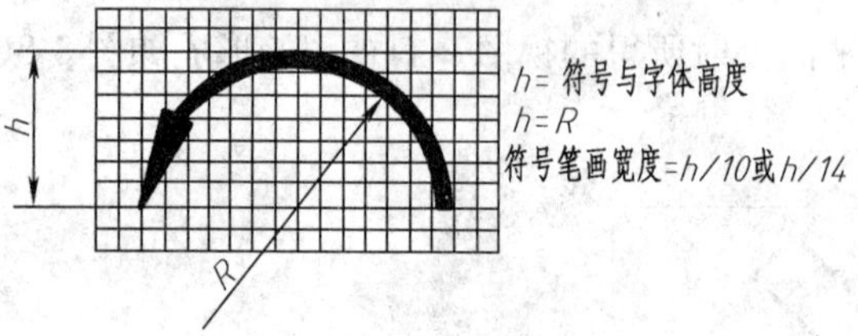

图 8-9　旋转符号

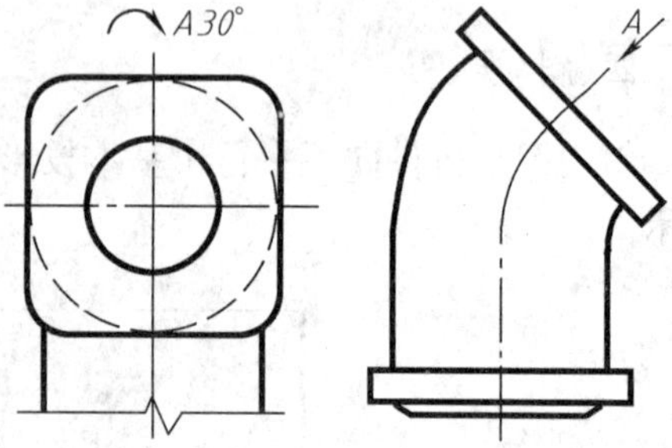

图 8-10　旋转符号的标注

第二节　剖　视　图

当机件的内部结构比较复杂时，视图中会出现较多的虚线，这些虚线往往与机件的外形轮廓线交织、重叠在一起，使机件的形状结构在视图中的表达内、外层次不清，不仅影响图形的清晰，而且给读图、绘图及标注尺寸带来不便。为此 GB/T 4458.6—2002《机械制图　图样画法　剖视图和断面图》规定了剖视图的基本表示法。

一、剖视图的概念及画法

1. 剖视图的形成

假想用剖切面(平面或柱面)剖开物体，将处在观察者和剖切面之间的部分移去，而将其余部分向投影面投射所得的图形，称为剖视图，简称剖视，如图 8-11 所示。

2. 剖视图的画法

(1)如图 8-11 所示，确定剖切位置时一般选择机件的内部孔、槽等结构的对称面或轴线。

(2)画剖视图时将机件剖开是假想的作图过程，当一个视图取剖视后，其他视图应仍按完整机件画出，如图 8-12(b)所示。

(3)剖切后，留在剖切面之后的部分应全部向投影面投射，不能出现漏线和多线，同时应特别注意空腔内部线、面的投影，如图 8-13 所示。

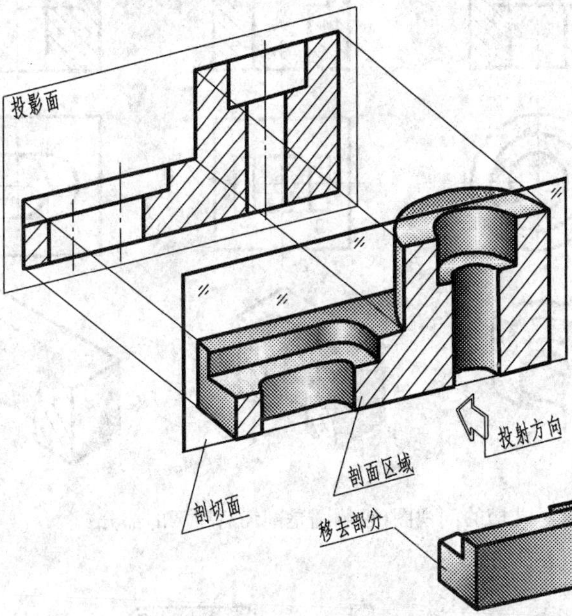

图 8-11　剖视图的形成

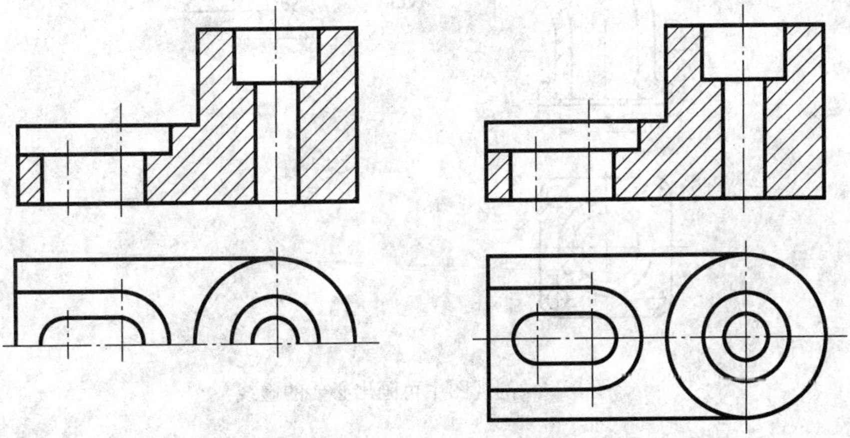

(a)错误　　(b)正确

图 8-12　剖视图画法

(4)剖视图中,凡是已表达清楚的结构,其虚线应省略不画。若画出少量虚线能减少视图数量时,也可画出必要的虚线,如图 8-14 所示。

3. 剖面符号(GB/T 4457.5—2013)

剖视图中,剖切面与物体的接触部分称为剖面区域,通常在剖面区域中应画出剖面符号。当需要表示材料类别时应采用特定的剖面符号,见表 8-1。

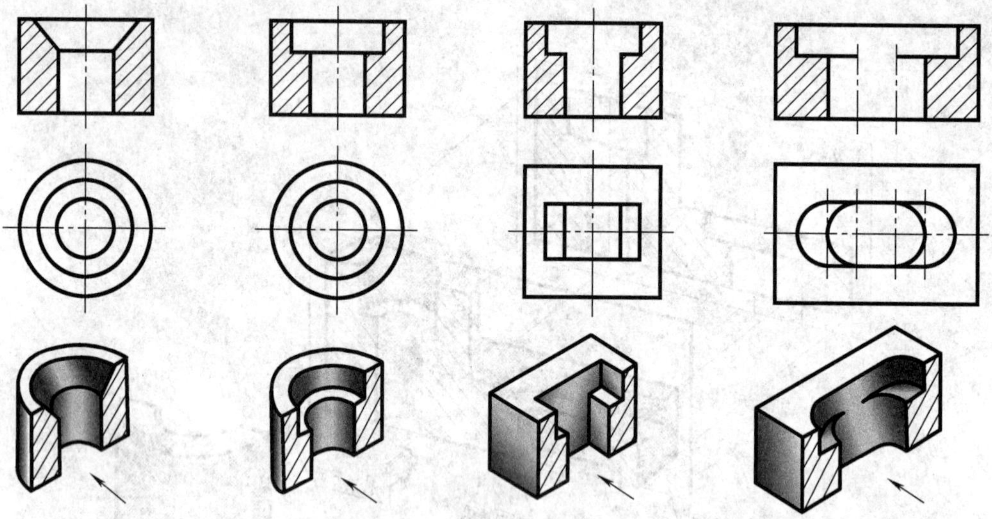

图 8-13　几种孔槽的剖视图(轴测图是剖切后留下的部分)

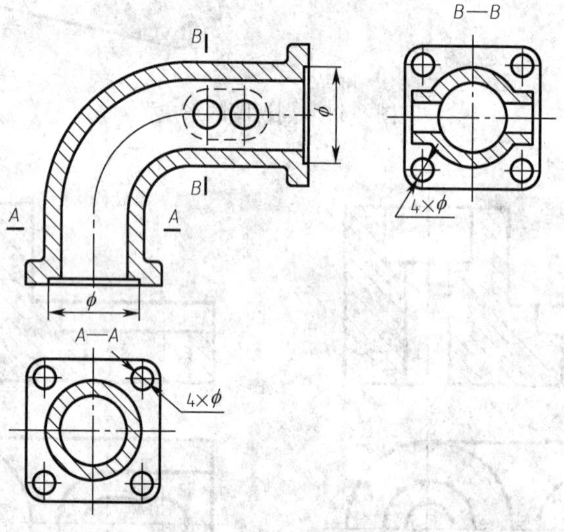

图 8-14　剖视图中可画出必要的虚线

表 8-1　剖面符号(摘自《机械制图》GB/T 4457.5—2013)

材 料 名 称	剖 面 符 号	材 料 名 称	剖 面 符 号
金属材料 (已有规定剖面符号者除外)	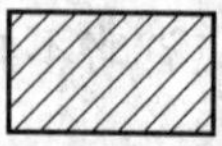	型砂、粉末冶金、 陶瓷、硬质合金等	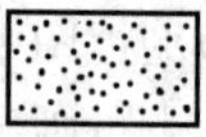
非金属材料 (已有规定剖面符号者除外)		木质胶合板 (不分层数)	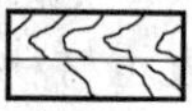

续上表

材料名称		剖面符号	材料名称	剖面符号
木材	纵剖面		转子、变压器等的叠钢片	
	横剖面		玻璃及其他透明材料	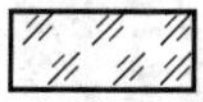
线圈绕组元件		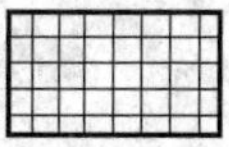	格网（筛网、过滤网等）	
			液体	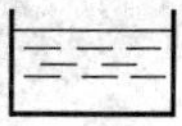

当图形中的主要轮廓线与水平线成 45°时，该图形的剖面线应画成与水平线成 30°或 60°的平行线，其倾斜方向仍应与其他图形的剖面线相一致，如图8-15所示。

同一机件的各个剖面区域中的剖面线应间隔相等、方向一致，如图 8-16 所示。

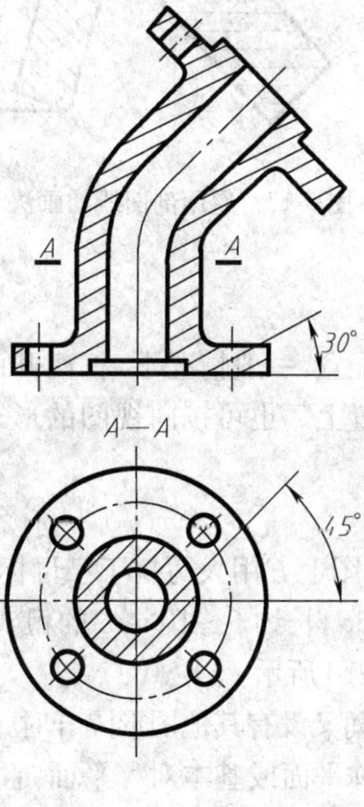

图 8-15　剖面线画法（一）

当不需要在剖面区域中表示材料类别时，可采用通用剖面线（指表 8-1 中的金属材料）表示。通用剖面线为间隔相等的细实线，绘制时最好与图形主要轮廓线或剖面区域的对称线成 45°，如图 8-17 所示。

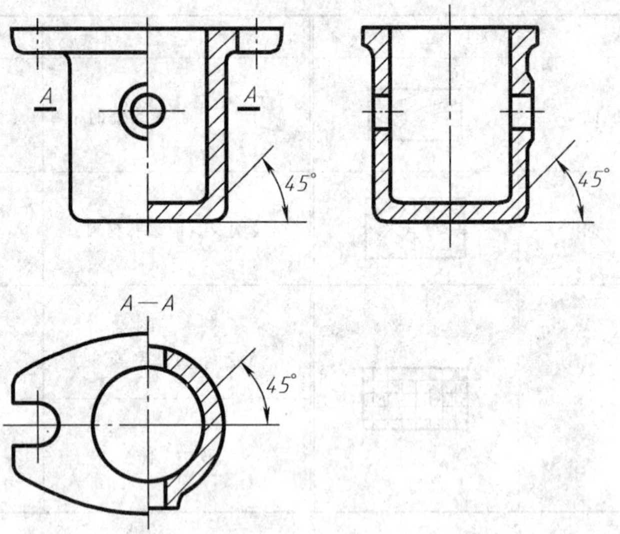

图 8-16　剖面线画法(二)

图 8-17　通用剖面线的画法

3.剖视图的配置与标注

(1)剖视图的配置

剖视图可按基本视图的形式配置,一般情况下,将剖开的机件向哪个基本投影面投射,剖视图就配置在相应基本视图的位置上。也可按向视图的形式配置,即允许配置在其他适当位置。

(2)剖视图的标注

剖视图的标注,一般应在剖视图上方用大写拉丁字母标出剖视图的名称"×—×",在相应的视图上用剖切符号(线宽 1～1.5d,长约 5～10 mm 的粗实线)表示剖切位置,用箭头表示投射方向并注上同样的字母,如图 8-18 所示。

当剖视图按投影关系配置、中间又没有其他图形隔开时,可省略箭头(图 8-15、图 8-16)。

当单一剖切面通过机件的对称平面或基本对称平面,且剖视图按投影关系配置、中间没有其他图形隔开时,可不标注,如图 8-12、图 8-13、图 8-16 所示。

二、剖切面种类及剖切方法

剖切面的种类可按剖切面的表面性质、数量、对投影面的位置及多个剖切面间的相对位置来区分。如剖切面的表面性质可以是平面也可以是柱面;数量可以是单一剖切面也可以是多个剖切面;多个剖切面可以是几个相互平行的剖切平面也可以是几个相交的剖切面;剖切面可以是投影面的平行面也可以是投影面的垂直面。剖切方法可以根据剖切面的表面性质、数量、

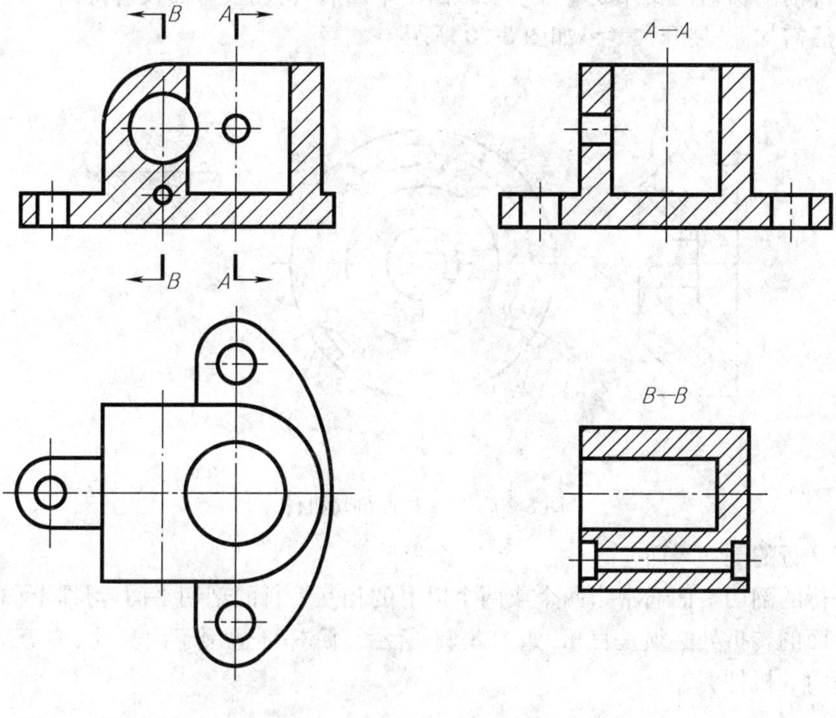

图 8-18　剖视图的标注与配置

对投影面的位置以及剖切面自身的相对位置等要素的变化和组合构成，以满足机件的各种内部结构及其不同的表达需要。各种剖切方法不仅适用于剖视图也适用于断面图。

1. 单一剖切面

(1)单一剖切面通常指平面(也可用于柱面)。前面所介绍的图 8-12～图 8-18 均为采用平行于基本投影面的单一剖切平面剖切而获得的剖视图。

(2)当机件上倾斜的内部结构形状需要表达时，可采用单一斜剖切平面剖切机件(习惯上称斜剖)获得剖视图，如图 8-19 中的 A—A 所示。

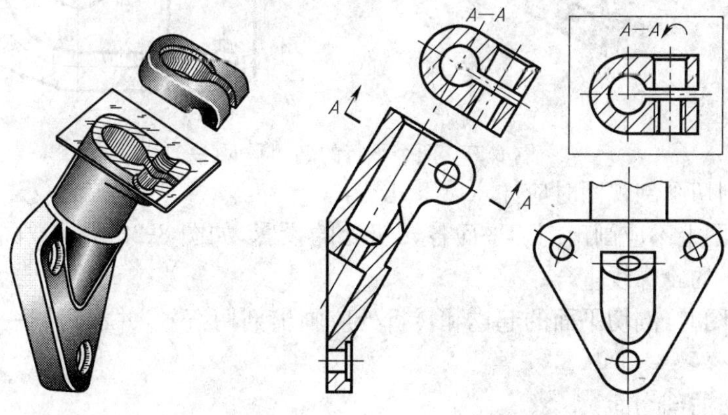

(a) 剖切示意　　(b) 剖视图

图 8-19　单一剖切平面(斜剖)

(3)对于在机件上沿圆周分布的孔、槽等结构，可采用柱面剖切。采用柱面剖切时，应将剖切柱面和机件的剖切结构展开成平行于投影面的平面后，再向投影面投射得到剖视图，因此剖视图的名称后需加注“展开”二字，如图 8-20 所示。

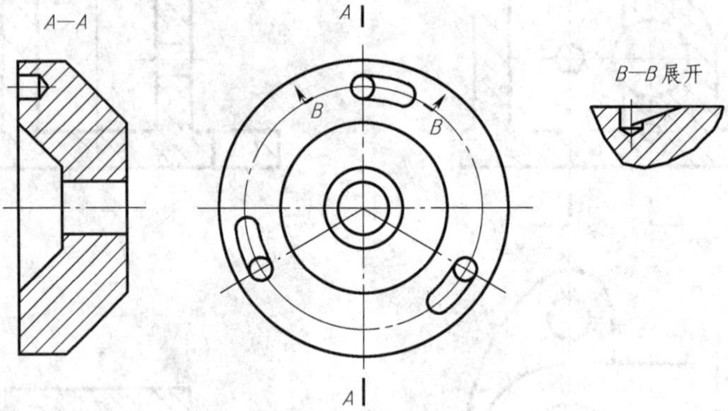

图 8-20 单一柱面剖切机件

2. 几个平行的剖切平面

几个平行的剖切平面通常指两个或两个以上的相互平行的剖切平面，习惯上称阶梯剖，同时各剖切平面的转折处必须是直角，如图 8-21 所示。阶梯剖适用于内部孔、槽等结构不在同一剖切平面内的机件。

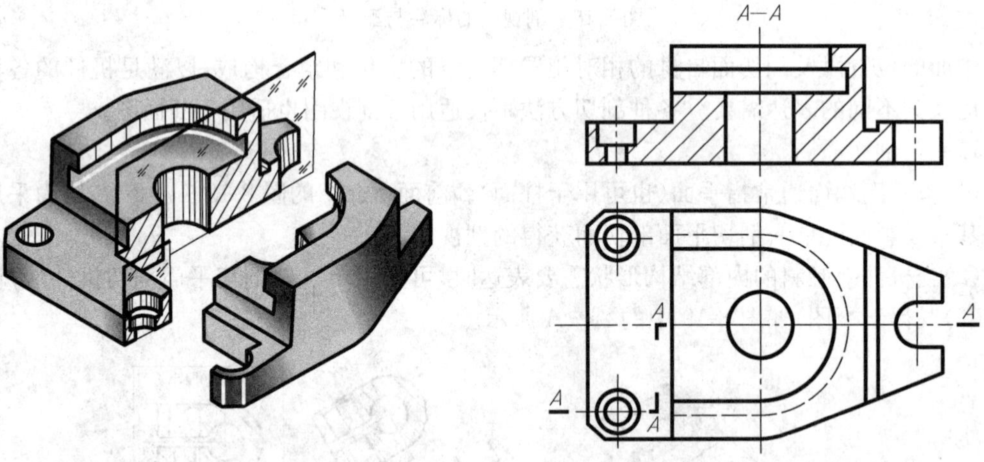

图 8-21 两个平行的剖切平面(一)

采用阶梯剖切画剖视图时应注意以下几点：

(1)在剖视图上不应画出剖切平面各转折处的投影，如图 8-22 所示。同时剖切平面转折处也不应与图中的轮廓线重合。

(2)画剖视图时，剖切平面的起讫和转折处应画出剖切符号，并注写同一字母，如图 8-21、图 8-22 所示。

3. 几个相交的剖切面

当机件的结构具有公共回转轴线时，可采用几个相交的剖切面剖切机件，习惯上称旋转剖。如图 8-23 所示。一般情况下，几个相交的剖切平面之一是基本投影面的平行面，而其他的则是基本投影面的垂直面，两相交剖切平面的交线与机件的公共回转轴线重合。旋转剖适用于有公共回转轴线的机件，如盘盖类、摇杆类等。

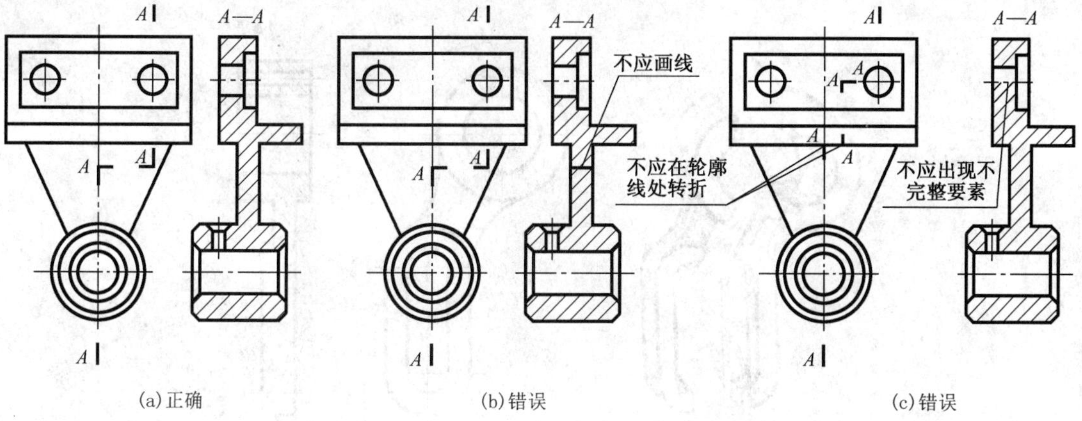

图 8-22　两个平行的剖切平面(二)

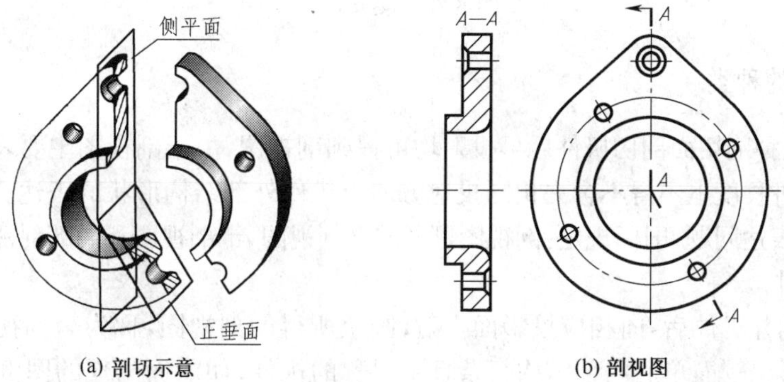

图 8-23　两相交的剖切平面(一)

采用旋转剖画剖视图时,应注意以下几点:

(1)几个相交的剖切平面的交线必须垂直于某一投影面且与机件的公共回转轴线重合;

(2)应按"先剖切、后旋转"的方法绘制剖视图,如图 8-24 所示;

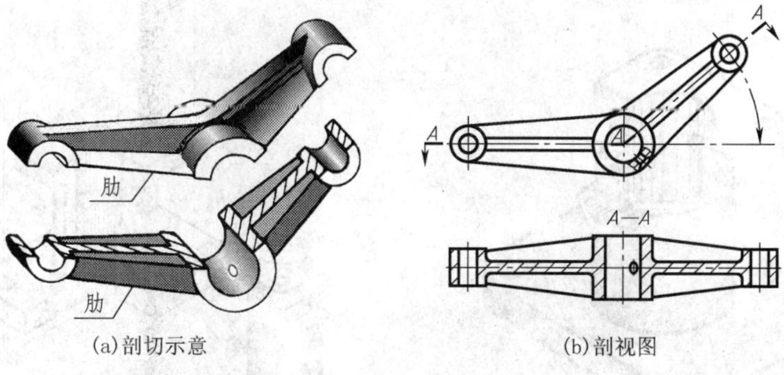

图 8-24　两相交的剖切平面(二)

(3)位于剖切面后面的结构(比如图 8-24 中的油孔)仍按原来的位置投射、绘制;

(4)当采用三个以上相交的剖切面剖开机件时,剖视图应采用展开方法绘制,如图 8-25 所示。

用几个相交的剖切面剖切机件时,剖视图的标注如图 8-23～图 8-25 所示。

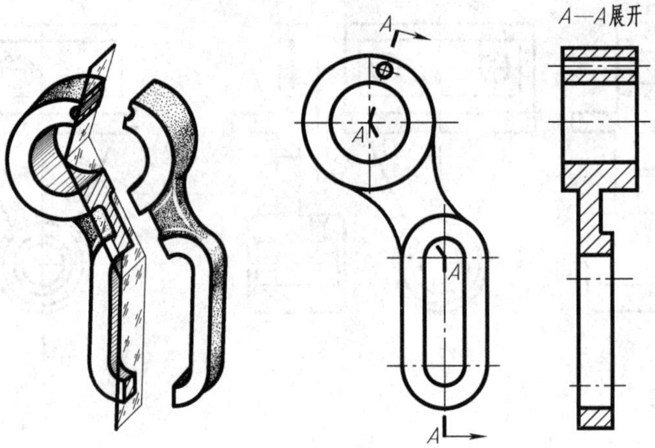

图 8-25　展开画法

三、剖视图的种类

运用上述各种剖切面剖切机件后再投射均可得到剖视图，由于剖视图主要表达的机件的内部结构形状，某种程度上不得不舍去相同投射方向上机件外部结构形状的表达。为合理地解决机件内、外形的表达问题，国标规定：剖视图可画成全剖视图、半剖视图和局部剖视图三种。

1. 全剖视图

用剖切面剖开机件后，向相应投影面投射，画全所得的剖视图，称为全剖视图。全剖视图适用于表达外形比较简单而内部结构复杂且不对称的机件，如前面出现的图例剖视图大部分都属于全剖视图。

2. 半剖视图

当机件具有对称平面时，以对称平面为界，一半画成剖视图，另一半画成视图，称为半剖视图。半剖视图适用于内外形状都需要表达的对称机件，如图 8-26、图 8-27 所示。

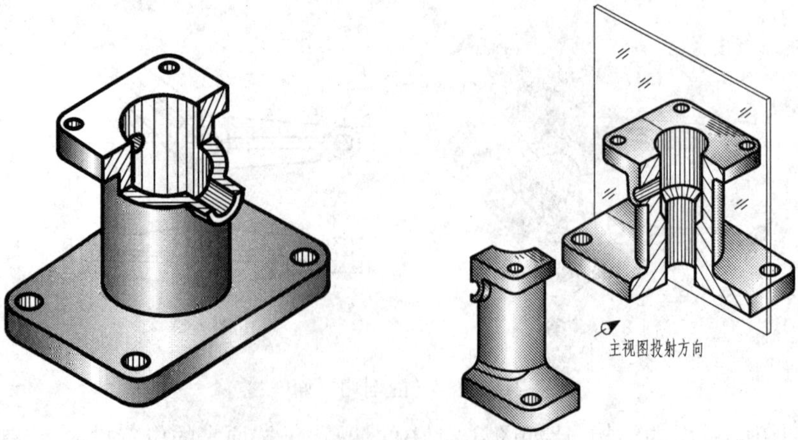

(a)　(b)

图 8-26　半剖视图的剖切示意图

画半剖视图时应注意以下几点：

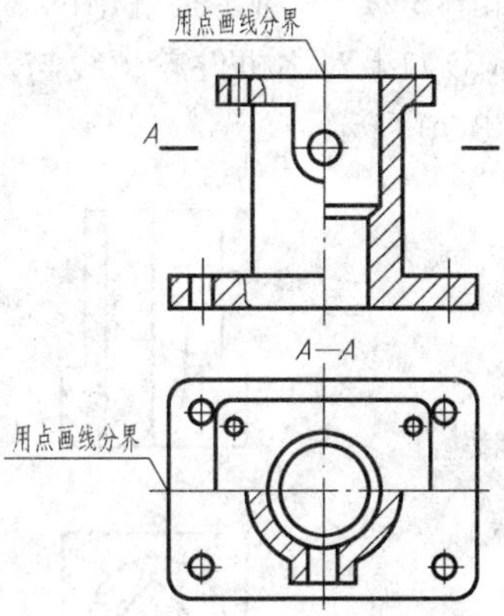

图 8-27　半剖视图

(1)半个视图与半个剖视图的分界线是对称中心线，不应画成粗实线，如图 8-27 所示。

(2)在表示外形的半个视图中，一般不画虚线，但对于孔、槽应画出中心线位置。对于那些在半剖视图中未表达清楚的结构，可以在半个视图中再画局部剖视图，如图 8-27 所示。

3. 局部剖视图

用剖切面剖开机件后向相应投影面投射，根据表达需要仅画出一部分剖视图，其他部分仍画成视图，称为局部剖视图，如图 8-28 所示。

画局部剖视图时应注意以下几点：

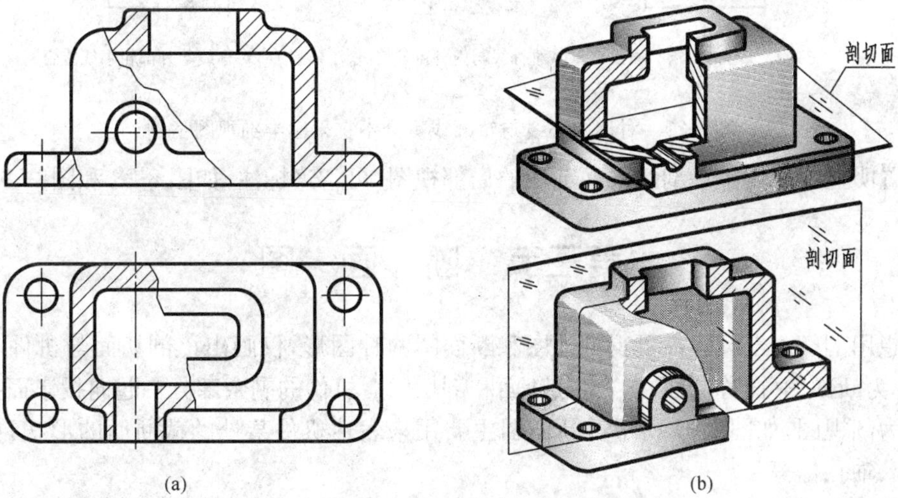

图 8-28　局部剖视图

(1)画局部剖视图时，剖开部分与未剖的视图之间用波浪线分开。波浪线不应和其他图线重合；将波浪线理解为机件断裂边界的投影，所以波浪线不能超出图形的外轮廓线，也不能穿空而过，如图 8-29 所示。

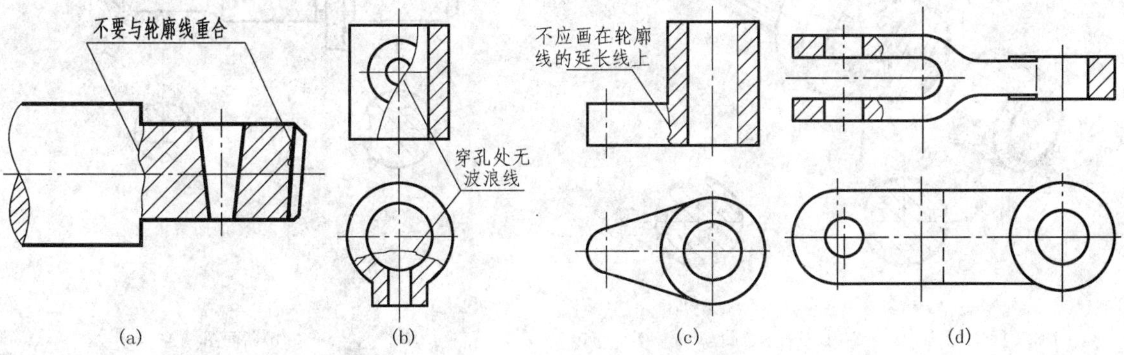

图 8-29　局部剖视图中波浪线的画法

(2)当被剖切结构为回转体时，允许将该结构的回转中心线作为局部剖视图与视图的分界线，如图 8-29(d)所示摇枕吊的右端。

(3)如果对称机件轮廓线与对称中心线重合，此时不宜采用半剖视图，应采用局部剖视图，如图 8-30 所示。

(a)对称线与内部轮廓线重合 (b)对称线与内外部轮廓线均重合 (c)对称线与外部轮廓线重合

图 8-30 对称中心线与轮廓线重合不宜采用半剖视图举例

位置明显的采用单一剖切平面剖切的局部视图，可省略标注，如图 8-28 和图8-29所示。

第三节 断 面 图

假想用剖切面剖开机件可得剖视图和断面图两种图形，仅画出该剖切面与机件的截断面图形，称为断面图(简称断面)，若将截断面和剖切面后机件的剩余部分一起向投影面投射所得图形称为剖视图，如图 8-31 所示。断面图主要用来表达机件某处的截断面的形状，如机件的肋、轮幅、轴孔槽等。

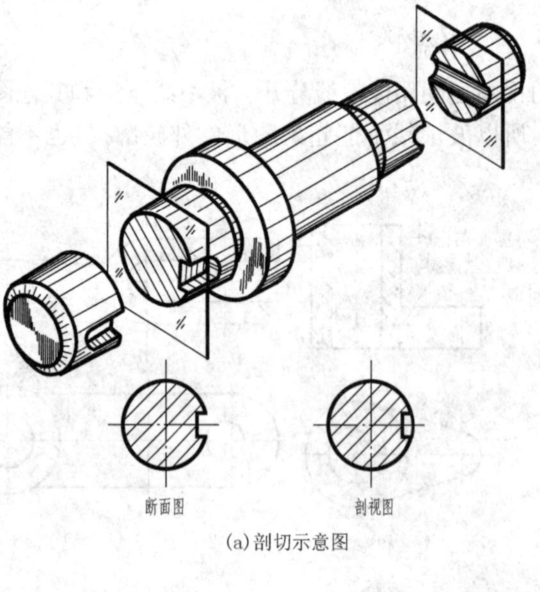

(a)剖切示意图

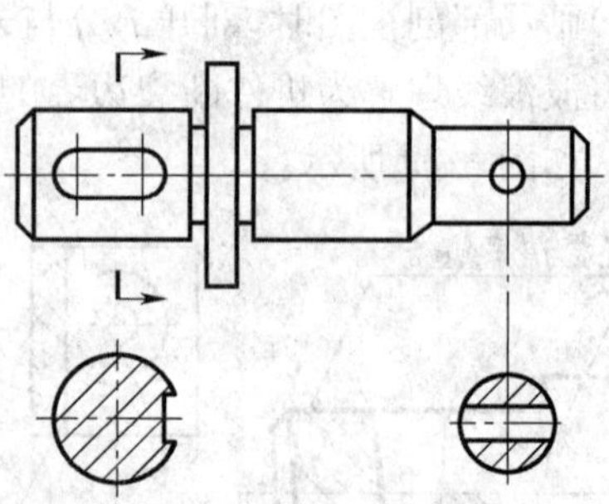

(b)断面图

图 8-31 断面图的形成

断面图按其在视图中的位置分为移出断面图和重合断面图两种。

一、移出断面图

画在基本视图轮廓线外的断面图，称为移出断面图。移出断面图的轮廓线用粗实线绘制。

1. 移出断面图的配置

(1)移出断面图通常配置在剖切符号或剖切线的延长线上，如图 8-32(a)所示，必要时也可配置在其他适当的位置，如图 8-32(b)中的 $A—A$ 和 $B—B$ 所示。

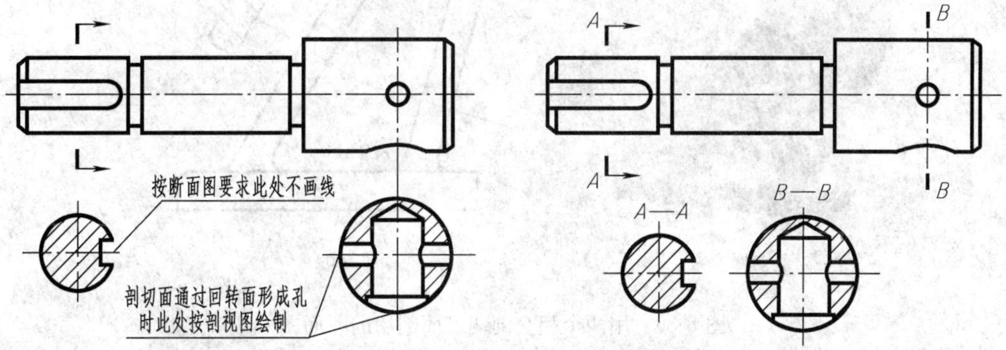

(a)断面图配置在剖切符号或剖切线延长线上　(b)断面图配置在其他适当位置

图 8-32　移出断面图

(2)当断面图形对称时，移出断面图可配置在视图的中断处，如图 8-33 所示。

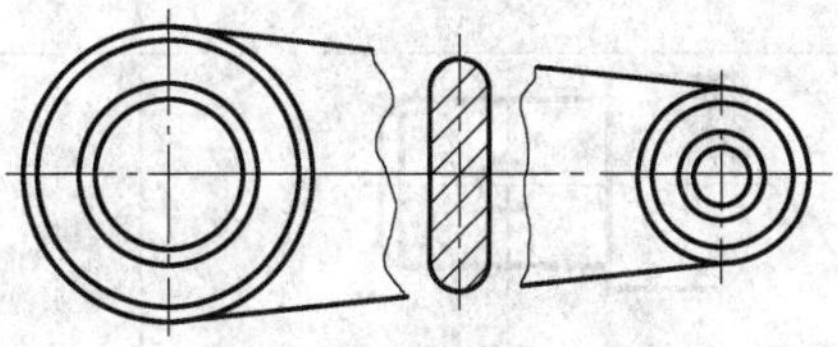

图 8-33　断面图配置在视图中断处

(3)在不致引起误解时，允许将移出断面图的图形转正，如图 8-34 所示。

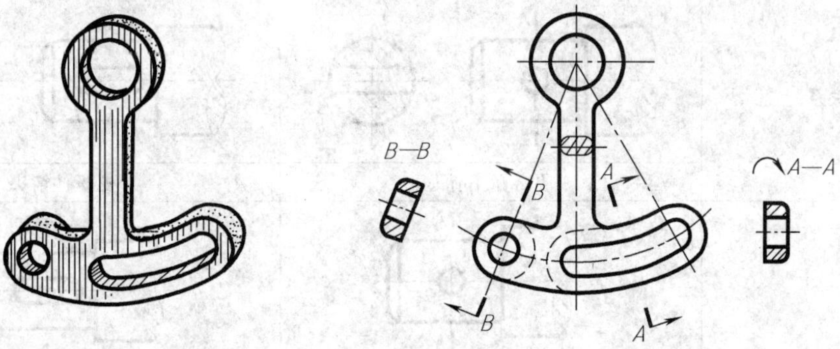

图 8-34　剖切平面通过非圆孔的断面画法

2. 移出断面图的画法

(1)当剖切面通过回转面形成的孔或凹坑的轴线时，这些结构应按剖视图绘制，如图 8-32 中的 $B—B$ 所示。

(2)当剖切面通过非圆孔导致出现完全分离的两个断面时，则这些结构应按剖视图绘制，如图 8-34 中的 A—A 所示。

(3)由两个或多个相交的剖切平面剖切所得到的移出断面图中间应用波浪线断开，如图 8-35 所示。

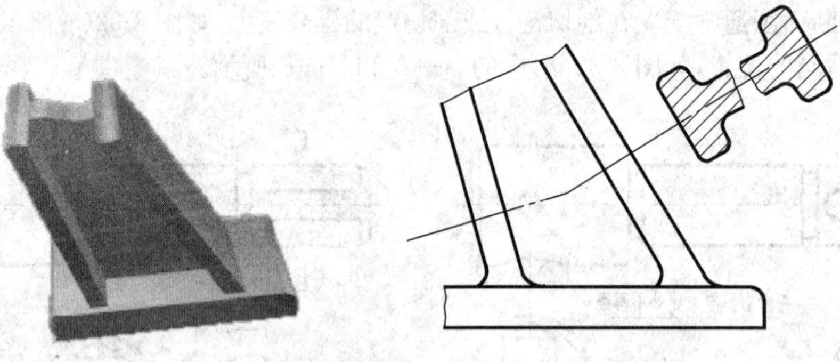

(a)　　　　(b)

图 8-35　用两个相交剖切平面剖切的断面图

3. 移出断面图的配置与标注(见表 8-2)

表 8-2　移出断面图的配置与标注

断面形状 / 断面图 / 断面位置	对称的移出断面图	不对称的移出断面图
配置在剖切线或剖切符号延长线上	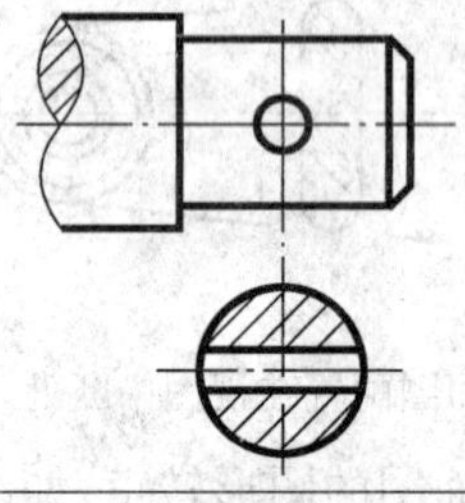	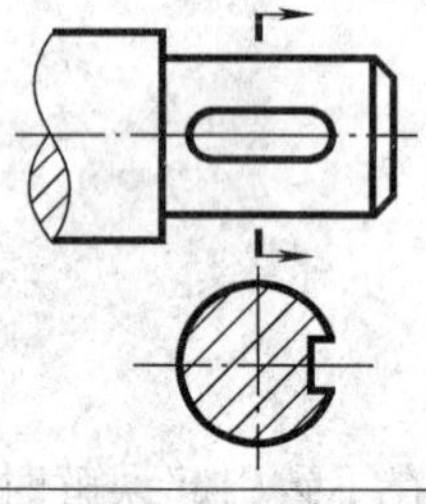
	不必标注字母和剖切符号	不必标注字母
按投影关系配置	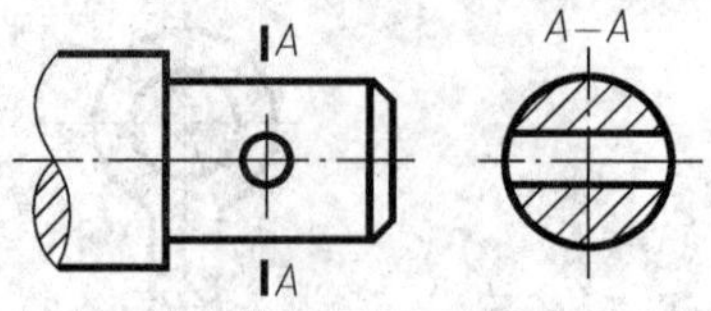	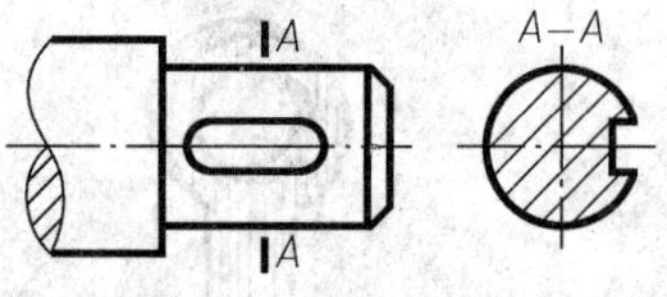
	不必标注箭头	不必标注箭头
配置在其他位置	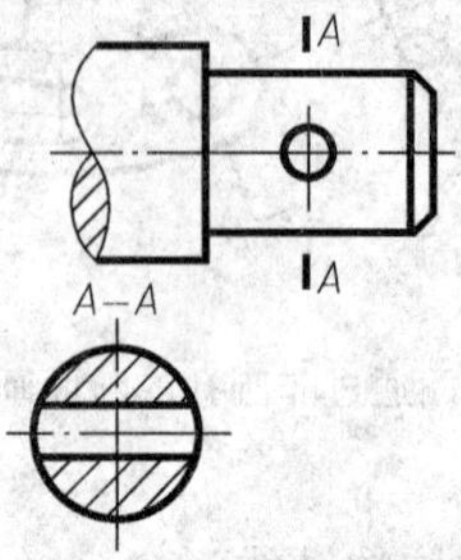	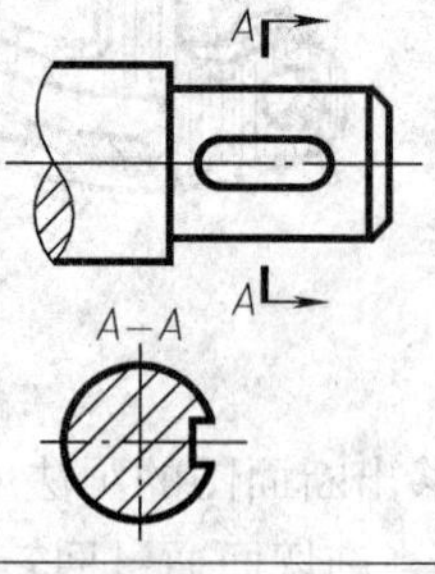
	不必标注箭头	应标注剖切符号、箭头和字母

二、重合断面图

画在基本视图内的断面图称为重合断面图。当断面形状简单，且不影响基本视图的清晰时可采用重合断面图，使图纸的布局紧凑。

1. 重合断面图的画法

重合断面图的轮廓线用细实线绘制，当视图中轮廓线与重合断面图的轮廓线重叠时，视图中的轮廓线必须连续画出，不可间断，如图 8-36、图 8-37、图 8-38 所示。

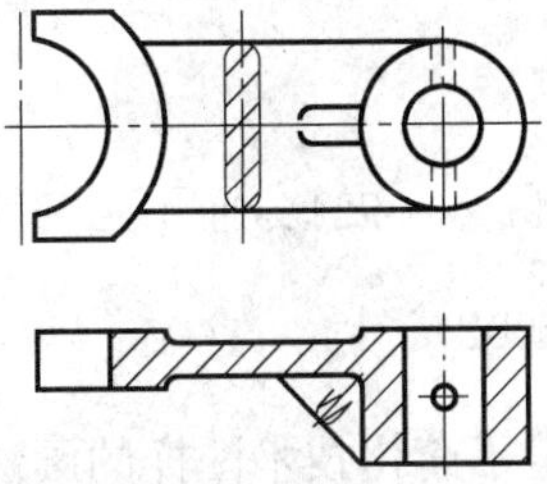

图 8-36　重合断面(一)

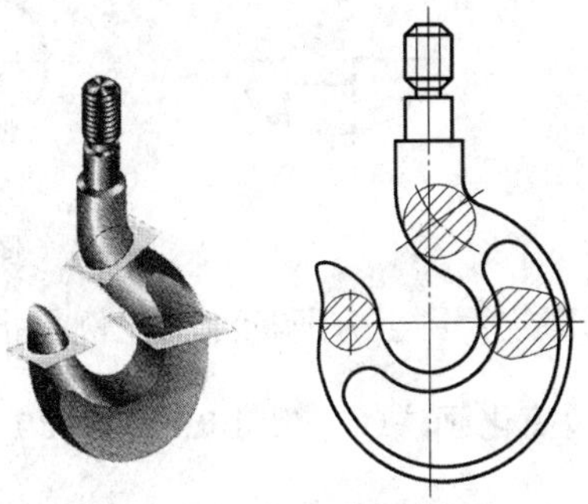

(a)　(b)

图 8-37　吊钩的断面图

2. 重合断面图的标注

对称的重合断面图不必标注(图 8-35)；不对称的重合断面图，在不致引起误解时可省略标注，如图 8-38 所示。

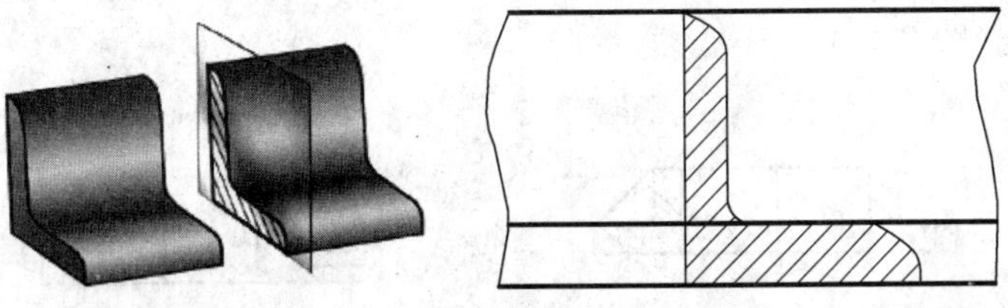

(a)　(b)

图 8-38　重合断面(二)

第四节　其他表达方法

为使图形清晰和画图简便，国家标准规定了局部放大图和简化画法。

一、局部放大图(GB/T 4458.1—2002)

机件上的某些细小结构，在视图中由于图形过小而表达不清晰或不便于标注尺寸时，可将机件的这部分结构用大于原图形所采用的比例画出的图形，称为局部放大图(图 8-39)。

局部放大图与视图中被放大部位的表达方法可不同，可以画成视图、剖视图、断面图，应尽量配置在被放大部位的附近。

如图 8-39 所示，绘制局部放大图时，除螺纹牙型、齿轮和链轮的齿形外，应用细实线圈出被放大的部位；当同一机件上有几个被放大的部分时，用罗马数字依次标明被放大部位，并在局部放大图的上方标注出相应的罗马数字和所采用的比例。

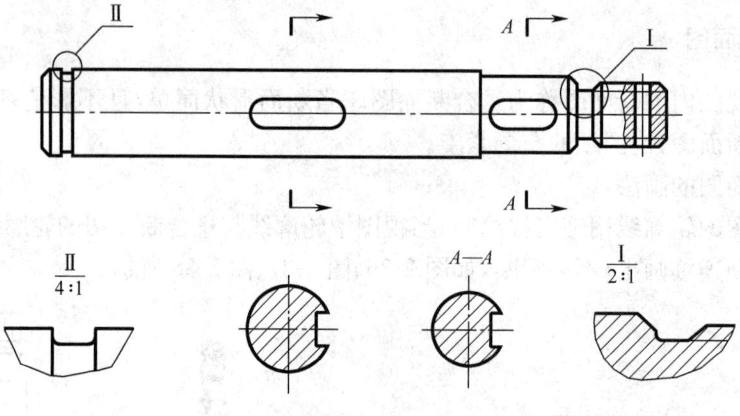

图 8-39 局部放大图

局部放大图上方所标注的比例是指放大图形与机件实际大小之比，而不是与原图形之比。

二、简化画法(GB/T 16675.1—2012、GB/T 4458.1—2002)

为提高设计制图的效率和图样的清晰度，国家标准规定了简化技术图样的画法，现介绍几种常用的简化画法。

1.剖视图中的规定画法和简化画法

对于机件上的肋、轮辐及薄壁等，如纵向剖切，这些结构都不画剖面符号，用粗实线将其与邻接部分分开，如图 8-24、图 8-40 所示。如横向剖切，则仍需画出剖面符号，如图 8-24、图 8-33 所示。

当回转机件上均匀分布的肋板、轮辐、孔等结构不处于剖切平面上时，应将这些结构旋转到剖切平面上画出(图 8-40)。

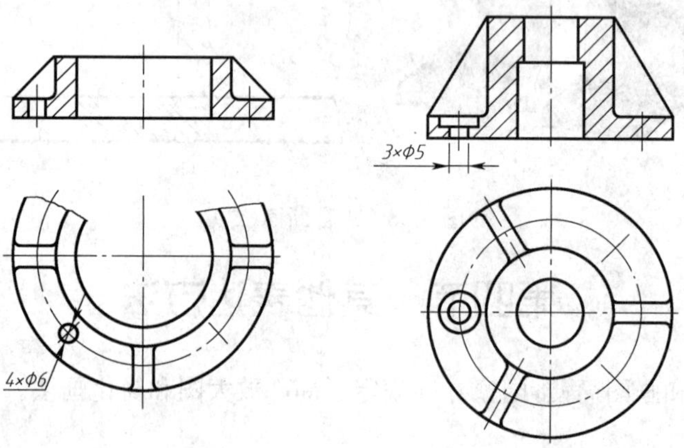

(a)对称分布的肋、孔　(b)非对称分布的肋、孔

图 8-40 均匀分布孔和肋的规定画法

2.相同结构要素的简化画法

当机件具有若干相同结构(如齿、槽等)时，只需画出几个完整的结构，其余用细实线连接，并须注明该结构的总数，如图 8-41、图 8-42 所示。

3.平面符号

当回转体机件上的平面在图形中不能充分表达时，可用两条相交的细实线表示这些平面，如图 8-43 所示。

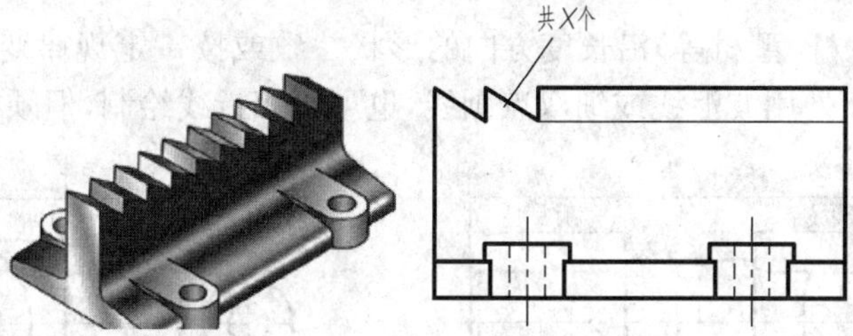

图 8-41 相同结构的简化画法(一)

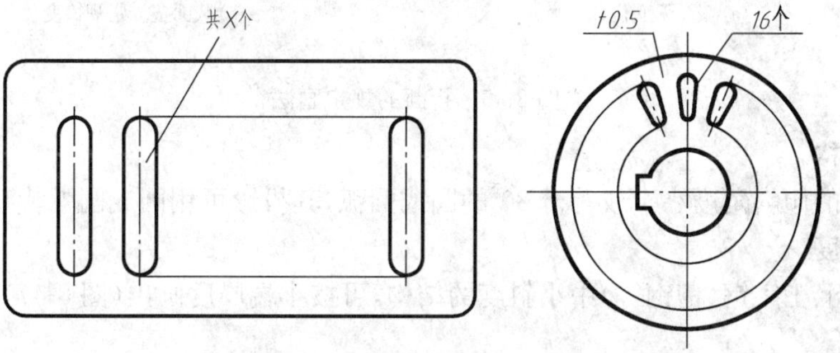

图 8-42 相同结构的简化画法(二)

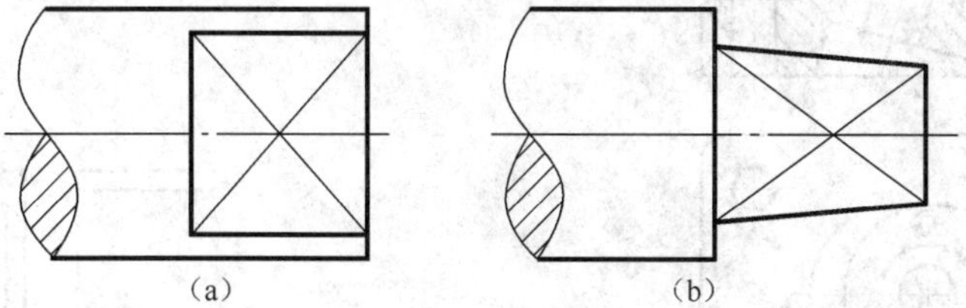

图 8-43 平面的简化画法

4. 网状物及滚花

零件上的滚花部分，通常采用在轮廓线附近用粗实线示意地画出局部，也可省略不画，而在零件上或技术要求中注明其具体要求，如图 8-44 所示。

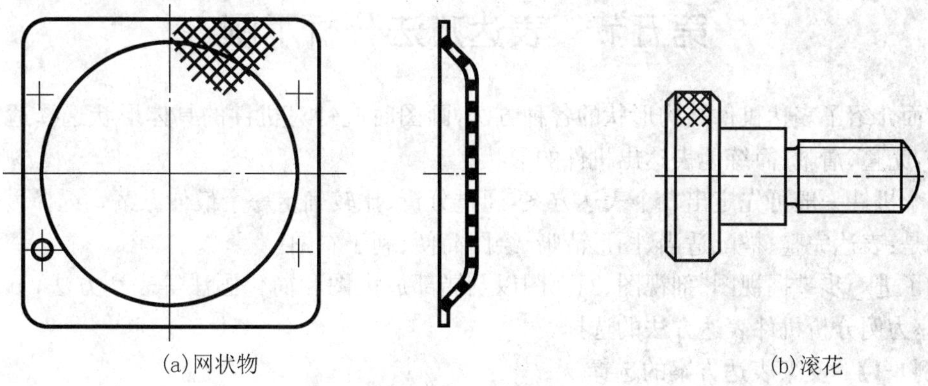

图 8-44 网状物及滚花的示意画法

5. 折断的画法

较长的机件(轴、杆、型材等)沿长度方向的形状一致或按一定规律变化时,可断开后缩短绘制(图 8-45)。断裂处用波浪线或细双点画线,也可用双折线绘制,但须标注实际尺寸。

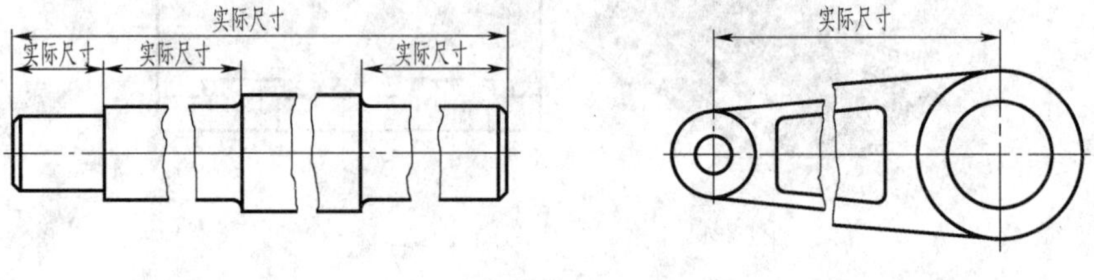

(a)截面无变化　　(b)截面按一定规律变化

图 8-45　折断的规定画法

6. 倾斜结构

与投影面的倾斜角度小于或等于 30°的圆或圆弧,其投影可用圆或圆弧代替(图 8-46)。

7. 型材斜度

型材(角钢、工字钢、槽钢等)中小斜度的结构,可按小端厚度画出(图 8-47)。

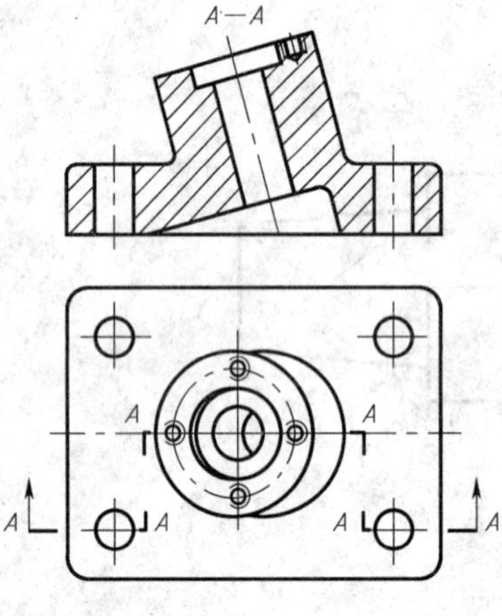

图 8-46　倾斜圆的规定画法

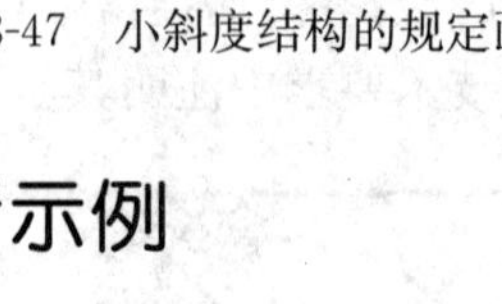

图 8-47　小斜度结构的规定画法

第五节　表达方法分析示例

前面介绍了表达机件结构形状的各种方法,画图时应针对机件的具体形状选择适当的表达方法,完整、清晰、简练地表达出机件的形状。

一个机件一般可先定出几个表达方案,通过分析、比较确定一个最佳方案。选择最佳方案的原则是:表达完整、搭配适当、图形清晰、绘图简便、利于看图。

为了进一步掌握视图、剖视图、断面图以及局部放大图和简化画法等表达方法,下面以支架、支座为例分析机件表达方法的选择。

【例 8-1】　支架表达方案的选择。

(1)形体分析

如图 8-48 所示,支架由圆筒、底板和连接这两部分的十字形肋板组成。支架前后对称,底板主要表面与十字肋的左右对称面成 60°夹角，底板上有 4 个通孔。

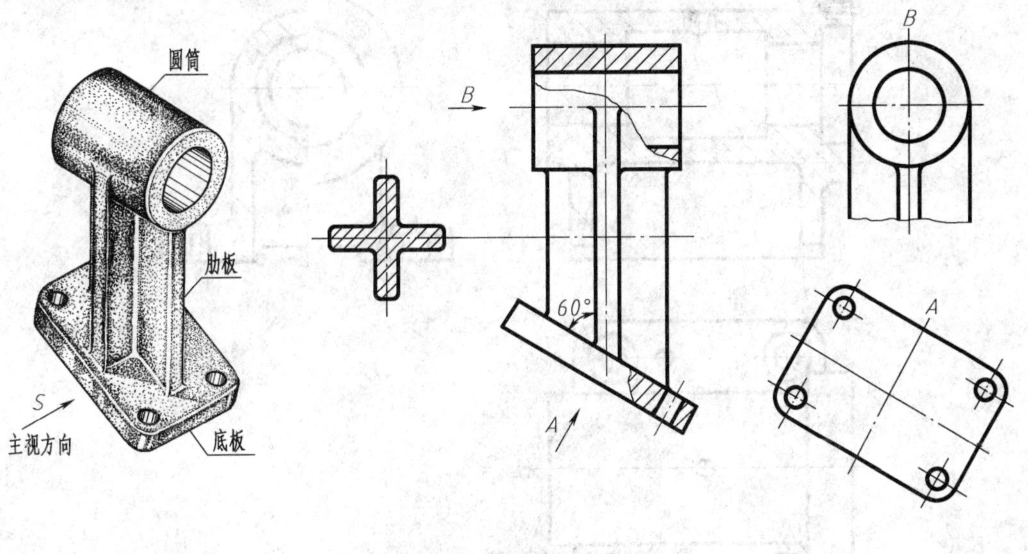

图 8-48　支架的表达方案

(2)选择主视图

主视图应选择能明显反映出机件的内外主要形状结构特征的那个投射方向，同时还应兼顾其他视图表达的清晰性。

在图 8-49 中，经过分析主视图选择 S 投射方向为最好。主视图中圆筒的轴线水平放置，圆筒和底板圆孔均采用局部剖视。这样，既表达了肋板、圆筒和底板的外部结构特征，又表达了圆筒和底板圆孔的内部形状。

(3)确定其他视图

由于底板平面与“十字肋”的左右对称面倾斜 60°角，因此不宜选用俯视图；为表达底板平面的实形，采用 A 向斜视图；为表达圆筒与肋板的形状和连接关系，左视图采用了局部视图；为表达十字形肋板的断面形状，采用了移出断面。

通过以上表达方案的选择，使每个视图都有表达的重点，且表达目的明确，既起到了相互配合和补充的作用，又满足了视图数量适当的要求。

【例 8-2】　支座表达方案的选择。

(1)形体分析

如图 8-49 所示，支座由圆筒、底板和连接板三部分组成。

(2)选择主视图

为了反映支座的主要形状结构特征，按自然位置放置，即底板平放，并以图8-49所示的 a 方向作为主视图的投射方向。同时由于外形简单主视图采用全剖视图可以充分反映支座的内部结构形状。

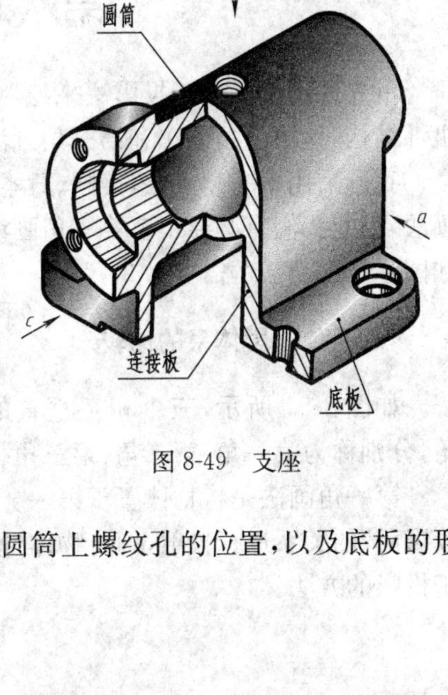

图 8-49　支座

(3)确定其他视图

如图8-50所示，俯视图不剖切，主要反映圆筒外形和圆筒上螺纹孔的位置，以及底板的形状和安装孔、销孔的位置。

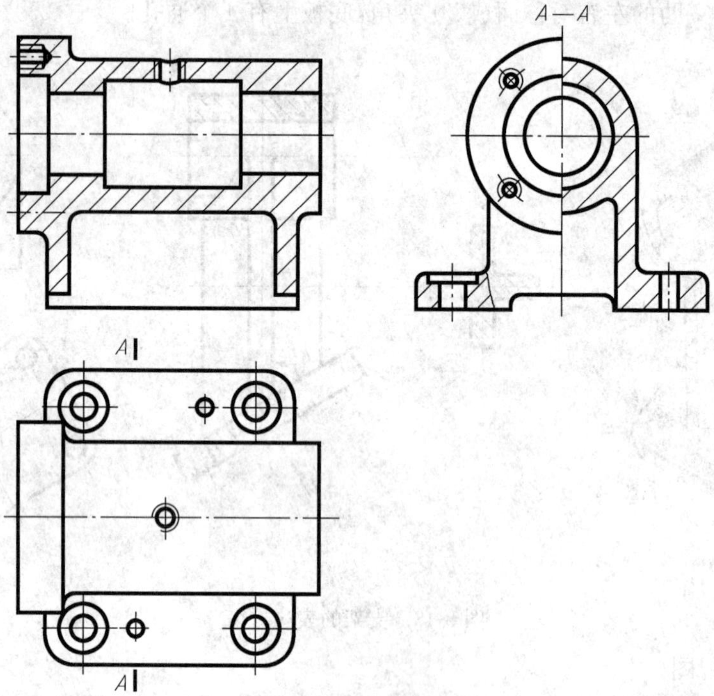

图 8-50　支座的表达方案

左视图利用支座前后对称的特点，采用半剖视图。从“A—A”的位置剖切，既反映了圆筒、连接板和底板之间的连接关系，又表现了底板上销孔的结构。左半视图主要表达圆筒端面上螺孔的数量和分布位置，局部剖视图表示出底板安装孔的结构。

以上表达方案不但完整地反映了支座的内外形状，且视图数量少，简单清晰。

以上两个例子说明，要选择好机件的表达方案，必须全面掌握机件各种表达方法的知识，才能灵活、简捷、清晰地表达出机件的形状特征。

*第六节　第三角画法简介

世界各国都采用正投影法来绘制工程图样，国际标准（ISO 5456—2—2002）规定，在表达机件结构时，第一角画法和第三角画法可等效使用。

我国采用第一角画法，美国、日本等一些国家则采用第三角画法，因此我们有必要了解第三角画法，以适应日益发展的贸易和国际技术交流的需要。

一、两种投影体系的比较

如图 8-51 所示，三个相互垂直的平面将空间分为八个分角，分别称为第一角、第二角、第三角……

第一角画法是将物体置于第一分角内，保持着“人—物体—投影面”的关系进行投射，即将物体置于人和投影面之间而得到正投影的方法。

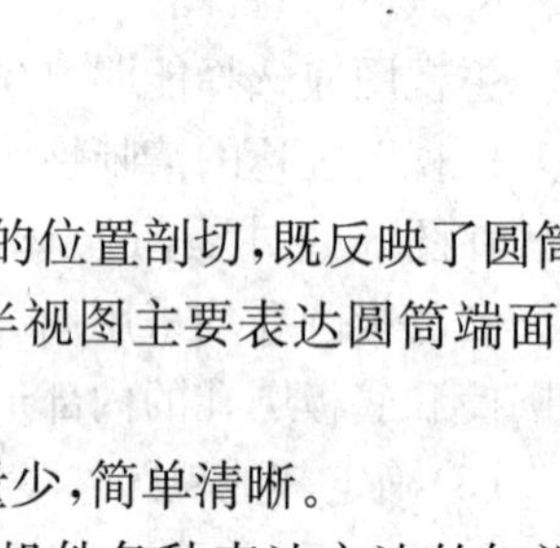

图 8-51　八个分角

第三角画法是将物体置于第三分角内，保持着“人—投影面—物体”的关系进行投射，即假想投影面透明而得到正投影的方法(图 8-52)。

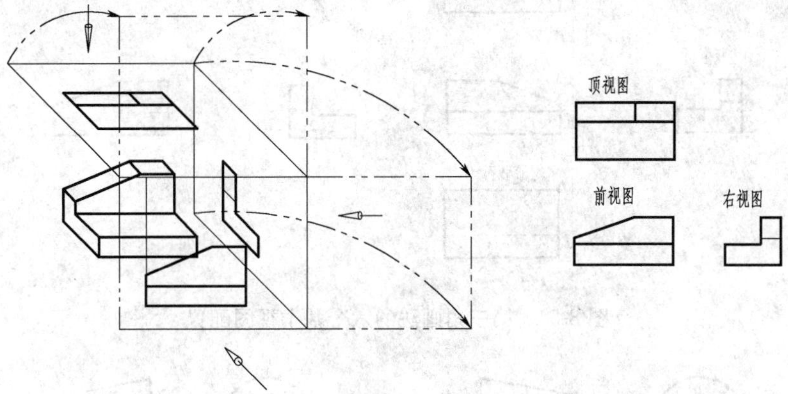

(a)投影示意　(b)三视图

图 8-52　第三角画法投影原理

二、第三角画法的视图配置

将物体置于第三分角内，按第三角画法投影原理进行投射得到六个基本视图，投影面展开规律与第一角画法相同，如图 8-53 所示，即前视图所在投影面保持不动，顶视图、底视图、左视图、右视图所在投影面均向前旋转 90°，与主视图所在投影面摊平在一个平面上(后视图所在投影面随右视图所在投影面旋转 180°)。展开后的视图配置如图 8-54 所示。当视图按投影关系配置时，一律不标注视图名称。

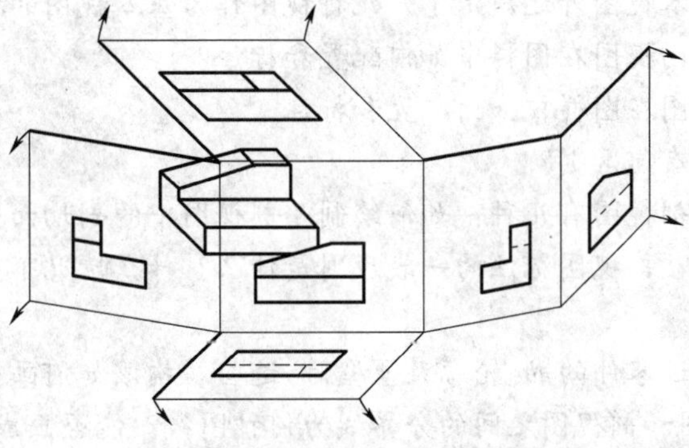

图 8-53　第三角画法投影面的展开

我国 GB/T 14692—2008《技术制图　投影法》规定：技术图样应采用正投影法绘制，并优先采用第一角画法；如按合同规定，允许使用第三角画法，但必须在图样中标题栏附近画出第三角画法识别符号。

两种画法识别符号如图 8-55 所示。采用第一角画法时识别符号可省略不画。

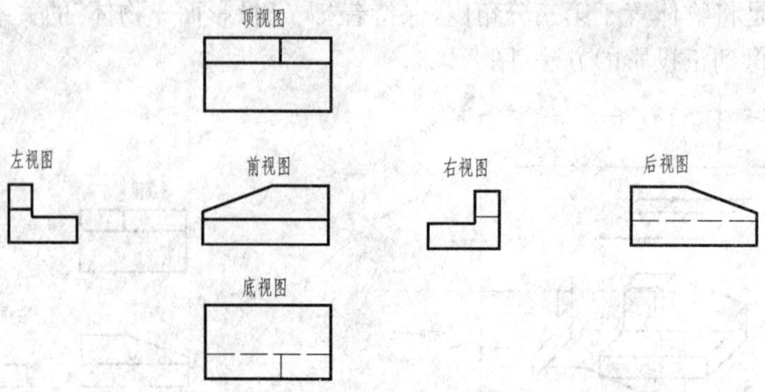

图 8-54　第三角画法的六个基本视图配置

(a)第三角画法的识别符号　　(b)第一角画法的识别符号

图 8-55　两种画法识别符号

复习思考题

1. 基本视图有哪几个？它们的名称是什么？如何配置？

2. 国家标准中除基本视图外还规定了哪几种视图作为基本视图的补充？

3. 什么叫向视图？向视图在图样中如何配置和标注？

4. 斜视图和局部视图在图样中如何配置和标注？

5. 剖视图与断面图有何区别？

6. 国家标准规定的剖视图有几种？如何绘制？剖视图中的剖切面是如何规定的？

7. 剖视图如何配置？剖视图标注的一般原则是什么？什么情况下可省略标注？什么情况下可省略箭头？

8. 剖切平面纵向通过零件的肋、轮辐及薄壁时，这些结构该如何画出？

9. 半剖视图中，视图和剖视图之间的分界线为何种图线？能否画成粗实线？

10. 断面图有几种？断面图在图中应如何配置和标注？在什么情况下可省略标注？

11. 国家标准规定了许多简化画法和规定画法，相贯线是怎样简化的？过渡线应采用哪种线型？

*12. 第三角画法与第一角画法有何不同？我国优先采用哪种画法？

第九章

连接件及常用件的特殊表示法

● **学习目标**

(1)掌握连接件和常用件的基本知识,了解它们的种类、标记及各部分的名称。

(2)重点掌握上述零件的规定画法。

● **本章重点**

(1)螺纹及螺纹连接的画法。螺纹标记的含义及其标注方法。常用螺纹标准件的规定标记。

(2)圆柱齿轮画法及其啮合画法。

● **本章难点**

(1)螺纹及螺纹连接的画法。

(2)圆柱齿轮的模数、分度圆(节圆)和齿形角的概念。

第一节　螺　　纹

一、螺纹的基本知识

1. 螺纹的种类(图 9-1)

国家标准按牙型将螺纹分为 4 大类,每大类螺纹还可细分。各种螺纹的名称则是依据螺纹具有代表性的特征来命名的,如梯形螺纹,就是按其最有代表性的牙型,如图 9-1 所示。

- 螺纹
  - 按牙型分类
    - 三角形螺纹
    - 梯形螺纹
    - 锯齿形螺纹
    - 矩形螺纹
  - 按用途分类
    - 连接螺纹
      - 普通螺纹
        - 粗牙普通螺纹
        - 细牙普通螺纹
      - 管螺纹
        - 螺纹密封
          - 55°密封管螺线
          - 60°密封管螺线
        - 非螺纹密封
    - 传动螺纹(运动和动力)
      - 梯形螺纹
      - 锯齿形螺纹——千斤顶
      - 矩形螺纹——丝杠
  - 按标准化程度分类
    - 标准螺纹:牙型、大径、螺距符合国际
    - 特殊螺纹:牙型符合,大径或螺距不符合
    - 非标准螺纹:牙型不符合国际

图 9-1　螺纹的分类

2. 螺纹的加工

螺纹都是根据螺旋线原理加工而成的。螺纹的加工通常采用机械化批量生产。小批量、

单件产品可采用车床加工外螺纹或内螺纹，如图 9-2(a)、(b)所示。对于不适合在车床上加工的内、外螺纹，可用丝锥、板牙攻制，如图 9-2(d)、(e)所示。

3. 螺纹的基本要素(GB/T 14791—2013)

为保证一对内外螺纹能正常旋合必须使内外螺纹的牙型、大径、线数、导程(螺距)、旋向五大基本要素相同。

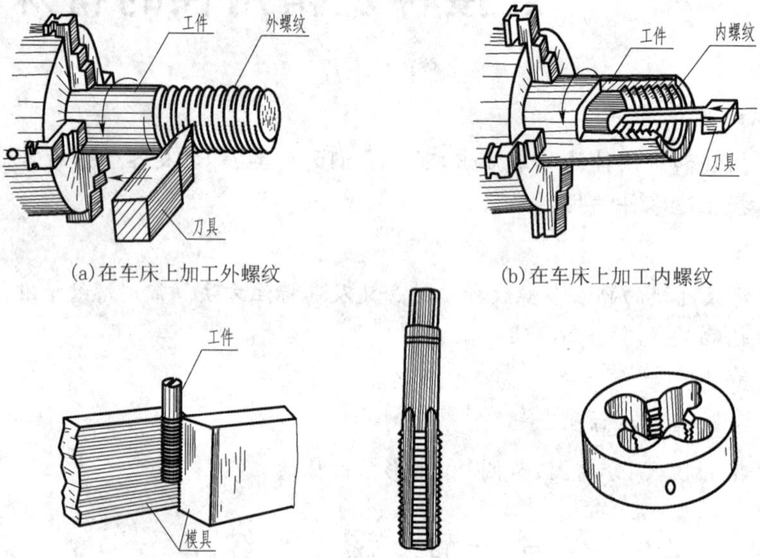

(a)在车床上加工外螺纹　(b)在车床上加工内螺纹

(c)用模具碾制外螺纹　(d)丝锥（加工内螺纹）　(e)板牙（加工外螺纹）

图 9-2　螺纹的加工

(1)螺纹牙型

螺纹牙型指通过螺纹轴线剖面上，螺纹的轮廓形状。常见的螺纹牙型有三角形、梯形、锯齿形、矩形等，如图 9-3 所示。

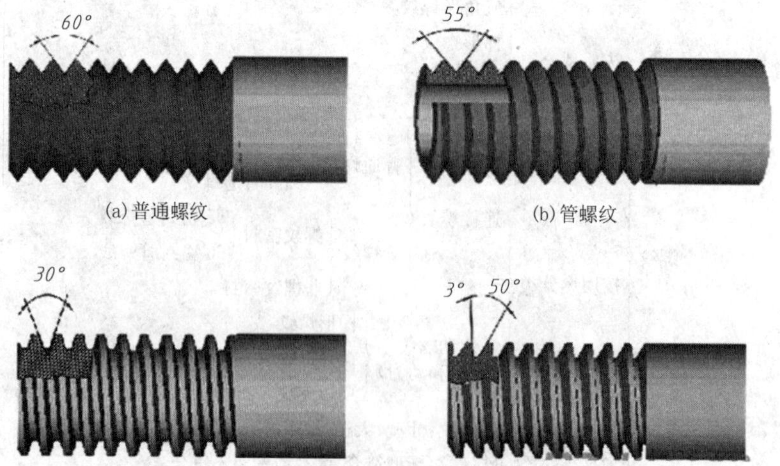

(a)普通螺纹　(b)管螺纹

(c)梯形螺纹　(d)锯齿形螺纹

图 9-3　标准螺纹牙型

(2)大径

与牙型部分有关的螺纹的直径有公称直径、大径、小径、中径、顶径和底径，如图 9-4 所示。

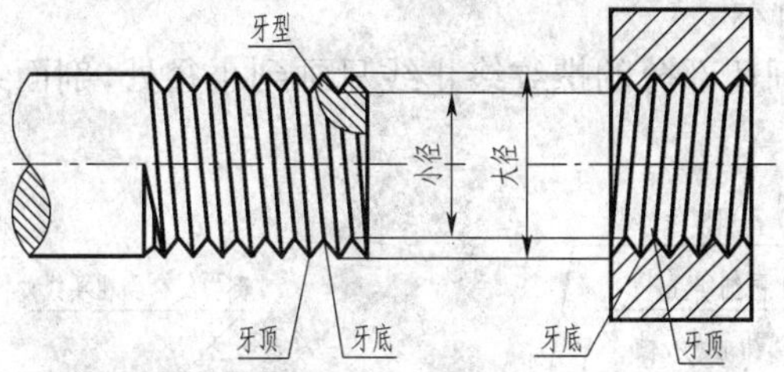

(a) 外螺纹　　　　(b) 内螺纹

图 9-4　螺纹的各部分名称

大径(d、D)——外螺纹牙顶或内螺纹牙底的假想圆柱的直径称大径。

小径(d_1、D_1)——外螺纹牙底或内螺纹牙顶的假想圆柱的直径称小径。

中径(d_2、D_2)——母线通过牙型上沟槽和凸起宽度相等处的假想圆柱的直径称中径。

公称直径——代表螺纹尺寸的直径,通常指螺纹的大径,管螺纹用尺寸代号表示。

此外,外螺纹的大径及内螺纹的小径又可统称为顶径;外螺纹的小径及内螺纹的大径又可统称为底径。

(3)线数

当螺纹是沿一条螺旋线形成时,则称单线螺纹;当螺纹是沿两条或两条以上螺旋线形成时,称为双线或多线螺纹,如图 9-5 所示。螺纹的线数用字母 n 表示。连接螺纹一般采用单线螺纹。

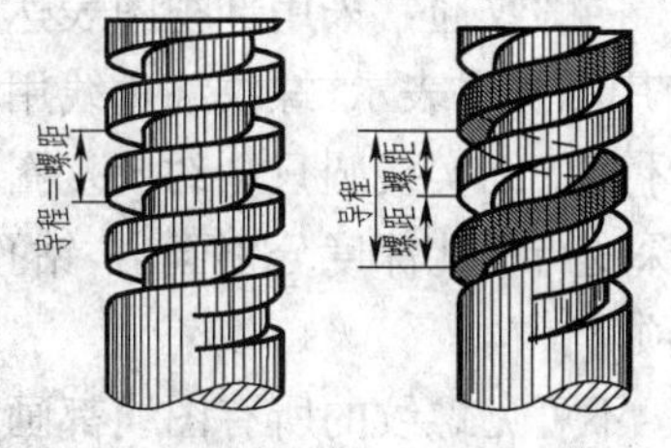

(a) 单线螺纹　　(b) 双线螺纹

图 9-5　螺纹的线数及螺距与导程

(4)螺距和导程

螺纹中径线上相邻两牙对应点间的轴向距离称为螺距 P。在同一条螺旋线相邻两牙的中径线上对应点间的轴向距离 P_h 称为导程(图 9-5)。

螺纹导程=螺距×线数

即

$$P_h = P \cdot n$$

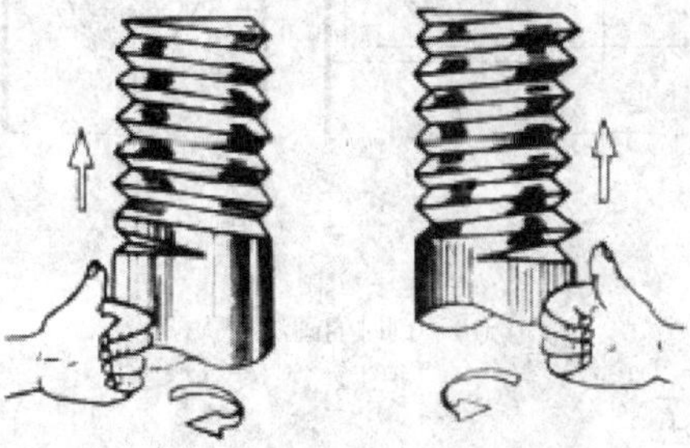

(a) 左旋　　　　(b) 右旋

图 9-6　螺纹的旋向

(5)旋向

当螺旋体的轴线垂直放置时,所看到的螺纹自左向右升高者(符合右手定则),称为右旋;反之为左旋(符合左手定则),如图 9-6 所示。在实践中顺时针方向旋转能够拧紧、逆时针方向旋转能够松开的螺纹即为右旋螺纹,反之为左旋螺纹,常用的为右旋螺纹。

二、螺纹的规定画法

螺纹的真实投影作图很复杂,而制造螺纹又常采用专用刀具和机床。为了便于作图,国标规定螺纹在工程图样中采用简化的规定画法。

1. 外螺纹的规定画法

螺纹牙顶(大径)及螺纹终止线用粗实线表示;牙底(小径)用细实线表示(画图时一般可近似地取 $d_1=0.85d$)。在投影为圆的视图中,表示牙底圆的细实线只画约 3/4 圈,轴端上的倒角圆省略不画，如图 9-7 所示。

当外螺纹被剖切时，剖切部分的螺纹终止线只画到小径处，剖面线画到表示牙顶的粗实线处〔图 9-7(b)〕。

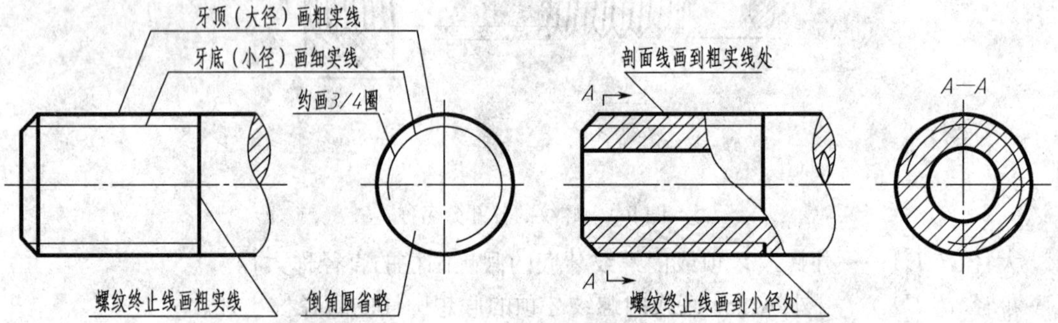

(a)不剖时的画法 (b)剖切时的画法

图 9-7 外螺纹的画法

2. 内螺纹的规定画法

内螺纹通常采用剖视图表达，内螺纹沿其轴线剖开时，牙顶(小径)用粗实线表示，牙底(大径)用细实线表示，螺纹终止线用粗实线表示，剖面线应画到粗实线。在投影为圆的视图上表示牙底的细实线圆只画约 3/4 圈，倒角圆省略不画〔图 9-8(a)〕。当螺孔不穿通时，一般应将钻孔深度与螺孔深度分别画出，钻孔深度应比螺孔深度约深 0.5D，并且钻孔底部应画出 120°的锥顶角。

不可见螺纹的所有图线都画成虚线〔图 9-8(b)〕。

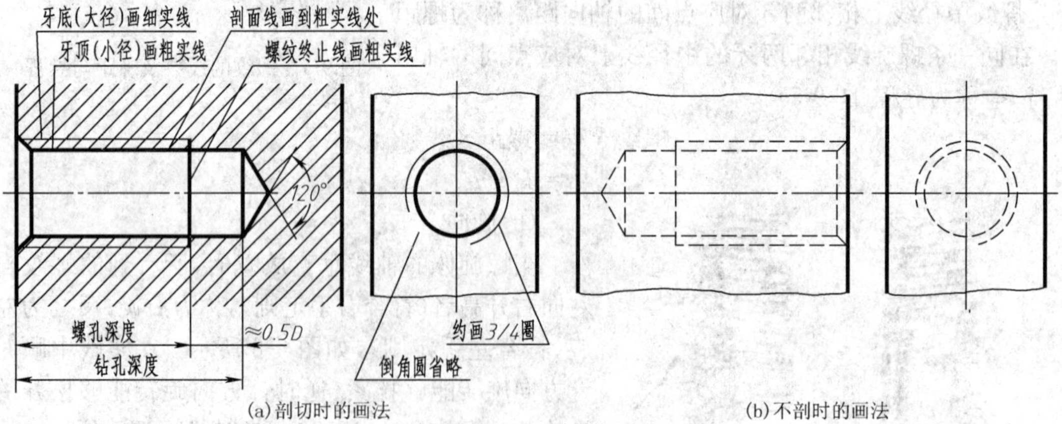

(a)剖切时的画法 (b)不剖时的画法

图 9-8 内螺纹的画法

3. 螺纹连接的规定画法

五大基本要素相同的内外螺纹方能连接。内、外螺纹连接通常采用剖视图表达。旋合部分按外螺纹绘制，非旋合部分按各自的画法绘制(图 9-9)。画图时必须注意表示内、外螺纹的牙底、牙顶的粗、细实线应对齐，以表示相互连接的螺纹具有相同的大径和小径。

4. 螺纹其他结构的规定画法

无论是外螺纹还是内螺纹在作剖视处理时，剖面线符号应画至表示大径或表示小径的粗实线处。绘制不穿通的螺孔时，一般应将钻孔深度和螺纹深度分别画出，如图 9-10(a)所示。

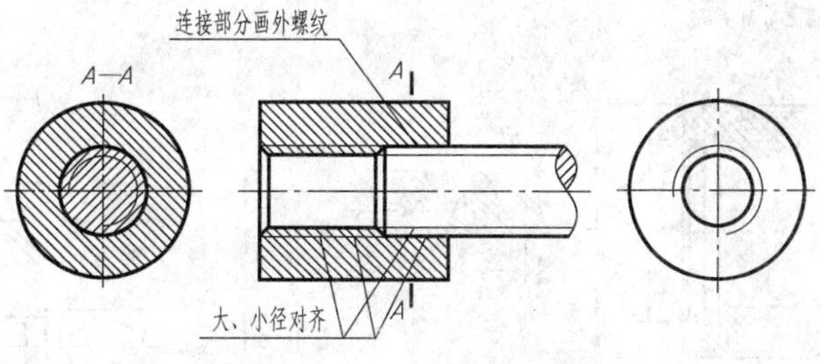

图 9-9　螺纹连接画法

钻孔深度一般应比螺纹深度大 $0.5D$，其中 D 为内螺纹大径。钻孔底部锥面是由钻头钻孔时不可避免产生的工艺结构，其锥顶角约为 120°，且尺寸标注中的钻孔深度也不包括该锥顶角部分。图 9-10(b)表示了螺纹孔中相贯线的画法。在实际生产中当车削螺纹的刀具快到达螺纹终止处时，要逐渐离开工件，因而螺纹终止处附近的牙型将逐渐变浅，形成不完整的螺纹牙型，这段螺纹称为螺尾，如图 9-10(c)中的 l 部分，当需要表示螺纹收尾时，螺尾部分的牙底用与轴线成 30°的细实线表示。为避免出现螺尾，可在螺纹终止处先车削出一个槽，便于刀具退出，这个槽称为退刀槽，如图 9-10(d)所示。螺纹收尾、退刀槽已标准化，各部分尺寸见相应标准的有关规定。

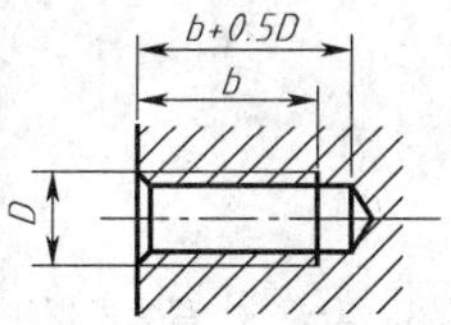

(a)不穿通螺孔的画法

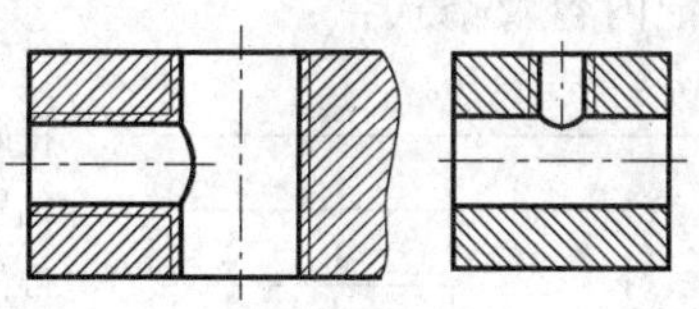

(b)螺纹孔中相贯线的画法

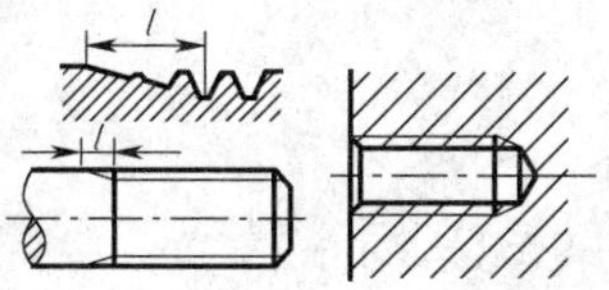

(c)螺尾及画法

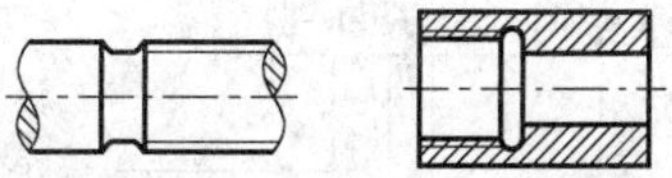

(d)退刀槽画法

图 9-10　螺纹其他结构的规定画法

5. 圆锥螺纹的画法

画圆锥内、外螺纹时，在投影为圆的视图上，不可见端面牙底圆的投影不画，牙顶圆的投影为虚线圆时可省略不画(图 9-11)。

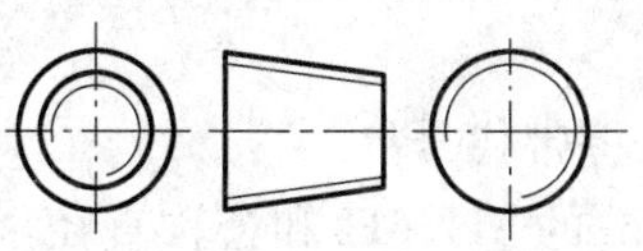

(a) 外螺纹

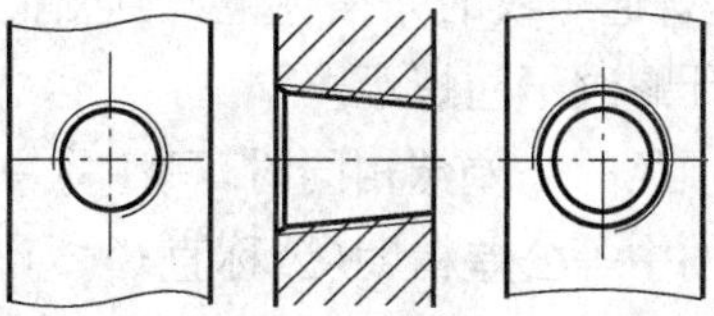

(b) 内螺纹

图 9-11　圆锥螺纹的规定画法

6. 非标准螺纹的画法

非标准螺纹指牙型不符合标准的螺纹，所以应画出螺纹牙型，并标注出加工牙型所需的尺寸及有关要求，如图 9-12 所示。

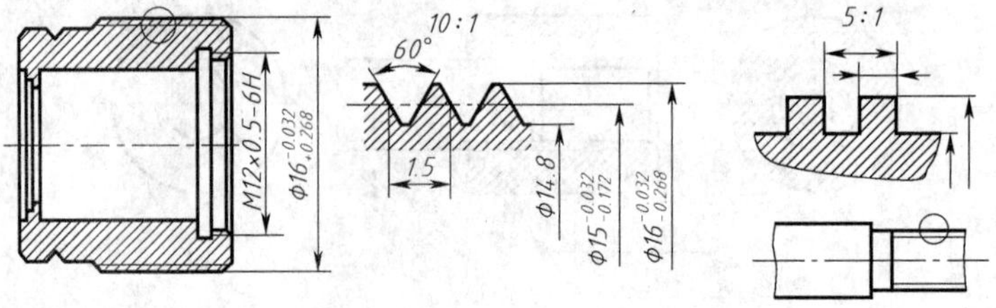

图 9-12　非标准螺纹的画法

三、常用螺纹的标记与标注

由于螺纹的规定画法不能表示螺纹的种类和螺纹要素，因此为了区别不同的螺纹，必须用规定的标记和相应代号进行标注。

1. 普通螺纹的标记

根据 GB/T 197—2003 规定，普通螺纹的完整标记由螺纹特征代号、尺寸代号、公差带代号、旋合长度代号和旋向代号组成。

普通螺纹标记内容及格式：

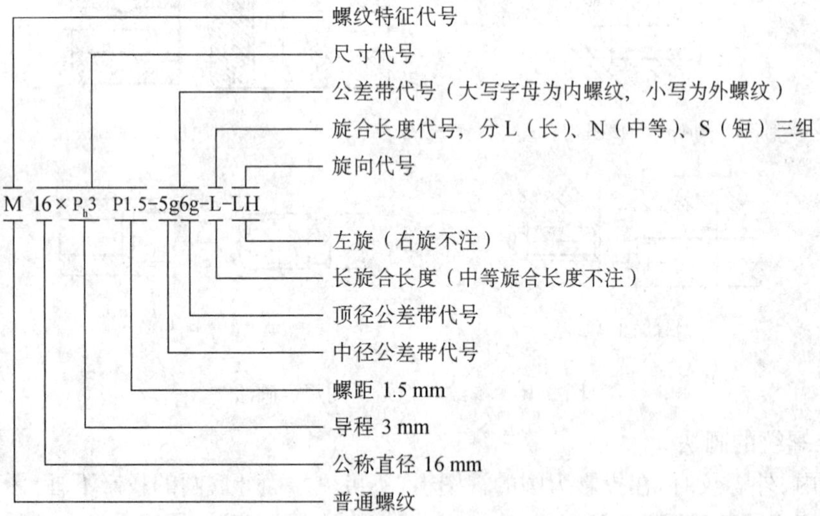

上述示例是普通螺纹的完整标记，当遇有以下情况时，其标记可以简化。

(1)普通粗牙螺纹不注螺距。

(2)中径与顶径的公差带相同时，只注写一个公差带代号。

(3)最常用的中等公差精度(公称直径≤1.4 mm 的 5H、6H 和公称直径≥1.6 mm 的 6H 和 6g)。不标注公差带代号。

例如：公称直径为 10 mm，细牙，螺距为 1 mm，中径和顶径公差带均为 6H 的单线右旋普通螺纹，其标记为 M10×1；若该螺纹为粗牙时，则标记为 M10。

2. 管螺纹的标记

管螺纹主要用于管件的连接，由于管螺纹具有结构简单、装拆方便的优点，所以广泛用于建筑、化工、石油、冶金、纺织等行业。

管螺纹分为55°密封管螺纹、55°非密封管螺纹和60°密封管螺纹等。

管螺纹标注示例：

(1)55°密封管螺纹标记内容及格式为：

螺纹特征代号　尺寸代号－旋向代号

——螺纹特征代号：R_C——圆锥内螺纹；

R_P——圆柱内螺纹；

R_1——与 R_P 相配合的圆锥外螺纹；

R_2——与 R_C 相配合的圆锥外螺纹。

——尺寸代号：用½，¾，1，1½，…表示。

——旋向代号：右旋省略标注，左旋标“LH”。

例如：

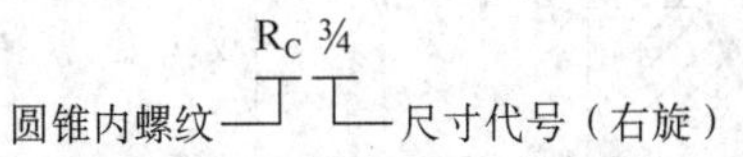

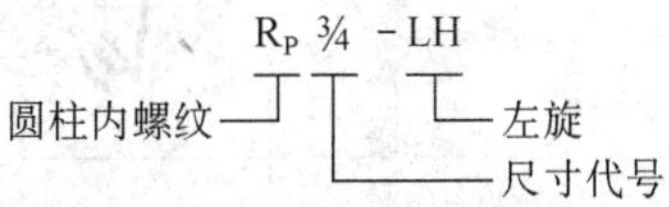

(2)55°非密封管螺纹标记内容及格式为：

螺纹特征代号　尺寸代号　公差等级代号－旋向代号

——螺纹特征代号：G。

——尺寸代号：用½，¾，1，1½，…表示。

——公差等级代号：外螺纹分A、B两个精度等级；内螺纹可不注此项代号。

——旋向代号：右旋省略不注，左旋标“LH”。

例如：

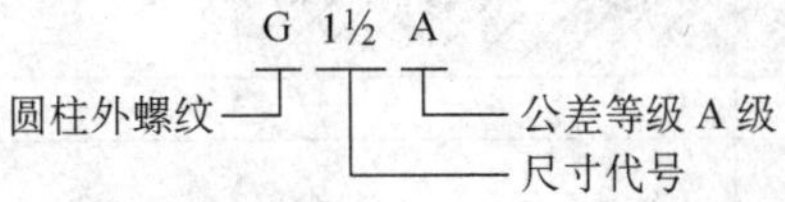

管螺纹标记中的“尺寸代号数值”是指管子的规格(即管子的内径)，而不是螺纹的大径，所以管螺纹采用旁注法标注，指引线从螺纹大径轮廓线引出。作图时需根据尺寸代号查出螺纹大径尺寸，如尺寸代号为1½时，螺纹大径为47.803 mm。

3.梯形和锯齿形螺纹的标记

标记内容及格式：

螺距(单线)

螺纹特征代号　公称直径×　或　旋向－中径公差带代号－旋合长度代号

导程(P螺距)(多线)

梯形螺纹特征代号用 T_r 表示，锯齿形螺纹特征代号用B表示。右旋螺纹不标注旋向代号，左旋螺纹标“LH”。梯形螺纹与锯齿形螺纹只注中径公差带，旋合长度只分中(N)和长(L)两种，中等旋合长度N省略标注。单线螺纹只注螺距，多线螺纹需标注导程与螺距。

表 9-1　常用标准螺纹的标注

序号	螺纹类别(标准编号)		特征代号	牙　型	标记示例	说　明
1	普通螺纹(粗、细)牙 (GB/T 193—2003)		M	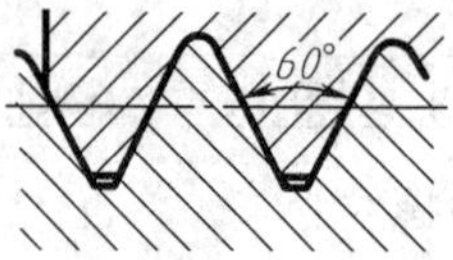	M8×1−LH M8 M16×P_h6P2−5g6g−L	粗牙不注螺距，左旋时末尾加“−LH” 中等公差精度(如 6H、6g)不注公差带代号 中等旋合长度不注 N(下同) 多线时注 P_h(导程)、P(螺距)
2	梯形螺纹 (GB/T 5796—2005)		T_r	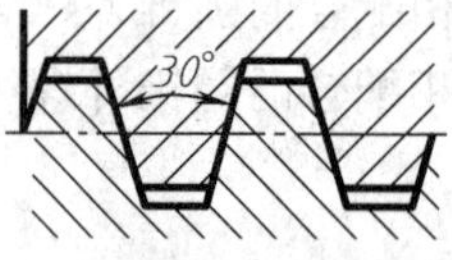	T_r40×14(P7)LH−7e	表示公称直径为 40 mm，导程为 14 mm，螺距为 7 mm 的双线、左旋梯形外螺纹，中径公差带为 7e
3	锯齿形螺纹 (GB/T 13576—2008)		B		B32×7−7c	表示公称直径为 32 mm，螺距为 7 mm 的右旋、单线锯齿形外螺纹，中径公差带代号为 7c 中等旋合长度
4	55°密封管螺纹 (GB/T 7306—2000)	圆锥内螺纹	R_C	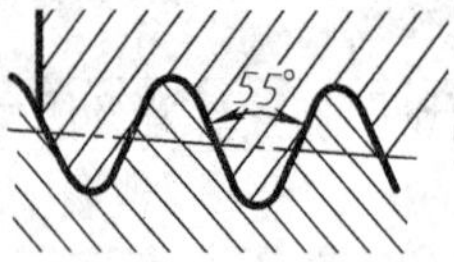	R_C1½−LH	R_1 表示与圆柱内螺纹相配合的圆锥外螺纹 R_2 表示与圆锥内螺纹相配合的圆锥外螺纹 内、外螺纹均只有一种公差带，故省略不注。表示螺纹副时，尺寸代号只注写一次 例：R_C/R_2¾　R_P/$R_1$3
		圆柱内螺纹	R_P		R_P½	
		圆锥外螺纹	R_1		$R_1$3	
			R_2		R_2¾	
5	55°非密封管螺纹 (GB/T 7307—2001)		G	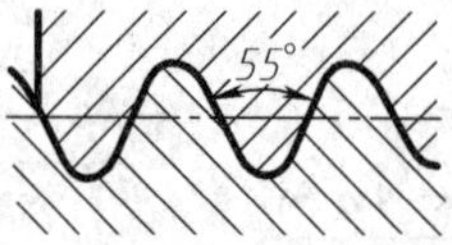	G1½A G½−LH	外螺纹公差等级分 A 级和 B 级两种；内螺纹公差等级只有一种。表示螺纹副时，仅需标注外螺纹的标记 例：G1½A
6	60°密封管螺纹 (GB/T 12716—2011)	圆锥管螺纹(内、外)	NPT	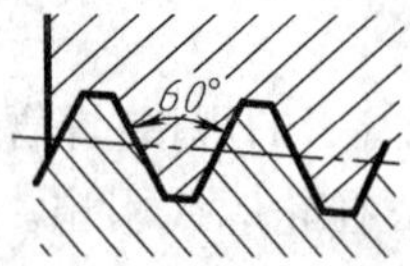	NPT6	左旋时末尾加“−LH”
		圆柱内螺纹	NPSC		NPSC¾	

4. 螺纹在图样上的标注方法

公称直径以 mm 为单位的螺纹(如普通螺纹、梯形螺纹和锯齿形螺纹)，其标记应直接注在大径的尺寸线上或引出线上，如图 9-13 所示。

管螺纹的标记一律采用旁注法，引出线应由螺纹大径处引出，或由对称中心处引出，如图 9-14 所示。

非标准螺纹应画出螺纹的牙型，并注出所需要的尺寸及有关要求，如图 9-15(c)所示。

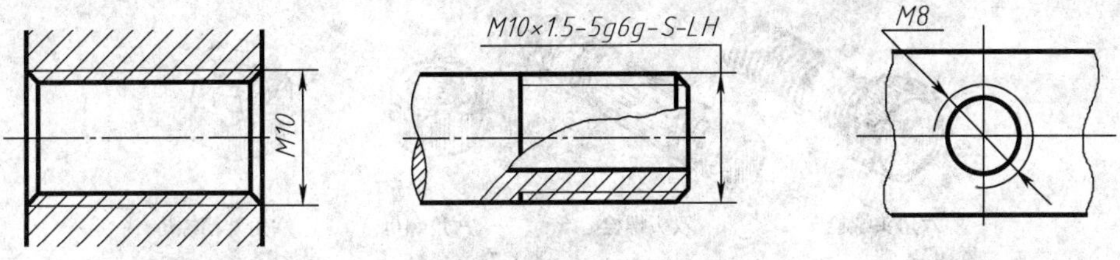

(a)内螺纹　　(b)外螺纹　　(c)内螺纹

图 9-13　普通螺纹标注

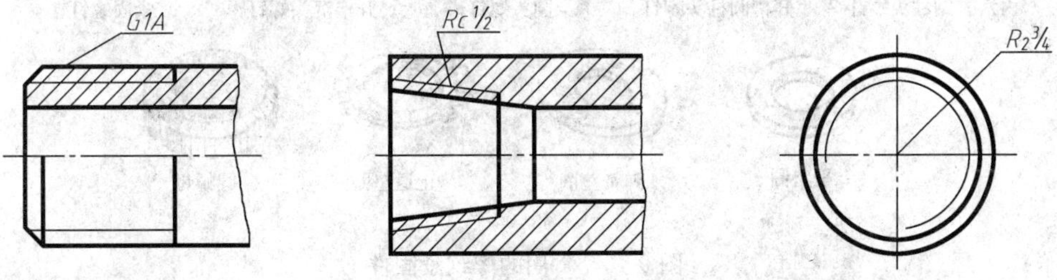

(a)外螺纹　　(b)内螺纹　　(c)锥外螺纹

图 9-14　管螺纹的标注

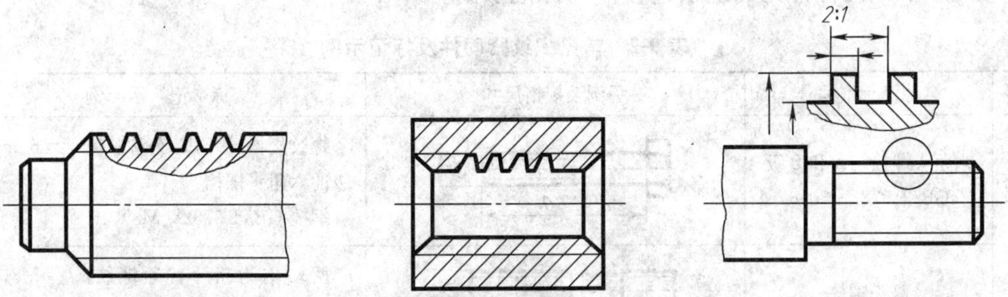

(a)外螺纹　　(b)内螺纹　　(c)矩形外螺纹

图 9-15　非标准螺纹的画法及标注

第二节　螺纹连接件及其连接

螺纹连接是工程上应用最广泛的连接方式，属于可拆连接。

一、常见的螺纹连接件

螺纹连接件的种类很多，常见的螺纹连接件有螺栓、双头螺柱、螺钉、螺母、垫圈等，如图9-16所示。这些零件一般都是标准件，不需要单独画零件图，只需按规定进行标记，根据标记可以从相应的国家标准中查到它们的结构形式和尺寸。

螺纹连接件的规定标记为：

名称　标准编号　螺纹规格、公称尺寸－性能等级及表面热处理

标记的简化原则：

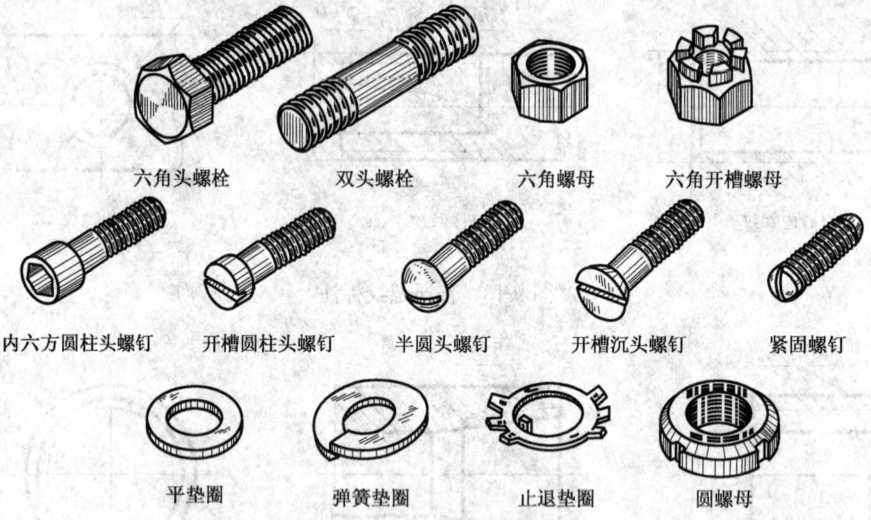

图 9-16　常用的螺纹紧固件

(1)名称和标准年代号允许省略；

(2)当产品标准中只规定一种型式、精度、性能等级或材料及热处理、表面处理时，允许省略。

表 9-2 中是几种常见的螺纹连接件的标记示例。

表 9-2　常见螺纹紧固件及标记示例

序号	名称及标准编号	图例及规格尺寸	标　记　示　例
1	六角头螺栓—A 和 B 级 (GB/T 5782—2016)	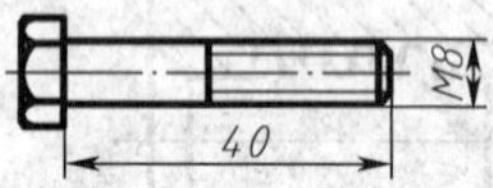	螺纹规格 d=M8，公称长度 l=45 mm，A 级的六角头螺栓： 螺栓 GB/T 5782　M8×40
2	双头螺柱 (GB/T 897～900—1988)	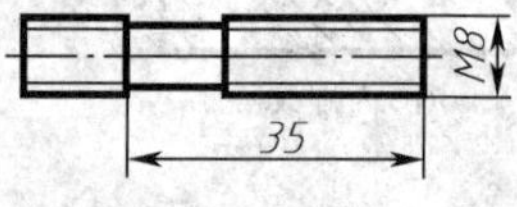	两端均为粗牙普通螺纹，d = M8，l = 35 mm，b_m = 1.25d 的双头螺柱： 螺柱 GB/T 898　M8×35
3	开槽沉头螺钉 (GB/T 68—2000)		螺纹规格 d=M8、公称长度 l=45 mm 的开槽沉头螺钉： 螺钉 GB/T 68　M8×45
4	1 型六角螺母—A 和 B 级 (GB/T 6170—2016)	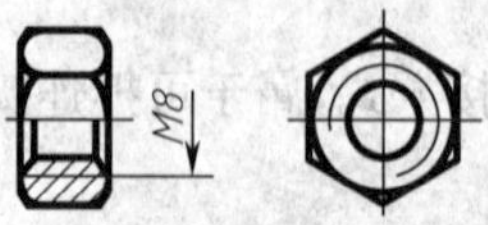	螺纹规格 D=M8、A 级 1 型六角螺母： 螺母 GB/T 6170　M8
5	平垫圈—A 级 (GB/T 97.1—2002)		标准系列、公称尺寸 d=12 mm、性能等级为 200HV(硬度)级、不经表面处理的平垫圈： 垫圈 GB/T 97.1　12
6	标准型弹簧垫圈 (GB/T 93—1987)	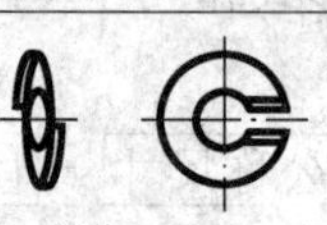	规格 12 mm、材料为 65Mn、标准型弹簧垫圈： 垫圈 GB/T 93　12

二、常用螺纹连接的画法

螺纹的连接形式有螺栓连接、双头螺柱连接和螺钉连接，如图 9-17 所示。绘图时，其各部分尺寸应根据其规定标记从标准中查表确定。但为了方便作图通常各部分尺寸可按螺纹公称直径（d、D）的一定比例画出，如图 9-18 所示。

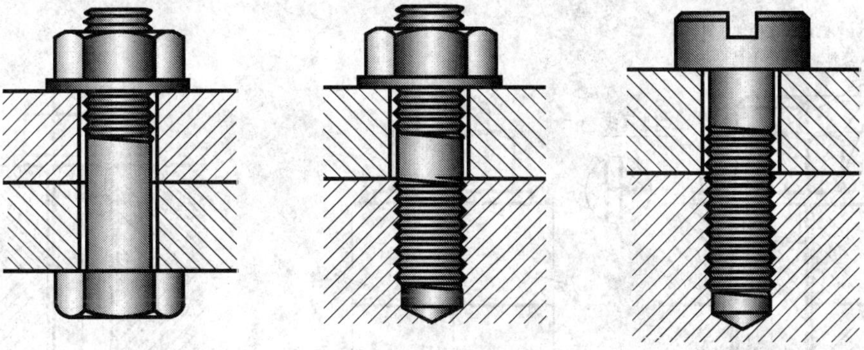

(a) 螺栓连接　　(b) 双头螺柱连接　　(c) 螺钉连接

图 9-17　螺纹连接

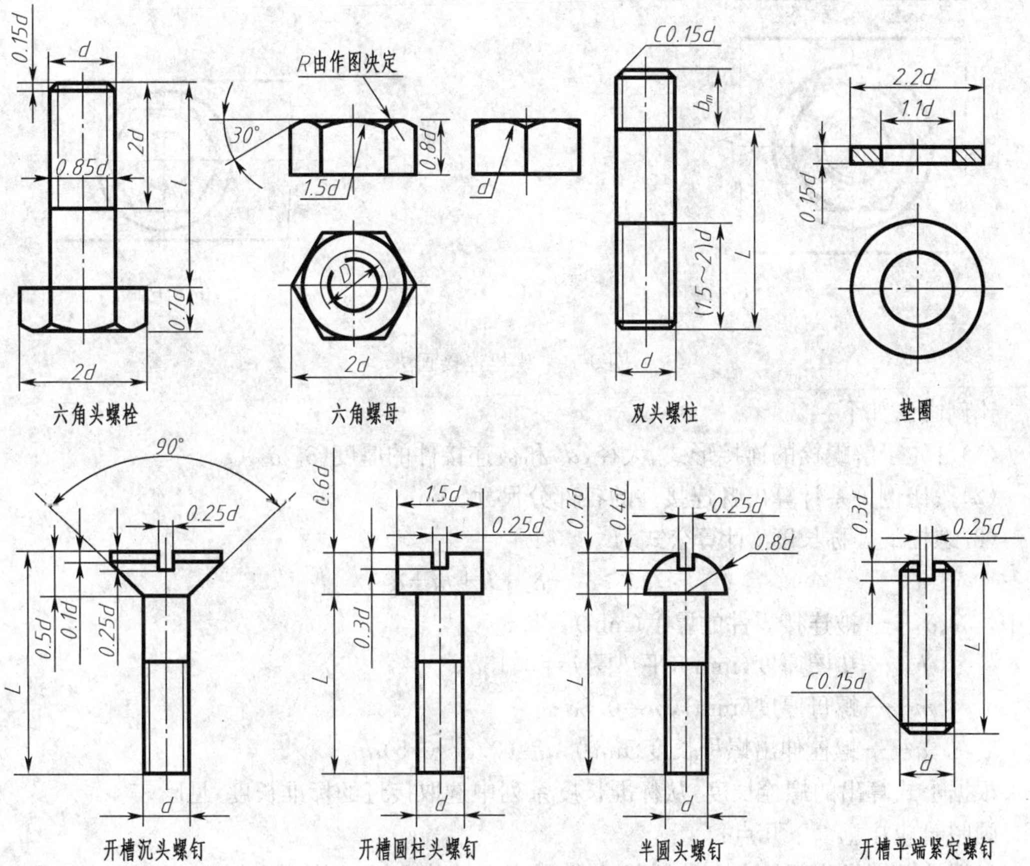

图 9-18　常用螺纹连接件的比例画法

1. 螺栓连接

螺栓连接适用于连接两个不太厚并允许加工成通孔的零件〔图 9-17(a)〕。连接时将螺栓从一端插入孔中,另一端再加上垫圈,拧紧螺母即构成了螺栓连接。所以被连接件的孔径应大于螺栓的大径,一般通孔直径是 1.1d。

螺栓连接通常采用比例画法〔图 9-19(a)〕,也可采用简化画法〔图 9-19(b)〕。

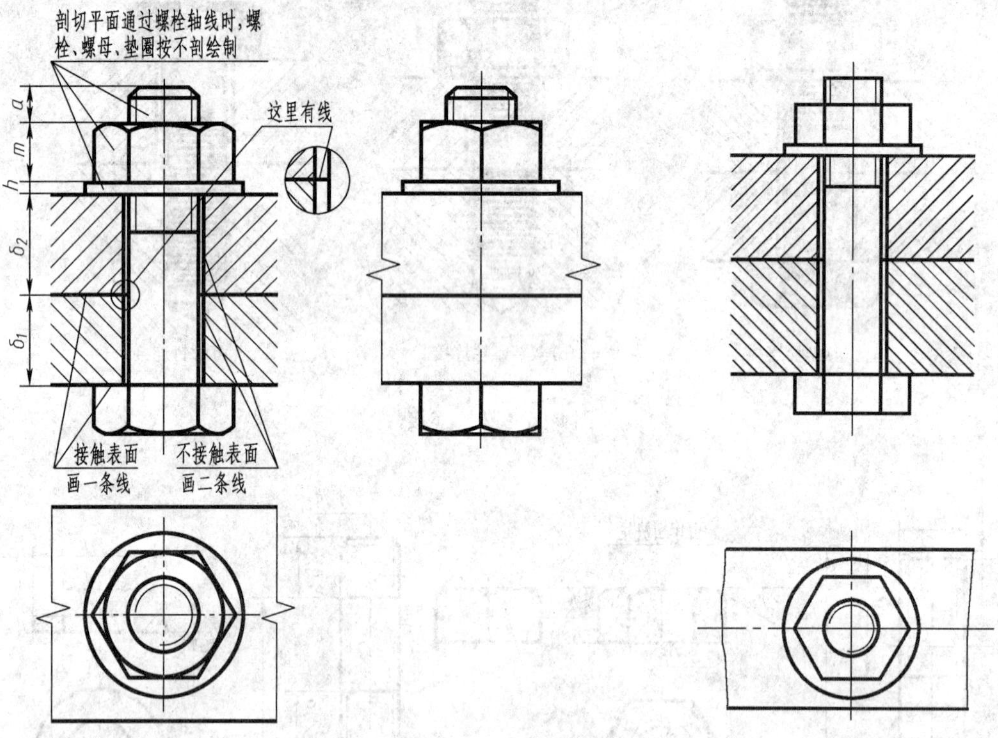

(a)比例画法

(b)简化画法

图 9-19　螺栓连接画法

比例画法如下:

(1)首先了解螺栓的连接形式、大径(d)和被连接件的厚度(δ_1、δ_2)。

(2)按比例关系计算出各连接件的各部分尺寸。

(3)螺栓的公称长度 l 计算公式为

$$l \geqslant \delta_1+\delta_2+h+m+a$$

式中　δ_1、δ_2——被连接零件的厚度(mm);

h——垫圈厚度(mm),平垫圈 $h=0.15d$;

m——螺母厚度(mm),$m=0.8d$;

a——螺栓伸出螺母长度(mm),$a=(0.3\sim0.5)d$。

根据上式算出的螺栓长度,从标准长度系列中选取接近的标准长度,见附表 4。

画图时应注意以下几点:

①螺栓及螺母头部加工出的倒角(30°)所产生的截交线可用圆弧代替近似画出,如图 9-20 所示。

②螺栓连接采用全剖视图时,螺栓、螺母及垫圈等均按不剖绘制。

③在剖视图中,两相邻零件剖面线方向应相反。但同一零件在各个剖视图中,剖面线方向和间距应相同。

④两零件的接触面只画一条粗实线。凡不接触的表面,不论间隙多小,在图上都应画出两条线。例如,螺栓与连接孔之间应画出间隙。

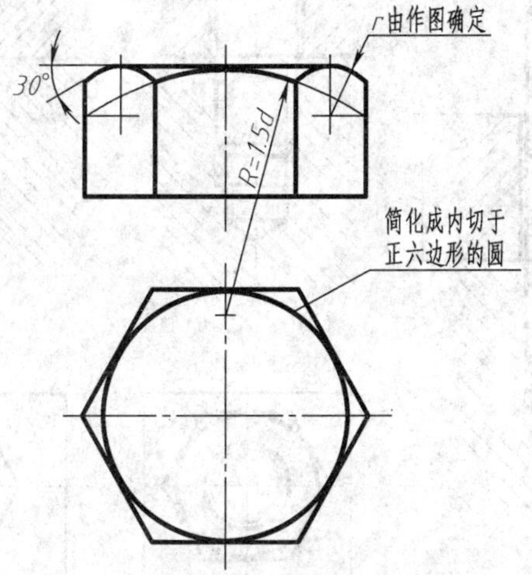

图 9-20　六角头曲线的简化作图方法

2. 双头螺柱连接

对于因结构的限制不宜采用螺栓连接的场合,如被连接件之一太厚不宜加工成通孔,或材料较软且需经常装拆时,常采用双头螺柱连接,如图 9-17(b)所示。螺柱旋入被连接件螺孔的一端,称旋入端,旋入端的长度 b_m,是根据旋入端机件的材料和螺柱的大径确定的。

在装配图中,双头螺柱连接通常采用比例画法或简化画法,如图 9-21 所示。

画双头螺柱连接的注意点:

(1)旋入端的螺纹终止线应与两连接件的结合面平齐,表示旋入端已拧紧〔图 9-21(a)〕。旋入端长度 b_m 应根据被连接件的材料和螺柱的大径而定(钢 $b_m=d$;铸铁或铜 $b_m=1.25d\sim1.5d$;轻金属 $b_m=2d$)。

(2)双头螺柱的公称长度 $l=\delta+S+m+a$,其中 $a=(0.3\sim0.4)d$。

根据上式算出的螺柱公称长度,查附表 5,从标准长度系列中选取接近的标准长度。

(3)旋入端螺孔深取 $b_m+0.5d$,钻孔深取 b_m+d,如图 9-21(a)所示。

(4)弹簧垫圈常根据下列数据作图:$D=1.5d$,$S=0.2d$,$m=0.1d$。弹簧垫圈开槽方向与水平线成左斜 60°,如图 9-21(b)所示。

(5)双头螺柱简化连接图中,螺柱末端的倒角、螺母的倒角可省略不画,螺孔中螺纹终止线允许画到孔底,如图 9-21(c)所示。

3. 螺钉连接

螺钉按其用途,有连接螺钉和紧定螺钉之分。螺钉可单独使用,也可与垫圈一起使用。

(1)螺钉连接的画法

螺钉连接用于受力不大和经常拆卸的场合。装配时,将螺钉直接穿过被连接零件上的通孔,再拧入基体零件上的螺孔中,靠螺钉头部压紧被连接零件。图 9-22 是采用比例画法画出的几种常用连接螺钉的连接图。

(2)紧定螺钉的连接画法

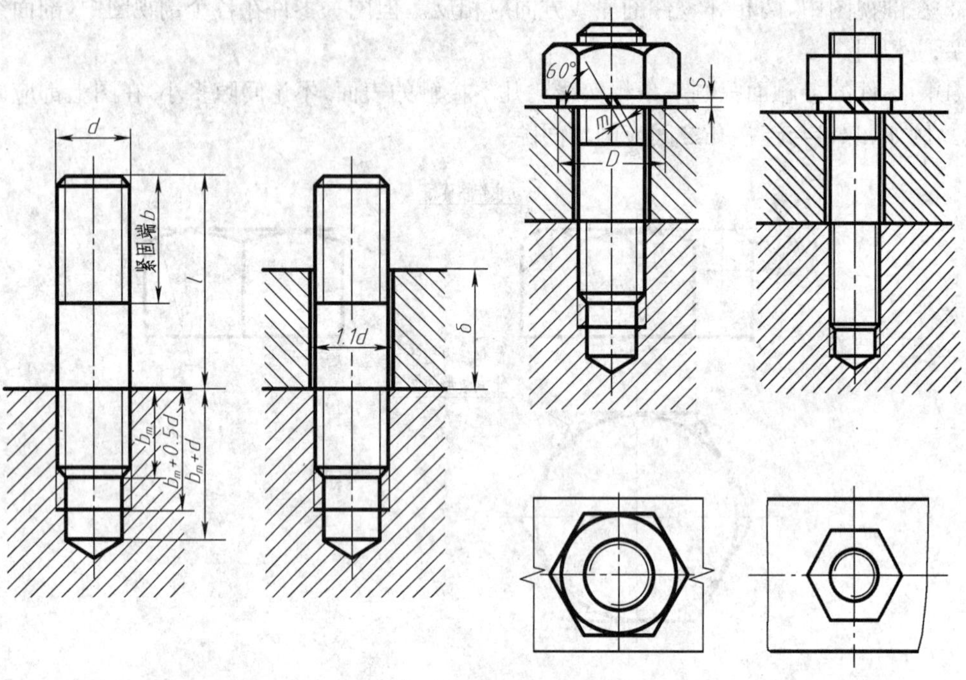

(a)旋入端画法　(b)弹簧垫圈画法　(c)简化画法

图 9-21　双头螺柱连接画法

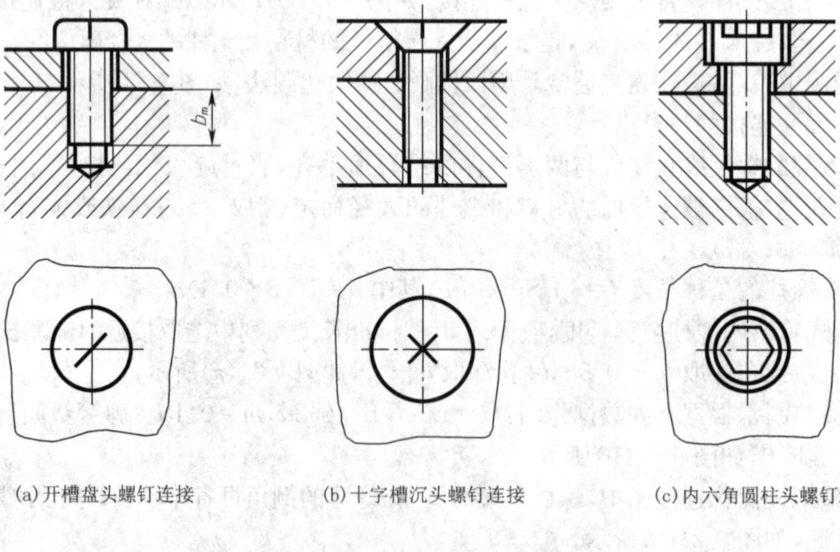

(a)开槽盘头螺钉连接　(b)十字槽沉头螺钉连接　(c)内六角圆柱头螺钉连接

图 9-22　连接螺钉的连接画法

紧定螺钉通常起固定位置的作用,可以使一零件相对于另一零件不致产生位移或脱落现象。图 9-23 中,齿轮在轴上的位置便是用一个锥端紧定螺钉固定的。绘图时,紧定螺钉的上端面一般与旋入处的螺孔口画成平齐。

需要说明的是,图 9-23(b)所示的装配结构中,紧定螺钉的作用主要是防止齿轮从轴的右端脱落,欲使轴与齿轮能同时负载转动,尚需借助键来传递扭矩。

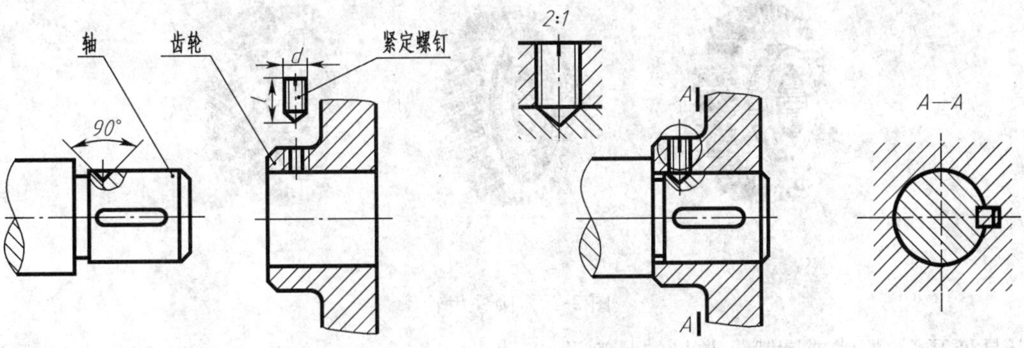

(a)　(b)　(c)

图 9-23　紧定螺钉的连接画法

第三节　齿轮表示法

齿轮是机器中的传动零件，常用来传递两轴间的动力及变换运动方向、运动速度，是机械传动中最常用的传动之一，常用的齿轮有圆柱齿轮、锥齿轮、蜗杆与蜗轮等。

如图 9-24 所示，常见的齿轮传动形式（摘自 GB/T 3374—1992）有三种：圆柱齿轮副——两平行轴间的传动；锥齿轮副——两相交轴间的传动；蜗杆副——两交错轴间的传动。

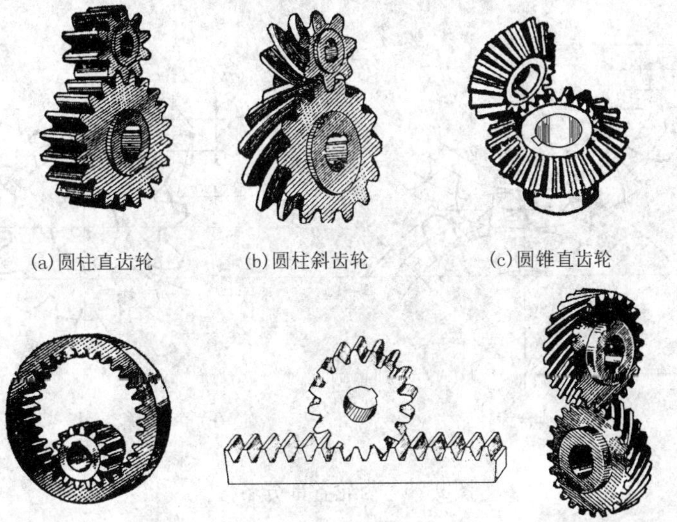

(a)圆柱直齿轮　(b)圆柱斜齿轮　(c)圆锥直齿轮

(d)齿轮内啮合　(e)齿轮与齿条　(f)螺旋圆柱齿轮

图 9-24　齿轮传动

一、圆柱齿轮

圆柱齿轮的齿形有直齿、斜齿、人字齿和螺旋齿等，如图 9-25 所示，其中常用的是直齿圆柱齿轮（简称直齿轮）。

圆柱齿轮外形是圆柱，结构一般由轮体（轮毂、轮辐、轮缘）及轮齿组成。轮齿的齿廓曲线

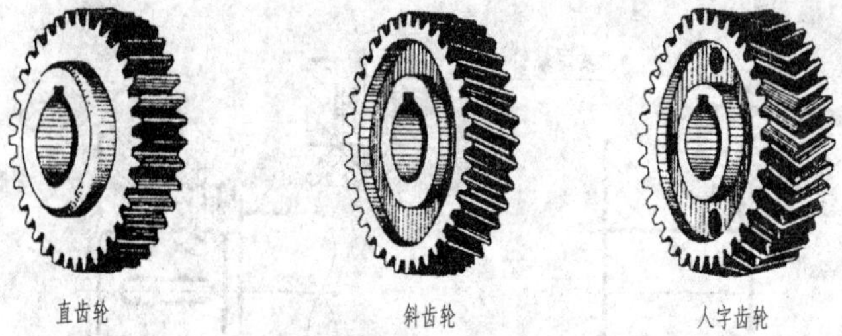

图 9-25　圆柱齿轮

可以是渐开线、摆线或圆弧。常见的是渐开线。

1. 直齿圆柱齿轮各部分名称、代号及尺寸关系(图 9-26)

(1)齿数 z——一个齿轮的轮齿总数。

(2)齿顶圆、齿根圆和分度圆：

齿顶圆——在圆柱齿轮上，其齿顶圆柱面与端平面的交线称为齿顶圆，直径用 d_a 表示。

齿根圆——在圆柱齿轮上，其齿根圆柱面与端平面的交线称为齿根圆，直径用 d_f 表示。

分度圆——圆柱齿轮轮齿分度的圆柱面与端平面的交线称为分度圆，在标准齿轮的分度圆的圆周上，齿厚 S 和槽宽 t 相等。直径用 d 表示。

分度圆是设计、制造齿轮时计算各部分尺寸的依据。一对正确安装的标准齿轮啮合时，两个齿轮的分度圆是相切的，切点 P 称为节点，此时分度圆也称为节圆，即分度圆与节圆重合 $d=d'$。

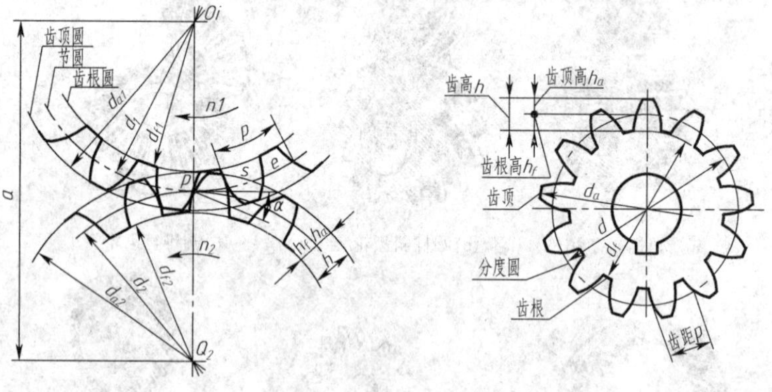

(a)一对啮合齿轮　　(b)单个齿轮

图 9-26　齿轮各部分名称

(3)齿距、齿厚和槽宽：

①齿距 p——在齿轮分度圆上两个相邻同侧齿面间的弧长，称为齿距。

②齿厚 s——在齿轮分度圆上，一个轮齿齿廓间的弧长，称为齿厚。

③槽宽 e——在齿轮分度圆上，一个齿槽齿廓间的弧长，称为槽宽。

对标准齿轮有

$$s=e=\frac{p}{2},\quad p=s+e$$

(4)齿高和齿宽：

①齿顶高 h_a——齿顶圆与分度圆之间的径向距离。

②齿根高 h_f——齿根圆与分度圆之间的径向距离。

③齿高 h——齿顶圆与齿根圆之间的径向距离，$h=h_a+h_f$。

④齿宽 b——齿轮的有齿部位沿分度圆柱面的素线方向量度的宽度。

(5)齿形角(压力角)α——两相啮合轮齿齿廓曲线在节点 P 处的公法线与两节圆的公切线所夹的锐角称为齿形角。我国标准齿轮的齿形角 $\alpha=20°$，如图 9-27 所示。

(6)模数 m——设齿轮的齿数为 z，则齿轮分度圆周长 $pz=\pi d$，则 $d=z\dfrac{p}{\pi}$，式中 π 为无理数，为了计算方便，令 $\dfrac{p}{\pi}=m$，m 称为齿轮的模数。

模数是设计、制造齿轮的基本参数，模数大，轮齿就大，齿轮各部分尺寸也按比例增大。由于不同模数的齿轮要用不同规格的刀具，为便于齿轮的设计和加工，减少刀具的数量，国家标准已将模数标准化，我国规定的标准模数的部分数值见表 9-3 所示。

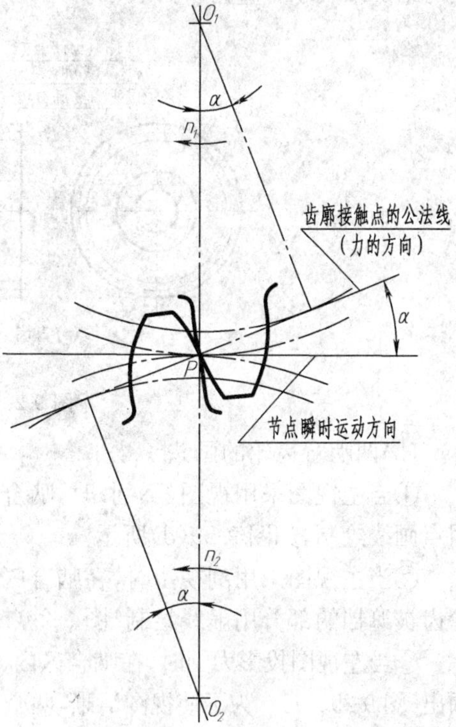

图 9-27　齿轮传动图

表 9-3　标准模数(摘自 GB/T 1357—2008)

第一系列	1，1.25，1.5，2，2.5，3，3.5，4，5，6，8，10，12，16，20，25，32
第二系列	1.75，2.25，2.75，(3.25)，3.5，(3.75)，4.5，5.5，(6.5)，7，9，(11)，14，18，22，28

注：优先采用第一系列，括号内的模数尽可能不用。

(7)中心距 a——两啮合圆柱齿轮轴线之间的距离，如图 9-26(a)所示。

直齿轮各部分尺寸关系见表 9-4。

表 9-4　直齿圆柱齿轮各部分的尺寸关系

名称及代号	公　式	名称及代号	公　式
模数　m	$m=p/\pi=d/z$	齿顶圆直径　d_a	$d_a=d+2h_a=m(z+2)$
齿顶高　h_a	$h_a=m$	齿根圆直径　d_f	$d_f=d-2h_f=m(z-2.5)$
齿根高　h_f	$h_f=1.25m$	齿距　p	$p=\pi\cdot m$
齿高　h	$h=h_a+h_f=2.25m$	中心距　a	$a=(d_1+d_2)/2=m(z_1+z_2)/2$
分度圆直径　d	$d=m\cdot z$		

2. 直齿圆柱齿轮的规定画法

(1)单个齿轮的画法

直齿轮的规定画法如图 9-28 所示。齿顶圆和齿顶线用粗实线绘制；分度圆和分度线用点画线绘制；齿根圆和齿根线用细实线绘制，也可省略不画。在剖视图中，轮齿一律按不剖处理，齿根线用粗实线绘制。如需要表示齿形(斜齿、人字齿)，可在未剖视图上用三条与齿线方向一致的细实线表示。直齿不必表示。

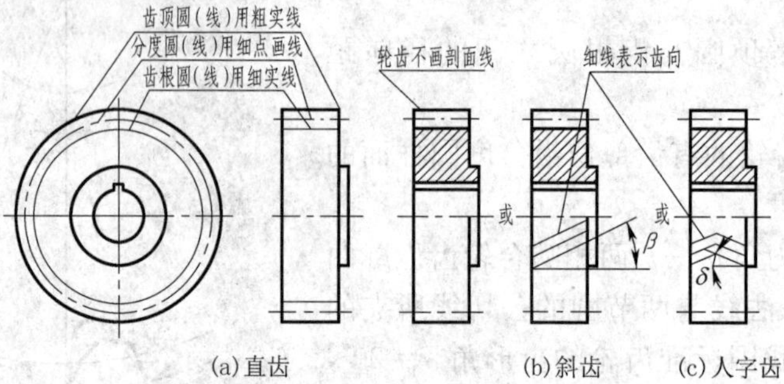

(a)直齿　(b)斜齿　(c)人字齿

图 9-28　直齿轮的规定画法

(2)两啮合齿轮的画法

①当主视图采用视图(不剖)时,啮合区只画出一条节线(用粗实线)。非啮合区的节线仍用点画线绘制,如图 9-29(d)所示。

②当主视图采用剖视图时,在啮合区内,将一个齿轮的轮齿用粗实线绘制,另一个齿轮的轮齿被遮挡的部分用虚线绘制〔图 9-29(c)〕,也可省略不画。

③当左视图投影为圆时,在啮合区内,两个齿轮的齿顶圆可用粗实线画出,分度圆用点画线画出〔图 9-29(a)〕。为了使视图清晰,两个齿轮的齿顶圆在啮合区内也可省略不画〔图 9-29(b)〕。

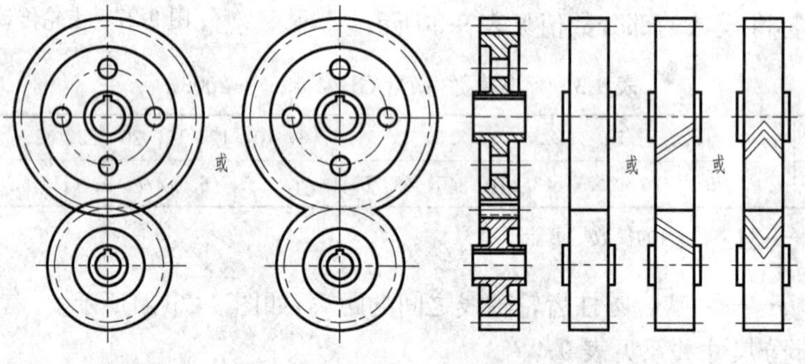

(a)规定画法　(b)省略齿顶圆　(c)剖视图　(d)外形图

图 9-29　直齿轮啮合画法

一对啮合的直齿轮,如图 9-30 所示,齿顶与齿根之间有 $0.25m$ 的间隙(m 为模数)。

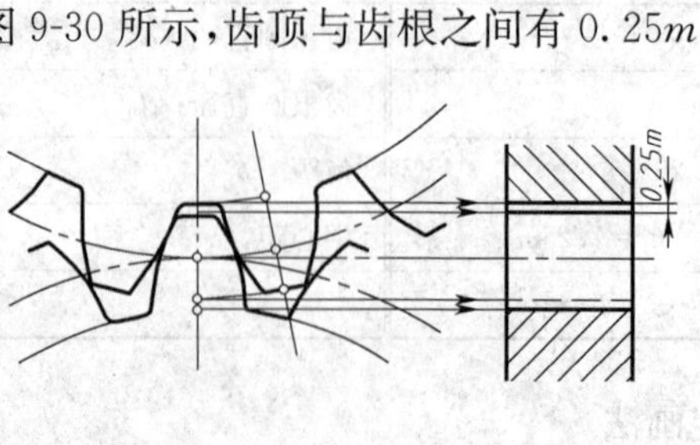

图 9-30　齿轮啮合区的画法

图 9-31 是直齿圆柱齿轮的零件工作图示例。

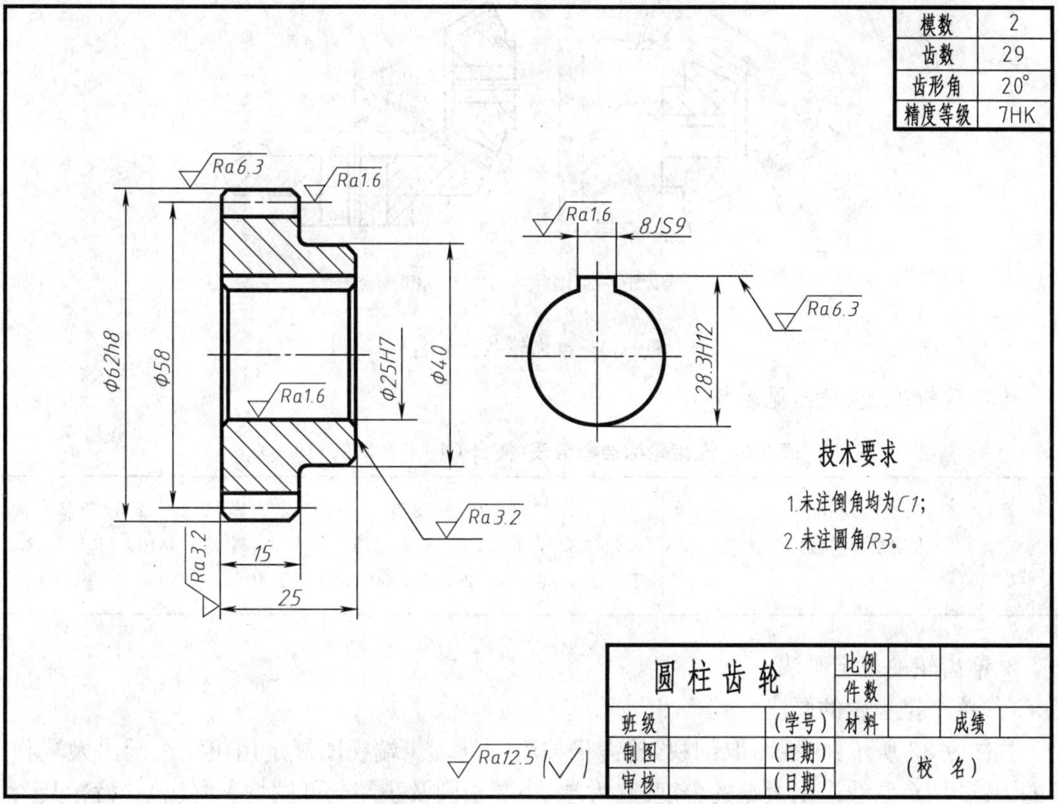

图 9-31　直齿圆柱齿轮的零件图

二、锥 齿 轮

分度面为圆锥面的齿轮，称为锥齿轮。锥齿轮用于相交两轴间的传动〔通常两轴相交 90°，如图 9-32(b)所示〕，由于轮齿分布在圆锥面上，所以锥齿轮在齿宽范围内有大端、小端之分。标准规定，锥齿轮的大端模数为标准模数。

1. 锥齿轮各部分名称、代号及尺寸关系

锥齿轮各部分名称、代号如图 9-32 所示，各部分尺寸关系及计算见表 9-5。

表 9-5　锥齿轮各部分尺寸计算

名　　称	代　号	计　算　公　式	名　　称	代　号	计　算　公　式
齿 顶 高	h_a	$h_a=m$	锥　　距	R_e	$R_e=\frac{mz}{2\sin\delta}$
齿 根 高	h_f	$h_f=1.2m$	齿 顶 角	θ_a	$\tan\theta_a=\frac{2\sin\theta}{z}$
分度圆锥角(δ) (当 $\delta_1+\delta_2=90°$时)	δ_1(小齿轮)	$\tan\delta_1=\frac{z_1}{z_2}$	齿 根 角	θ_f	$\tan\theta_f=\frac{2.4\sin\delta}{z}$
	δ_2(大齿轮)	$\tan\delta_2=\frac{z_2}{z_1}$	安 装 距	A	按结构确定
大端分度圆直径	d_e	$d_e=mz$	齿　　宽	b	$b\leqslant R_e/3$
齿顶圆直径	d_a	$d_a=m(z+2\cos\delta)$	轮 冠 距	H	设计而定
齿根圆直径	d_f	$d_f=m(z-2.4\cos\delta)$			

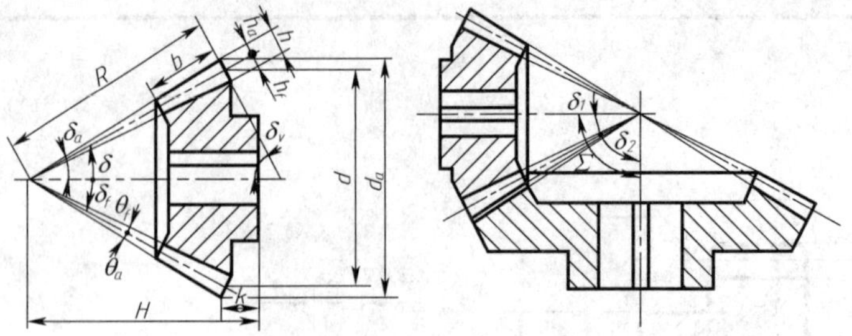

(a)单个齿轮各部分名称　　(b)啮合图

图 9-32　锥齿轮各部分名称

锥齿轮标准模数表，见表 9-6。

表 9-6　锥齿轮标准模数表（摘自 GB/T 12368—1990）

锥齿轮 （大端端面模数） m	1，1.125，1.25，1.375，1.5，1.75，2，2.25，2.5，2.75，3，3.25，3.5，3.75，4，4.5，5.5，6，6.5，7，8，9，10，11，12，14，16，18，20，22，25，28，30，32，36，40

2.锥齿轮的规定画法

(1)单个锥齿轮的画法

如图 9-33 所示，主视图取剖视，轮齿仍按不剖处理。端视图规定用粗实线画出大端和小端的顶圆，用点画线画出大端的分度圆（大端、小端根圆及小端分度圆均不画出）。齿轮其余结构部分按真实投影绘制。

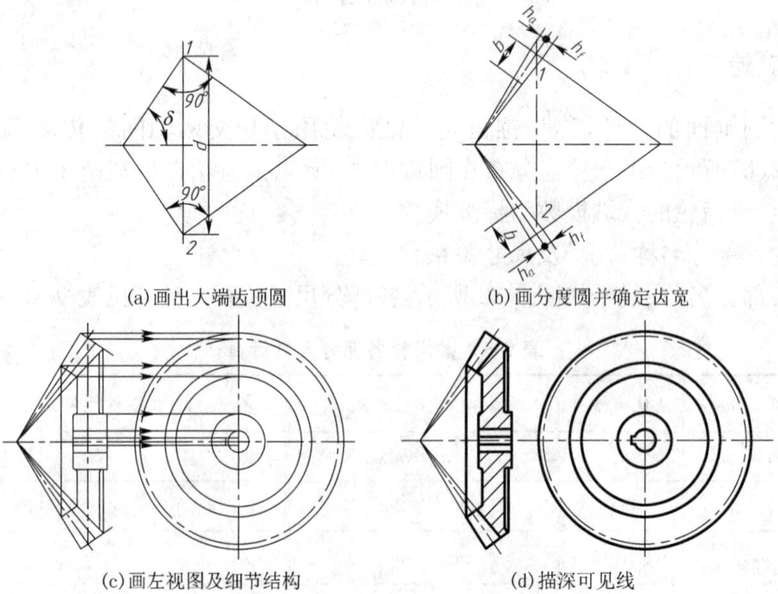

(a)画出大端齿顶圆　　(b)画分度圆并确定齿宽

(c)画左视图及细节结构　　(d)描深可见线

图 9-33　单个锥齿轮的规定画法

(2)锥齿轮的啮合画法

一对相互啮合的锥齿轮应模数相等，节锥相切。啮合区画法类同于直齿轮啮合画法，如图

9-34所示。

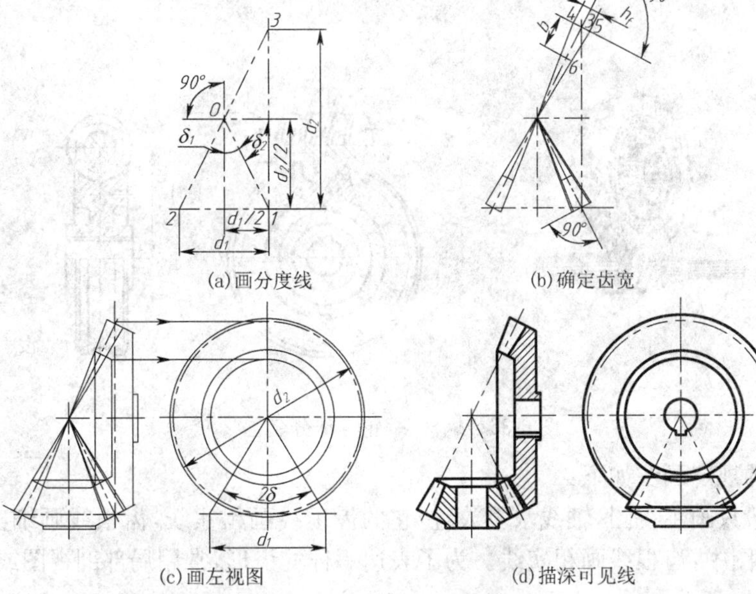

图 9-34　锥齿轮的啮合画法

图 9-35 为锥齿轮零件图示例。单个锥齿轮零件图中，端视图可采用简化画法，只画出齿轮轮毂孔和键槽的结构形状。

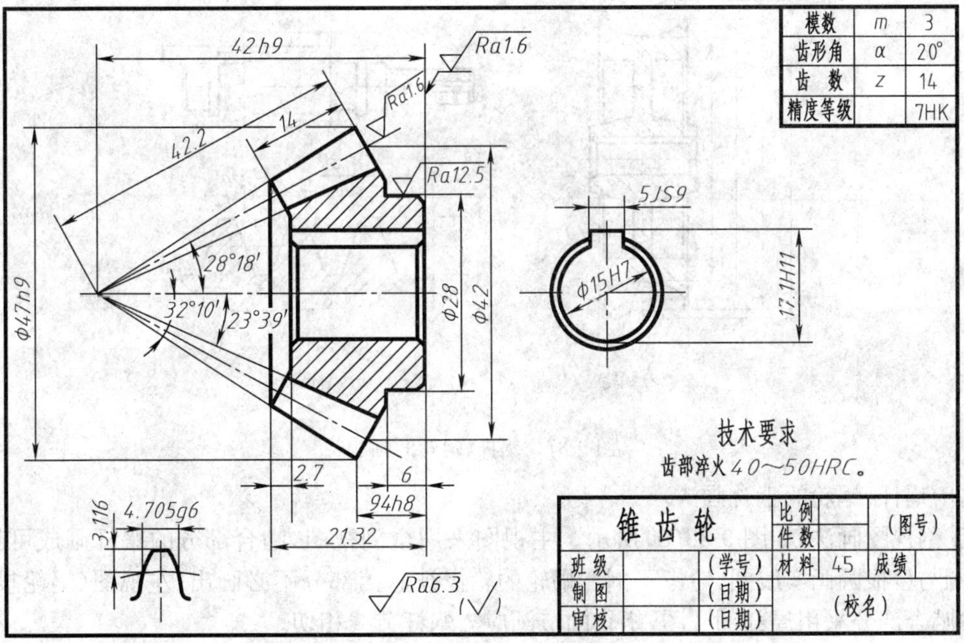

图 9-35　锥齿轮零件图

三、蜗杆、蜗轮简介

蜗杆蜗轮常用于两垂直交叉轴之间的传动，其结构紧凑、传动平稳，但传动效率低。

蜗杆和蜗轮的齿向是螺旋形的，蜗杆轴向断面类似梯形螺纹的轴向断面，有单头、多头和左、右旋之分；蜗轮的轮齿顶面常制成环形面，以增加与蜗杆的接触面。蜗杆与蜗轮各部分的名称如图 9-36 所示。

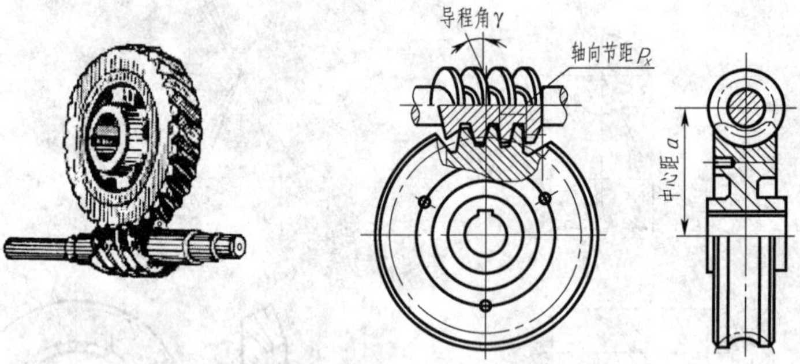

图 9-36　蜗杆、蜗轮各部分名称

蜗杆、蜗轮的规定画法如下：

(1)蜗杆一般只画主视图，轴线水平放置，它的齿顶线画粗实线，齿根线画细实线，也可省略不画。在剖视图中，齿根线画粗实线。为了表达蜗杆的齿形，常用局部剖视图或局部放大图表示，如图 9-37(b)所示。

(2)蜗轮的画法与圆柱齿轮基本相同，如图 9-37(a)所示。但在端视图中只画出分度圆和顶圆，而喉圆和齿根圆不画。

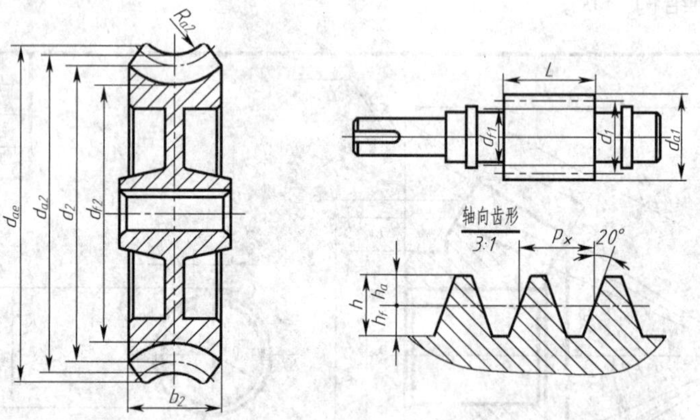

(a)蜗轮　　(b)蜗杆

图 9-37　蜗杆、蜗轮的画法

(3)蜗杆、蜗轮的啮合画法。

①剖视图画法，如图 9-38(d)所示。主视图采用全剖视图，啮合部分的蜗杆画成可见的，齿顶圆与齿根圆画实线圆，轮齿不剖。蜗轮的轮齿被遮挡部分不必画出；左视图(蜗轮投影为圆)中啮合部分采用局部剖视图，蜗轮的节圆应与蜗杆节线相切。

②视图画法，如图 9-38(c)所示。

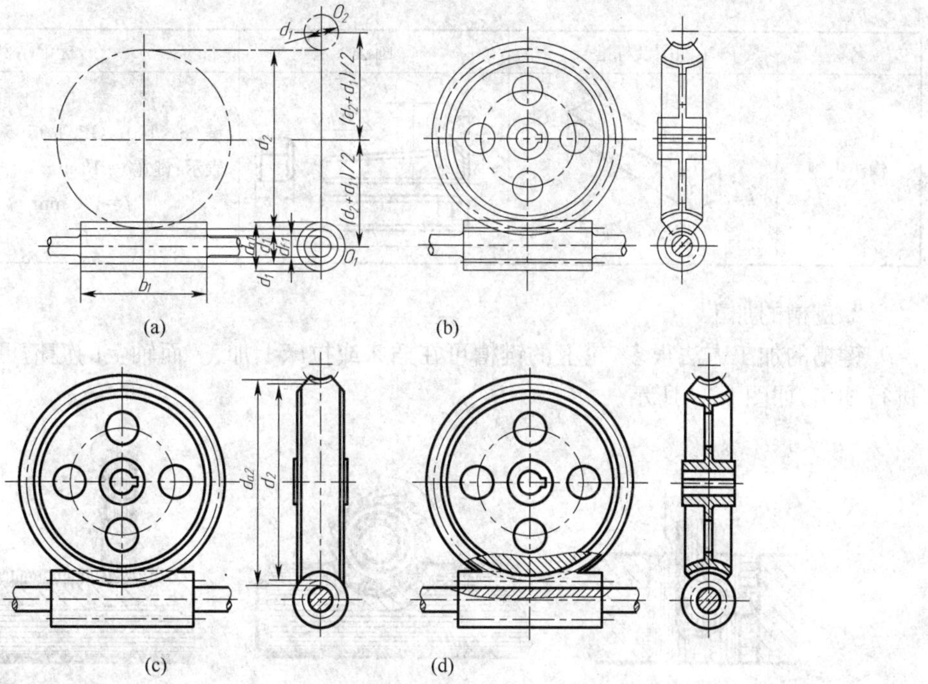

图 9-38　蜗杆、蜗轮啮合画法

第四节　键　与　销

一、键 连 接

键通常用来在径向连接轴和装在轴上的零件，起到传递扭矩的作用。

1. 键的种类和标记

键的种类很多，常用的有普通平键、半圆键、钩头楔键和花键。键及其结构已标准化，平键、半圆键、钩头楔键的分类、规定标记和画法见表 9-7。

表 9-7　平键、半圆键与楔键的规定标记示例及画法

名称	轴测图及标准号	画法	标记示例
普通平键	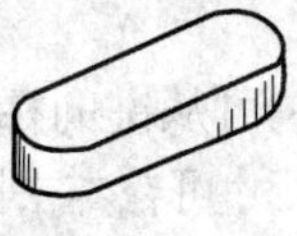 GB/T 1096—2003	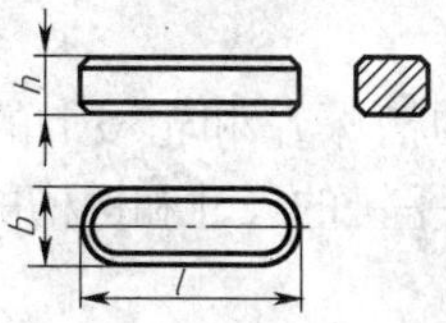	键 6×20　GB/T 1096—2003 表示圆头普通平键(A 型可不标出 A 字) 其中：键宽 b=6 mm 键长 l=20 mm
半圆键	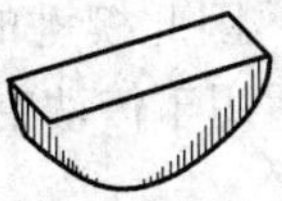 GB/T 1099—2003	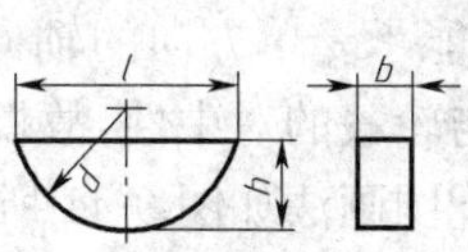	键 6×22　GB/T 1099—2003 表示：键宽 b=6 mm d=22 mm

续上表

名称	轴测图及标准号	画法	标记示例
钩头楔键	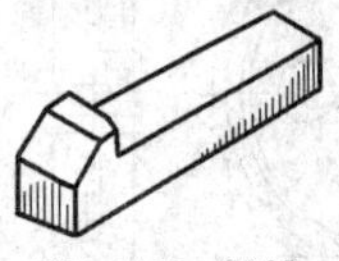 GB/T 1565—2003	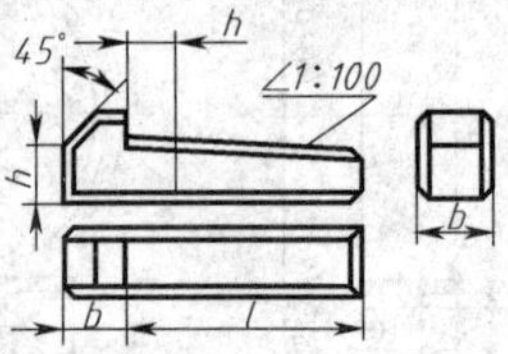	键 18×100　GB/T 1565—2003 表示：键宽 b=18 mm l=100 mm

2. 键槽的加工

键槽的加工方法很多，轮上的键槽可在插床或拉床上加工，而轴上的键槽可由不同的铣刀进行加工，如图 9-39 所示。

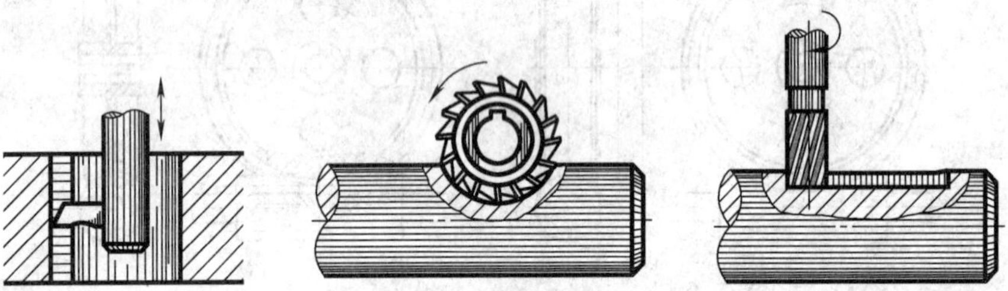

(a)插制轮毂孔中的键槽　(b)铣削轴上半圆键键槽　(c)铣削轴上平键槽

图 9-39　轮、轴上键槽的加工

3. 键连接的画法及标注

(1)平键连接

平键工作时靠键与键槽侧面的挤压来传递扭矩，故平键的两个侧面是工作面，平键的上表面与轮毂孔键槽的顶面之间留有间隙。平键连接的对中性好，装拆方便，常用于轮和轴的同心度要求较高的场合。

在绘制平键连接的装配图时，由于其两侧面是工作面，因此也是接触面，所以只画一条线。而平键与轮毂孔的键槽顶面之间是非接触面应画两条线，如图 9-40(b)所示。在零件图上，轴上的键槽常采用局部剖视图(沿轴线方向)和移出断面图表达，轮毂孔上的键槽常采用全剖视图(沿轴线方向)和局部视图表达，如图 9-40(c)、(d)所示。键槽的尺寸可根据轴的直径从机械设计手册中查取。键的长度，应选取标准参数，但须小于轮毂长度如图 9-40(b)所示。

半圆键的连接情况与平键连接相似，半圆键安装在轴的半圆形键槽中，两侧面与轮毂孔和轴的键槽紧密接触，顶面留有间隙。

键槽的宽度 b 可查表确定，轴上的槽深 t_1 和轮毂上的槽深 t_2 可从键的标准中查得，键的长度 L 应小于或等于轮毂的长度。普通平键的尺寸和键槽的断面尺寸可在本书附表 10 中查得。

(2)楔键连接

楔键的上表面有 1∶100 的斜度，轮毂孔键槽底面也有 1∶100 的斜度(图 9-41)。工作时，靠键的楔紧作用来传递扭矩，同时还能承受单方向的轴向载荷。因此楔键的上下两面是工作面。由于装配打紧楔键时破坏了轴与轮毂的对中性，故楔键仅适用于传动精度要求不高、低速和载荷平稳的场合。楔键连接的装配图画法如图 9-41 所示。

(3)花键连接

花键连接如图 9-42(a)所示。轴上的纵向键(称为齿)嵌在轮毂内相应的键槽中，用以传递

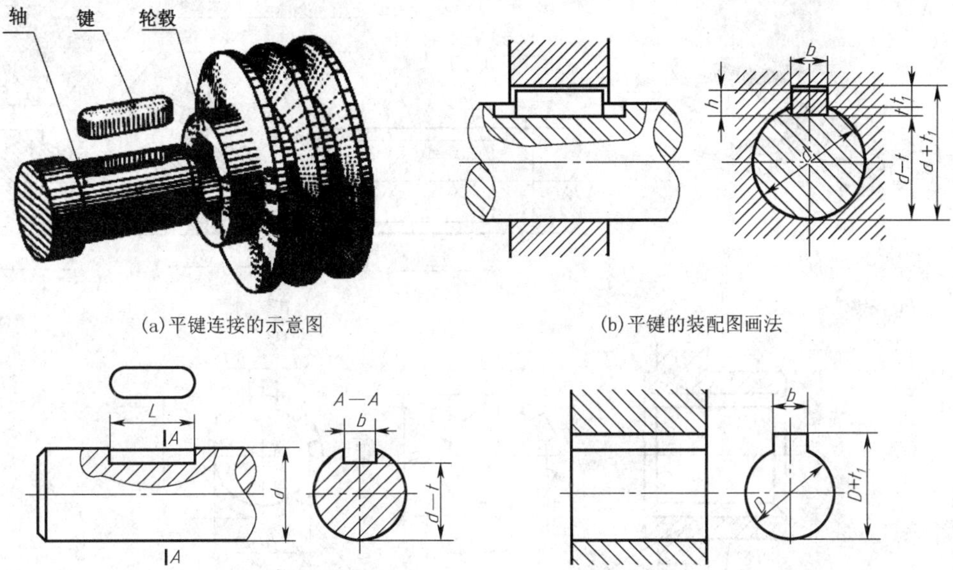

(a)平键连接的示意图　(b)平键的装配图画法

(c)轴　(d)轮毂

图 9-40　平键连接的键槽的画法

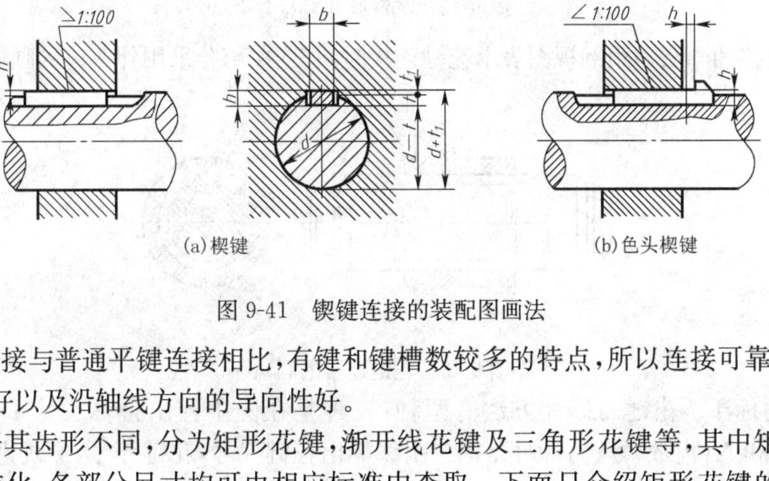

(a)楔键　(b)色头楔键

图 9-41　锲键连接的装配图画法

扭矩。花键连接与普通平键连接相比，有键和键槽数较多的特点，所以连接可靠，能传递较大扭矩，对中性好以及沿轴线方向的导向性好。

花键根据其齿形不同，分为矩形花键，渐开线花键及三角形花键等，其中矩形花键应用最广且已标准化，各部分尺寸均可由相应标准中查取。下面只介绍矩形花键的画法及尺寸注法。

①矩形花键的各部分名称

与轴一体的花键称为外花键，与轮毂一体的花键称为内花键。图 9-42 中 D 为花键大径，d 为花键小径，b 为花键齿宽，6 齿为花键齿数。

为了简化作图，绘制花键时不按其真实投影绘制。《机械制图》国家标准（GB 4459.3—2000）规定了内、外花键及其连接的画法。

②外花键的画法。在平行于外花键轴线的投影面的视图中，大径画粗实线，小径画细实线，并用剖面图画出全部或一部分齿形(但要注明齿数)。工作长度的终止端和尾部长度的末端均用细实线绘制，尾部则画成与轴线成 30°的斜线，如图 9-42(b)所示。

③内花键的画法。在平行于内花键轴线的投影面上的剖视图中，大径、小径均用粗实线绘制；并用局部视图画出全部或一部分齿形，但要注明齿数如图 9-42(c)。

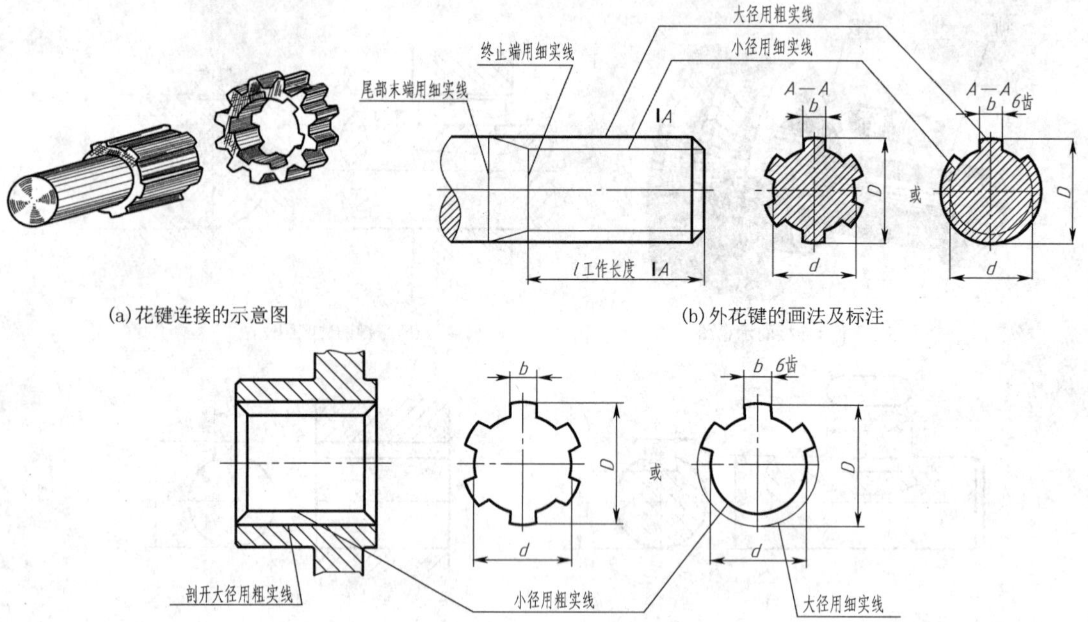

(a)花键连接的示意图　　(b)外花键的画法及标注

(c)内花键的画法及标注

图 9-42　花键画法及标注

④花键连接的画法。用剖视图表示花键连接时，其连接部分采用外花键的画法（图 9-43）。

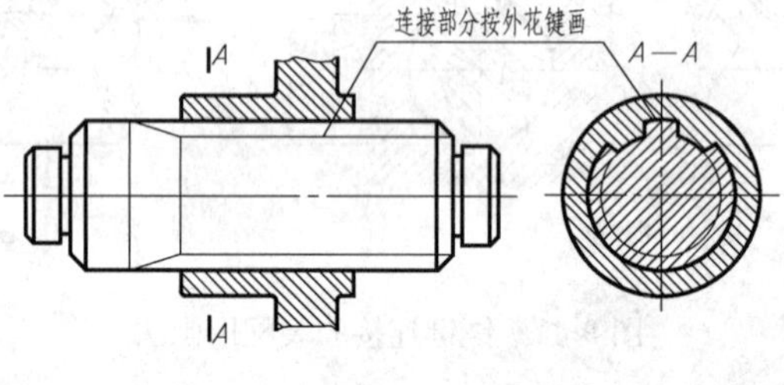

图 9-43　花键连接的画法

⑤花键的标注。花键的标注方法有两种：一种是在图中注出公称尺寸 D（大径）、d（小径）、B（槽宽）和 N（齿数）等；另一种是用指引线标出花键代号，花键代号，形式为 N（齿数）$\times d$（小径）$\times D$（大径）$\times B$（齿宽），如 6×28×32×7。无论采用哪种注法，花键的工作长度 l 都要在图上直接注出。

二、销 连 接

销是标准件，主要起定位作用也可用于连接和锁紧。常用的销有圆柱销、圆锥销和开口销等。

开口销用在带孔螺栓和带槽螺母上，将开口销插入槽形螺母的槽口和带孔螺栓的孔，并将销的尾部叉开，以防止螺母与螺栓松脱。

销的规定标记如下：

销　标准号　类型代号　$d\times L$

例如公称直径 d=10 mm、长度 L=50 mm 的 A 型圆锥销的标记为：

销　GB/T 117　10×5

圆锥销的公称直径是指小端直径。销连接的画法如图 9-44 所示。

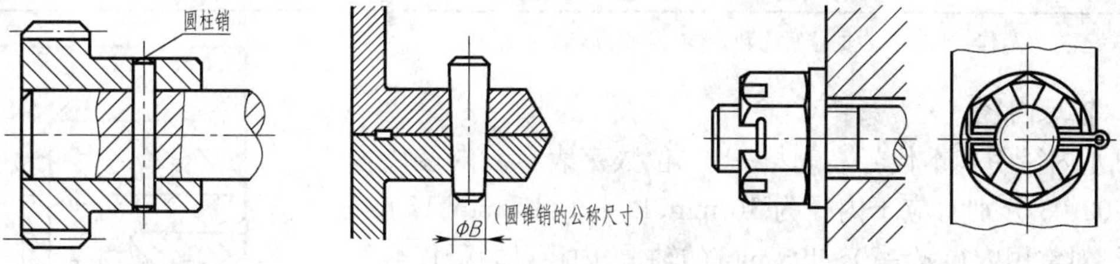

(a)圆柱销连接　(b)圆锥销连接　(c)开口销连接

图 9-44　销连接画法

第五节　滚动轴承

滚动轴承是支承机器上轴的转动(或摆动)并承受其载荷的标准部件。由于结构紧凑,摩擦系数低,启动阻力小,能在较大载荷转速下工作,而且滚动轴承是标准化产品,便于使用、润滑、维护,因此得到广泛应用。

一、滚动轴承的构造、类型

常用滚动轴承的基本结构和组成如图 9-45。滚动轴承一般由内圈 1、外圈 2、滚动体 3 和保持架 4 等四部分组成。内圈与轴颈装配,外圈和轴承座孔装配。通常内圈随轴颈回转,外圈固定。但也可用于外圈回转而内圈不动,或是内、外圈同时回转的场合。当内、外圈相对转动时,滚动体则在内、外圈滚道间滚动。常用的滚动体有钢球、圆柱滚子、圆锥滚子、滚针等几种。保持架的主要作用是均匀地隔开滚动体,减少摩擦和磨损。

按照轴承所能承受的外载荷不同,滚动轴承可分为向心轴承、向心推力轴承和推力轴承三大类。主要承受径向载荷的轴承叫向心轴承,其中有几种类型还可以承受不大的轴向载荷;只能承受轴向载荷的轴承叫推力轴承;能同时承受径向和轴向载荷的轴承叫向心推力轴承。

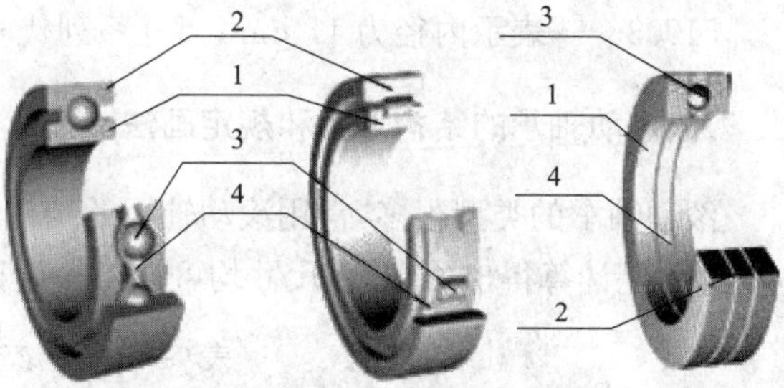

(a)深沟球轴承　(b)向心推力轴承　(c)推力球轴承

图 9-45　滚动轴承的基本结构

1—轴圈;2—座圈;3—滚动体;4—保持架

二、滚动轴承的代号

为了便于组织生产和在设计中选用,国家标准(GB/T 272—1993)规定用轴承代号来表示轴承的结构、尺寸、公差等级、技术性能等特征。滚动轴承代号由基本代号、前置代号、后置代号组成,用字母和数字表示。基本代号表示轴承的基本类型、结构和尺寸,是轴承代号的基本内容。只有当滚动轴承在结构、形状、尺寸、公差、技术要求等有改变时,才在其基本代号的前后添加前置代号和后置代号作为补充。滚动轴承基本代号的构成见表 9-8。

表 9-8　滚动轴承基本代号的构成

五	四	三	二	一
类型代号	宽度系列代号	直径系列代号	内径代号	

注：一至五表示代号自右向左的位置序数。

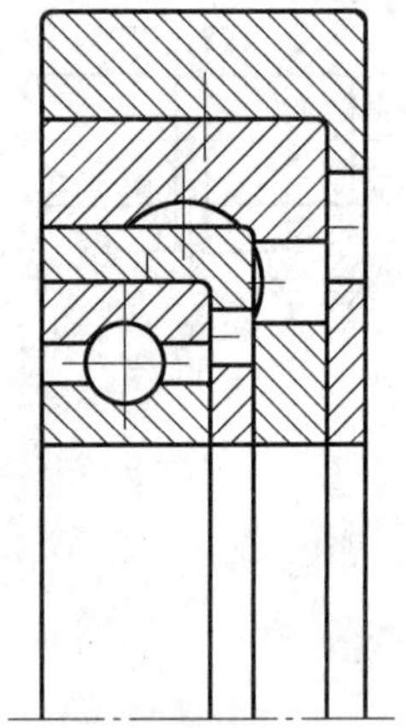

图 9-46　滚动轴承的直径系列

1. 轴承内径

轴承内径用基本代号右起第一、二位数字表示。内径代号 00、01、02、03 分别对应于内径为 10 mm、12 mm、15 mm、17 mm 的轴承，对常用内径 d=20～495 mm 的轴承，内径是内径代号数的 5 倍，如 12 表示 d＝60 mm。对于内径小于10 mm，大于 500 mm的轴承，内径表示方法参看 GB/T 272—1993。

2. 轴承的直径系列

轴承的直径系列，是指结构相同、内径相同的轴承由于负载的需求在外径和宽度方面的变化系列(图 9-46)，用基本代号右起第三位数字表示。例如，对于向心轴承和向心推力轴承，0、1 表示特轻系列；2 表示轻系列；3 表示中系列；4 表示重系列。推力轴承除了用 1 表示特轻系列之外，其余与向心轴承一致。

3. 轴承的宽度系列

轴承的宽度系列指结构、内径、外径系列都相同的轴承，在宽度方面的变化系列，用基本代号右起第四位数字表示。宽度系列代号 0 可不标出，因此常见的滚动轴承代号为四位数。

4. 轴承类型代号

轴承类型代号用基本代号右起第五位数字(或字母)表示。

代号举例：

6308——表示内径为 40 mm，中系列深沟球轴承。

51203——表示内径为 17 mm，尺寸系列代号为 2 的推力球轴承。

三、滚动轴承的结构形式和规定画法

滚动轴承的类型很多，常用滚动轴承的结构形式、规定画法和特征画法见表 9-9。表中尺寸，除 A 是计算得出外，其余尺寸均可从机械设计手册或有关标准中查取。

表 9-9　常用滚动轴承的画法

名称、标准号、结构和代号	由标准查数据	结构形式	规定画法	特征画法
深沟球轴承 GB/T 276—2013 60000 型	D d B	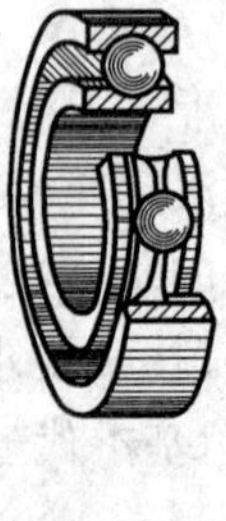	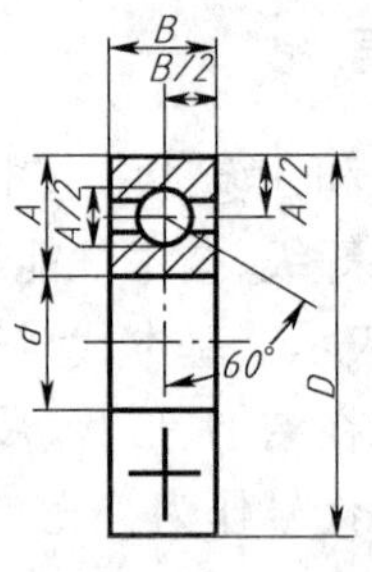	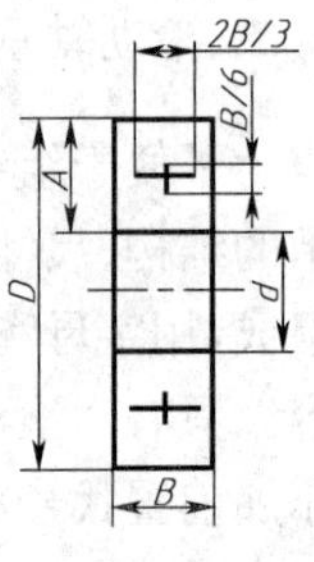

续上表

名称、标准号、结构和代号	由标准查数据	结构形式	规定画法	特征画法
圆锥滚子轴承 GB/T 297—2015 30000 型	D d T	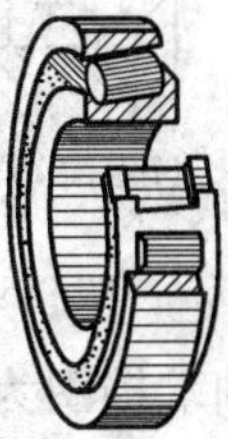	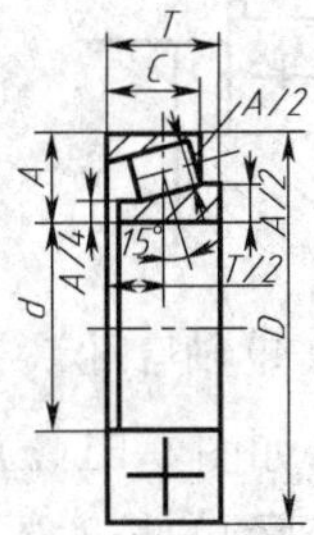	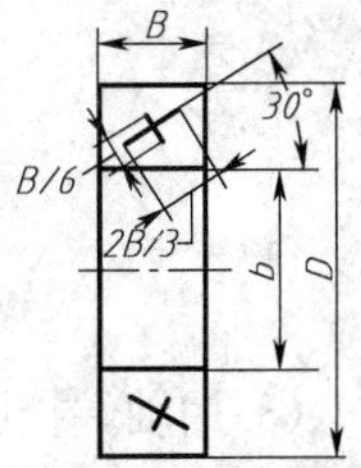
推力球轴承 GB/T 301—1995 51000 型	D d T	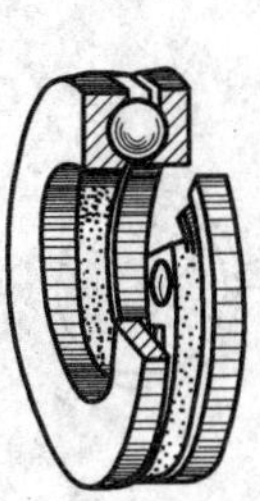	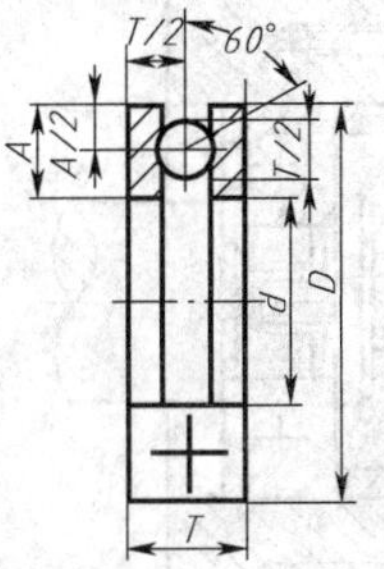	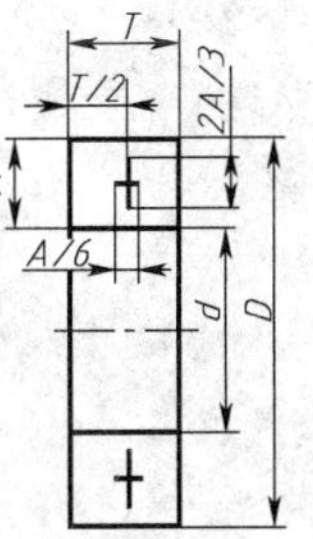

滚动轴承是标准部件，因此，在画图时不必画出零件图。在装配图中，滚动轴承一般按规定画法画出，注意轴承的内圈和外圈的剖面线方向和间隔均要相同（图 9-47），而且在明细栏中须写出其代号。所有滚动轴承在投影为圆的视图中，一般按图 9-48 的示意画法绘制。

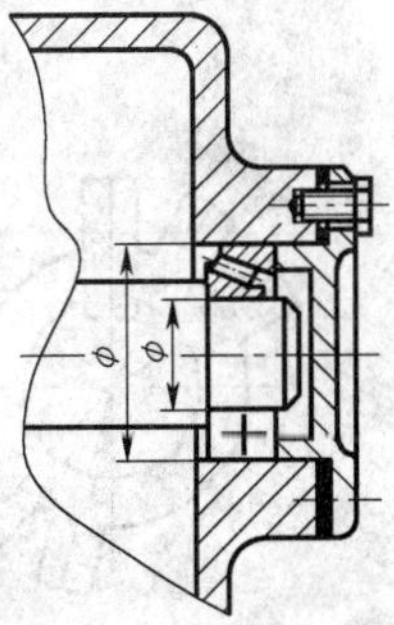

图 9-47　装配图中滚动轴承用规定画法

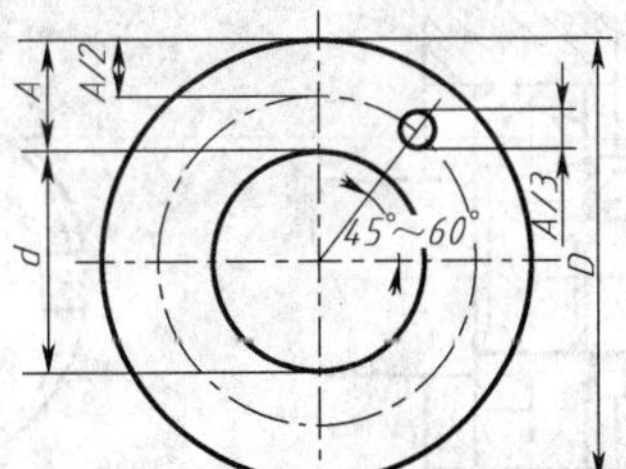

图 9-48　滚动轴承圆视图的示意画法

四、滚动轴承的固定、润滑密封及其画法

1. 滚动轴承的固定

为了防止滚动轴承产生轴向窜动，必须采用一定的结构来固定其内、外圈。常见的固定滚动轴承内、外圈的结构及其画法如下：

（1）用轴肩固定轴承内、外圈，如图 9-49 所示。

（2）用弹性挡圈固定，如图 9-50（a）所示。弹性挡圈如图 9-50（b）为标准件。弹性挡圈和轴端环槽的尺寸，可根据轴颈的直径，从机械设计手册中查取。

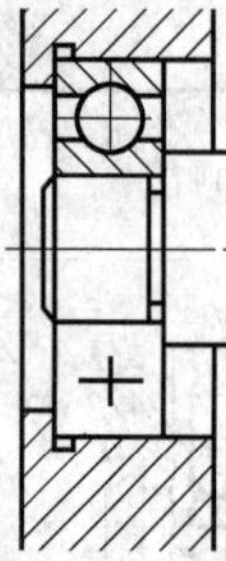

图 9-49 轴肩固定

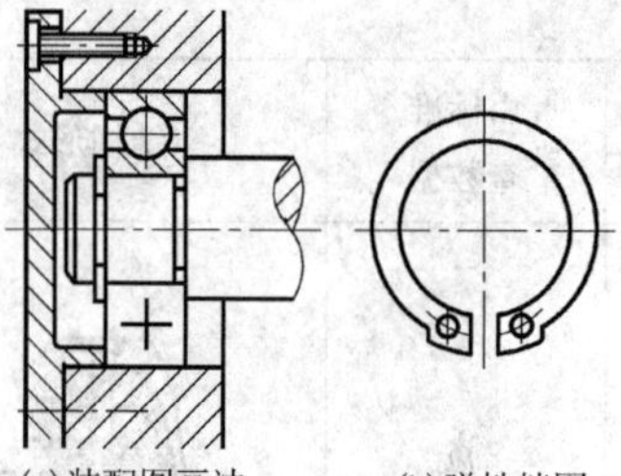

(a)装配图画法　　(b)弹性挡圈

图 9-50　弹性挡圈固定

(3)用轴端挡圈固定,如图 9-51(a)所示。轴端挡圈为标准件如图 9-51(b)所示。为了使挡圈能够压紧轴承内圈,轴颈的长度要小于轴承的宽度,否则挡圈起不了固定轴承的作用。

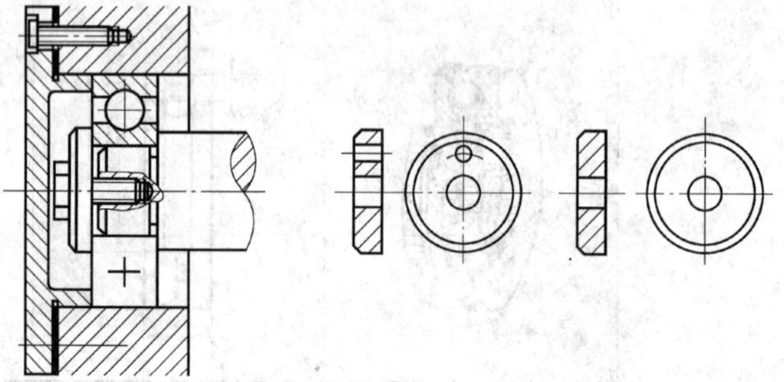

(a)装配图画法　　(b)轴端挡圈

图 9-51　轴端挡圈固定

(4)用圆螺母及止动垫圈固定,如图 9-52(a)所示。圆螺母〔图 9-52(b)〕和止动垫圈〔图 9-52(c)〕均为标准件。

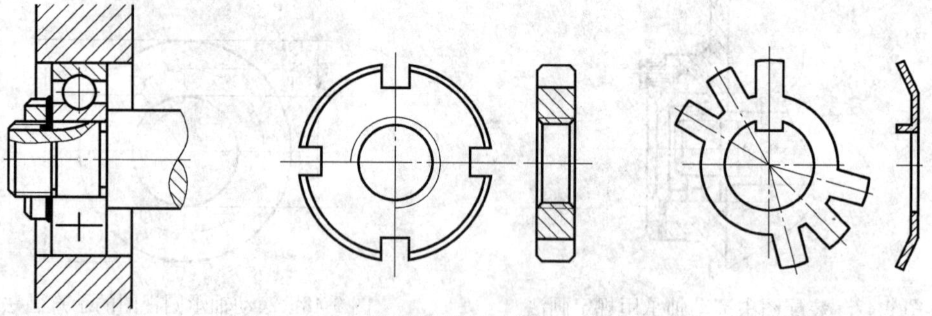

(a)装配图画法　　(b)圆螺母　　(c)止动垫圈

图 9-52　圆螺母及止动垫圈固定

(5)用套筒固定,如图 9-53 所示。图中双点画线表示轴端安装一个带轮,中间安装套筒,以固定轴承内圈。

2. 滚动轴承间隙的调整

由于轴在高速旋转时会引起发热、膨胀,因此在轴承和轴承盖的端面之间要留有少量的间隙(一般为 0.2～0.3 mm),以防止轴承转动不灵活或卡住。滚动轴承工作时所需要的间隙可随时调整。常用的调整方法有:更换不同厚度的金属垫片〔图 9-54(a)〕,或用螺钉调整止推盘〔图 9-54(b)〕。

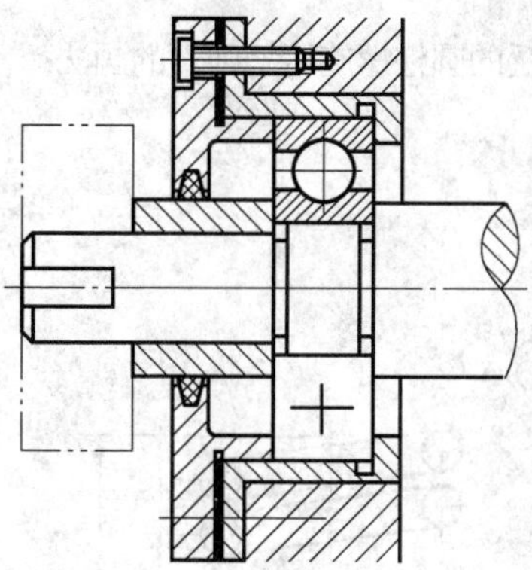

图 9-53　套筒固定

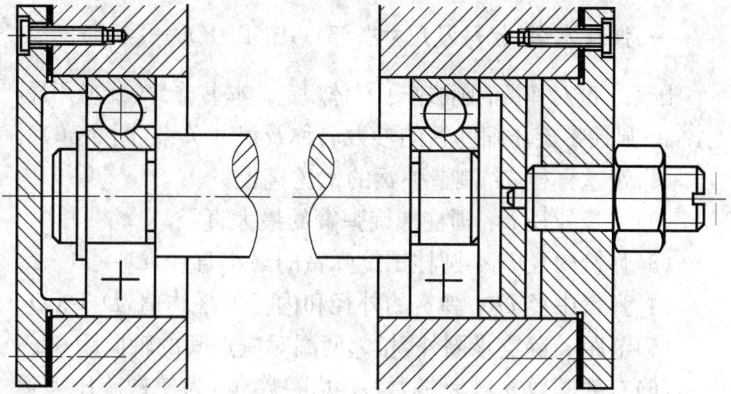

(a)金属垫片　(b)螺钉调整止推盘

图 9-54　滚动轴承的间隙调整

第六节　弹　簧

弹簧的种类很多，按其外形可分为螺旋弹簧〔图 9-55(a)、(b)、(c)、(d)〕、板弹簧〔图 9-55(e)〕、平面涡卷弹簧〔图 9-55(f)〕、碟形弹簧〔图 9-55(g)〕等。其中用弹簧钢丝按螺旋线卷绕而成的螺旋弹簧，由于制造简便，广泛应用于缓冲、吸振、测力等功用。螺旋弹簧按形状分为圆柱螺旋弹簧〔图 9-55(a)、(b)、(c)〕和圆锥螺旋弹簧〔图 9-55(d)〕；根据受力方向不同又可分为压缩弹簧〔图 9-55(a)〕、拉伸弹簧〔图 9-55(b)〕和扭转弹簧〔图 9-55(c)〕。板弹簧主要用来承受弯矩，有较好的消振能力，所以多用作各种车辆的减振弹簧。平面涡卷弹簧属于扭转弹簧，作为储能元件，多用于受转矩不大的钟表和仪表中。碟形弹簧刚性大，能承受很大的冲击载荷，并有良好的吸振能力，常用于各种缓冲、预紧装置中。

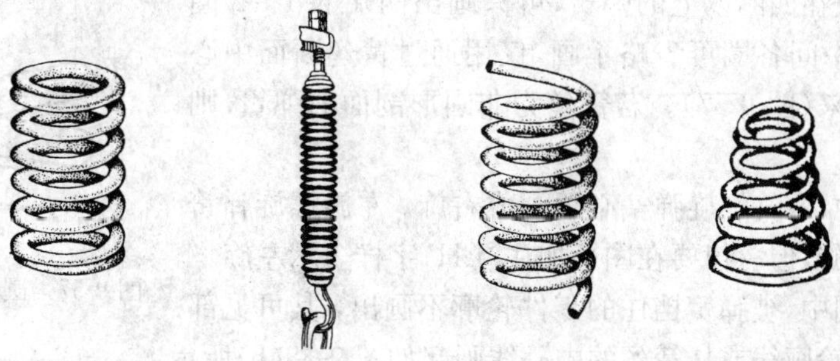

(a)压缩弹簧　(b)拉伸弹簧　(c)扭转弹簧　(d)圆锥螺旋弹簧

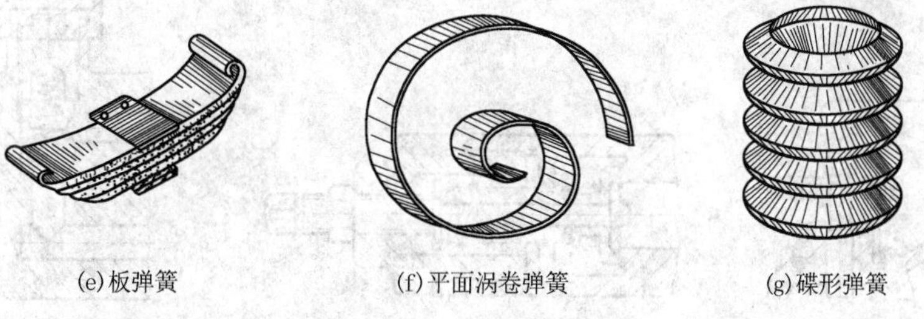

(e)板弹簧　(f)平面涡卷弹簧　(g)碟形弹簧

图 9-55　弹簧类别

一、弹簧术语、代号及尺寸关系(GB/T 1805—2003)

国家标准对弹簧的画法作了具体规定。本书重点介绍应用最广泛的圆柱螺旋压缩弹簧的画法。

1. 圆柱螺旋压缩弹簧的参数名称及尺寸关系(图 9-56)

(1)簧丝直径 d：制造弹簧的钢丝直径。

(2)弹簧外径 D：圆柱螺旋弹簧的最大直径。

(3)弹簧内径 D_1：圆柱螺旋弹簧的最小直径，$D_1=D-2d$。

(4)弹簧中径 D_2：弹簧的外径和内径的平均值，$D_2=(D+D_1)/2$。

(5)节距 t：除支承圈外，相邻两圈对应点间的轴向距离。

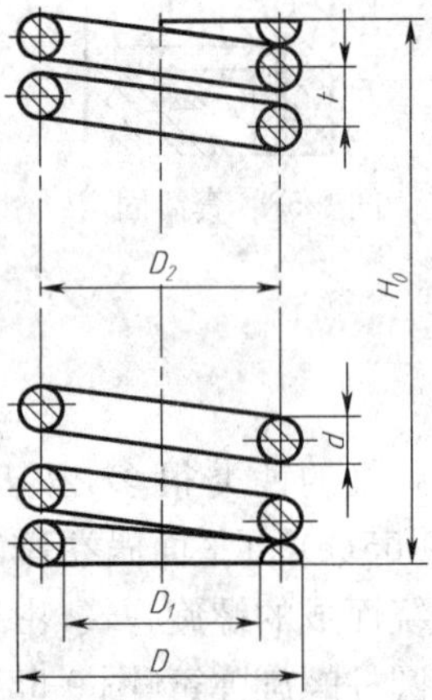

图 9-56　弹簧的参数名称

(6)有效圈数 n、支承圈数 n_2、总圈数 n_1：为使螺旋压缩弹簧工作时受力均匀，增加弹簧的平稳性，故将弹簧的两端并紧，且将端面磨平。并紧、磨平的各圈仅起支承作用，称支承圈。支承圈有 1.5 圈、2 圈、2.5 圈三种，大多数螺旋压缩弹簧的支承圈为 2.5 圈。除支承圈外其他各圈保持相等节距，称有效圈数(或称工作圈数)。有效圈数与支承圈数之和，称为总圈数，即 $n_1=n+n_2$。

(7)自由高度 H_0：弹簧在不受外力作用时的高度，$H_0=nt+(n_2-0.5)d$。

(8)簧丝展开长度 L：制造弹簧时，用去簧丝坯料的长度。由螺旋线的展开知：$L\approx n_1\sqrt{(\pi D_2)^2+t^2}$。

二、圆柱螺旋弹簧的规定画法

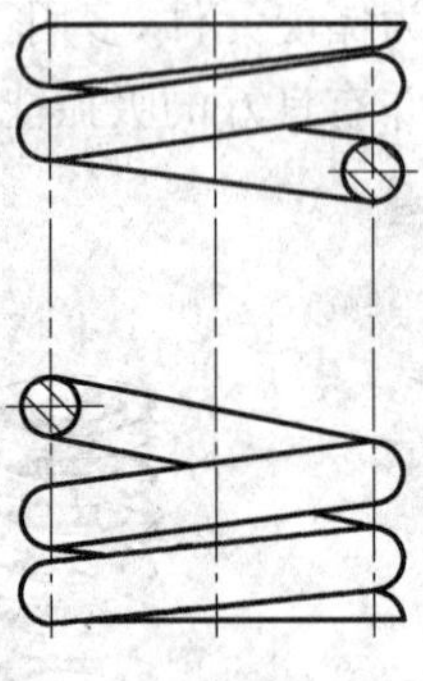
图 9-57　圆柱螺旋弹簧画法

(1)弹簧在平行于轴线的投影面上的视图中，各圈的投影轮廓线均应画成直线(图 9-57)。

(2)有效圈数在四圈以上的弹簧，可只画出两端的 1～2 圈(支承圈除外)，中间各圈可省略不画，仅用通过簧丝断面中心的细点画线连起来(图 9-57)。若簧丝为非圆形剖面的弹簧，则用细实线连起来。

(3)在图样中，右旋螺旋弹簧必须画成右旋。左旋螺旋弹簧可画成左旋或右旋，但一律要在图上加注“LH”字样表示左旋。

(4)在装配图中，被弹簧挡住的零件轮廓不画出，其可见部分应从弹簧的外轮廓线或从簧丝的中心线画起如图 9-58(b)所示。

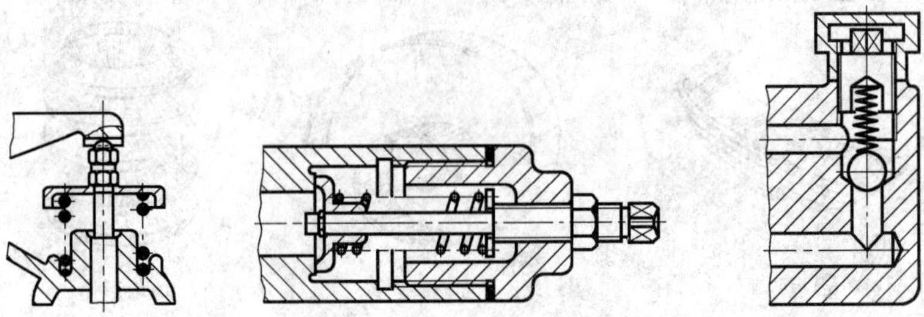
(a)只画出簧丝剖面　　(b)被弹簧遮挡的零件轮廓不画　　(c)示意画法

图 9-58　弹簧在装配图中的画法

(5)在装配图中，弹簧被剖切时，在剖视图中，当簧丝直径在图形上小于或等于 2 mm 时，可用涂黑代替簧丝剖面符号，且允许只画出簧丝剖面如图 9-58(a)或采用示意画法如图 9-58(c)所示。

三、圆柱螺旋弹簧的画图步骤

对于两端并紧且磨平的圆柱螺旋压缩弹簧，不论支承圈的圈数多少和端部并紧情况如何，均可按支承圈为 2.5 圈绘制。必要时，允许按支承圈的实际结构绘制。

已知弹簧外径 $D=45$ mm，簧丝直径 $d=5$ mm，节距 $t=10$ mm，有效圈数 $n=8$，支承圈数 $n_2=2.5$，右旋，试画出该弹簧的投影图。

(1)计算弹簧中径和自由高度。

$$弹簧中径\ D_2=D-d=40\ \text{mm}$$

$$自由高度\ H_0=nt+(n_2-0.5)d=90\ \text{mm}$$

(2)以弹簧中径 D_2 为间距画两条平行点画线，并定出自由高度 H_0，如图 9-59(a)所示。

(3)画支承圈部分，d 为簧丝直径，如图 9-59(b)所示。

(4)按节距画工作圈部分(允许只画四圈)，t 为节距，如图 9-59(c)所示。

(5)按右旋方向作相应圆的公切线，再加画剖面线，如图 9-59(d)所示。

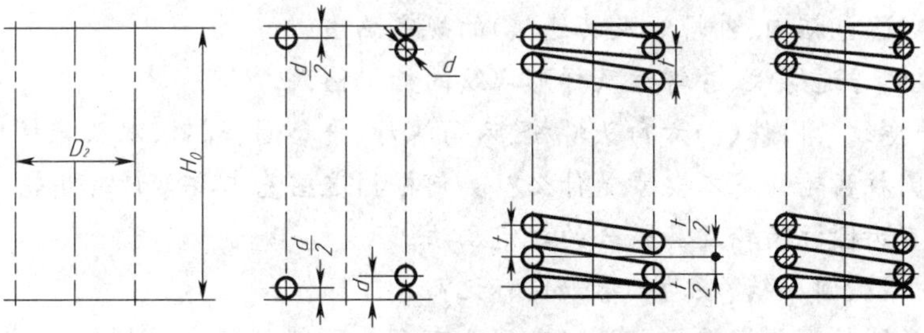

(a)确定弹簧中径和自由高度　(b)画支承圈　(c)按节距画工作圈　(d)画簧丝剖面

图 9-59　螺旋压缩弹簧的画图步骤

四、圆柱螺旋压缩弹簧零件工作图

图 9-60 是一个圆柱螺旋压缩弹簧的零件图，弹簧的参数应直接标注在视图上，若直接标注有困难，可在技术要求中说明；图中还应注出完整的尺寸、尺寸公差和形位公差及技术要求。当需要表明弹簧的机械性能时须在零件图中用图解表示。

复习思考题

1. 螺纹的要素有哪几个？它们的含义是什么？
2. 螺纹的牙顶和牙底各用什么线型表示？
3. 在反映为圆的视图中，表示牙底的细实线圆应如何画？
4. M10×1 的含义是什么？
5. R_C½和 G1A 分别表示哪种螺纹？标注管螺纹时，引出线应从什么地方引出？
6. 不可见的螺纹结构若要表示时，如何画出？

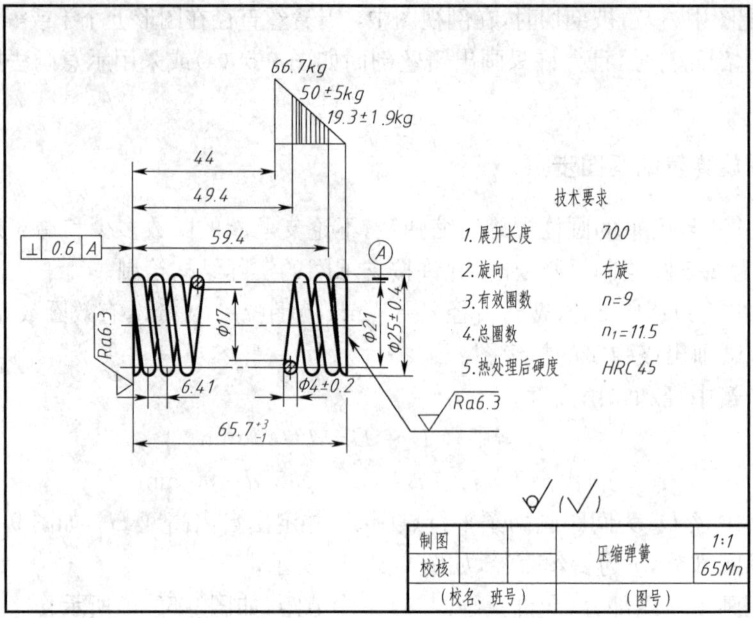

图 9-60　弹簧零件图

7. 试述螺纹(包括内、外螺纹及其连接)的规定画法。

8. 简要说明普通螺纹、管螺纹及梯形螺纹的标记格式。

9. 常用的螺纹紧固件(如六角头螺栓、六角螺母、平垫圈、螺钉、双头螺柱)如何标记?

10. 直齿圆柱齿轮的基本要素是什么? 如何根据这些基本要素计算齿轮各部分尺寸?

11. 试述直齿圆柱齿轮及其啮合的规定画法。

12. 普通平键、圆柱销、滚动轴承如何标记?

13. 常用的圆柱螺旋压缩弹簧的规定画法有哪些? 装配图中的螺旋压缩弹簧可如何简化绘制?

第十章
零　件　图

● **学习目标**

本章主要讲述零件图的内容及绘图步骤，零件图上的尺寸标注(包括基准的选择、尺寸的合理标注)。

识读典型零件的零件图及零件图上的技术要求，了解零件的加工工艺结构等内容。

● **本章重点**

(1)零件表达方案的选择与尺寸标注。

(2)了解、掌握正确识读四种典型零件零件图的基本方法及步骤。

● **本章难点**

(1)掌握表面粗糙度、极限与配合及形位公差的基本概念，符号和代号在图样上的标注。

(2)了解零件上一般常见工艺结构的作用和画法。

第一节　零件图的概述

机器或部件(统称装配体)都是由若干零件按一定的技术要求装配而成的。图 10-1 所示是由 17 件零件(其中标准件 7 件)装配而成的齿轮油泵。齿轮油泵是机器润滑、供油系统中的一个部件。图 10-2 是齿轮油泵右端盖的零件图。

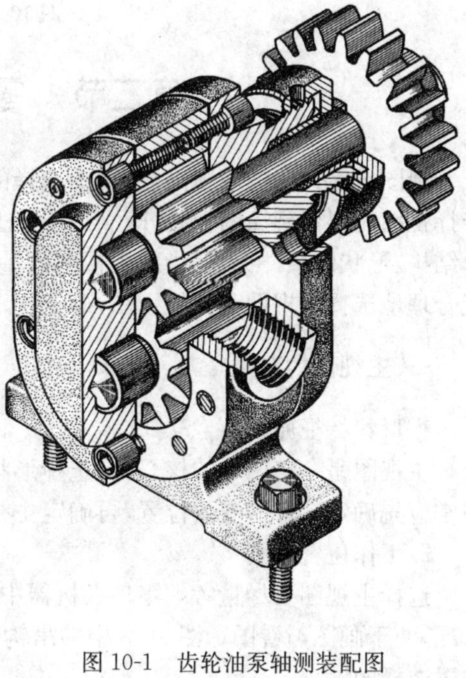

图 10-1　齿轮油泵轴测装配图

零件图是表示零件结构、大小及技术要求的图样。它是生产过程中进行加工制造与检验零件质量的重要技术文件。

以图 10-2 为例，一张完整的零件图应包括以下基本内容：

1. 一组图形　用视图、剖视图、断面图及其他画法，正确、完整、清晰地表达出零件结构和形状。

2. 完整的尺寸　正确、完整、清晰、合理地注出零件所需的全部尺寸。

3. 技术要求　用规定的代号、数字、字母或文字简明准确地给出零件在制造、检验或使用时应达到的各项技术要求及标准。如表面粗糙度、尺寸公差、形状与位置公差及热处理等。

4. 标题栏　标题栏中一般应写明零件名称、材料、件数、比例以及设计、审核、批准人员的签名和签名时间(年、月、日)等。

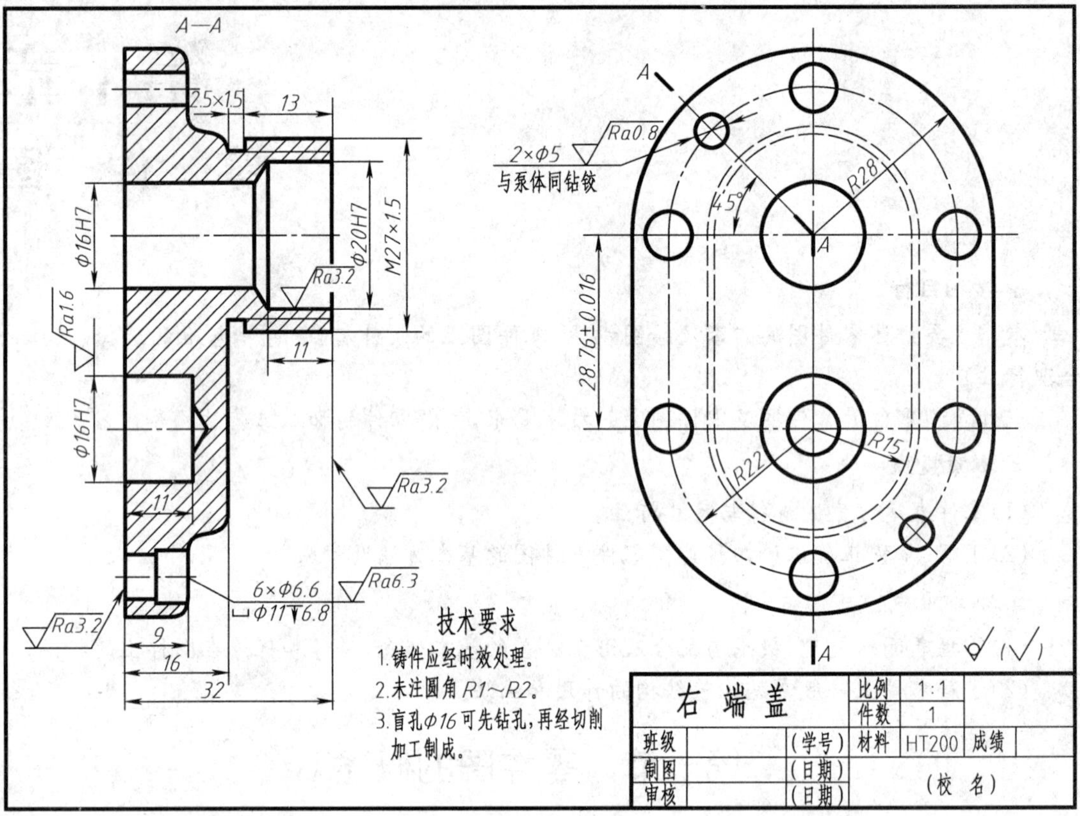

图 10-2 右端盖零件图

第二节 零件图的视图选择

视图是零件图的主体内容,视图选择的正确与否直接影响着画图速度和生产质量,因此在选择视图时要做到简明扼要,既满足生产上的需要,又便于画图和看图。在充分表达零件各部分结构、形状的条件下,尽量减少视图数量。为此,必须通过对零件形状、结构充分的了解,才能合理地选择主视图和其他视图,确定一个较好的表达方案。

一、主视图的选择

1. 形状特征原则

主视图是一组图形的核心,应选择形状特征信息量最多的那个视图作为主视图。选择时通常应先确定零件的安放位置,再确定主视图投射方向。

2. 工作位置原则

选择主视图要尽量考虑零件在机器中的工作位置,这样能较容易地想象出该零件的工作情况,便于画图与看图。图 10-3 中的吊钩和前拖钩的主视图就是根据它们的形状特征和工作位置选择的。

3. 加工位置原则

盘盖、轴套等以回转体构形为主的零件,主要在车床或外圆磨床上加工,应尽量按照零件的加工位置，即轴线水平放置。在加工时可以直接图、物对照，便于看图，如图 10-4 所示。

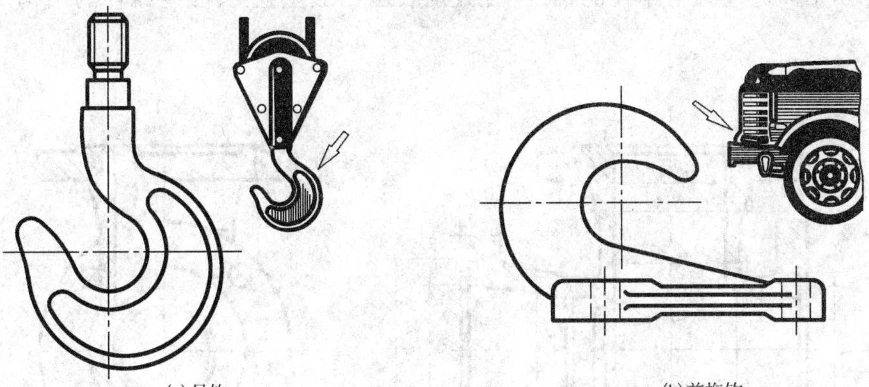

(a)吊钩　　(b)前拖钩

图 10-3　吊钩与前拖钩主视图的选择

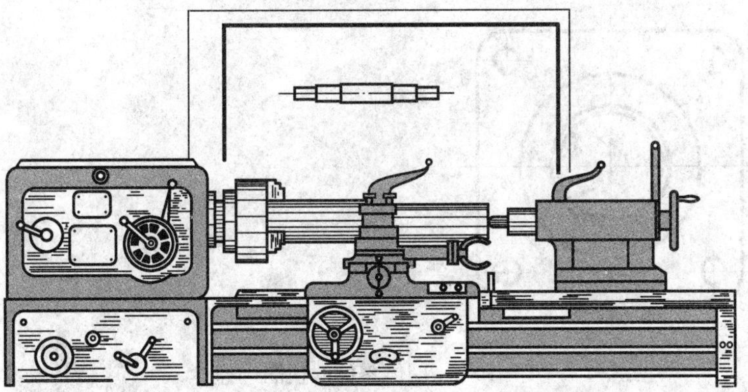

图 10-4　按加工位置选择主视图

二、其他视图的选择

其他视图用于补充主视图尚未表达清楚的结构，选择时应考虑以下几点：

1. 优先考虑基本视图并在基本视图上考虑剖视、断面的表达。根据零件内外形状的复杂程度，所选的每一个其他视图都应有各自的表达重点。

2. 合理选用其他辅助视图（如向视图、局部视图、斜视图等）。同时要考虑合理的布置视图位置，使视图清晰，便于看图。

下面以阀体为例，说明零件表达方案的确定。从阀体轴测图（图 10-5）可看出阀体由法兰盘 1、法兰盘 2、法兰盘 3 和主体 4 等四部分组成，其工作位置如图 10-5 所示。

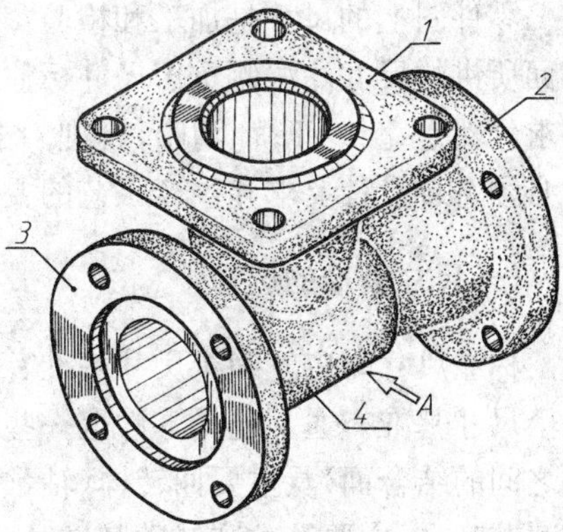

图 10-5　阀体轴测图

根据形状特征分析，主视图选择 A 投射方向，同时采用全剖视图，单一剖切平面通过阀体的前后对称面，清楚地表示出阀体的内部结构形状。阀体三个方向的法兰盘形状结构可通过俯、左视图来表达。俯视图采用 B 向局部视图。左视图采用半剖视图，单一剖切平面通过阀主体孔的轴线，可分别表示出法兰盘 2、法兰盘 3 的结构形状，如图 10-6 所示。

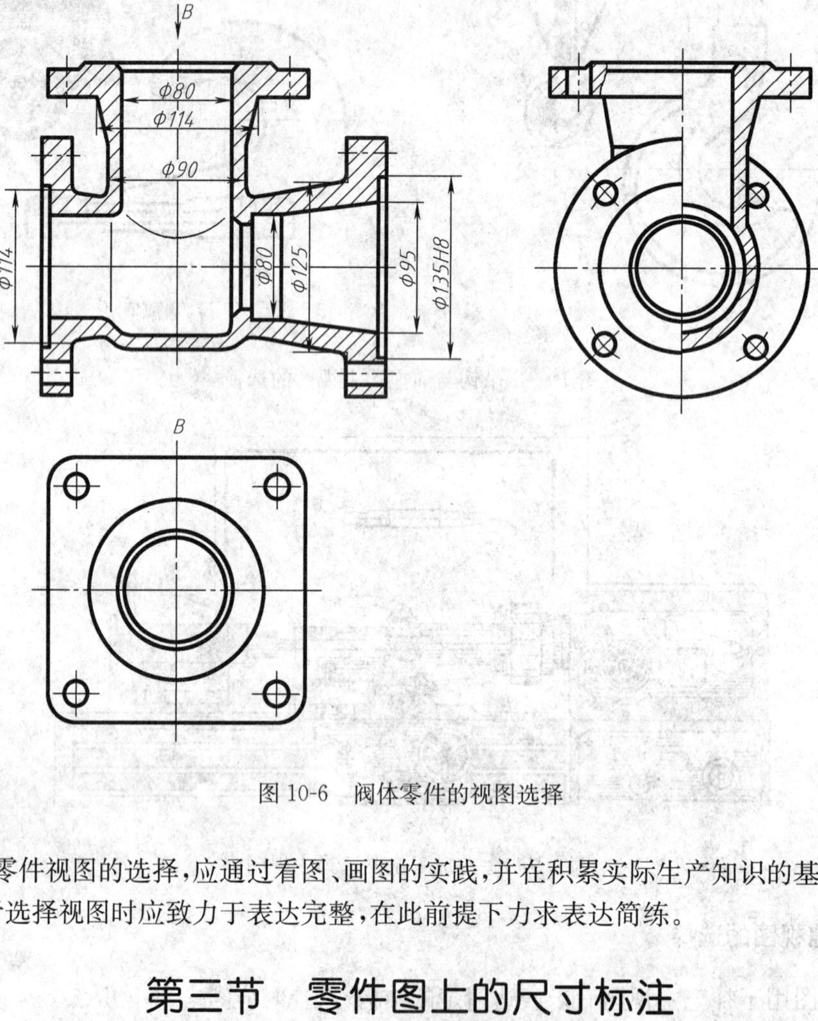

图 10-6　阀体零件的视图选择

总之，零件视图的选择，应通过看图、画图的实践，并在积累实际生产知识的基础上逐步提高。初学者选择视图时应致力于表达完整，在此前提下力求表达简练。

第三节　零件图上的尺寸标注

零件图上的尺寸是加工和检验零件的重要依据，因此标注尺寸是零件图的重要内容之一。前面所讲的尺寸注法侧重于尺寸标注的基本规则和标注方法的规定。标注零件图尺寸的基本要求仍然是完整、正确、清晰、合理。本节着重介绍零件图中尺寸标注的合理性，即所标注的尺寸必须符合设计要求和生产工艺的要求。

一、尺寸基准的选择

标注尺寸时应先确定尺寸基准。零件有三个方向（长、宽、高）的尺寸，每个方向至少要有一个尺寸基准。通常选择零件上一些重要的平面（如安装底面、对称平面、主要端面、零件与零件之间的结合面）及主要回转体（轴颈孔）轴线作为尺寸基准。一般将尺寸基准分为设计基准和工艺基准；主要基准和辅助基准。

1. 设计基准和工艺基准

设计基准是指根据零件的功用、设计要求而选定的尺寸起始点；工艺基准是指根据零件在加工、测量、安装时的要求而选定的尺寸起始点，如图 10-7 所示。

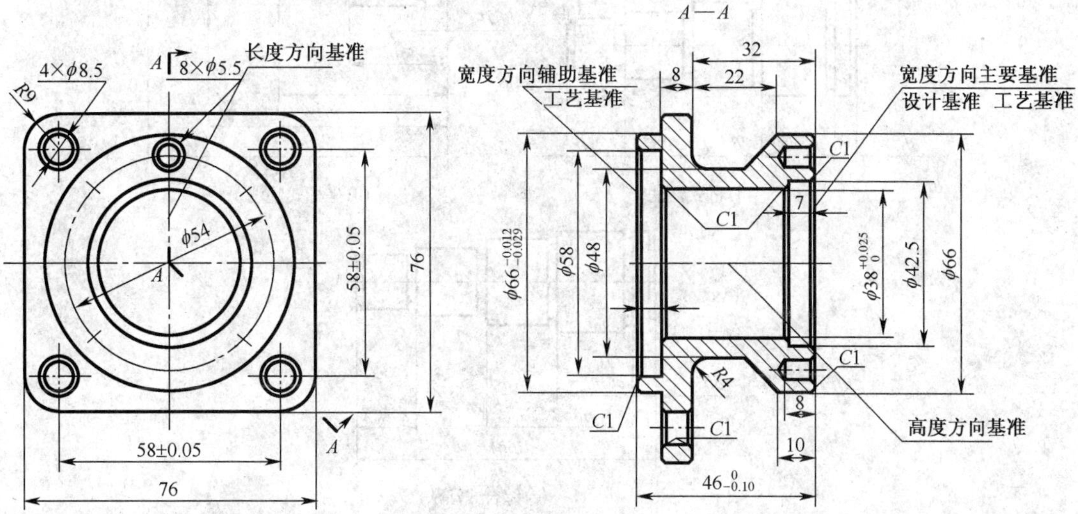

图 10-7 法兰盘的尺寸基准

2. 主要基准和辅助基准

任何一个零件都有长、宽、高三个方向（或轴向、径向两个方向）的尺寸，每个方向的尺寸至少有一个基准，这三个基准就是主要基准。必要时还可以增加一些基准，即辅助基准。

要注意的问题：

(1)主要基准和辅助基准之间一定要有尺寸联系，如图 10-7 中的尺寸 46。

(2)主要基准应尽量为设计基准同时也为工艺基准，辅助基准可为设计基准或工艺基准，如图 10-7 所示。

二、尺寸标注的形式

1. 链式注法 如图 10-8(a)所示，同一方向的尺寸逐段首尾相接地注出，后一个尺寸以前一尺寸的终端为基准。其主要优点是：前段加工尺寸的误差并不影响后段加工尺寸。其主要缺点是：总尺寸有加工累计误差。

2. 坐标式注法 如图 10-8(b)所示，所有尺寸从同一基准注起。其主要优点是：任一尺寸的加工精度只决定于本段加工误差，不受其他尺寸误差的影响。其主要缺点是：某些加工工序的检验不太方便。

3. 综合式注法 如图 10-8(c)所示，综合式注法是链式和坐标式注法的综合，它具备了上述两种方法的优点，在尺寸标注中应用最广。

三、标注尺寸的一般原则

要标注合理的尺寸，除了正确的选择尺寸基准外，还应认真考虑设计和工艺上的要求。

1. 重要尺寸应从主要基准直接注出

重要尺寸是指零件之间的配合尺寸，确定零件在机器或部件中的位置尺寸，反映该零件所

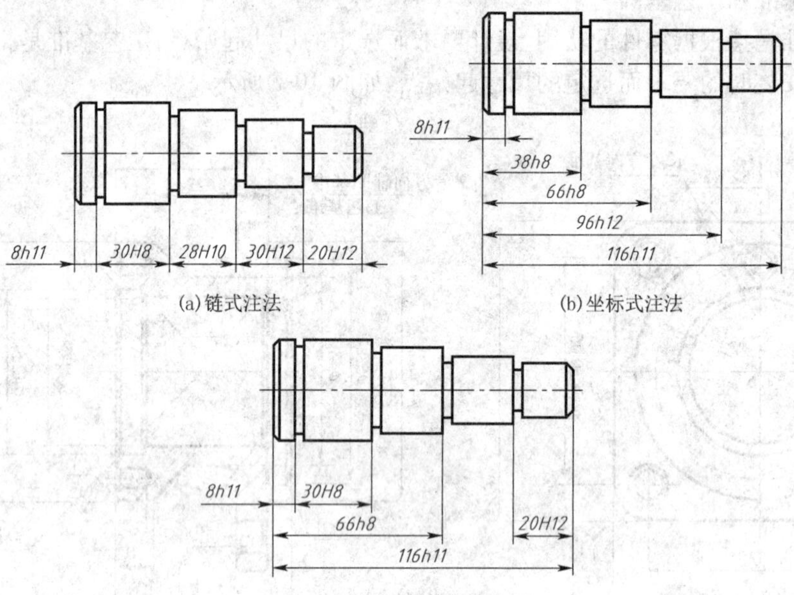

(a)链式注法　(b)坐标式注法　(c)综合式注法

图 10-8　尺寸标注的形式

属机器(或部件)规格、性能的尺寸等。重要尺寸从主要基准直接注出可避免加工误差的积累，保证尺寸的精度，如图 10-9 所示。

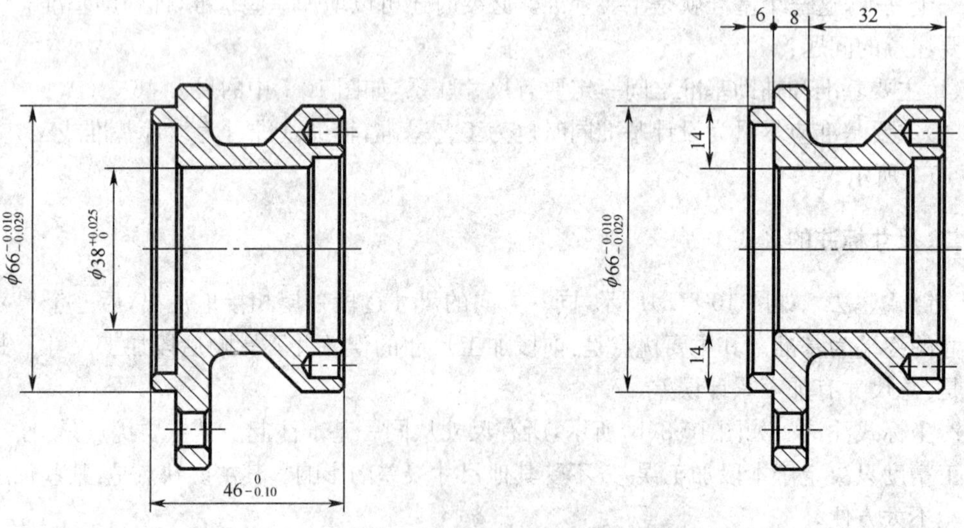

(a)正确　(b)错误

图 10-9　重要尺寸应直接注出

2. 避免注成封闭的尺寸链

如图 10-10 所示，一组首尾相连的链状尺寸称为尺寸链，组成尺寸链的各个尺寸称为尺寸链的组成环。若将总长和各段长度都注上尺寸，就形成了首尾相接、一环接一环的封闭的链状尺寸，称为封闭的尺寸链。零件在加工的过程中，各段尺寸总是有一定的误差(误差不超过规定的范围是允许的)若将尺寸注成封闭的尺寸链，则保证了各段的尺寸精度，就不能保证总长的尺寸精度;保证了总长的尺寸精度,又不能保证每一段的尺寸精度。因此,在一般情况下应避免注成封闭的尺寸链。如图 10-10 所示,选择一段不重要的尺寸空出不注,该段的尺寸称为开口环。这样,各段尺寸的加工误差最后都积累在开口环上,既保证了设计要求,又便于加工。若一定要注成封闭的尺寸链,则须将开口环的尺寸加括号。

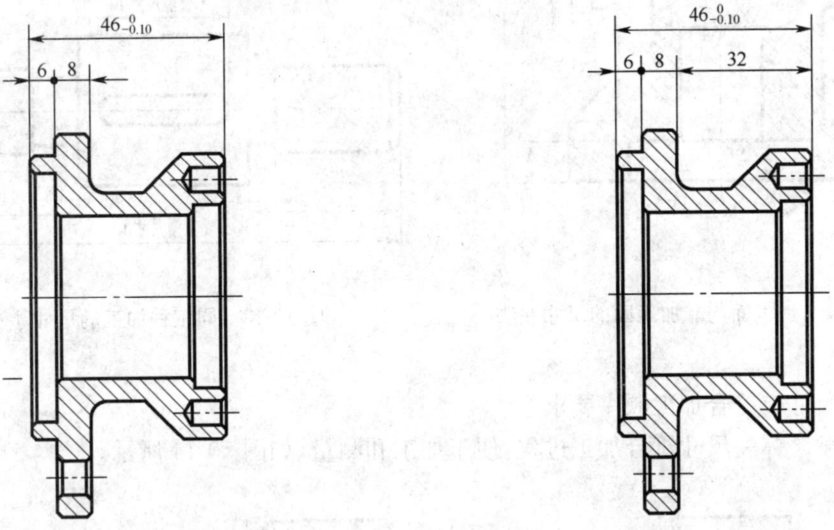

(a)正确 (b)错误

图 10-10 避免注成封闭的尺寸链

3. 标注尺寸要便于加工和测量

如图 10-11 所示,支承座的尺寸,其加工顺序是:先加工长度保证尺寸 46,再加工尺寸 7 和尺寸 6。显然按图 10-11(a)的注法是符合加工顺序、便于测量的,比较合理。而按 10-11(b)的注法,则不便于加工,也不好测量。

(a)正确 (b)错误

图 10-11 尺寸标注要便于加工和测量

4. 毛坯面与加工面的尺寸注法

(1)加工面与非加工面之间应按两组尺寸分别标注,加工面与非加工面之间最好只有一个尺寸联系(图 10-12)。

(2)同工种的相关尺寸尽量集中标注,便于加工时阅读和测量,如图 10-13 所示。

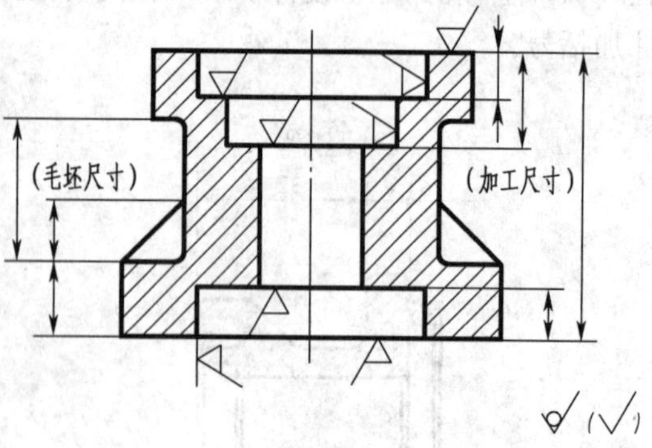

图 10-12 加工面与非加工面的尺寸注法

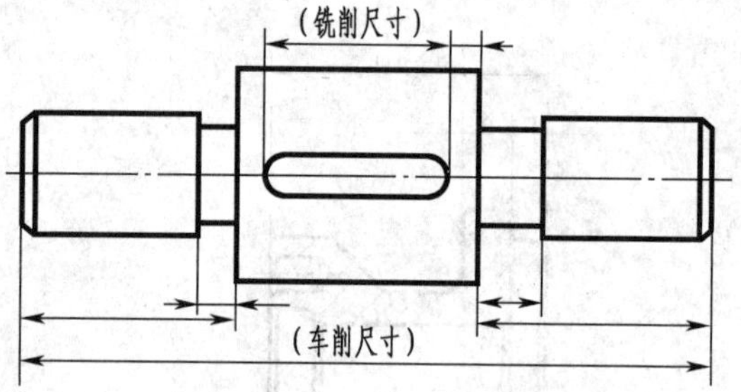

图 10-13 同工种加工的尺寸注法

5. 标注尺寸应符合加工顺序要求

按加工顺序标注尺寸符合加工过程,便于加工和测量,如图 10-14 所示。

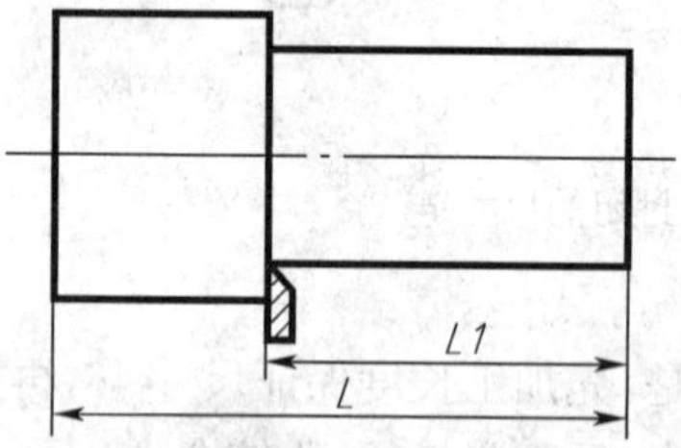

(a)落料车*L*,车*L*1

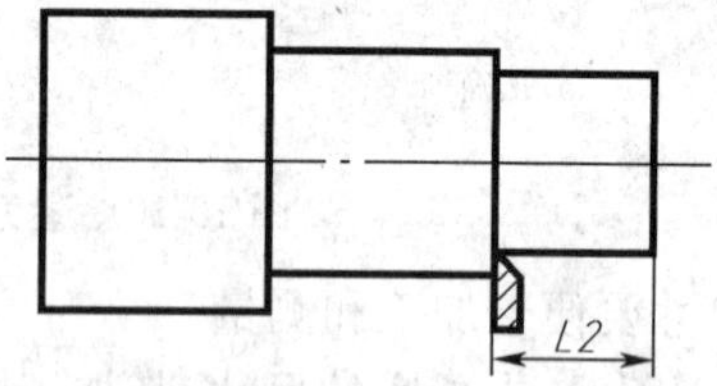

(b)车*L*2

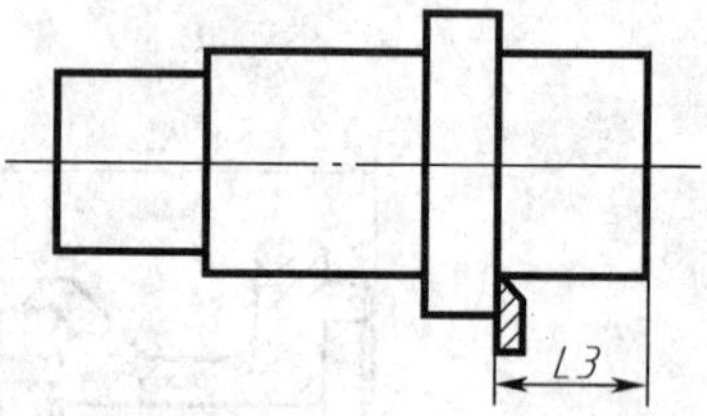

(c)调头车*L*3

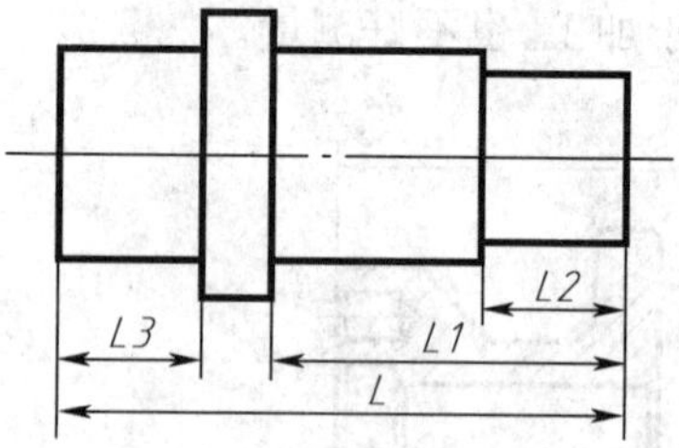

(d)按加工顺序标注长度尺寸

图 10-14 轴加工的顺序和尺寸标注

四、零件上常见结构要素的尺寸标注

零件上的螺孔、光孔、沉孔等结构的尺寸注法见表 10-1。

表 10-1　常见结构要素的尺寸注法

零件结构类型		标注方法	简化注法	说明
光孔	一般孔	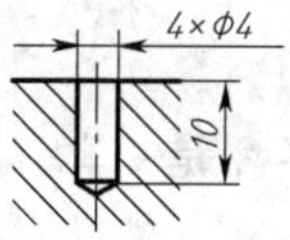	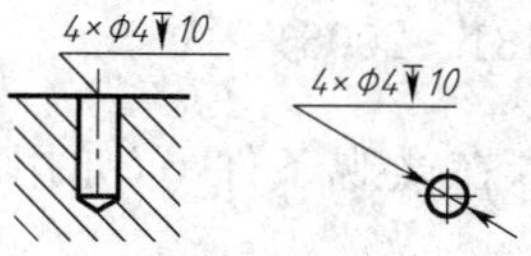	↧为深度符号 4×φ4 表示有规律分布的 4 个直径为 4 的光孔；孔深可与孔径连注，也可分开注出
	锥销孔	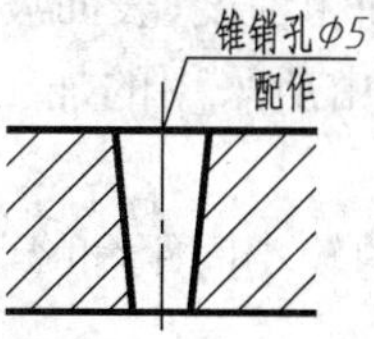	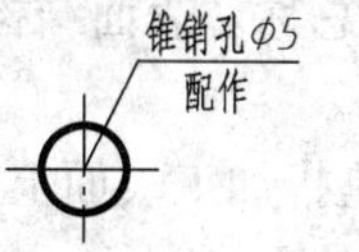	φ5 为与锥销孔相配的圆锥销小头直径。锥销孔通常是相邻两零件装配后一起加工的
螺孔	通孔	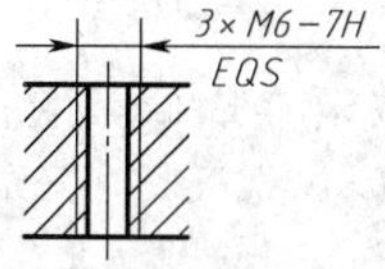	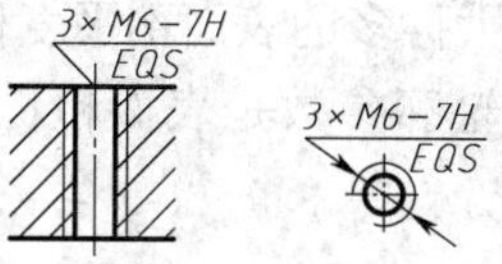	EQS 表示均布 3×M6 表示有规律分布的 3 个直径为 6 的螺孔；可以旁注，也可直接注出
	不通孔	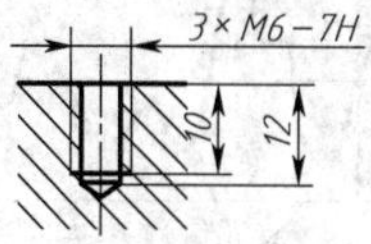	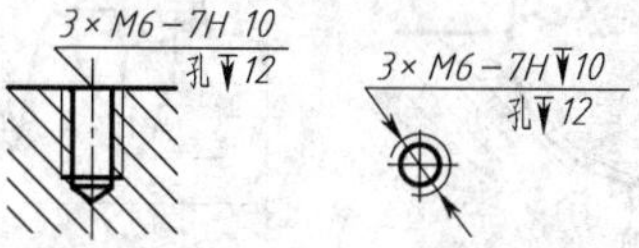	需要注出钻孔深时，应明确标注钻孔深尺寸
沉孔	锥形沉孔	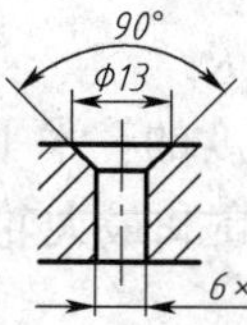	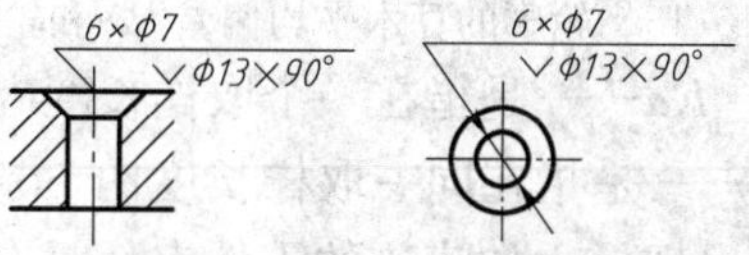	⌵为埋头孔符号 6×φ7 表示有规律分布的 6 个直径为 7 的孔。锥形部分尺寸可以旁注，也可直接注出
	柱形沉孔	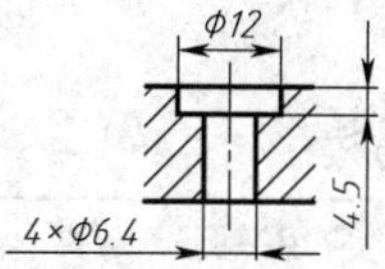	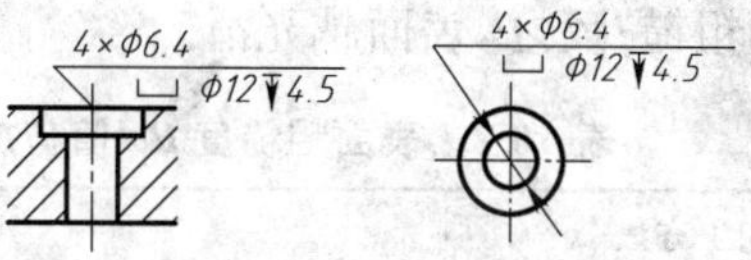	⌴为沉孔及锪平孔符号 4×φ6.4 的意义同上。柱形沉孔的直径为 12，深度为 4.5，均需注出
	锪平面	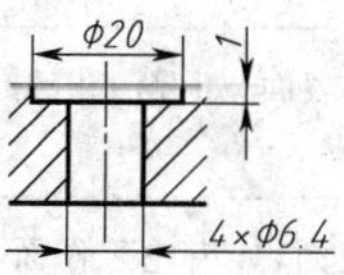	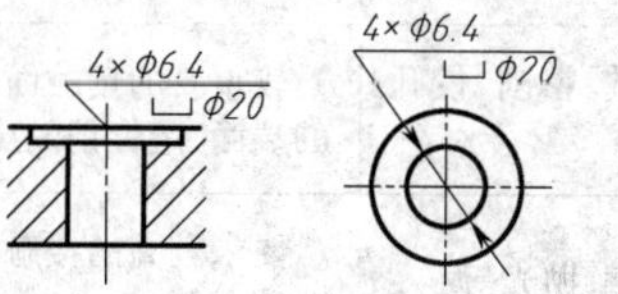	锪平孔 φ20 的深度不需标注，一般锪平到不出现毛面为止

第四节　零件图上的技术要求

一、表面结构(GB/T 131—2006)

经过加工的零件表面,在微观条件下,如用放大镜观察都是有峰有谷、凹凸不平的〔图10-15(a)〕。

1. 基本概念及参数

(1)表面结构——是指在有限区域上的表面粗糙度、表面波纹度、纹理方向、表面几何形状及表面缺陷等表面特性的总称。表面结构一般由所采用的加工方法等因素形成,是一项控制零件表面质量的重要指标。

(2)表面粗糙度——是指加工表面上具有的较小间距和峰谷所组成的微观几何形状特性,反映了零件表面微观不平的程度。

(3)表面波纹度——是指在机械加工过程中,由于机床、工件和刀具系统的振动,在工件表面所形成的间距比粗糙度大得多的表面不平度称为波纹度。

评定表面结构常用的轮廓参数是表面粗糙度的轮廓算术平均偏差 Ra 和轮廓最大高度 Rz,如图 10-15(b)所示。

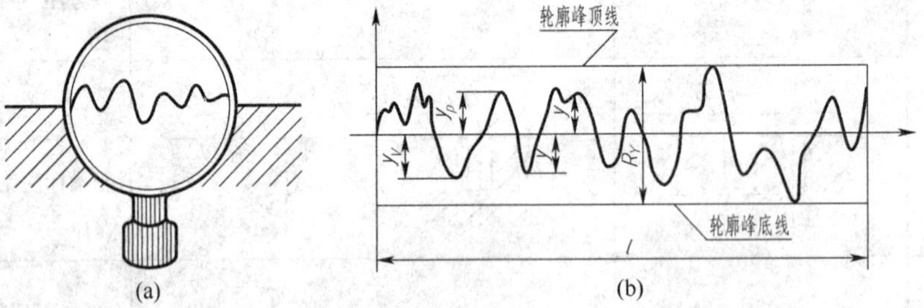

图 10-15　轮廓的算术平均偏差 Ra 和轮廓最大高度 Rz

(4)轮廓算术平均偏差 Ra——是指在一个取样长度内表面不平度的算术平均值。

(5)轮廓最大高度 Rz——是指在同一取样长度内,最大轮廓峰高和最大轮廓谷深之和的高度。在评定某些不允许出现较大加痕迹的零件表面时有实用意义。

表 10-2 列出了轮廓算术平均偏差 Ra 的数值与表面特征、加工方法的大致关系。从表中看出,Ra 值越大,表面越粗糙;反之,表面越光滑。

表 10-2　表面粗糙度 Ra 值与加工方法

$Ra/\mu m$	表面特征	加工方法	应用举例
50 25 12.5	粗面	粗车、粗铣、粗刨、钻孔、锯断及铸、锻、轧制等	多用于粗加工的非配合表面,如:机座底面、轴的端面、倒角、钻孔、键槽非工作面,以及锻、铸件的非接触面等
6.3 3.2 1.6	半光面	精车、精铣、精刨、铰孔等	较重要的接触面和一般配合表面,如键槽和键的工作面、轴套及齿轮的端面、定位销的压入孔表面等
0.8 0.4 0.2	光面	精铰、精磨、抛光等	要求较高的接触面和配合表面,如齿轮工作面、轴承的重要表面、定位销孔等
0.1 0.05 0.025	镜面	研磨、超级精密加工等	高精度的配合表面,如要求密封性能好的表面,精密量具的工作表面等

2. 标注表面结构的图形符号

GB/T 131—2006 规定了表面结构的图形符号。在技术产品文件中对表面结构的要求可用几种不同的图形符号表示。每种符号都有特定的含义。表 10-3 给出了表面结构图形符号的类型和含义。

表 5.3　表面结构图形符号的类型和含义

符号	含义及说明
	基本符号，仅用于简化代号标注。当不加注参数值或补充说明时，不能单独使用。若加注参数值或补充说明时，则表示获得指定表面的方法不定
	扩展图形符号一。基本符号加一短画，表示指定表面是用去除材料的方法获得，如：车、铣、钻、刨、磨、剪切、抛光、腐蚀、电火花加工等
	扩展图形符号二。基本符号加一内切圆，表示表面是用不去除材料的方法获得，如：铸、锻、轧、冲压等
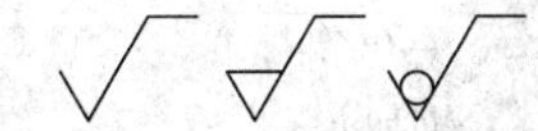 (a)　(b)　(c)	完整图形符号。当要求标注表面结构特征的补充信息时，应在上述三个符号的长边上加一横线 在报告和合同文本中，用文字 APA 表示(a)所示符号，MRR 表示(b)所示符号，NMR 表示(c)所示符号
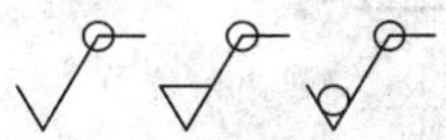	当在图样某个视图上构成封闭轮廓的各部分有相同的表面结构要求时，应在完整图形符号上加一圆圈。标注法如图 5.105 所示

3. 表面结构要求与图形符号的相对位置

为了明确表明结构要求，除了标注表面结构参数和极限值外，必要时应标注补充要求。补充要求包括传输带、取样长度、加工工艺、表面纹理及方向、加工余量等，它们在图形符号中的注写位置如图 10-16 所示，图中的字母含义如下：

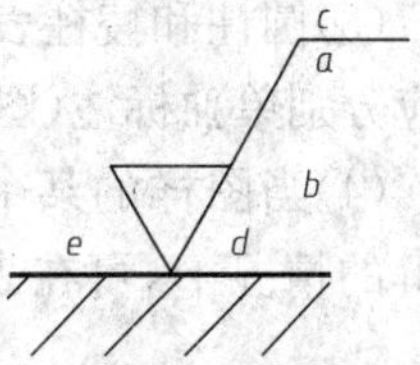

图 10-16　参数及补充要求的注写位置

a——注写单一表面的单一要求(即表面结构参数代号、极限值、传输带或取样长度)；

b——注写表面结构的第二个或多个要求(表面结构参数代号、极限值、传输带或取样长度)；

c——注写加工方法、表面处理、涂层或其他加工工艺要求(如车、铣、磨等)；

d——注写表面纹理和方向符号；

e——注写加工余量(单位为毫米)。

5. 表面结构要求的标注

(1)表面结构要求的注写和读取方向应与尺寸的注写和读取方向一致，表面结构的符号应从材料外指向表面并接触表面，所标注的表面结构要求是对完工零件表面的要求。表面结构要求对每一表面一般只标注一次，可标注在可见轮廓线、尺寸界线、引出线或它们的延长线上，尽可能注在相应的尺寸及其公差的同一视图上，并尽可能靠近有关的尺寸线。必要时可用带箭头或黑点的指引线引出标注，如图 10-17 所示。

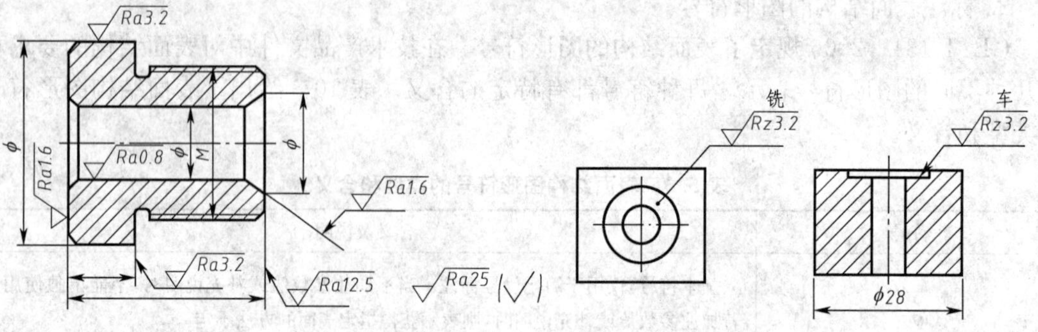

图 10-17 表面结构要求的标注

(2)在不致引起误解时，表面结构要求可标注在尺寸线上，也可标注在形位公差框格上方(图 10-18)。

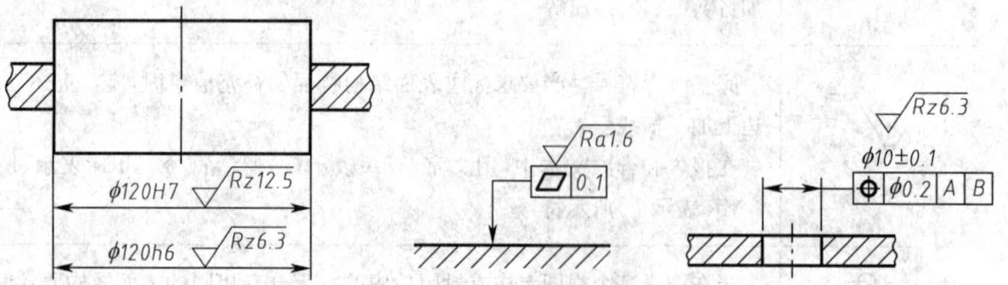

图 10-18 表面结构要求的标注

(3)圆柱和棱柱表面的表面结构要求只标注一次，如果每个棱面有不同的表面结构要求，则应分别单独标注(图 10-19)。

(4)当图样的某个视图上构成封闭轮廓的各表面有相同的表面结构要求时，在不致引起误解的情况下，可在表面结构符号上加一圆圈，标注在视图的封闭轮廓线上，如图 10-20 所示。

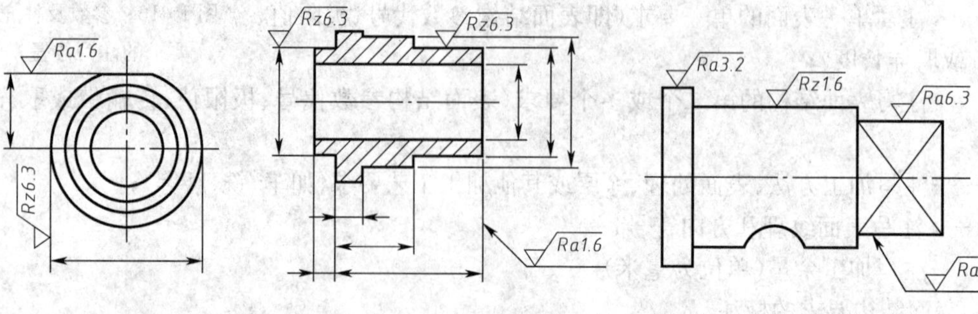

图 10-19 圆柱和棱柱表面的表面结构要求标注

(5)如果在工件的多数(包括全部)表面有相同的表面结构要求，则其表面结构要求可统一标注在图样的标题栏附近。此时(除全部表面有相同要求的情况外)，表面结构要求的符号后应有：在圆括号内给出无任何其他标注的基本符号，如图 10-21(a)所示。或在圆括号内给出不同的表面结构要求，如图 10-21(b)所示。不同的表面结构要求应直接标注在图形中。

也可用带字母的完整符号如图 10-22(a)所示，或只用表面结构符号，以等式形式，在图形

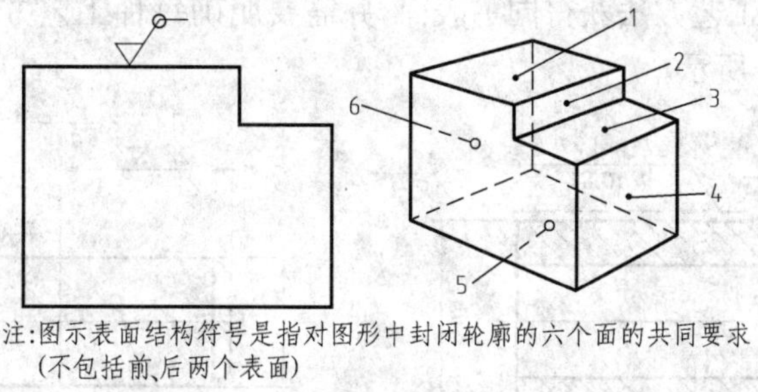

图 10-20 对周边各面有相同的表面结构要求的注法

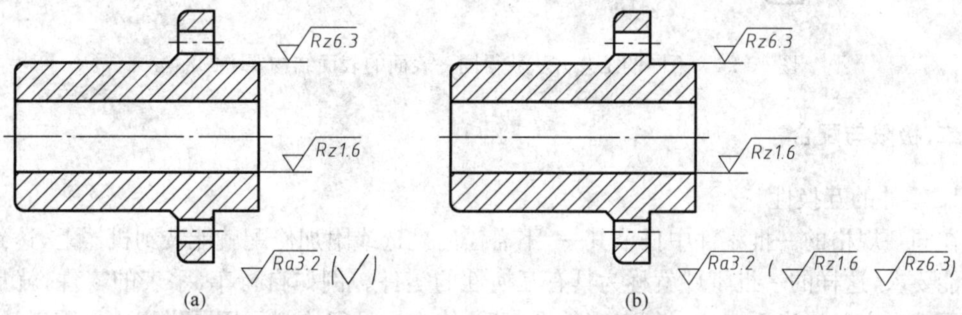

图 10-21 大多数表面有相同的表面结构要求的标注

或标题栏附近,简化标注有相同表面结构要求的表面,如图 10-22(b)所示。

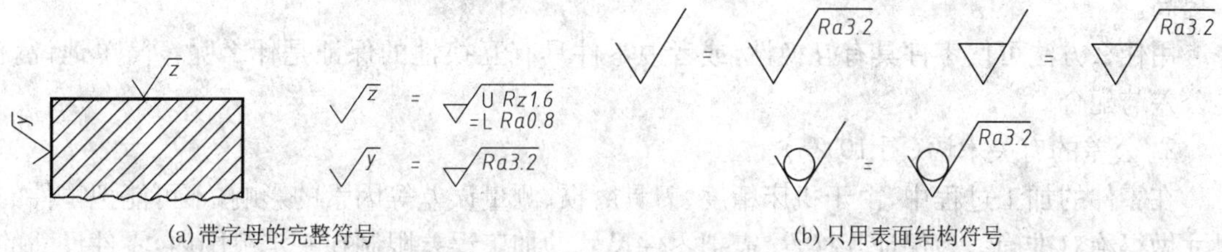

图 10-22 多个表面有结构要求的简化标注

(6)零件上连续表面及重复要素(孔、槽、齿等)表面的表面结构要求可用细实线连接简化标注。螺纹、倒角、圆角、中心孔等标准结构的表面结构要求也可简化标注(图 10-23)。

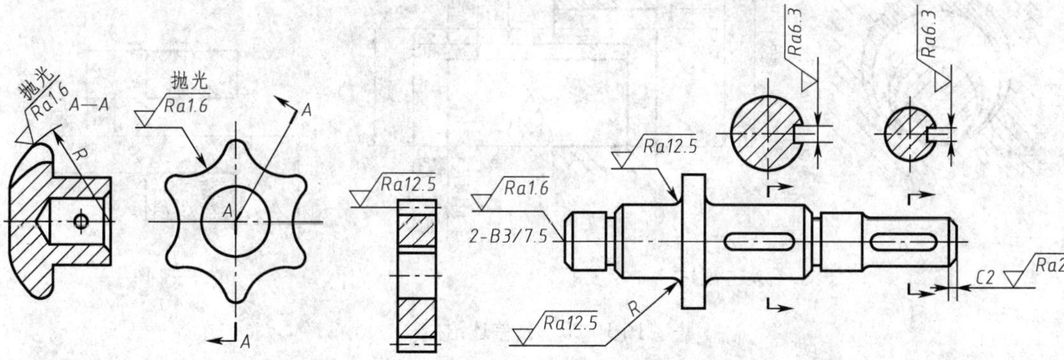

图 10-23 多个表面有结构要求的简化标注

(7)由几种不同的工艺方法获得同一表面,并需要明确每种工艺方法的表面结构要求时,可分别标注如图 10-24 所示。

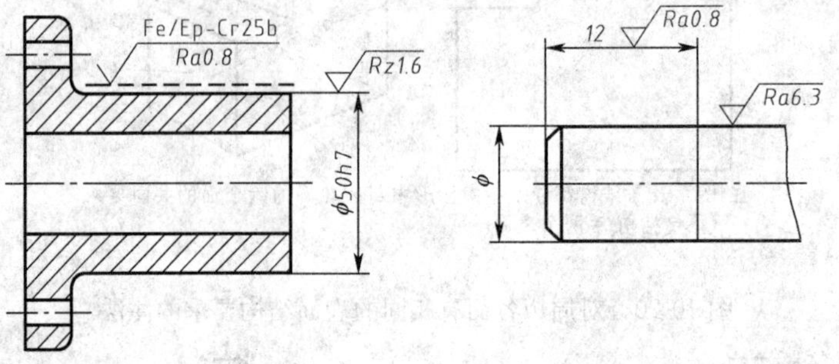

图 10-24　不同的工艺方法获得同一表面的表面结构要求的注法

二、极限与配合

1. 零件的互换性

在同一规格的一批零件中任取其一,不需任何挑选或附加修配就能装到机器上,达到规定的性能要求,这样的一批零件就称为具有互换性的零件。例如自行车、手表的零件,就是按互换性要求生产的。当手表或自行车零件损坏后,修理人员很快就可用同样规格的零件替换,恢复手表或自行车的性能。零件具有互换性,不但简化了机器的装配和修理工作,更重要的是为机器的专业化、批量化、标准化生产提供了可能性,使得机器的生产周期缩短、成本降低、生产率提高。

用什么方法可使零件具有互换性,或者说零件具有互换性的保证是什么呢? 简单地说就是公差与配合。

2. 公差的有关术语(图 10-25)

在零件的加工过程中,由于机床精度、刀具磨损、测量误差等因素的影响,不可能把零件的尺寸做得绝对准确。为保证互换性,需把零件尺寸的加工误差限制在一定范围内,零件尺寸的允许变动量就称为“公差”。

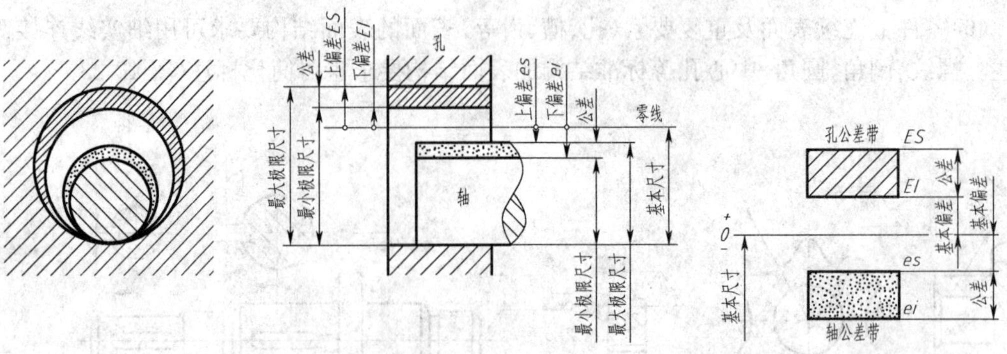

(a) 公差述语及公差带示意图　　(b) 公差带图

图 10-25　公差述语

(1)基本尺寸,根据零件强度、刚度、结构和工艺要求,设计确定的尺寸。是计算极限尺寸和极限偏差的起始尺寸。

(2)实际尺寸,通过测量获得的尺寸。

(3)极限尺寸,允许尺寸变化的两个极限值。两个极限尺寸中较大的一个称为最大极限尺寸,较小的一个称为最小极限尺寸。

(4)尺寸偏差(简称偏差)　某一极限尺寸减其基本尺寸的代数差。最大极限尺寸减其基本尺寸的代数差称为上偏差;最小极限尺寸减其基本尺寸的代数差为下偏差;上、下偏差统称为极限偏差。偏差可以为正值、负值或零。

国家标准规定:孔的上偏差代号为 ES,下偏差代号为 EI;轴的上偏差代号为 es,下偏差代号为 ei。

(5)尺寸公差(简称公差)　尺寸的允许变动量。公差等于最大极限尺寸与最小极限尺寸代数差的绝对值;也等于上偏差与下偏差代数差的绝对值。

(6)公差带和公差带图　在公差带图中,由代表上、下偏差的两条直线所限定的一个区域,叫公差带。在国标中,公差带包括了"公差带大小"与"公差带位置"两个参数,前者由标准公差等级确定后者由基本偏差确定。

3. 公差带分析

为便于分析,将尺寸公差与基本尺寸的关系,按比例放大画成简图,称为公差带图,在公差带图中,上、下偏差的距离应成比例,公差带方框的左右长度则根据需要任意确定。一般用斜线表示孔的公差带,加点表示轴的公差带,如图 10-25(b)所示。

(1)公差等级及标准公差。确定尺寸精确程度的等级称作公差等级。国家标准将公称尺寸 3 150 mm 以下的公差等级分为 18 级:从 IT1,IT2,至 IT18。IT 表示标准公差,公差等级代号用阿拉伯数字表示,等级依次降低,而相应的公差值依次增大。标准公差是基本尺寸的函数,对于一定的基本尺寸,公差等级愈高,标准公差值愈小,尺寸的精确程度愈高。国标把≤500 mm 的基本尺寸范围分成 13 段,按不同的公差等级列出了各段基本尺寸的公差值,可从相关的国家标准中查取。

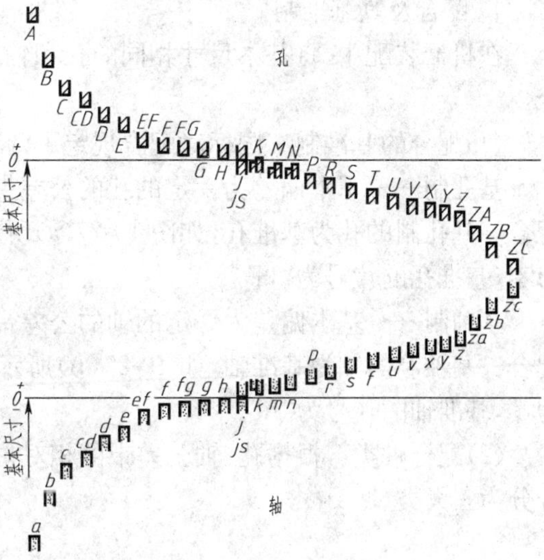

图 10-26　基本偏差系列图

(2)基本偏差。用来确定公差带相对于零线位置的上偏差或下偏差,国标规定靠近零线的那个偏差为基本偏差。可总结出规律:当公差带位于零线上方时,基本偏差为下偏差;位于零线下方时,基本偏差为上偏差。

根据实际需要,国家标准分别对孔和轴各规定了 28 个不同的基本偏差,如图 10-26 所示。孔和轴的基本偏差数值表,可从相关的国家标准或本书附录中附表 14、附表 15 查取。

从图 10-26 所示的基本偏差系列图中可知:

基本偏差用拉丁字母(一个或两个)表示,大写字母代表孔,小写字母代表轴。轴的基本偏差从 a～h 为上偏差,从 j～zc 为下偏差。js 的上下偏差分别为 $+IT/2$ 和 $-IT/2$。h 的基本偏差为零,用于基轴制的基准轴。

孔的基本偏差从 A～H 为下偏差,从 J～ZC 为上偏差。JS 的上下偏差分别为 $+IT/2$ 和

$-IT/2$。H 的基本偏差为零,用于基孔制的基准孔。

(3)公差计算示例。在基本偏差系列图中,仅封闭了公差带基本偏差的一端,因为公差带的位置已由基本偏差确定,公差带的另一端未封闭,因为它表示公差带的大小,其位置取决于标准公差等级和这个基本偏差的组合。称孔和轴的另一个偏差,可根据孔和轴的基本偏差和标准公差,按下列关系式计算:

轴的另一个偏差(上偏差或下偏差):$es=ei+IT$ 或 $ei=es-IT$

孔的另一个偏差(上偏差或下偏差):$ES=EI+IT$ 或 $EI=ES-IT$

(4)孔、轴的公差带代号的含义。由基本偏差与公差等级代号组成,并用相同大小的数字和字母书写。例如孔 50H8 和轴 50f7 的公差带代号(公差带的大小、位置要素)含义如下:

50H8
—公差等级代号(公差带的大小要素),此例中为 8 级
—孔的基本偏差代号(公差带的位置要素),此例中为 H(即基准孔) 的孔
—基本尺寸,此例中为 50

50f7
—公差等级代号(公差带的大小要素),此例中为 7 级
—轴的基本偏差代号(公差带的位置要素),此例中为 f
—基本尺寸,此例中为 50

4. 配合及其基准制

在机器装配中,将基本尺寸相同的孔和轴装配在一起,其孔、轴公差带之间的关系称为配合。

(1)配合的基准制　国标对配合规定了两种基准制,即基孔制与基轴制。

基孔制——基本偏差为一定的孔的公差带,与具有不同基本偏差的轴的公差带形成各种配合。基孔制的孔为基准孔,如图 10-27(a)所示。国标规定基准孔的下偏差为基本偏差,其值为零,基准孔的代号为"H"。

基轴制——基本偏差为一定的轴的公差带,与具有不同基本偏差的孔的公差带形成各种配合。基轴制的轴为基准轴,如 10-27(b)所示。国标规定基准轴的上偏差为基本偏差,其值为零,基准轴的代号为"h"。

(2)配合种类　根据孔、轴公差带的相对位置不同或两配合零件间结合面的性质不同,配合分为三大类。

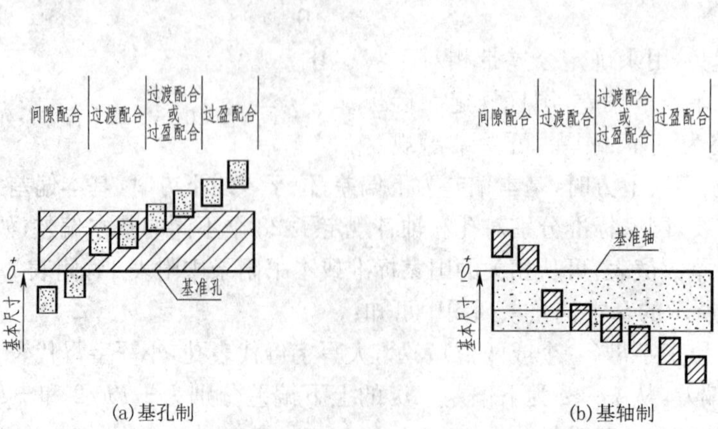

图 10-27　配合的基准制

间隙配合——孔的公差带完全在轴的公差带之上，任取其中一对孔和轴相配都成为具有间隙的配合(包括最小间隙为零的配合)，如图 10-28(a)所示。由于孔和轴有公差，所以实际间隙量的大小随孔和轴的实际尺寸而变化。孔的最大极限尺寸减轴的最小极限尺寸所得的代数差，称为最大间隙；孔的最小极限尺寸减轴的最大极限尺寸所得的代数差，称为最小间隙。

过盈配合——孔的公差带完全在轴的公差带之下，任取其中一对孔和轴相配都成为具有过盈的配合(包括最小过盈为零的配合)，如图 10-28(b)所示。同理，实际过盈量也随着孔和轴的实际尺寸而变化。孔的最小极尺寸减轴的最大极限尺寸所得的代数差。称为最大过盈；孔的最大极限尺寸减轴的最小极限尺寸所得的代数差，称为最小过盈。

(a)间隙配合　(b)过盈配合　(c)过渡配合

图 10-28　三类配合的公差带图

过渡配合——孔和轴的公差带相互交迭，任取其中一对孔和轴相配，其配合可能具有间隙，也可能具有过盈，如图 10-28(c)所示。在过渡配合中，配合的极限情况是最大间隙和最大过盈。

5. 公差与配合的标注

(1)在装配图中的标注。配合代号由两个相互配合的孔和轴的公差带代号组成，用分数形式表示，分子为孔的公差带代号，分母为轴的公差带代号，通用形式如图 10-29(a)所示。

(a)装配图　(b)零件图

图 10-29　用代号标注公差配合

(2)在零件图中的标注

在零件图上公差的标注有三种形式：

①标注公差带代号如图 10-29(b)所示。这种标注形式常用于采用专用刀具和量具，批量加工和检验的零件图中，以适应大批量生产的需要。

②标注偏差值。上偏差注在基本尺寸的右上方，下偏差注在基本尺寸右下方，偏差的数字应比基本尺寸数字小一号，并使下偏差与基本尺寸在同一底线上。如果上偏差或下偏差数值为零时，可简写为“0”，另一偏差仍标注在原来的位置上，如图 10-30(b)所示。如果上、下偏差数值相同时，则在基本尺寸之后标注“±”符号，再填写一个偏差数值，这时，偏差数值与基本尺寸数值的数字同号，如图 10-31 所示。标注偏差值的形式主要用于少量或单件生产，由于标注的数值与量具(游标卡尺或千分尺)的读数一致，从而便于加工和检验以减少辅助时间。

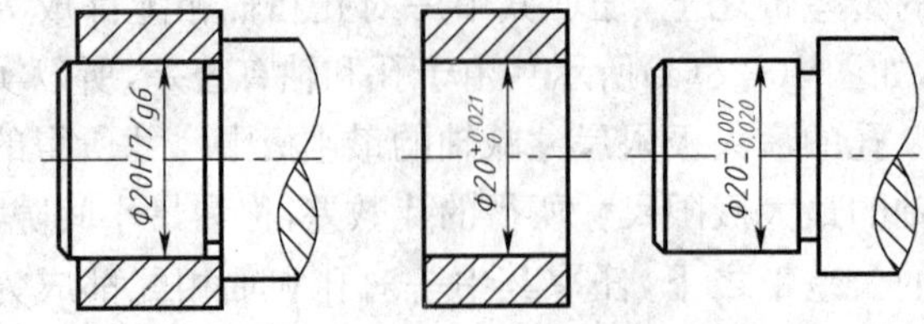

(a)装配图　　(b)零件图

图 10-30　用偏差值标注公差配合

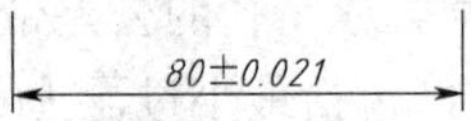

图 10-31　上、下偏差相同时

③同时标注公差带代号和偏差数值，如图 10-32(b)所示。

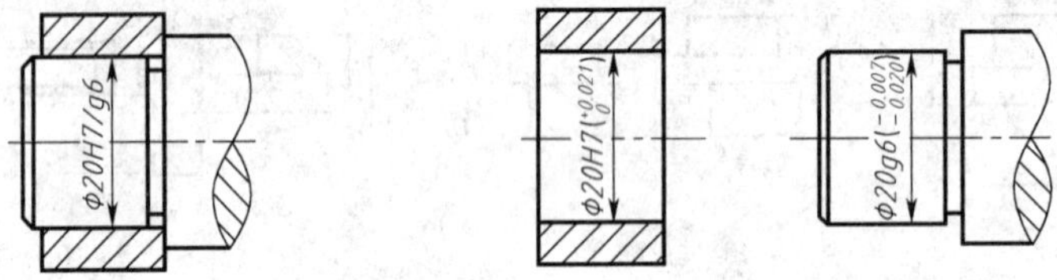

(a)装配图　　(b)零件图

图 10-32　既标注代号又标注偏差值

三、表面形状和位置公差

1. 表面形状和位置公差的基本概念

零件经过加工后，不仅产生尺寸误差，也会产生几何形状和相对位置误差。形状误差指零件加工后实际表面形状对理想表面形状的误差。位置误差指零件加工后，各表面之间、轴线之间或表面与轴线之间的实际相对位置对理想相对位置的误差。机器零件加工后所产生的形状和位置误差会影响机器的使用性能，为满足使用要求，零件的几何形状和相对位置误差由形状和位置公差(简称形位公差)来保证。因此控制零件的精度不仅要控制其尺寸精度，还需控制其形位公差。所以零件的形位与尺寸公差、表面结构要求都是评定零件质量的重要技术指标。

形位置公差的特征项目和符号见表 10-4。形位公差的公差带和公差带形状，形位公差的评定条件可从相关的国家标准中查取。

表 10-4　形位公差的项目和符号(摘自 GB/T 1182—2008)

分类	项目	符号	分类		项目	符号	分类	项目	符号
形状公差	直线度	—	位置公差	定向	平行度	//	其他有关符号	最大实体要求	Ⓜ
	平面度	▱			垂直度	⊥		最小实体要求	Ⓛ
	圆度	○			倾斜度	∠		延伸公差带	Ⓟ
	圆柱度	⌭		定位	同轴度	◎		包容要求	Ⓔ
形状或位置公差	线轮廓度	⌒			对称度	⌯		基准目标的标注	φ20/A1
	面轮廓度	⌓			位置度	⌖			
				跳动	圆跳动	↗			
					全跳动	⌰			

2. 形位公差的标注

形位公差要求用矩形方框(称公差框格)标注,公差框格由两格或多格组成,框格中的内容应从左向右按(公差特征项目的符号;公差值)次序填写(图 10-33)。公差值一般为线性值,若公差带为圆形或圆柱形时,需在公差值前加注 ϕ,若公差带是球形则加注"$s\phi$"。需要时,可用一个或多个字母表示基准要素或基准体系,如图 10-33 所示。

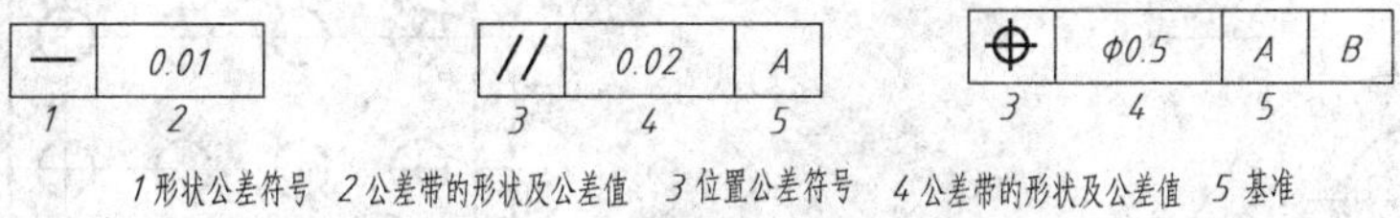

图 10-33 框格形式及项目位置

公差框格用细实线绘制,可按水平或垂直位置放置,框格高度比图样中尺寸数字大两号,长度视需要而定。框格中的数字、字母、符号与图样中的尺寸数字同号。

用带箭头的指引线将被测要素与公差框格一端相连,指引线箭头应指向公差带的宽度方向或直径方向,图 10-34 是零件图上形位公差的标注实例。

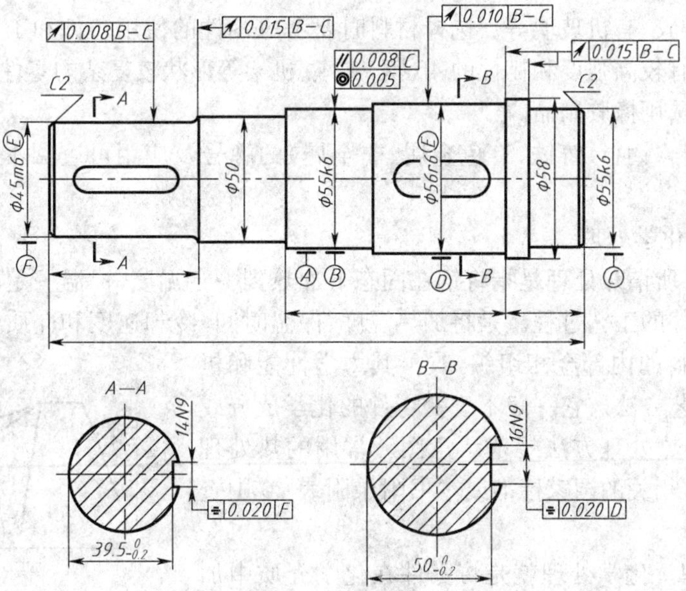

图 10-34 形位公差标注实例

当被测要素是轮廓线或表面时,将箭头置于要素的轮廓线或轮廓线的延长线上,但必须与尺寸线明显分开;当被测要素是轴线、中心平面或带尺寸要素确定的点时,则带箭头的指引线应与尺寸线的延长线重合。

相对于被测要素的基准,在图中由带小圆的大写字母与细实线、粗短横线相连的基准符号表示。当基准要素是轮廓线表面时,基准符号标注在要素的外轮廓线上或它的延长线上,但应与尺寸线明显错开;当基准要素是轴线或中心平面(线)或由带尺寸的要素确定的点时,则基准符号中的细实线与尺寸线的延长线重合,如尺寸线处安排不下两个箭头,则另一箭头可用短横线代替。公差框格内应标注相应的字母。

当被测要素为实体表面时,箭头可置于带点的参考线上,该点在实体表面上(图 10-35)。

3. 理论正确尺寸

理论正确尺寸为确定被测要素的理想形状、方向、位置的尺寸，该尺寸不附带公差，尺寸数值加矩形线框(图 10-36)。

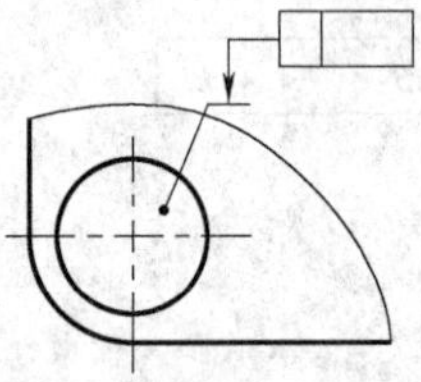

图 10-35　被测要素为实体表面时

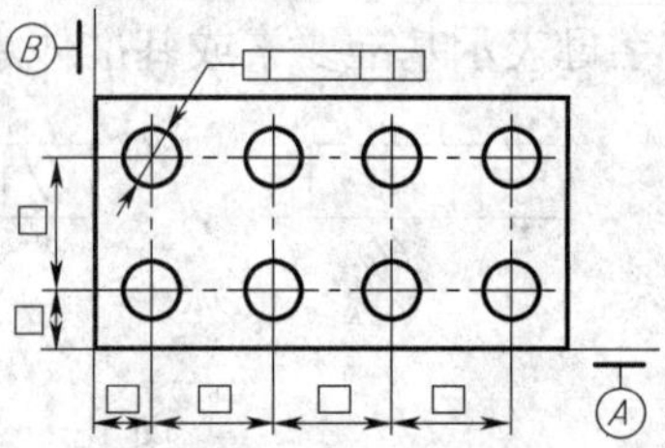

图 10-36　理论正确尺寸

四、零件常用的材料及热处理

1. 常用材料

制造零件所用的材料种类甚多，有黑色金属如钢、铸铁，有有色金属如黄铜、硬铝，有非金属材料如尼龙、橡胶、有机玻璃等。选择材料时要考虑零件的使用条件和工艺要求，如轴类零件和齿轮常选用有较高强度和韧性的 45 钢，支座、机架等形状较复杂的零件常选用灰铸铁，对于密封零件则常选用橡胶制品。

部分常用材料(钢材、铸铁、有色金属、非金属)的牌号及应用可查阅本书附表 16～附表 19。

2. 热处理与化学处理

(1)热处理。所谓热处理是指将钢在固态下加热到一定温度，保温一定时间后，在介质中以一定的速度冷却的工艺过程。是将加热温度、保温时间、冷却速度和介质等方法有机配合，从而改变金属材料的内部金相组织，改善其力学性能和机械性能的一种工艺方法。它一般不改变零件的化学成分或形状，图 10-37 是热处理方法规范示意图。常用的热处理方法及用途，可从相关的国家标准或本书附录附表 20 中查取。

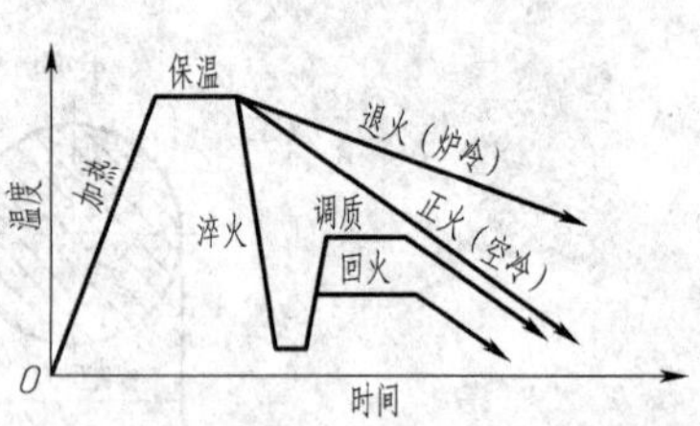

图 10-37　热处理方法规范示意图

(2)化学处理。化学处理就是将零件在化学介质中加热到一定温度，使介质中某些元素的原子渗入其表层，以改变零件表层的化学成分和结构，从而提高零件表面的硬度、耐磨性、耐腐蚀性和表面的美观程度等，而心部仍保持原来的力学性能。经化学热处理的零件一般可以获得“外硬内韧”的性能。常用的化学热处理方法有:渗碳、氮化、氰化等，其具体处理方法及用途，可从相关的国家标准中查取。

3. 金属的表面处理

表面处理是在金属表面增设保护层的工艺方法。它起着防蚀、装饰和改善表面的机械物理性能(耐磨、导电、绝缘、反光等)的作用。镀锌、镀镉、镀镍、发蓝(发黑)常作为钢制件的保护层，有以下特点。

(1)镀锌零件在空气中有良好的耐蚀性，且费用低，应用广泛。有时为了避免使钢件直接与铝、镁或铜合金接触，常用镀锌法保护其表面。但锌本色日久变暗，故不作装饰之用。

(2)镀镉与镀锌相比较稳定,镉在海水及其蒸汽中有很强的耐蚀性。且镀镉层柔软、有弹性,对零件贴合封严极有利,但镉层不耐磨,镉盐有毒且稀少,应慎用。

(3)镍在大气、海水、尤其在海水中有良好的抗蚀性。而且镀镍层抛光后外表美观。

(4)发蓝(发黑)可使钢件表面形成一层氧化膜。发蓝主要用于良好大气条件下工作的零件,涂油可提高其防护性能。发黑氧化膜极薄,对零件表面粗糙度和尺寸精度影响很小,所以常用于尺寸精确或需黑色表面的零件。

(5)阳极化是将零件作为直流电路的阳极,进行氧化处理。阳极化可提高铝、镁合金的防蚀和耐磨能力。所以常作为铝、镁合金的保护层。由于阳极化的氧化膜可以呈黄、黑、蓝、红、绿或紫色,故装饰性较强。

(6)铜合金除可用镀锌、镉、铬、镍或锡等作为保护层外,还可实施钝化处理,使铜合金表面形成氧化膜。

零件的热(化学)处理、表面处理要求一般均用文字在零件图的技术要求中加以说明。

有关热处理的名词及要求可查阅本书附表 20。详情可参阅金属工艺学的有关内容。

当零件表面有各种热处理要求时,一般可按下述原则标注:

(1)零件表面需全部进行某种热处理时,可在技术要求中用文字统一加以说明。

(2)零件表面需局部热处理时,可在技术要求中用文字说明,也可在零件图上标注。需要将零件局部热处理或局部镀(涂)覆时,应用粗点画线画出其范围并标注相应的尺寸,也可将其要求注写在表面粗糙度符号长边的横线上,如图 10-38 所示。

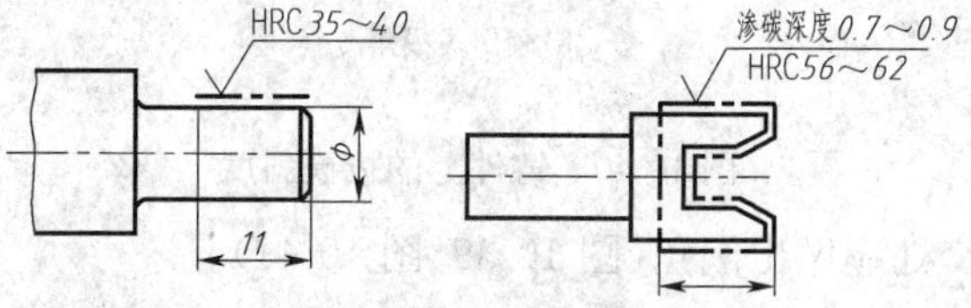

图 10-38 表面局部热处理标注

第五节 零件的工艺结构

零件的结构形状除应满足设计要求外,同时应考虑到加工与制造的方便和可能。尤其在现代工业产品设计中越来越重视产品外观的审美效果,力求设计具有较好的视觉美感,以增强产品的竞争力。

一、铸造工艺结构

1. 拔模斜度

在铸造毛坯时,为了便于将木模从砂型中取出,在铸件的内外壁上沿拔模方向设计出拔摸斜度如图 10-39。通常木模的拔模斜度为 1°～3°;金属模用手工造型时 1°～2°;用机械造型时 0.5°～1°。绘制零件图时,拔模斜度在图上一般不必画出,仅在技术要求中用文字说明。若拔模斜度已在某一个视图中画出且已表达清楚时,其他视图允许按小端绘制(图 10-40)。

2. 铸造圆角

为满足铸造工艺要求,防止砂型在尖角处落砂,避免金属冷却时,因应力集中产生裂纹和

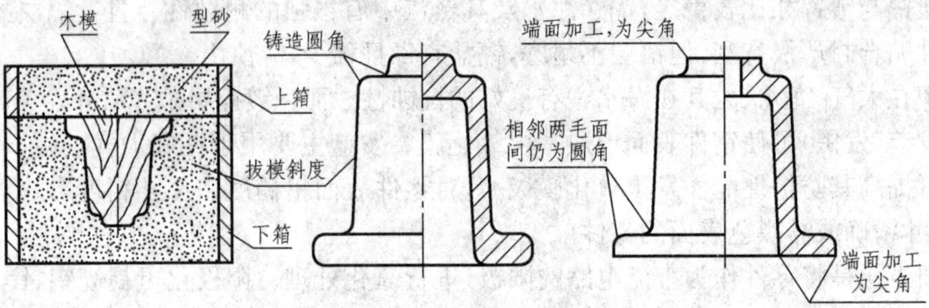

图 10-39 模斜度和铸造圆角

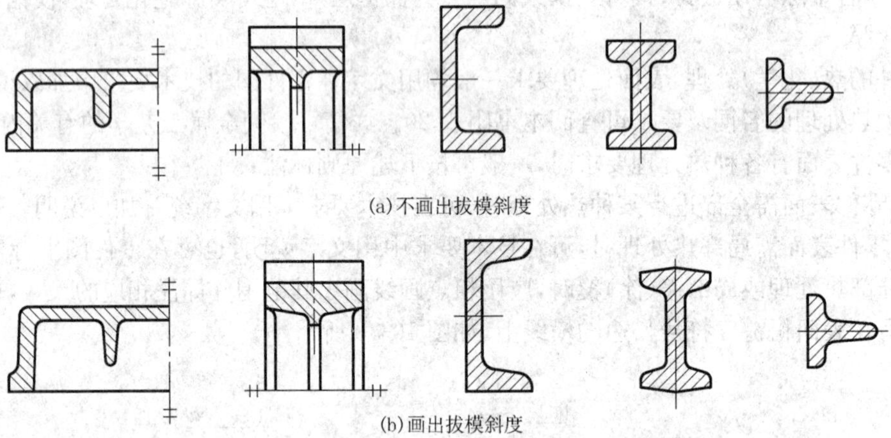

图 10-40 铸件上的拔模斜度

缩孔,在铸件两表面相交处应做出圆角(图 10-39、图 10-41)。

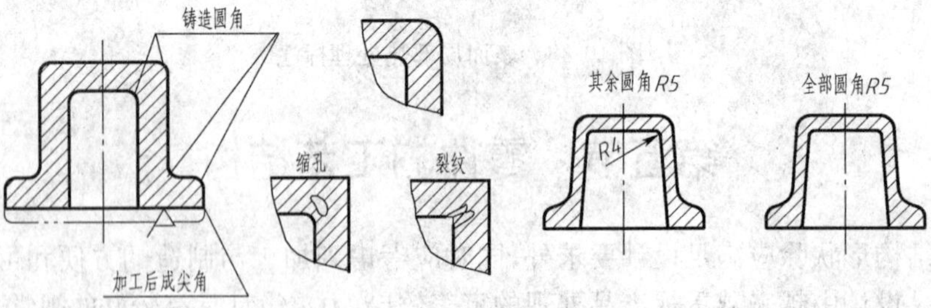

图 10-41 铸造圆角及其标注

铸造圆角半径一般取壁厚的 0.2～0.4 倍,也可从机械设计手册中查取。同一铸件上,圆角半径的种类应尽可能少,铸造圆角半径在图中不标注,通常在技术要求中统一注写。

3. 铸件应壁厚均匀

铸件的壁厚不均匀时,由于厚薄部分的冷却速度不一样,容易形成缩孔或产生裂纹。所以在设计铸件时,壁厚应尽量均匀。

为使各处壁厚尽量一致,防止局部肥大。在设计时,可用作内切圆的方法来检验,内切圆的直径差别不能大于 20%～25%(图 10-42)。

不同壁厚的连接要逐渐过渡(图 10-43)。

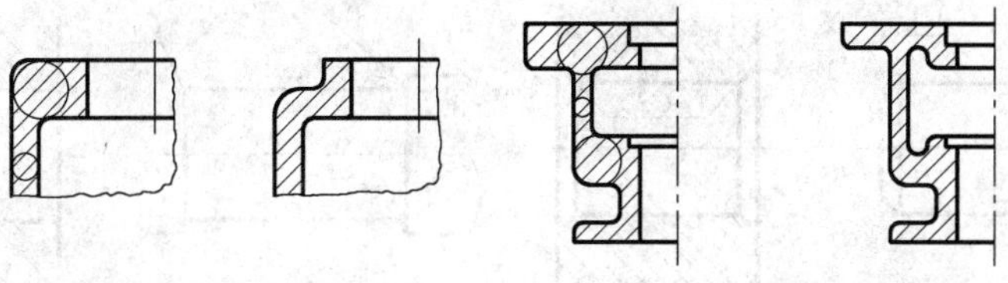

图 10-42 铸件壁厚应均匀

内部的壁厚应适当减少,从而使整个铸件能均匀冷却(图 10-44)。

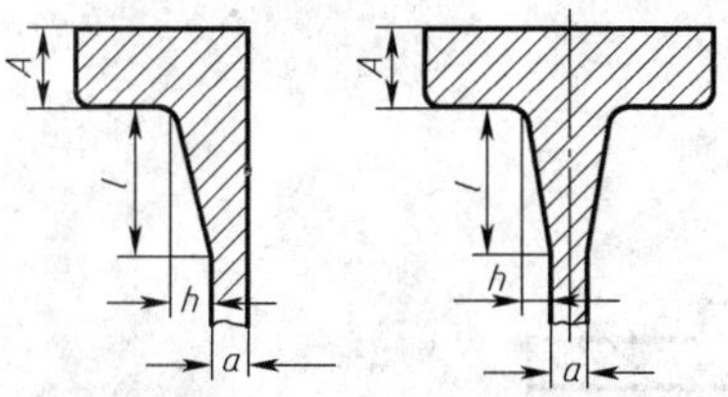

图 10-43 不同壁厚逐渐过渡

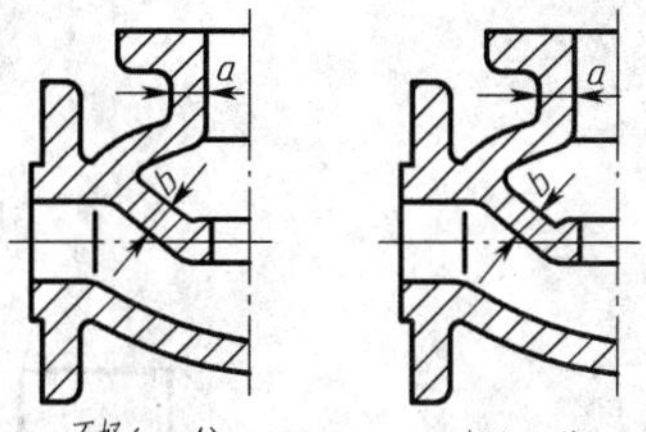

图 10-44 内部壁厚较小

为补偿壁厚减薄后对铸件强度及刚度的影响,可增设加强肋(图 10-45)。肋的厚度通常为 0.7～0.9 壁厚,高度不大于壁厚的 5 倍。

4. 铸件各部分形状应尽量简化

为了便于制模、分型、清理,去除浇、冒口和机械加工,铸件外形应尽可能平直,内壁也应减少凸起或分支部分(图 10-46)。

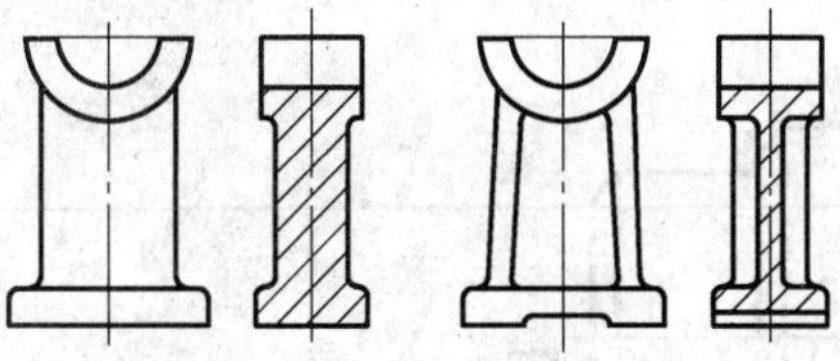

图 10-45 肋板厚度与壁厚的关系

图 10-46 铸件各部分形状应尽量简化

二、机械加工结构

1. 倒角和倒圆

为了便于装配和保护零件表面不受损伤,常将零件上的加工成 45°或 30°倒角;在轴肩处为避免应力集中,采用圆角过渡,称为倒圆。倒角、倒圆的尺寸标注形式如图 10-47 所示。

2. 退刀槽和砂轮越程槽

切削时(主要是轴、孔加工),为了便于退出刀具或砂轮,常在轴肩处预先车出退刀槽或砂轮越程槽,如图 10-48、图 10-49 所示。

3. 凸台和凹坑

为了使零件表面接触良好和减少加工面积,常在铸件上铸出凸台和凹坑或台阶孔,如图

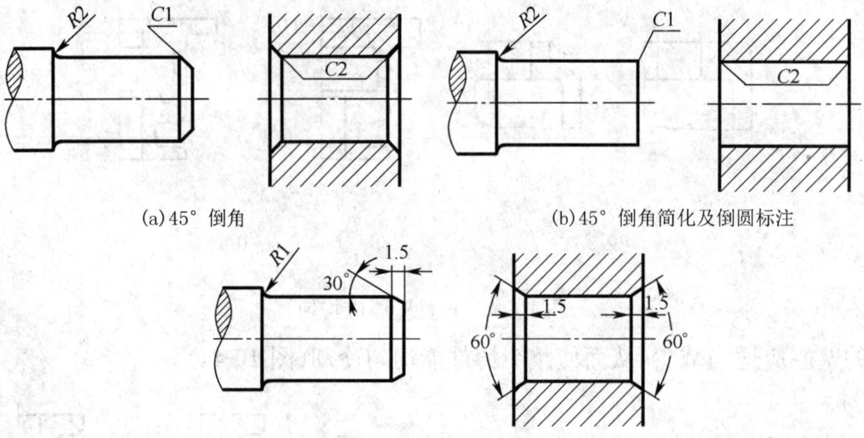

(a)45° 倒角

(b)45° 倒角简化及倒圆标注

(c)非45° 倒角的标注

图 10-47 倒角与倒圆

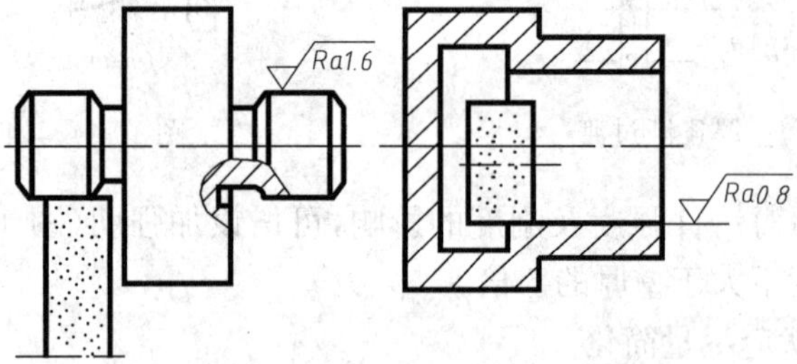

(a)外圆砂轮越程槽 (b)内孔砂轮越程槽

图 10-48 零件上的砂轮越程槽

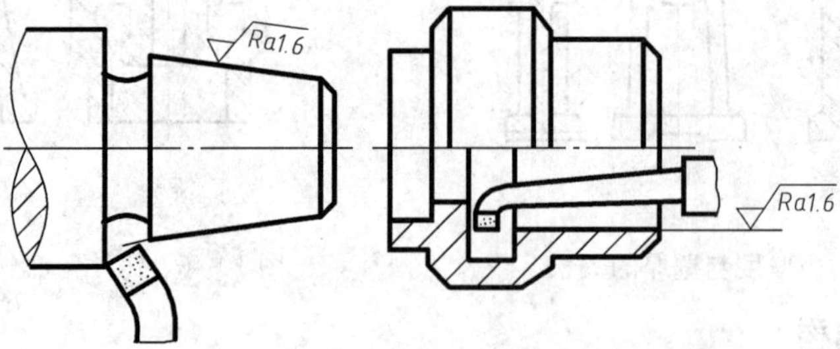

(a)外圆退刀槽 (b)内孔退刀槽

图 10-49 零件上的退刀槽

10-50 所示。

4. 钻孔结构

零件上孔的结构很多，其获得的方法如图 10-51 所示。用钻头钻孔时，要求钻头轴线尽量垂直于被钻孔的端面(图 10-52)应避免钻头单边工作，以防钻头折断。在斜面上钻孔时，应当在孔端预制出与钻头垂直的凸台、凹坑或小平面，如图 10-52 所示。

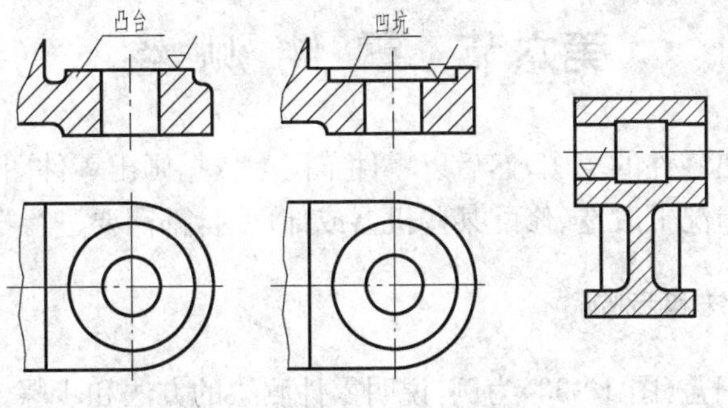

图 10-50　凸台、凹坑和台阶孔

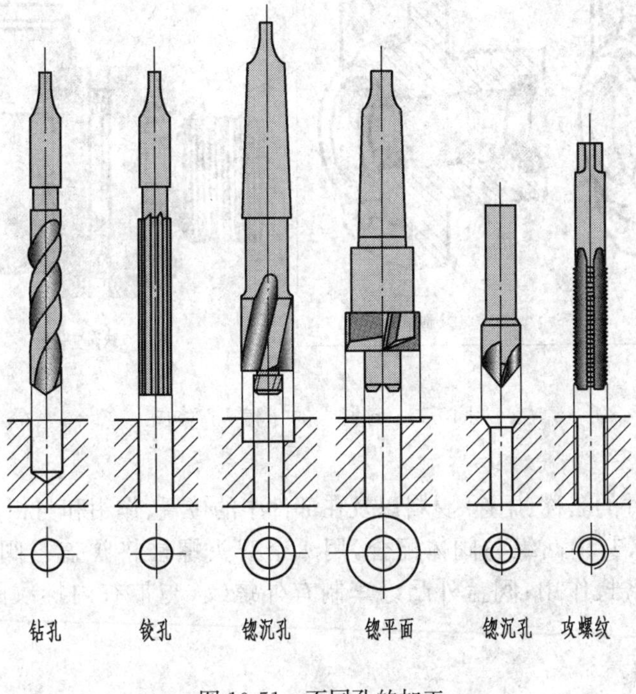

图 10-51　不同孔的加工

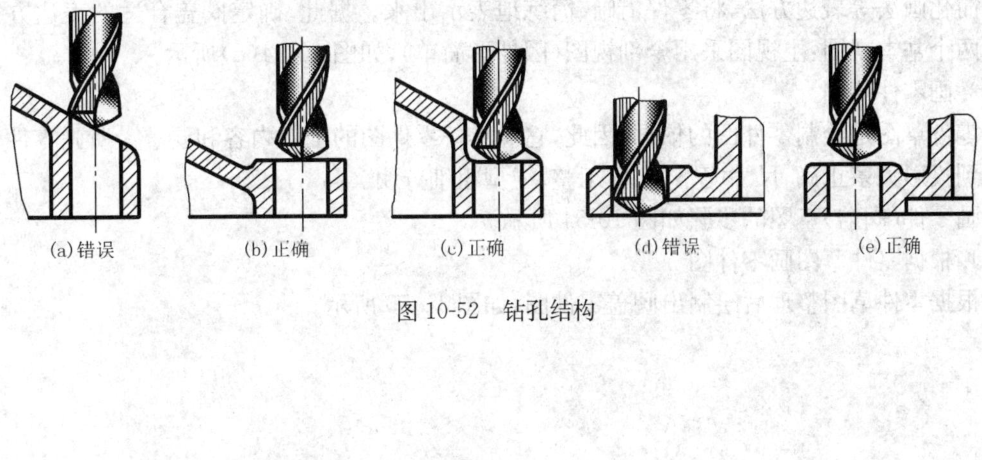

图 10-52　钻孔结构

第六节 零件测绘

根据已有零件画出零件的草图,然后以零件草图为依据画出零件图,这个过程称为零件测绘。一般在无图纸的情况下改造、修配某些机器或部件时,都需要进行零件测绘。

一、零件测绘的方法和步骤

下面以球阀上的阀盖(图 10-53)为例,说明零件测绘的方法和步骤。

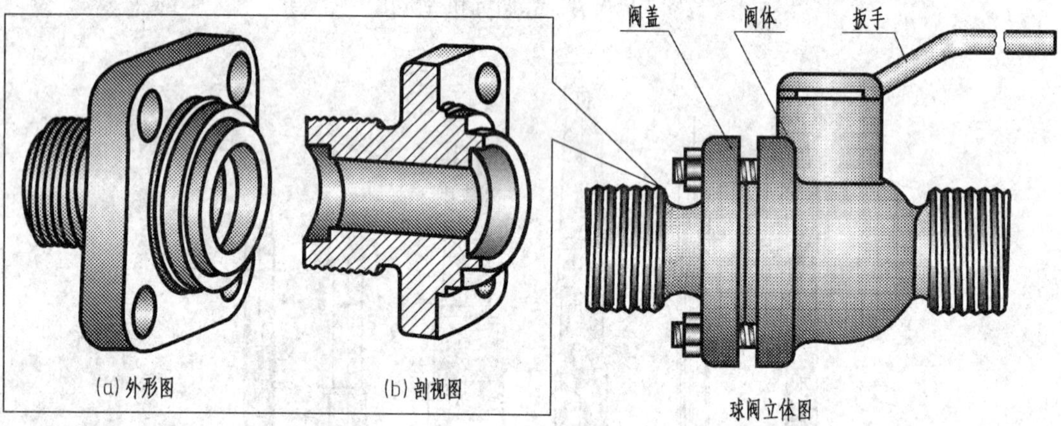

图 10-53 球阀上的"阀盖"立体图

1. 分析零件

首先应了解零件的名称、用途、材料以及在部件中的位置、作用和与相邻零件的关系。

阀盖为铸钢件,其内凸缘与阀体配合,用 4 个双头螺柱将阀盖与阀体连接起来,以形成流体通道,并起密封作用;阀盖外凸缘车制有外螺纹,与带有内螺纹的圆管相接形成管路系统。

2. 确定表达方案

根据零件的结构形状特征分析确定主视图及选择其他视图,并综合考虑是否需用剖视、断面和简化画法等表达方法,将零件清晰、简练地表示出来。据此,确定阀盖合适的表达方案是采用两个基本视图:主视图采用全剖视图(因外形简单),如图 10-54(d)所示。

3. 画零件草图

零件草图是绘制零件图的依据,因此,它应具备零件图的全部内容和要求。所画零件草图应做到投影关系正确、尺寸完整、字体工整、线型粗细分明。

画零件(阀盖)草图的步骤如图 10-54 所示。

4. 根据零件草图画零件图

根据零件草图整理后绘制出阀盖零件图,如图 10-55 所示。

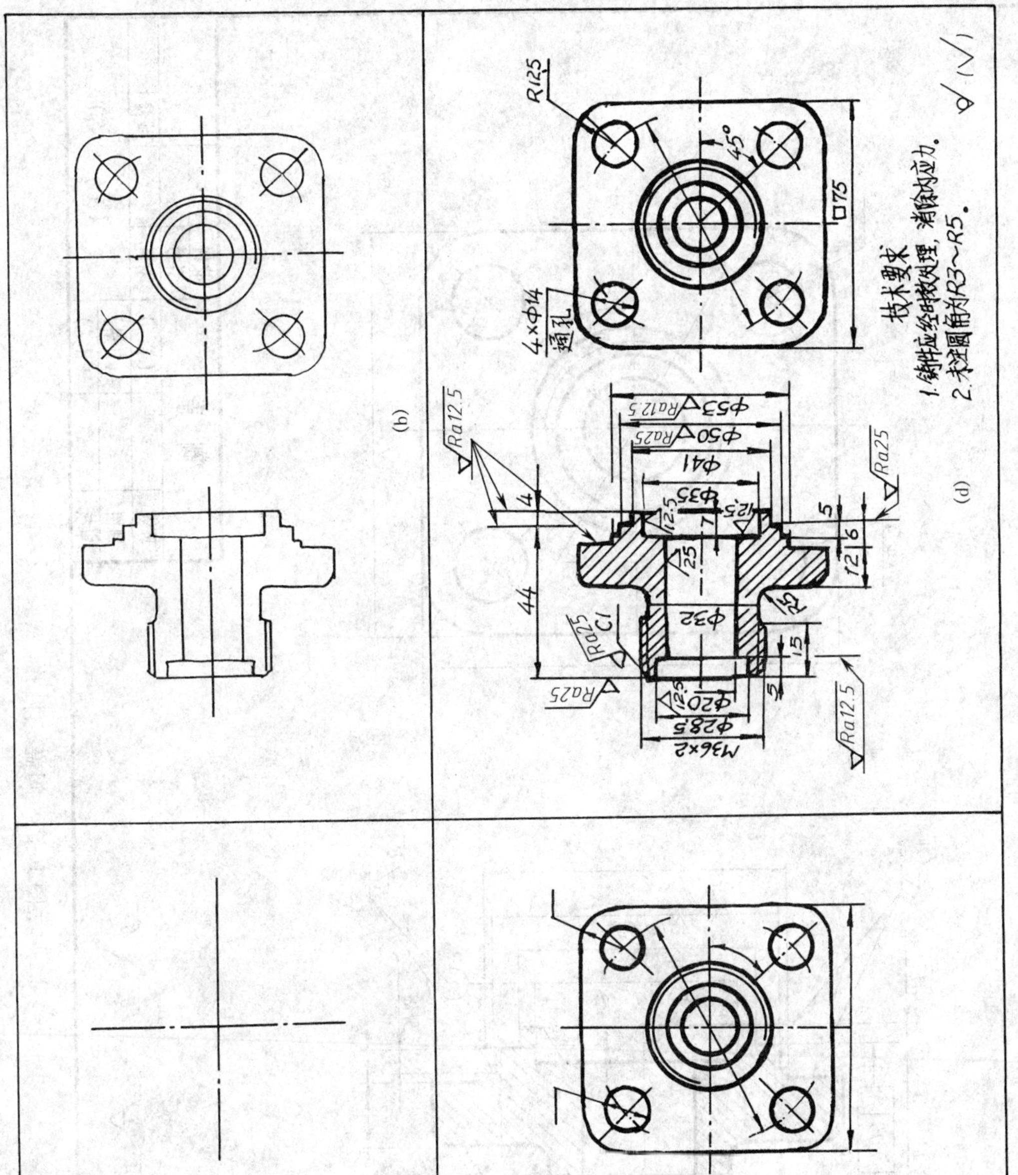

图 10-54 画零件(阀盖)草图的步骤

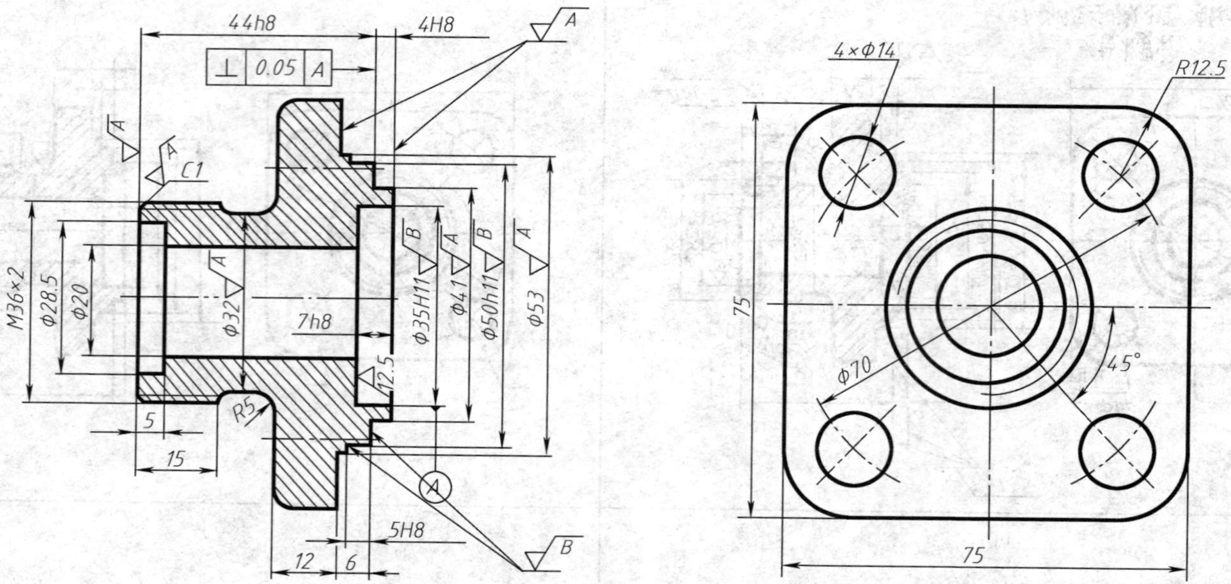

技术要求

1. 铸件应时效处理，清除内应力。

2. 未注铸造圆角 R1～R3。

√(√)　√A = √25　√B = √12.5

阀　盖			比例	1 : 2	
			件数		
班级		（学号）	材料		成绩
制图		（日期）	（校　　名）		
审核		（日期）			

图 10-55　阀盖零件图

二、常用测量工具及测量方法

1.常用量具

图 10-56 所示为几种常用量具。对于精度要求不高的尺寸可用钢直尺和内、外卡钳测量，精度要求较高的尺寸则用游标卡尺或千分尺等其他精密量具。

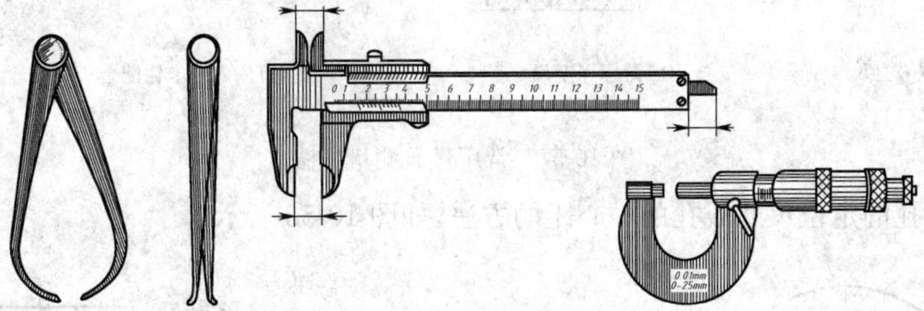

(a)不卡钳　(b)内卡钳　(c)游标卡尺　(d)千分尺

图 10-56　常用量具

2.测量方法

(1)测量长度及内、外径一般使用钢直尺与内、外卡钳或游标卡尺、千分尺等，如图 10-57(a)、(b)、(c)、(d)所示。测量壁厚的方法如图 10-57(e)～(i)所示。

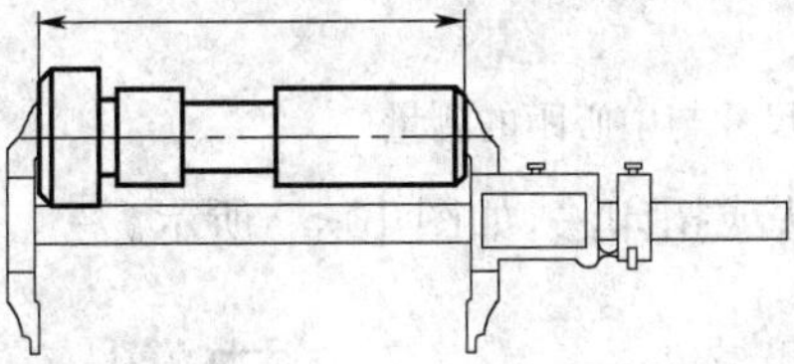

(a)游标卡尺

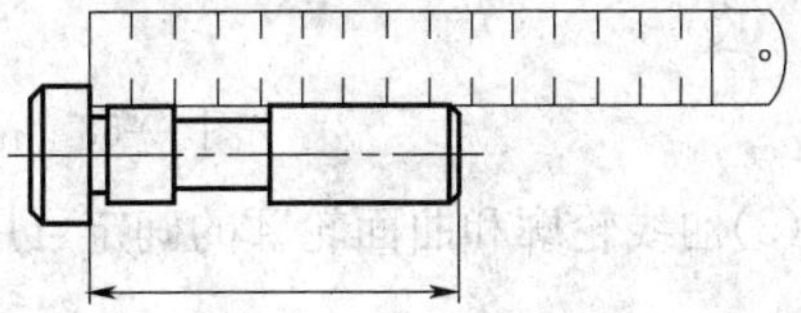

(b)直尺

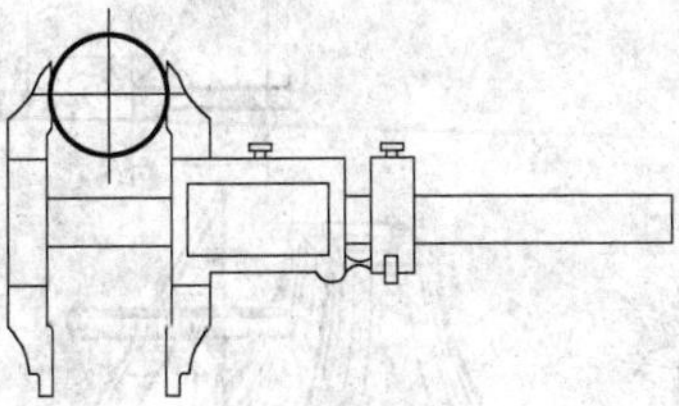

(c)游标卡尺

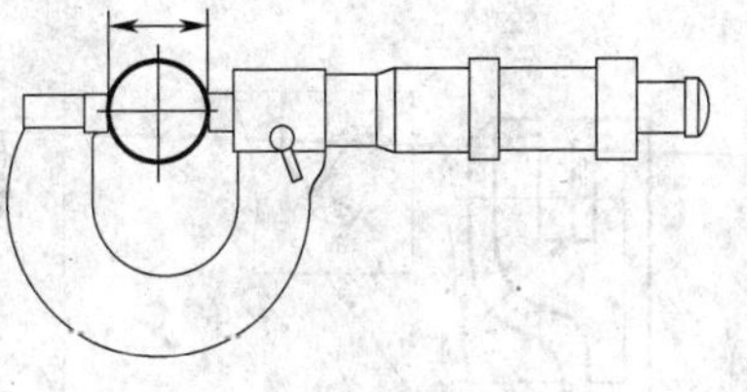

(d)千分尺

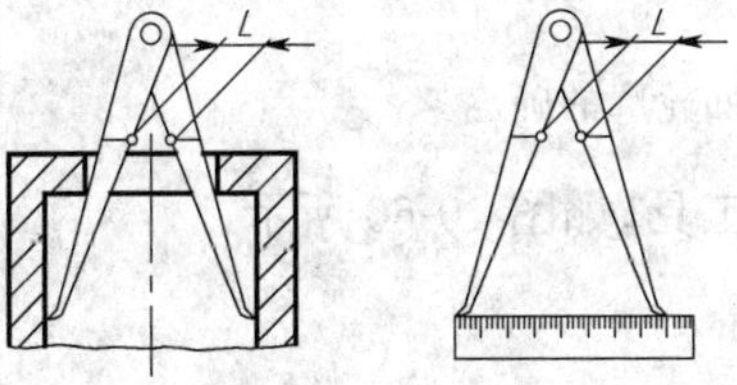

(e)内卡钳

(f)内外同值卡

图 10-57

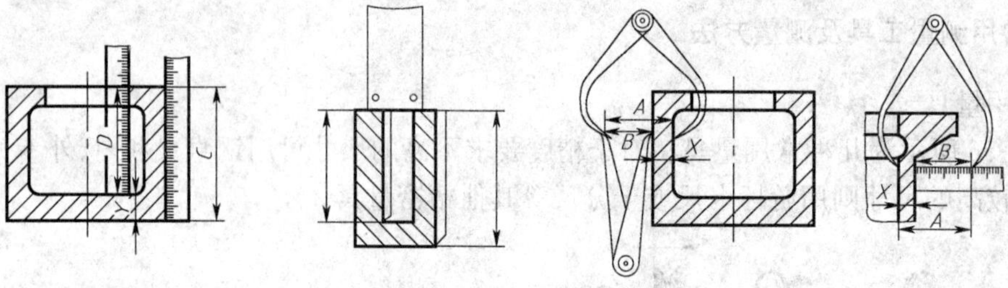

(g)直尺　(h)游标深度尺　(i)内、外卡钳配合

图 10-57　常用量具测量方法

(2)测量孔的定位尺寸或孔的中心距的方法,如图 10-58 所示。

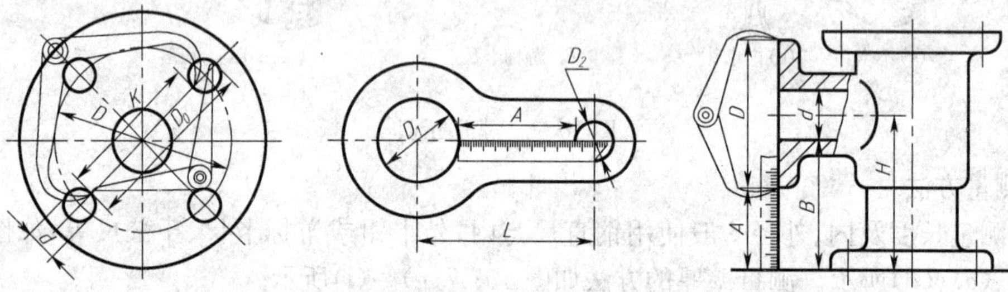

(a)　(b)　(c)

图 10-58　孔的定位尺寸与中心距的测量

(3)曲线轮廓和曲面轮廓的确定可用铅丝法或拓印法,如图 10-59 所示。

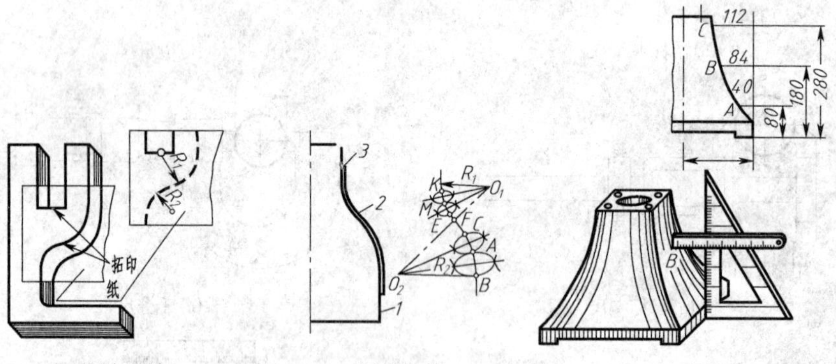

(a)拓印法　(b)铅丝法　(c)坐标法

图 10-59　曲线与曲面轮廓的确定

(4)测量圆角、螺纹时可用圆角规和螺纹规等工具,如图 10-60 所示。

三、零件测绘的注意事项

1. 零件上的缺陷(如气孔、砂眼)以及使用时造成的磨损、碰伤等,均不应画出。

2. 测绘零件草图上的工艺结构,如键槽、退刀槽、销孔、螺纹等,测量后应查相关手册,采用标准尺寸。

3. 零件上非配合尺寸,如果测得有小数,可取整数。对于配合尺寸应测出其基本尺寸,其

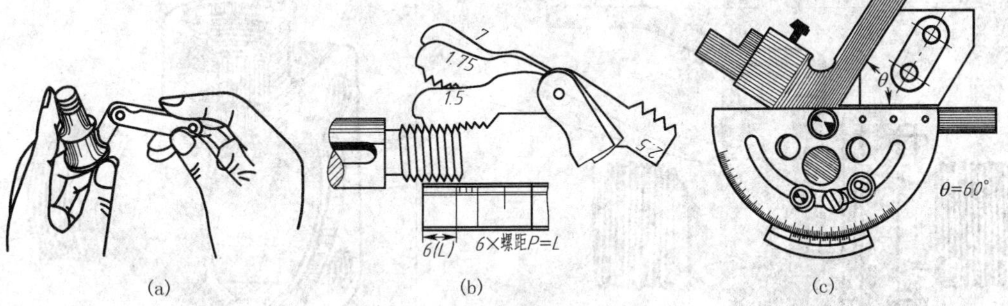

图 10-60 测量圆角、螺纹

配合性质及公差等级可根据零件的使用要求来确定。

第七节 读 零 件 图

一、读图的要求

读零件图的要求是:了解零件的名称、所用材料和它在机器或部件中的作用,同时应全面分析理解设计意图,拟定合理的加工方案。通过读零件图应熟悉和掌握零件各部分的形状和相对位置关系及其加工工艺和技术要求。

二、读图的方法和步骤

1. 概况了解

首先看标题栏,了解零件的名称、材料、比例等,初步认定属于哪一类零件及其外观特征、大致用途,并通过装配图查阅相关技术资料,进一步了解该零件用途以及与其他零件的关系。

2. 分析视图,想象形状

纵览全图,详细分析视图,想象出零件的形状。先看主要部分,再看次要部分。应用形体分析法抓特征部分,分别将组成零件的各个形体的形状想象出来。对于局部看不懂的地方,采用线面分析法仔细分析,辨别清楚。最后综合起来想整体。

3. 分析尺寸和技术要求

根据零件类型分析尺寸标注的基准及标注形式,找出定形尺寸、定位尺寸和总体尺寸,分析尺寸的标注是否完整。

看技术要求时,要弄清楚零件各部分的表面粗糙度要求,配合部分的加工精度要求,以便在加工时采取保证措施。

下面以图 10-61、图 10-62 所示阀体的立体图和零件图为例,说明读零件图的方法和步骤。

(1)读标题栏

该零件图名称是阀体,材料为铸钢 ZG230-450,画图比例 1∶2。此零件属于箱体类零件。

(2)分析表达方案

该零件采用三个基本视图,主视图采用全剖,左视图采用半剖,俯视图不剖。以上三个视图可以清楚地表达出阀体的内外形状特征。

(3)分析视图,想象形状

从图 10-62 可以看出阀体左端面为方形(75×75)连接板,板上加工出四个连接用螺纹孔(4×

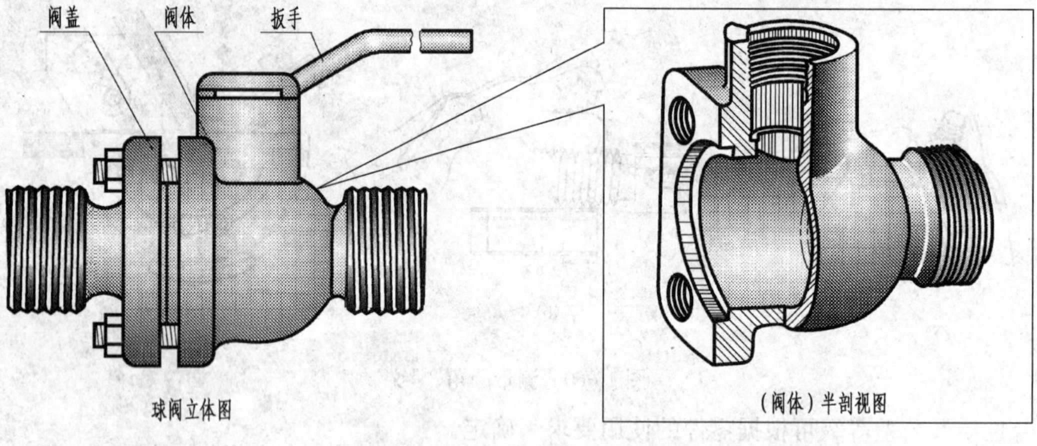

图 10-61　球阀上的“阀体”立体图

M12)。阀体中部外形呈圆球状；内部空腔呈圆柱状，直径为 $\phi43$。阀体右端凸出的圆筒结构上有外螺纹(M36×2)与相应的管道连接。圆筒内 $\phi20$ 的圆形通道为液体或气体的进出口。

阀体顶部外形也呈圆筒形，内部加工出不同尺寸的断面，同时还加工出 M24×1.5 的细牙内螺纹与相关零件(填料压紧套)相连。

(4)分析尺寸和技术要求

①尺寸基准分析

通过形体分析和图中的尺寸分析，可以看出阀体的长度方向尺寸基准是通过阀体垂直轴线的侧平面，宽度方向尺寸基准是通过该垂直轴线的正平面，高度方向尺寸基准是通过该阀体主通道中心线的水平面。

②尺寸和技术要求分析

该零件(阀体)为整体铸件，外形较简单，内形尺寸复杂，定形、定位尺寸较多，同时对表面粗糙度、尺寸公差、形位公差要求都较严格。

分析技术要求可知，表面粗糙度最高要求 *R*a 值为 6.3 μm(ϕ18H11 孔的内表面)。一般要求 *R*a 值为 12.5 μm 或 25 μm。图中 $\sqrt{}$ ($\sqrt{}$) 表示未注表面粗糙度值的表面采用不去除材料的方法获得，如图 10-62 所示。

尺寸公差方面：重要的端面之间、有配合要求的孔均注有公差要求，例如 $21_{-0.130}^{\ 0}$、$41_{-0.160}^{\ 0}$、ϕ51H11、ϕ22H11、ϕ18H11 等。

形位公差方面：阀体垂直轴线与通道中心线间有垂直度要求，阀体以 ϕ35H7 孔中心线为 *B* 基准，垂直轴线与 *B* 基准的垂直度要求公差值为 0.08 mm。ϕ35H7 孔的右端面与 *B* 基准垂直度要求公差值为0.06 mm。

4.综合归纳

通过以上几个方面的分析，经过综合、归纳，即可得到对该零件的全面了解和认识。

以上所述是看零件图的大致方法和步骤。通常在看某张零件图时还要参考有关技术资料和相关的零件图、装配图，将上述各项内容综合起来，就能够对所读零件建立起一个总体概念。

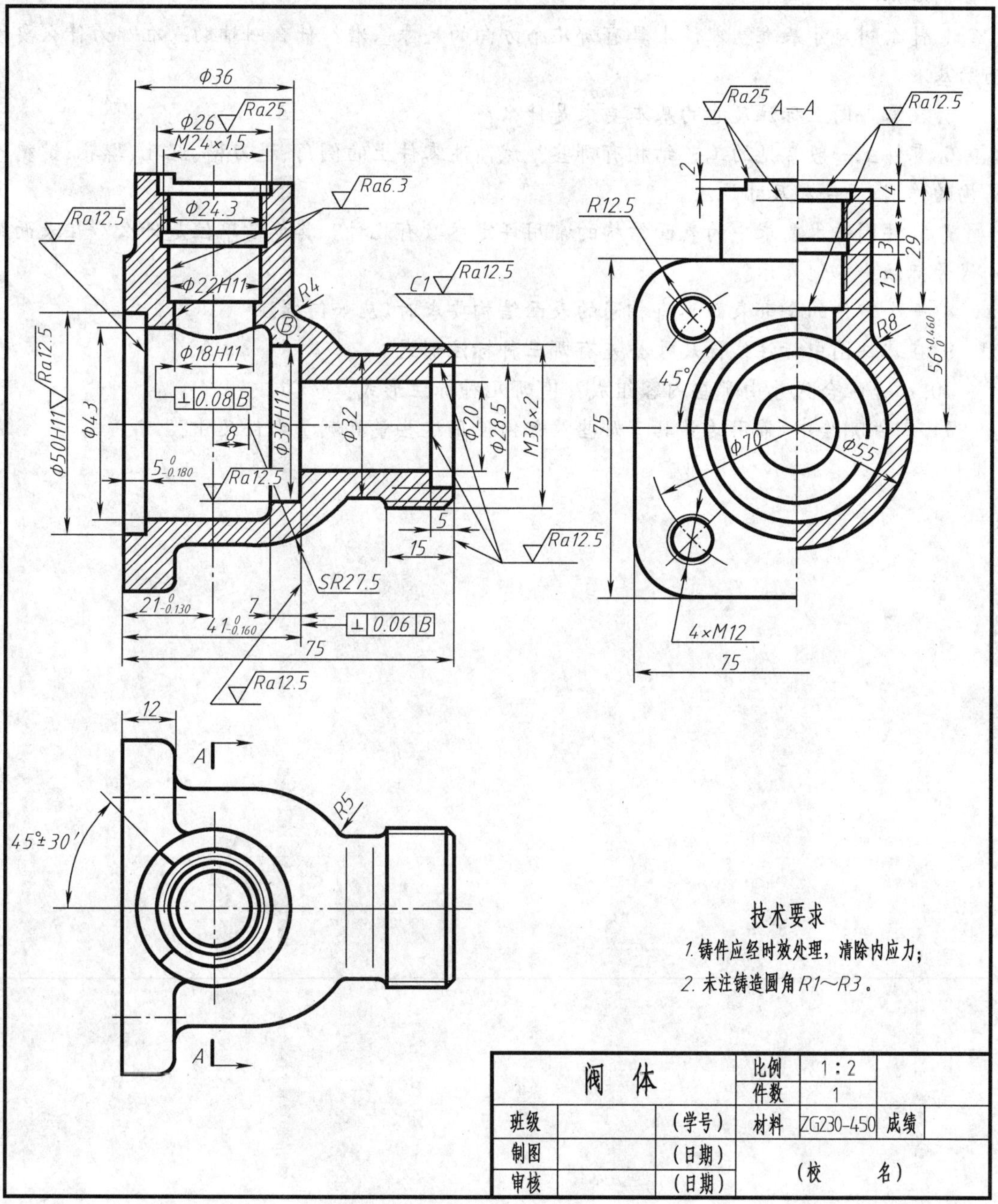

图 10-62 阀体零件图

复习思考题

1. 零件图在生产过程中起什么作用？一张完整的零件图应该包括哪些内容？
2. 零件的视图选择原则是什么？如何选定主视图？
3. 常见的零件按其结构形状大致可分成哪几类？它们通常具备哪些结构特点？其视图选

择分别有哪些特点?

4.什么叫尺寸基准?零件上具有哪几个方向的尺寸基准?什么叫辅助基准?为什么要设辅助基准?

5.在零件图上标注尺寸的基本要求是什么?

6.零件上一般常见的工艺结构有哪些?试简述零件上的倒角、退刀槽、沉孔、螺孔、键槽等结构的作用、画法和尺寸注法。

7.零件图技术要求中的表面结构的常用评定参数有几种?其计量单位是什么?在表面结构代号标注中如何表示?

8.一个零件的全部表面具有相同的表面结构要求时,应如何标注?

9.在零件图中标注线性尺寸公差有哪三种标注形式?

10.公差配合代号由哪些内容组成?有哪几种标注形式?

11.零件测绘中,常用的量具有哪些?如何使用这些量具测量零件尺寸?

第十一章 装 配 图

● **学习目标**

了解装配图的作用和内容;掌握装配图图样表达方案的选择原则。掌握装配图的特殊画法和规定画法;学会绘制装配图的基本方法和技能;能绘制一张中等复杂程度装配体的装配图。

● **本章重点**

掌握装配图的规定画法、特殊画法和尺寸的规定注法。学会识读装配图的基本方法。

● **本章难点**

在理解装配体的设计意图中读懂装配体的工作原理和装配关系。识读装配图时能想象出主要零件的结构形状,并能拆画主要零件。

第一节 装配图的内容和表示法

一、装配图的内容

图 11-1 是铣刀头装配轴测图,图 11-2 是铣刀头装配图。

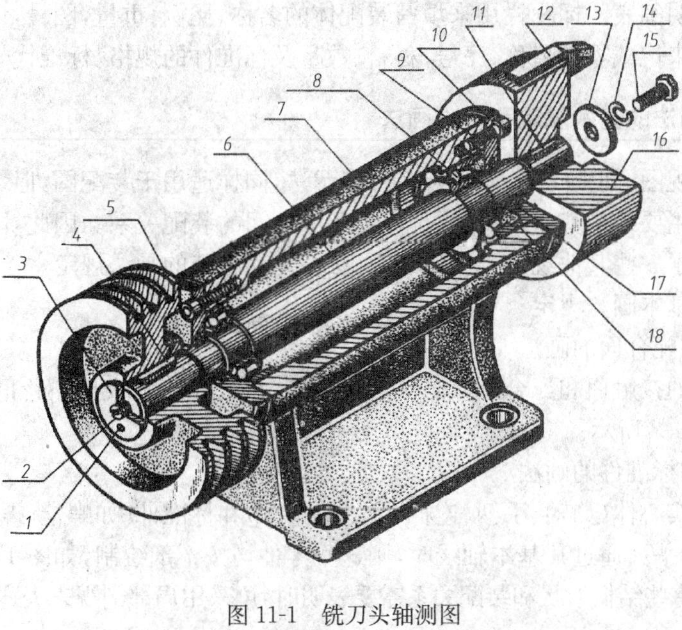

图 11-1 铣刀头轴测图

从图中可以看出,一张完整的装配图包括以下 4 项基本内容:

1. 一组视图 用来表达装配体的构造、工作原理、零件间的装配与连接关系以及主要零件

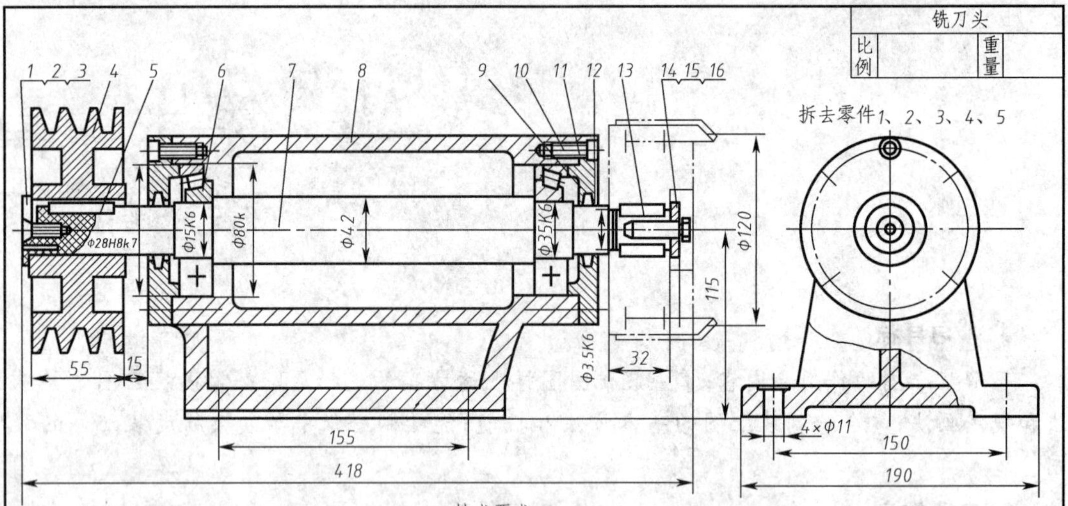

技术要求

1. 铣刀轴的轴内间隙不大于 0.01。

2. 主轴线得轴线与座位表面的平行度公差为 0.05。

序号	代号	名称	每组数量	材料	备注
16		垫圈5套	1	65Nn	GB/T93-1987
15		螺栓 M6X20	1	A3	GB/T5780-2000
14		挡圈 BX20	1	35	GB/T892-1986
13		含量9X40	2	45	GB/T1096-2003
12		毡圈套	1	222-26	JB-ZQ4606-1986
11		端盖	2	HT20-40	
10		螺钉 M6X20	12	Q235	GB/T701-2000
9		调整环	1	35	
8		座体	1	HT20	
7		轴	1	45	
6		轴承30 307	2		GB/T297-1994
5		键8X40	1	45	GB/T1096-2003
4		皮带轮	1	HT15	A型
3		销 3m6X12	1	35	GB/T119.6-2001
2		螺钉 M6X18	2	Q235A	GB/T68-2000
1		挡圈	1	Q235A	GB/T891-1986

图 11-2 铣刀头装配图

的结构形状。

2. 必要的尺寸 标注出装配体中各零件间的配合、连接关系及装配体规格、外形尺寸等。

3. 技术要求 用文字或符号说明装配、检验、调整、试车等方面的要求。

4. 标题栏和明细表 标题栏用来填写装配体的名称、比例、重量，图号，设计者姓名和设计单位。明细表用来记载零件名称、序号、材料、数量及标准件的规格、标准代号等。

二、装配图画法的基本规定和特殊画法

零件图中的视图、剖视图、断面图等各种表示法，同样适用于装配图，但装配图着重表达装配体主要零件的主要结构特点、工作原理以及各零件间的装配关系。因此，国家标准对装配图的表达方法又做了一些其他规定，如基本的画法规定和特殊的画法规定。

1. 装配图的基本画法规定

(1)接触面与配合面的画法

两相邻零件的接触面和配合面只画一条线。非配合、非接触表面不论间隙大小都必须画出两条线，如图 11-3 所示。

(2)实心件和标准件的画法

装配图中的实心体(如轴、手柄、连杆、球、键、销等)和标准件(如螺栓、螺钉、螺母等)，若被纵向剖切，且剖切平面通过其基本轴线时，则这些零件均按不剖绘制，如图 11-2 所示。

当实心件上有些结构形状和装配关系需要表明时，可采用局部剖视来表达，如图 11-4 所示。

(3)剖面线的画法

①同一个零件的剖面线在各个剖视图、断面图中应保持方向相同、间隔相等。

②相邻零件的剖面线倾斜方向应相反。

③三个零件相邻时，其中两个零件的剖面线方向相反，第三个零件要采用不同的剖面线间隔，如图 11-5 所示。

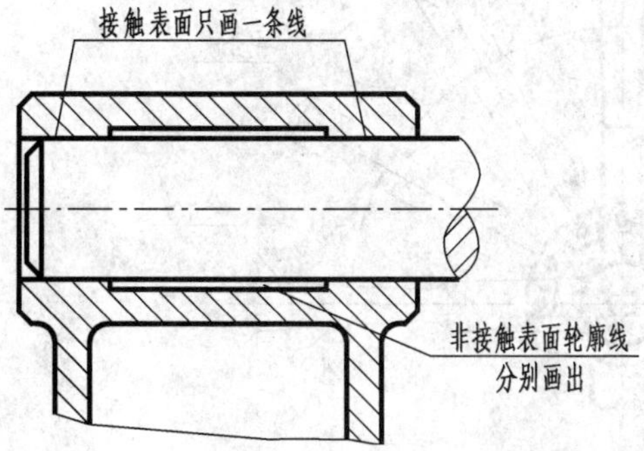

图 11-3 接触表面与非接触表面的画法

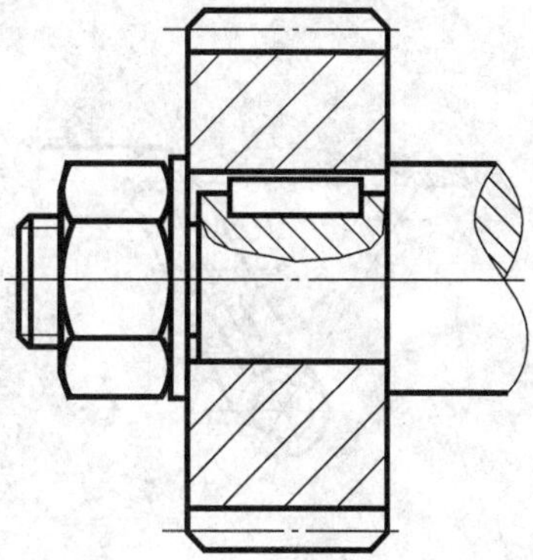

图 11-4 实心件和紧固件的画法

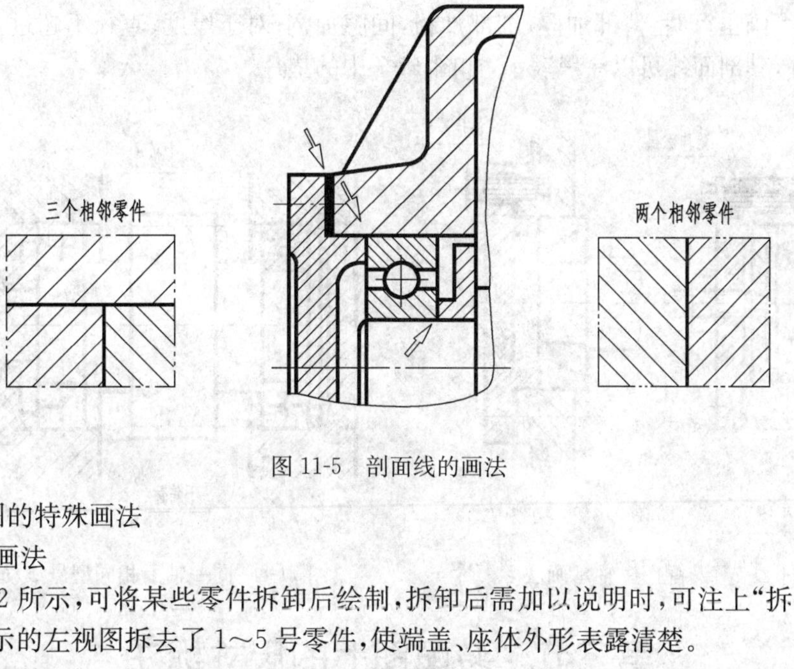

图 11-5 剖面线的画法

2.装配图的特殊画法

(1)拆卸画法

如图 11-2 所示，可将某些零件拆卸后绘制，拆卸后需加以说明时，可注上“拆去××等”。图 11-2 中所示的左视图拆去了 1～5 号零件，使端盖、座体外形表露清楚。

(2)假想画法

对部件中某些零件的运动范围、极限位置或中间位置，可用双点画线画出其轮廓，如图 11-6所示。对于与本部件有关但不属于本部件的相邻零部件，可用双点画线表示其与本部件的连接关系，如图 11-2 所示。铣刀头右端安装的铣刀盘不属于该装配体，由用户自配，因此铣刀盘用双点画线画出。

(3)简化画法

①对于装配图中的螺栓连接等若干相同零件组，允许仅详细地画出一组，其余用细点画线表示出中心位置即可，如图 11-2 中的螺钉画法。

②装配图中的滚动轴承允许采用图 11-7 所示的规定画法和特征画法。同一轴上相同型号的轴承，在不致引起误解时可只完整地画出一个(图 11-8)。

(4)夸大画法

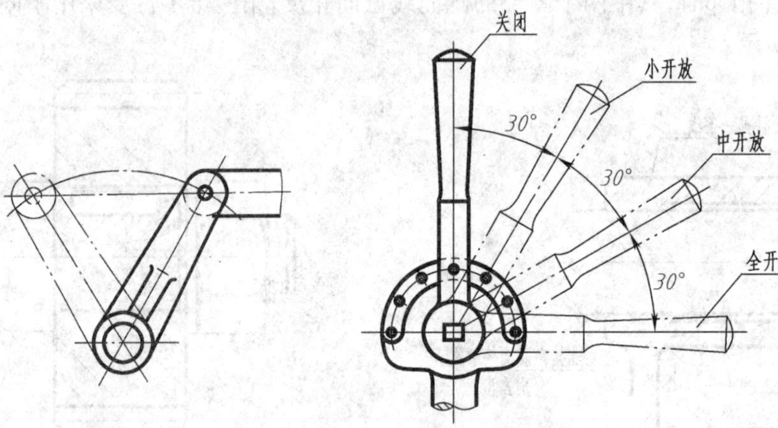

图 11-6　零件运动范围的画法

在装配图中，为了清楚地表达较小的间隙与薄垫片等，在无法按其实际尺寸画出时，允许适当加以夸大画出，即将薄部加厚，细部加粗，间隙加宽；对于厚度、直径不超过 2 mm 的被剖切薄、细零件，其剖面线可以涂黑表示，如图 11-7 中的垫片。

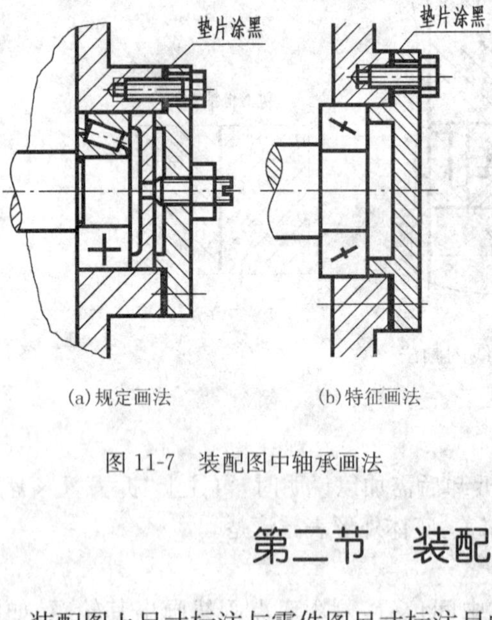

(a)规定画法　　(b)特征画法

图 11-7　装配图中轴承画法

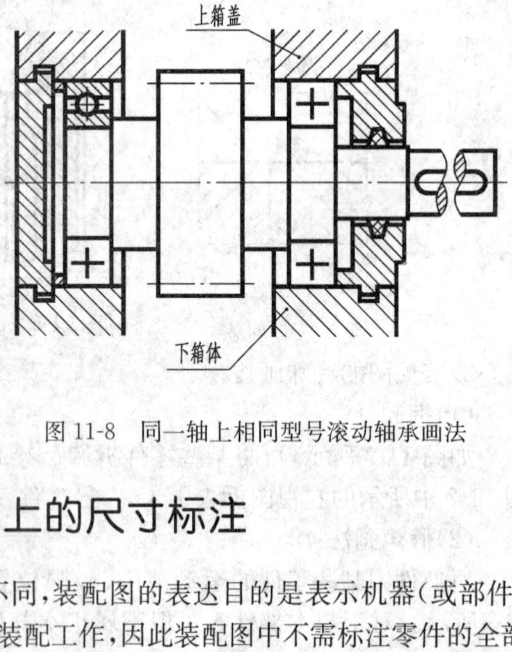

图 11-8　同一轴上相同型号滚动轴承画法

第二节　装配图上的尺寸标注

装配图上尺寸标注与零件图尺寸标注目的不同，装配图的表达目的是表示机器（或部件）中零件之间的装配关系和工作原理，并用来指导装配工作，因此装配图中不需标注零件的全部尺寸，而只需注出下列几种必要的尺寸：

1. 规格（性能）尺寸　表示机器、部件规格或性能的尺寸，是设计和选用部件的主要依据，例如图 11-2 中铣刀盘的尺寸 115。

2. 装配尺寸　表示零件之间装配关系的尺寸，如配合尺寸和重要相对位置尺寸。例如图 11-2 中 V 带轮与轴的配合尺寸 $\phi 28H8/K7$。

3. 安装尺寸　表示将部件安装到机器上或将整机安装到基座上所需的尺寸。例如图 11-2 中铣刀头座体的底板上四个沉孔的定位尺寸 155×150。

4.外形尺寸　表示机器或部件外形轮廓的大小,即总长、总宽和总高尺寸。外形尺寸为包装、运输、安装所需的空间大小提供依据。

除上述尺寸外,有时还要标注其他重要尺寸,如主要零件的重要结构尺寸等。

第三节　装配图中的序号、明细表和技术要求

一、零部件序号及其编排方法(GB/T 4458.2—2003)

为了便于看图和管理图样,装配图中所有的零部件都必须编写序号。相同的零部件编一个序号,一般只标注一次。序号应注写在视图外明显的位置上,如图11-2所示。

1.序号的编排形式有三种,如图11-9所示。

(1)在指引线的一端画水平线(细实线),序号注写在上面。此种方法简单、醒目。

(2)在指引线的一端上画圆(细实线圆),序号注写在圆内。

(3)在指引线的一端附近直接注写序号。

序号的字号应比该图样中所注尺寸数字的字号大一号或两号。编注零部件的序号应按顺时针(或逆时针)方向整齐地顺次排列。

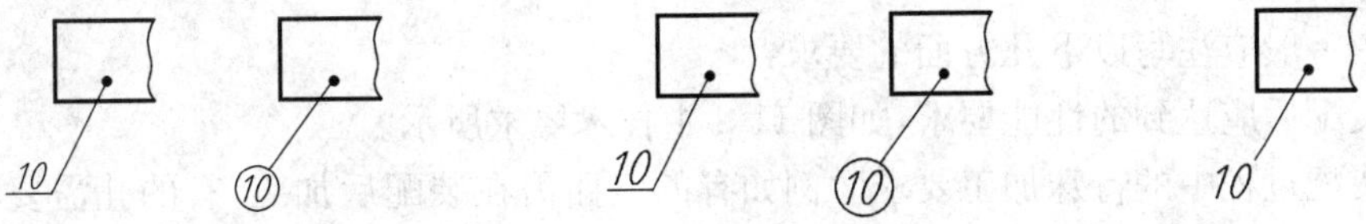

(a)比尺寸数字大一号　(b)比尺寸数字大两号　(c)必须比尺寸数字大两号

图11-9　序号的编写方式

2.在装配图中指引线画法规定如下:

(1)指引线应自所指部分的可见轮廓内引出,并在末端画一圆点,如图11-9所示。若所指部分(很薄的零件或涂黑的剖面)内不便画圆点时,可在指引线的末端画出箭头,并指向该部分的轮廓,如图11-10(a)所示。

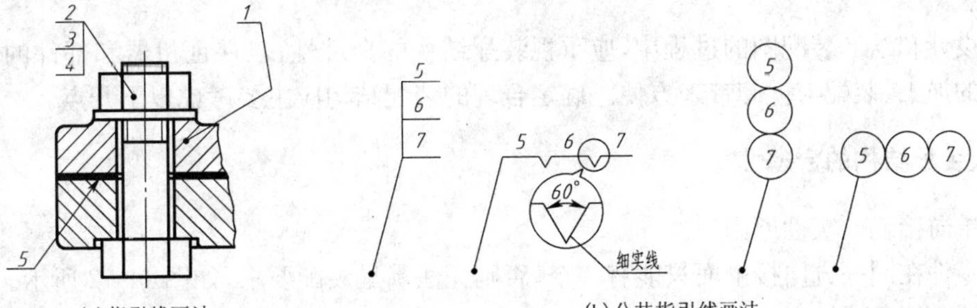

(a)指引线画法　(b)公共指引线画法

图11-10　指引线画法

(2)指引线互相不能相交,当通过剖面区域时,指引线不应与剖面线平行。指引线可以画成折线,但只能曲折一次,如图11-10(a)所示。

对一组紧固件以及装配关系清楚的零件组,可采用公共指引线,如图11-10(b)所示。

二、标题栏和明细表

对于装配图所用的标题栏及明细表的格式和内容，在制图作业中建议采用图 11-11 的格式。

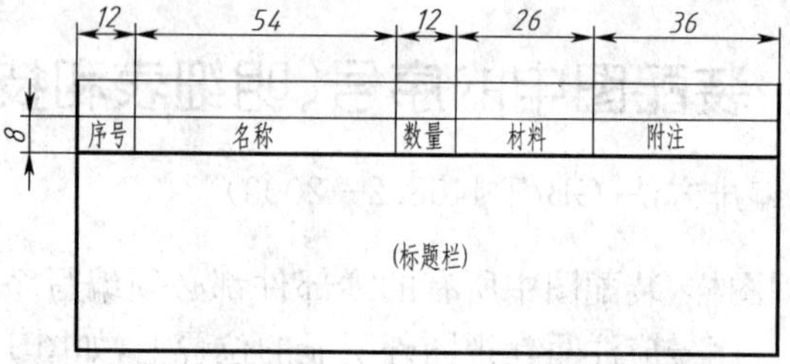

图 11-11　主标题栏和明细表(供学校画图时参考)

明细表序号应按零件序号顺序自下而上填写，以便在发现有漏编零件时可继续向上补填。为此，明细表最上面的边框线规定用细实线绘制。明细表表格向上位置不够时，可以延续放在标题栏的左边，如图 11-2 所示。

三、技术要求

装配图中一般应注写以下几方面的要求：

1. 部件装配后应达到的性能要求，如图 11-2 中技术要求所示。

2. 部件装配过程中的特殊加工要求。例如有的表面需在装配后加工，有的孔需要将有关零件装好后配作，类似这些要求都需要在装配图中注明。

3. 检验、试验方面的要求。

4. 产品在维护、保养、使用时的注意事项及要求。

上述各类技术要求，并不是每张装配图都要注全，究竟应该注哪些，应根据需要而定。技术要求通常注写在图纸的右下方空白处，也可编成技术文件，作为图纸的附件。

第四节　常见装配结构简介

在设计和绘制装配图的过程中，应重视装配结构的合理性，以保证机器和部件的性能，并给零件的加工、装配与拆卸带来方便。确定合理的装配结构应主要考虑以下几点。

一、装配结构的合理性

1. 单向接触一次性原则

两零件在同一方向接触面只能有一个，否则无法满足装配要求，如图 11-12 所示。

2. 孔边倒角或轴根切槽原则

为了保证零件之间相邻两接触面良好接触，可将孔边加工出适当倒角(或倒圆)；或将轴根处加工出槽(退刀槽或越程槽)，如图 11-13 所示。

二、装拆的合理结构

1. 考虑到装拆的方便与可能，应留出扳手的转动空间，并考虑足够的安装和拆卸紧固件的空间，如图 11-14 所示。

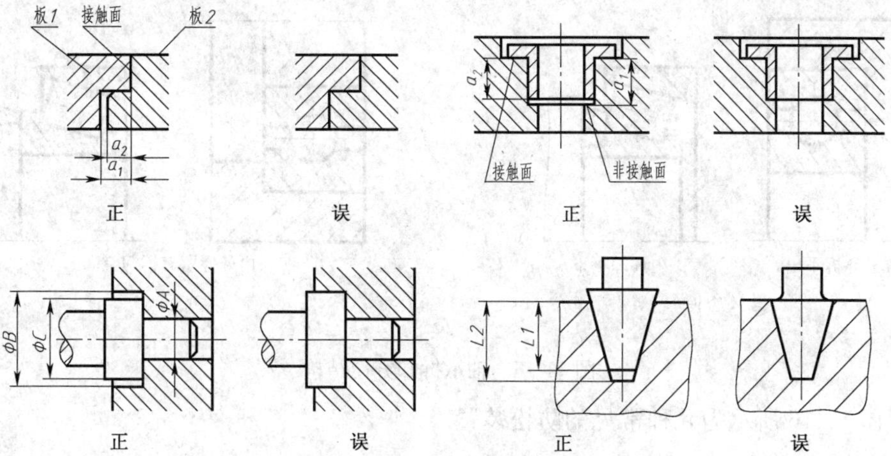

图 11-12 零件接触面数量的要求

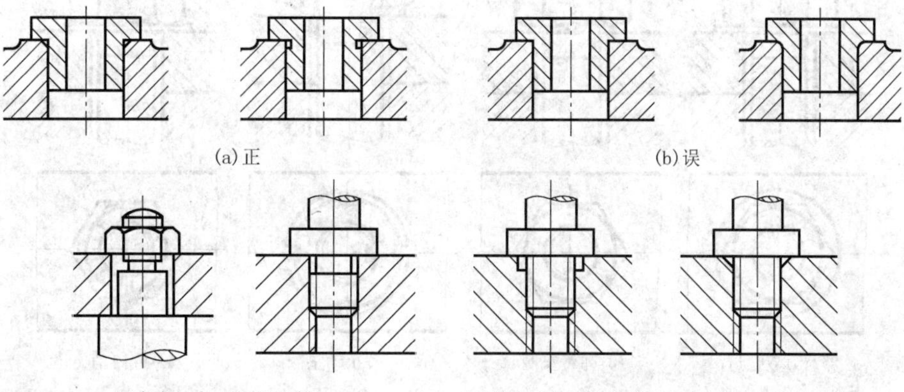

(a)正 (b)误

(c)螺杆上加工出退刀槽 (d)螺孔上加工出凹坑 (e)螺孔上加工出倒角

图 11-13 轴肩与孔口接触的画法

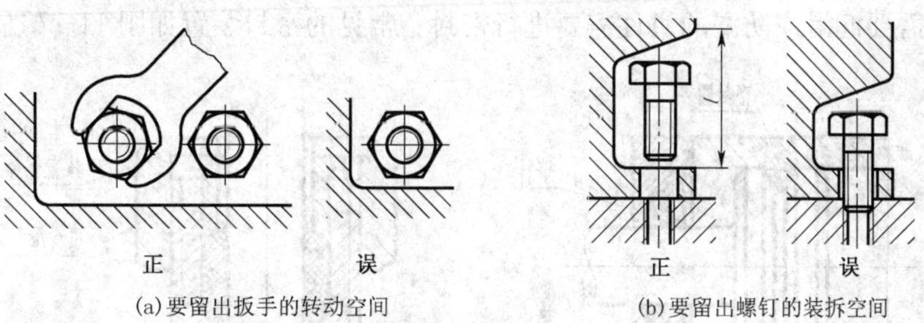

(a)要留出扳手的转动空间 (b)要留出螺钉的装拆空间

图 11-14 装拆的合理结构

2. 滚动轴承的安装与拆卸应考虑方便性和拆卸的合理性，如图 11-15 所示。

三、其他装配结构

1. 防松装置

机器运动时，由于受到震动或冲击，螺纹连接件可能发生松动，因此在机构中需要设计防

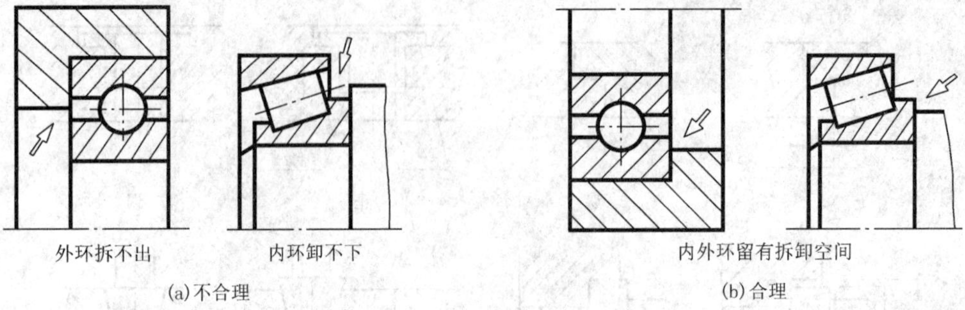

图 11-15　轴承拆卸方便结构

松装置。图 11-16 所示为几种常见的防松装置。

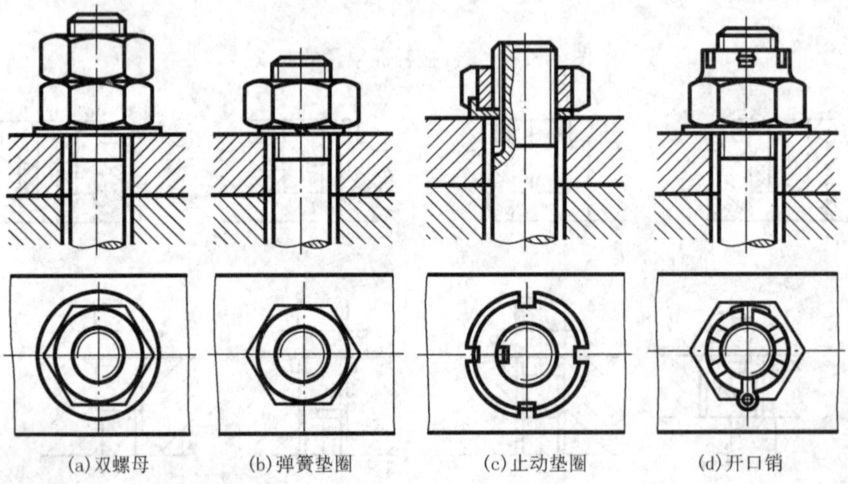

图 11-16　防松装置

2. 密封装置

机器中需要润滑或防漏的机件需要进行密封。常见的密封装置如图 11-17 所示。

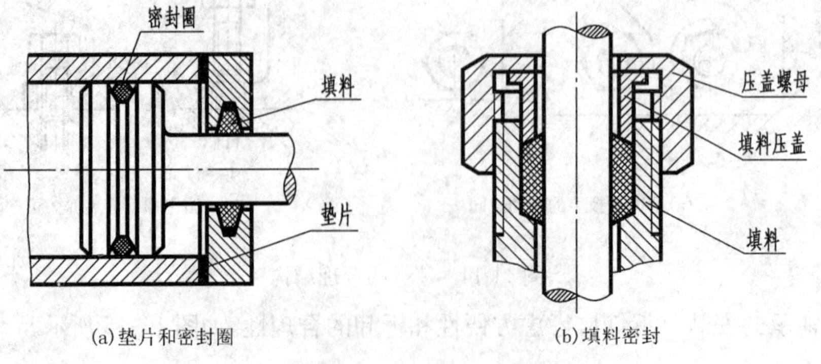

图 11-17　密封装置

(1)垫片密封　常在两零件之间加垫片密封,同时也改善了接触性能〔图 11-17(a)〕。

(2)密封圈密封　将密封圈放在槽内,受压后贴紧机体表面,从而起到密封作用〔图 11-17

(a)〕。

(3)填料密封　在阀体内制有空腔，内装填料，当压紧填料压盖时就起到了防漏密封作用〔图 11-17(b)〕。

画图时，填料压盖不要画成压紧的极限状态，即与阀体端面之间应留有空隙，以保证将填料压紧。

第五节　画装配图的方法与步骤

测绘机器或部件时先画出零件草图，再依据零件草图拼画成装配图。

画装配图与画零件图的方法步骤类似。画装配图时，先要了解装配体的工作原理，各种零件的数量及其在装配体中的功能，以及零件间的装配关系。现以铣刀头为例，说明画装配图的方法与步骤。

一、了解和分析装配体

铣刀头是安装在铣床上的一个专用部件，其作用是安装铣削零件的铣刀。由图 11-2 可知，该部件由 16 件零件组成(其中标准件 10 件)。

铣刀头的主要零件有铣刀轴、V 带轮和座体，为了清楚表达铣刀头装配图的工作原理和装配关系，常使用简单的线条和符号形象地画出装配示意图，供画装配图时参考。图 11-18 所示为铣刀头装配示意图。

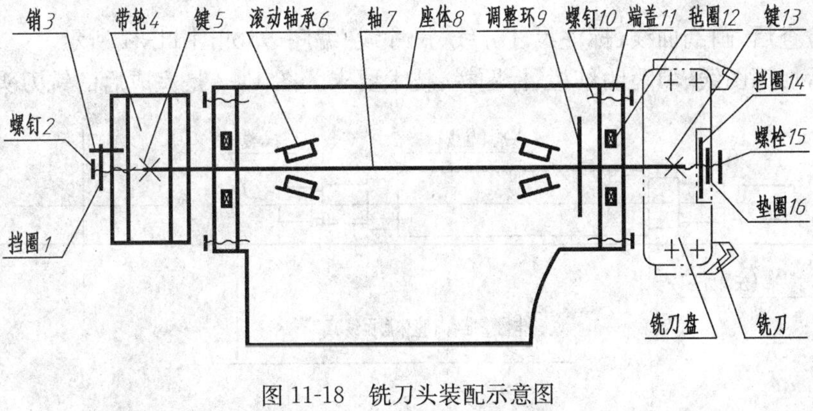

图 11-18　铣刀头装配示意图

二、确定表达方案

1. 主视图的选择

主视图应能反映部件的主要装配关系和工作原理。如图 11-2 所示，铣刀头座体水平放置，符合工作位置，该装配件只有一条主装配线，所以主视图采用全剖视图，并在轴两端画局部剖视图，即可清楚地表示出铣刀头的工作原理和装配关系。

2. 其他视图的选择

其他视图用于补充主视图尚未表达清楚的部分，同时应重点突出，尽量采用较少的视图，避免表达内容多次重复。

如图 11-2 所示，主视图确定后，为了表达出座体形状，增加左视图并在左视图中采用“拆卸画法”拆去零件 1～5，同时增加局部剖视反映出安装孔和座体的内部结构形状。

视图中的铣刀盘不属于这个部件，为了表达它们的装配关系，采用了“假想画法”，即用双点画线画出铣刀盘大致形状并便于标注铣刀头的规格尺寸。

三、画装配图的一般步骤

1. 画图框、标题栏、明细栏和布置各视图位置

画出图框、图幅以及标题栏、明细栏的外框，再画出各视图的主要轴线、对称中心线、部件主要基面的轮廓。布置视图时，要注意留有编写零、部件序号以及注写尺寸和技术要求的位置，图面的总体布置应力求布局匀称。

2. 画底稿

在完成装配图的画图过程中，底稿画得是否得法，对画图速度和质量有很大影响，因此必须注意画底稿的方法和步骤。

(1)画装配图比画零件图复杂，一般应从主视图画起，几个视图相互配合一起画。但也可按具体情况先画某一视图。为了使装配图中每个零件绘制在正确的位置，并尽可能少画一些不必要的线条，应围绕部件的装配干线进行绘制，一般由里向外画，先画轴，并以轴为基础，按照装配关系画出轴上各零件，然后再装上座体、端盖、皮带轮、铣刀等；最后画次装配线和细部结构，如图 11-19、图 11-20 所示。

(2)绘图过程中，要随时检查零件间正确的装配关系，哪些面应该接触，哪些面之间应该留有间隙，哪些面为配合面等，必须正确判断并相应画出，还要检查零件间有无干扰和互相碰撞，并及时纠正。

(3)经检查后，画剖面线、标注尺寸界线、尺寸线、编序号，如图 11-21 所示。

(4)最后加深图线、填写明细栏、标题栏、技术要求。图 11-2 是完成后的铣刀头装配图。

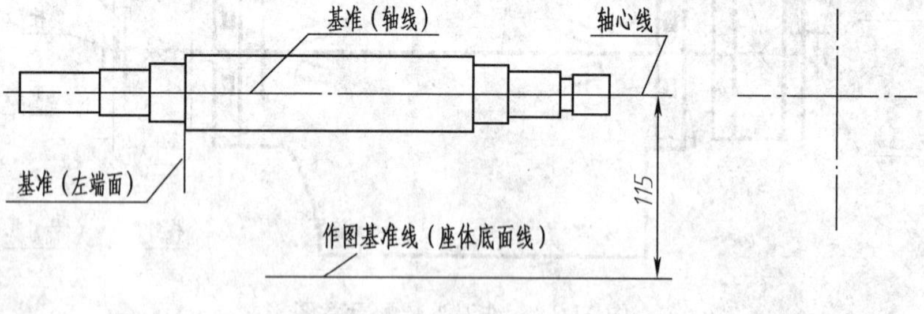

图 11-19　画中心线和传动轴

(1)先画出传动轴中心线(装配干线)，量取尺寸 115 画出座体底面线，在左视图的位置上画出对称中心线(图 11-19)。

(2)首先画出传动轴主视图(图 11-19)，再画出滚动轴承和座体的视图(图 11-20)。轴承靠轴肩左端面定位，画座体时应以此端面为控制基准；根据装配时左端盖压紧轴承这个要求，就可以确定座体的位置(见图中文字说明)。

(3)画出端盖、皮带轮，再画出部件的次要结构和其他零件，如调整环、键连接、挡圈、螺钉连接等，完成细部结构(图 11-21)。

(4)视图检查和修改后加深轮廓线，注上尺寸和公差配合，画剖面线，标注序号，填写标题栏和明细表，写明技术要求，完成装配图。

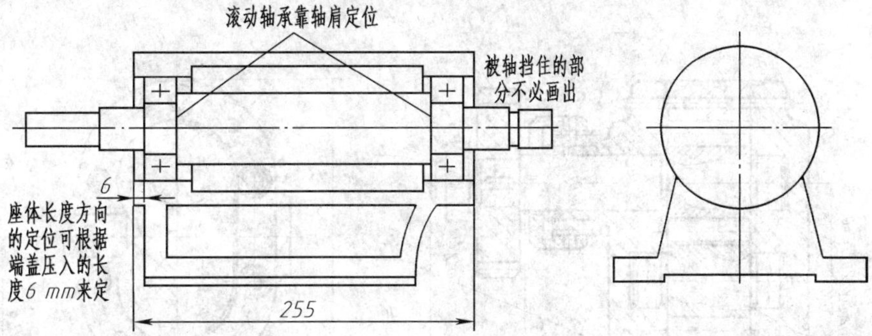

图 11-20 画轴承和座体

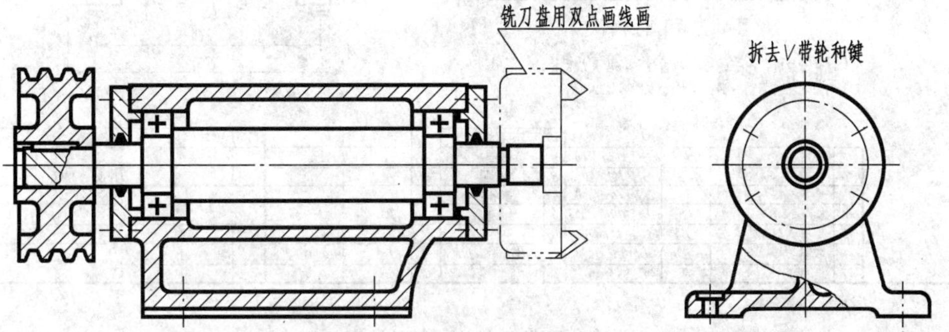

图 11-21 画皮带轮、端盖等零件

第六节 读装配图和拆画零件图

一、读装配图的方法与步骤

在进行机器设计、制造、使用、维修和技术革新等各种生产活动中，都涉及到识读装配图，因此，熟练地阅读装配图是工程技术人员必须具备的能力。

1. 读装配图的基本要求

(1)了解装配体的名称、用途、性能及工作原理；

(2)了解装配体中各零件间的相对位置、装配关系、连接方式以及装拆顺序；

(3)弄清楚各零件(特别是几个主要零件)的结构形状和作用。

2. 读装配图的方法和步骤

现以图 11-22 所示齿轮油泵为例，说明读装配图的一般方法和步骤。

(1)概括了解

首先由标题栏了解装配体名称和用途，由明细表了解零件的名称、种类、数量，从外形尺寸了解装配体的大小。

由图 11-22 中的标题栏和明细表得知，装配体名称为“齿轮油泵”，共由 17 件零件组成。它的外形尺寸是 118、85、95。

(2)分析视图

首先了解装配图各视图间的投影关系以及每个视图表达的主要内容。

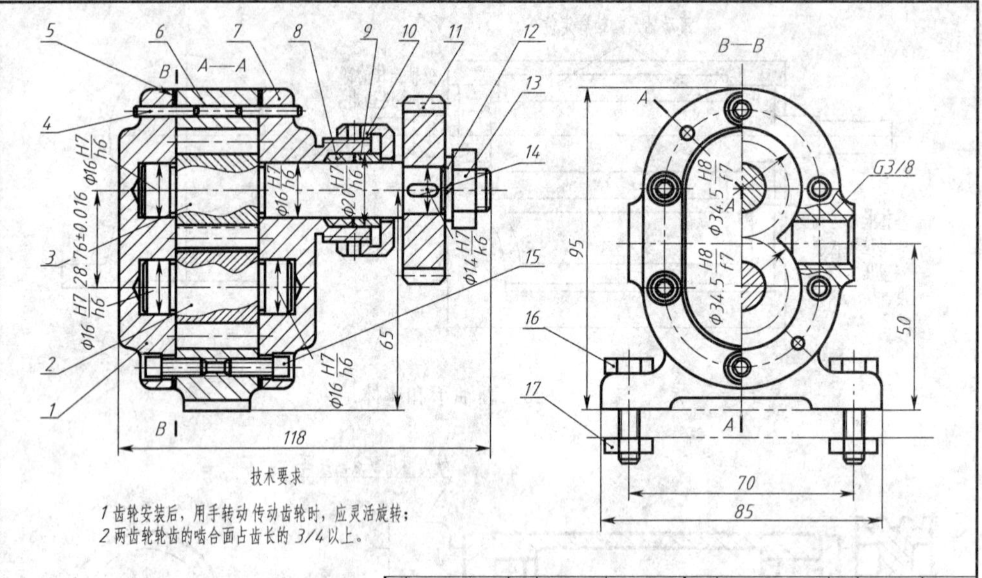

17	螺 母 M6	2	Q235	GB/T6170—2000
16	螺 栓 M6×30	2	Q235	GB/T5782—2000
15	螺 钉 M6×16	12	35	GB/T70—2000
14	键 5×10	1	45	GB/T1096—2003
13	螺 母 M6×30	1	35	GB/T6171—2000
12	垫 圈 12	1	65Mn	GB/T85—2000
11	传动齿轮	1	45	m=2.5z=20

10	压紧螺母	1	35	
9	轴套	1	ZCuSn5PbZn5	
8	密封圈	1	橡胶	
7	右端盖	1	HT200	
6	泵体	1	HT200	
5	垫片	2	纸	δ=1
4	键 A5×18	4	45	GB/T119-2003
3	传动齿轮轴	1	45	m=3,z=9

2	齿轮轴	1	45	m=3,z=9
1	左端盖	1	HT200	
序号	名称	件数	材料	备注

齿轮油泵		比例		04—00
		件数		
制图		重量		第1张 共1张
描图		（厂 名）		
审核				

图 11-22　齿轮油泵装配图

图 11-22 中，齿轮油泵共选用了两个基本视图。主视图是采用 A—A 剖切面获得的全剖视图，反映出油泵的外部形状和齿轮的啮合情况；左视图采用了拆卸画法，沿端盖 1 和泵体 6 的结合面剖切，画成了半剖视图，表达了齿轮油泵的工作原理及泵盖与泵体的连接方式和连接件位置，进油孔的结构采用局部剖视图来表达，左视图还表达了齿轮油泵的安装方式。

(3)了解工作原理和装配关系

在概括了解和分析视图之后，应进一步根据各视图分析机器或部件工作原理和装配关系。

在分析时，一般从表达装配关系和工作原理较多的视图开始（多为主视图），逐步地看懂零件间的装配关系。

齿轮油泵工作原理如图 11-23 所示。当一对齿轮的啮合齿逐渐分开时，进油口一侧容积增大，压力降低，油池内的油被吸入泵内。随着齿轮的传动，齿槽内的油被送到出油口。由于轮齿的不断啮合，出油口容积缩小，油被压入排出管，送至机器中需要润滑的部位。

凡属泵、阀类部件都要考虑防漏问题。为此，在泵体与端盖间加入防漏垫片 5，并在传动齿轮轴 3 的伸出端用填料 8、轴套 9、压紧螺母 10 加以密封。

齿轮油泵装配关系从图 11-22 中可以看出，左、右两端盖与泵体采用 4 个圆柱销定位，用 12 个螺钉紧固在一起。

传动齿轮轴 3 和传动齿轮 11 间采用基孔制过渡配合（ϕ14H7/k6）。齿轮轴 2、传动齿轮轴 3 与两端盖孔间采用基孔

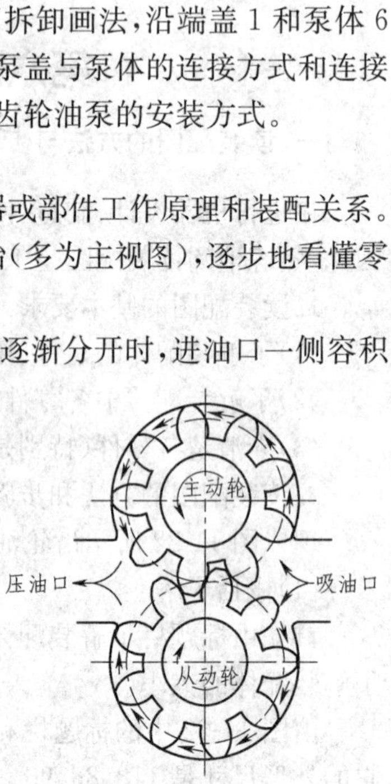

图 11-23　油泵工作原理示意图

制(或基轴制)间隙配合(ϕ16H7/h6),这样既能保证轴在两端盖孔中转动,又可减小或避免轴的径向跳动。

啮合齿轮中心距为28.76±0.016,精度要求较高。中心距尺寸准确与否将会直接影响齿轮油泵的质量。

(4)分析零件的形状

应首先分析装配体的主要零件,再看次要零件。分析零件首先要将零件从装配图中分离出来。分离的方法如下:

①根据零件编号,直接找到各零件。

②根据投影关系,在相关视图中读出零件。

③根据各零件剖面线方向和间隔,分清零件轮廓范围。

④借助丁字尺、三角板、分规等查找投影关系。

根据装配图所示(图11-22),装配体中零件(件1、2、3、7)是主要零件,利用形体分析法并综合以上分析,识读零件的形状结构。

(5)归纳总结

对装配关系、主要零件的结构形状、尺寸和技术要求进行综合归纳,从而对整个装配体有一个完整的概念,为下一步拆画零件图打下基础。实际读图时,上述步骤是不能截然分开的,常常是边了解、边分析综合地进行。齿轮油泵轴测装配图可参看第十章图10-1。

二、由装配图拆画零件图

根据装配图拆画零件图(简称拆图)是产品设计过程中的重要环节,也是检验是否读懂装配图的有效方法。拆图应在基本读懂装配图的基础上进行。拆图前,要全面了解该装配体的设计意图,弄清楚装配关系、技术要求和主要零件的主要结构形状。

1.拆画零件图步骤

(1)确定零件的表达方案

零件图与装配图表达的内容与目的不同,因此拆画零件图时可以参考装配图的表达方案,但不能简单照抄。同时应对所拆零件做全面分析,并按零件图的视图表达要求重新安排视图,确定零件的表达方案。

(2)绘制所拆零件的各个视图

装配图的视图表达方案虽主要是从表达装配关系和整个部件情况考虑的,但主要零件的主要开关特征及各个零件的功能和结构特征均表达完整。所以通常情况下,所拆零件的基本视图的投射方向和摆放位置应尽量与装配图保持一致的。对装配图中未能完全表达的形状、结构应根据零件的功能及结构补充完善。

(3)补全工艺结构

在装配图上,零件的工艺结构,如倒角、圆角、退刀槽等,往往省略不画。拆画零件图时,这些结构应按标准结构和尺寸补全。

(4)补齐尺寸、注写技术要求

装配图上零件尺寸标注不完全,因此在拆画零件图时,除抄注与该零件有关的尺寸外,其余各部尺寸应按比例从装配图中量取。对于零件的标准结构、工艺结构应查相关手册,按标准参数圆整。

技术要求在零件图上占有重要地位,它直接影响零件的加工质量。零件的表面粗糙度、尺寸公差、形位公差和热处理(时效处理)等,涉及到许多专业知识,初学者可参照同类产品的相应零件图用类比法确定。

2.拆画零件图举例

下面以拆画图11-22齿轮油泵装配图中的左端盖为例,说明拆画零件图的方法和步骤。

(1)确定零件的结构形状

在装配图的主、左视图上可以清楚地看出左端盖的内外结构形状,同时左视图还清楚地表示出销孔、沉孔的尺寸与位置。

(2)选择表达方案

经过分析,确定左端盖主视图投射方向与装配图主视图相同,同样采用A—A全剖视图。从剖视图中可以看清左端盖侧面轮廓、内部结构形状以及内孔中心距。

主视图上未能表达该件的端面形状和孔的分布情况用左视图表达。

(3)尺寸标注

除了标注装配图上已给出的尺寸和可直接量取的一般尺寸外,还应确定以下几个特殊尺寸:

①根据"M6"查相关标准,确定内六角圆柱头螺钉用的通孔尺寸为$6\times\phi6.6$,沉孔$\phi11$深6.8;

②为了保证圆柱销定位的准确性,销孔应与泵体同钻铰;

③确定沉孔、销孔的定位尺寸为$R22$,该尺寸必须与右端盖和泵体上的相关尺寸协调一致。

(4)注写技术要求

通过分析齿轮油泵装配图和参考同类产品的资料来确定各项技术要求。

①表面粗糙度的确定　在端盖上的有钻铰要求的孔、有相对运动的孔以及相互配合的孔的表面,其表面质量要求都比较高,故给出的Ra的上限值分别为0.8 μm和1.6 μm;其他表面粗糙度Ra值可按常规给出。

②配合孔的极限偏差值的确定　首先从装配图中查出孔的配合代号,然后查表求出极限偏差值。例如:$\phi16H7$,查表可得$\phi16^{+0.018}_{0}$。

③形位公差和热处理的确定　从有关同类产品的资料得知,齿轮轴中心距、两轴的平行度和轴孔中心线与基准端面的垂直度,是保证油泵质量的重要指标。因此,确定端盖接触面为B基准,孔$\phi16H7$轴线为C基准。两轴孔间平行度公差采用0.04 mm。孔$\phi16H7$轴线对基准B的垂直度公差采用0.1 mm。左端盖为铸件,应经时效处理。

综上所述,绘出左端盖的零件图如图11-24所示。

复习思考题

1.一张完整的装配图应该包括哪些内容?

2.装配图有哪些特殊画法?

3.在装配图中一般应标注哪几类尺寸?

4.装配图中的零部件序号编注时应遵守哪些规定?

5.简述部件测绘的一般步骤。

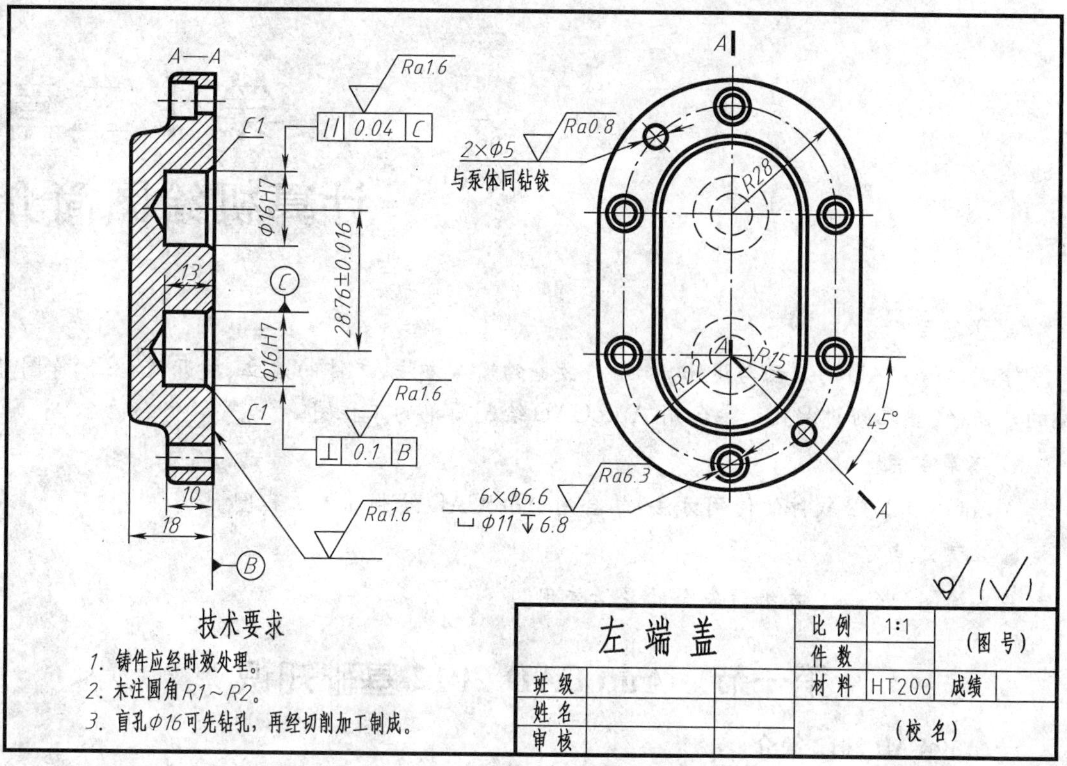

图 11-24　左端盖的零件图

6. 简述画装配图的方法和步骤。

7. 读装配图的目的是什么？应该读懂部件的哪些内容？

8. 详细说明由装配图拆画零件图的步骤和方法。

第十二章 计算机绘图简介

● **学习目标**

掌握AutoCAD的启动与退出，命令与数据的输入方法，文件的建立、打开及存储，作图环境的建立、线型比例的设置。学会用AutoCAD绘制简单的工程图。

● **本章重点**

AutoCAD 2012软件的使用方法，学会用AutoCAD绘制简单工程图。

● **本章难点**

基本绘图命令与基本编辑命令的灵活使用。

第一节 AutoCAD 2012基础知识

一、AutoCAD 2012简介

AutoCAD是美国Autodesk公司开发的通用计算机辅助设计与绘图软件包，具有完善的图形绘制功能和强大的图形编辑功能，能够绘制平面图形与三维图形、标注图形尺寸、渲染图形及打印输出图纸；内嵌的AutoLISP语言扩展了AutoCAD的计算机处理功能，同时提供了多种与高级语言和数据库连接的方式，如IGES、DXF、DXB的转换程序以及ADS、ARX接口等。开放的体系结构使用户可采用多种方式进行二次开发和功能定制，并能方便地进行各种图形格式的转换，实现与多种CAD系统的资源共享；AutoCAD支持多种操作平台和多种硬件设备，通用性、易用性好，深受广大工程技术人员的欢迎。AutoCAD自1982年问世以来，已多次升级，功能日趋完善，成为工程设计领域应用最为广泛的计算机辅助设计与绘图软件之一。

AutoCAD 2012软件主要具有如下特点：

1. 完善的图形绘制和强大的编辑功能

(1)可以绘制二维图形和构造三维实体。

(2)可以对三维实体进行自动消隐、润色和赋材质等操作，以生成真实感极强的渲染图形。

(3)具有强大的图形编辑功能，能方便地进行图形的修改、编辑操作。

(4)强大的尺寸整体标注和半自动标注功能。

2. 开放的二次开发功能

在AutoCAD 2012中集成了AutoLISP、AutoCAD VBA、Visual LISP多种开发工具，可以对线型库、字体库、图案库以及菜单文件、对话框进行用户定制，还可以直接访问并修改AutoCAD原有标准系统库函数和文件。

3. 提供多种接口文件

具有较强的数据交换能力，提供DWF等数据信息交换方式。

4. 图形布局与输出功能

AutoCAD 2012 可方便地进行页面设置与图形布局，并支持常见的绘图仪和打印机。

5. 支持多种交互设备

AutoCAD 2012 是 AutoDesk 公司推出的最新版本，不仅继承了先前版本的优点，而且强化了 Web 网络设计功能，界面更加友好，体系结构更为开放，在协作、数据共享以及管理上的改进尤为突出。

二、AutoCAD 2012 的工作界面

AutoCAD 2012 界面是通过工作空间来组织的。AutoCAD 2012 的工作界面有“草图与注释”、“三维基础”、“三维建模”、“AutoCAD 经典”等。用户根据工作情况和工作习惯可以设置适合个人工作的风格和状态工作空间及其界面。对于习惯 AutoCAD 传统界面的用户可使用“AutoCAD 经典”工作空间，其界面风格与 AutoCAD 2008 之前的版本基本类似，故本书不详述。首次启动 AutoCAD 2012 默认界面(草图与注释)如图 12-1 所示。

AutoCAD 的各个工作空间的用户界面均包含了标题栏、菜单浏览器、菜单栏、快速访问工具栏、功能区选项面板、绘图窗口、命令窗口和状态栏等基本元素。下面简要介绍这些基本元素的功能。

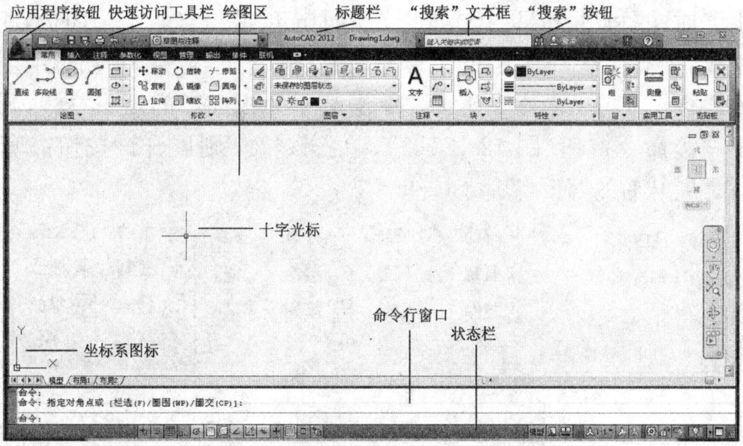

图 12-1　AutoCAD 2012 默认界面(草图与注释)

1. 标题栏

标题栏位于应用程序窗口的顶部，显示当前运行的应用程序名以及当前图形文件名。右上角是应用程序窗口的“最小化”、“最大化”和“关闭”按钮。

2. 应用程序菜单

应用程序按钮位于工作界面的左上角，单击该按钮，将弹出应用程序菜单(图略)。应用程序菜单包含了 AutoCAD2012 关于文件操作的一些常用命令，如“新建”“打开”“保存”“发布”和“打印”等。

3. 快速该问工具栏

快速访问工具栏(图 12-1)，默认状态下包含了“新建、打开、保存、放弃、重做、打印”和“工作空间切换 草图与注释”等命令按钮。AutoCAD 允许用户在快速访问工具栏中添加、删除和重新定位命令。方法是：移动鼠标将光标移到快速访问工具栏上并单击

鼠标右键，在弹出的快捷菜单中选择“自定义快速访问工具栏”选项，系统打开“自定义用户界面”对话框，在该对话框的命令列表框中选择相应的命令按钮，并将其拖至快速访问工具栏中即添加了所选的命令，用同样方法也可删除快速访问工具栏中的某条命令。若添加了较多的命令，快速访问工具栏中没有足够的显示空间时，则多出的命令合并为弹出式按钮显示在该工具栏中。

3. 菜单栏

在“二维草图与注释”和“三维建模”工作空间，单击快速访问工具栏右侧的箭头，在弹出的快捷菜单中选择“显示菜单栏”选项，在标题栏下方会显示菜单栏。菜单栏提供了 AutoCAD 的所有命令。AutoCAD 2012 的菜单栏包括文件、编辑、视图、插入、格式、工具、绘图、标注、修改、窗口和帮助等 11 个主菜单项。AutoCAD 软件中的多数命令都可以在下拉菜单中找到。在菜单栏中，如果菜单项右侧跟有“▶”符号，表示该菜单项有若干子菜单；如果菜单项右侧跟有“…”符号，表示选中该项菜单项时会弹出一个对话框。菜单栏的使用与用户熟悉的以往版本以及“AutoCAD 经典”工作空间中的相同，故不详述。

4. 功能区面板

功能区面板位于绘图窗口的上方，包含了多个选项卡，用于显示与工作空间相关的命令按钮和控件。例如在“草图与注释”工作空间，默认状态下有“常用”“插入”“注释”“参数化”“视图”“管理”“输出”“插件”和“联机”9 个选项卡。每个选项卡包含若干个面板，而每个面板又由多个命令按钮组成。单击“草图与注释”工作空间的“常用”选项卡，功能区由绘图、修改、图层、注释、块、特性等面板组成，如图 12-1 所示。单击某一面板底部的箭头“▼”，则表明该按钮内部还嵌套有其下一级命令按钮〔图 12-12(b)〕，单击该箭头则展开该按钮嵌套的其余命令按钮，图 12-2(c)就是展开后的“阵列”命令按钮。

(a)修改面板　　(b)展开修改面板　　(c)展开阵列命令

图 12-2　功能区面板

5. 绘图区

AutoCAD 应用程序窗口中最大的空白区域即绘图区，是用户绘制图形时的工作窗口，用户所做的一切实工作均反映在该窗口中。绘图过程中，可以根据需要关闭其他窗口元素，如工具栏、选项面板等，以增大绘图区域的空间。如果图纸比较大，需要察看图形中未显示的部分，可以拖动该区域底部和右侧的滚动条实现图纸的移动。在绘图区的左下角有一个坐标系图标，既默认的 WCS(世界坐标系)，如果用户重新设置了坐标系原点或调整坐标系的其他设置，则该坐标系由 WCS(世界坐标系)转换为 UCS(用户坐标系)。

“模型/布局”栏位于绘图区的左下方，默认状态下有 模型 / 布局1 / 布局2 三个标签，单击某一标签可以在模型空间和面局空间之间转换。通常情况下，先在模型空间绘制图形，绘图结束后转换到布局空间安排图纸办理出的布局。

6. 命令行窗口

默认状态下，命令行窗口位于绘图区的下方，由命令行和文本窗口组成，如图 12-1 所示，用于显示用户输入的绘图命令及其相关的提示信息。AutoCAD 的绘图过程为交互式操作，即在执行某一命令后，系统会在命令行中给出相关的提示信息，用户需要根据提示信息输入相应的数据，或执行相应的操作。在使用 AutoCAD 绘制图形时，系统会将用户的所有操作做记录并存放于文本(历史命令)窗口(图 12-3)中。键盘上的【F2】功能键可控制文本窗口的打开或关闭。

命令行窗口具有 Windows 窗口的图形，用户可放大、缩小或改变其形态，拖曳命令行窗口可以使其成为浮动窗口。

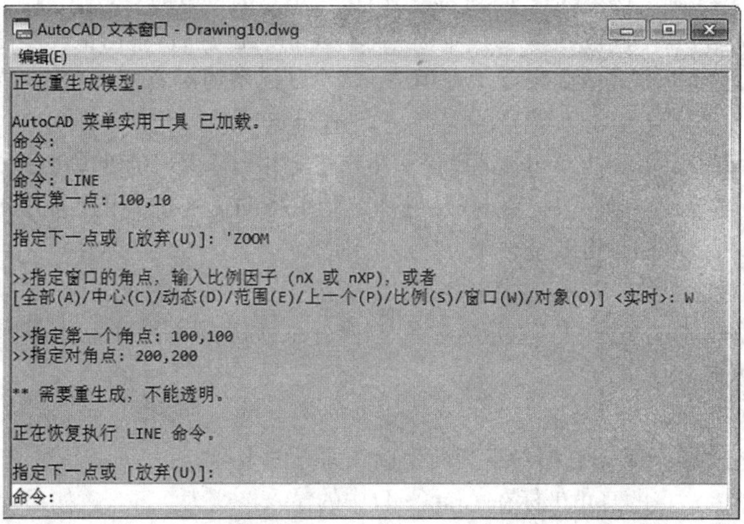

图 12-3　文本窗口

7. 状态栏

状态栏位于绘图窗口的最底部，如图 12-1 所示。主要用于显示和设置绘图状态，如当前光标的坐标、各种绘图工具、导航工具和快速察看、注释绽放工具等。单击状态栏中某一工具按钮可实现其对应功能的 ON 或 OFF 切换。

三、AutoCAD 2012 的基本操作

1. 命令的输入

AutoCAD 中的命令可通过多种方式输入并执行：

(1)单击功能区面板中的图标按钮；

(2)选择下拉菜单中的菜单项；

(3)键盘直接键入命令；

(4)选择右键快捷菜单中的选项；

(5)利用快捷键键入命令。

2. 透明命令

透明命令是指在其他命令执行过程中可以嵌套执行的命令。透明命令一般用于环境的设置或辅助绘图，如“缩放”、“平移”等。

3. 重复执行命令

在 AutoCAD 中执行完某个命令后，如果要立即重复执行该命令，最常用的方法是按一下回车键或空格键，即可重复执行刚执行的命令。

四、数据的输入方法

用 AutoCAD 绘制图形时，在命令的交互操作过程中，往往需要用户根据命令行的提示输入必要的数据信息（如点的坐标、角度、距离等）。用户输入的数据类型必须与系统所要求的格式一致。

1. 指定点的位置

用 AutoCAD 绘制图形时，当命令行提示用户指定点的位置时，可用以下方式：

(1)用鼠标直接在绘图区拾取点。即将光标移至指定位置后，单击鼠标左键。

(2)利用对象捕捉方式精确定点。利用 AutoCAD 提供的对象捕捉功能，精准地捕捉图形对象上的特殊点，如圆心、切点、线段的端点、中点垂足点等。

(3)给定距离确定点。当 AutoCAD 提示用户指定相对于某一点的另一点的位置时（如直线的另一端点），移动鼠标使光标指引线从已确定的点指向需要确定的点的方向，然后输入两点间的距离值，再按下回车键或空格键。

(4)通过键盘输入点的坐标。由键盘输入点的坐标，可以采用绝对坐标方式也可以采用相对坐标方式，每一种坐标方式又可在直角坐标系、极坐标系、球坐标系或柱坐标系下输入点的坐标。

2. 点的坐标输入方式

(1)点的绝对坐标

点的绝对坐标是指某一点相对于当前坐标系原点的坐标。

①直角坐标系。点的直角坐标在 AutoCAD 中的输入格式为 x,y,z。如：35,42,68。若移动鼠标，在绘图窗口拾取一点，相当于输入了一个 z 坐标为 0 的二维点，等效于由键盘输入 x,y。

②极坐标。极坐标用于输入二维点，在 AutoCAD 中的输入格式为 $L<\theta$，其参数含义以及与直角坐标系的关系，如图 12-4(a)所示。默认状态下，极坐标系的极点与直角坐标系的原点重合，极轴的正向是直角坐标系中 x 轴的正向，逆时针方向为极角的增大方向。

③球坐标。球坐标用于输入三维点，在 AutoCAD 中的输入格式为 $L<\theta<\phi$，其参数含义以及与直角坐标系的关系，如图 12-4(b)所示。

④柱坐标。柱坐标也是用于输入三维点，在 AutoCAD 中的输入格式为 $L<\theta,H$。其参数含义以及与直角坐标系的关系，如图 12-4(c)所示。

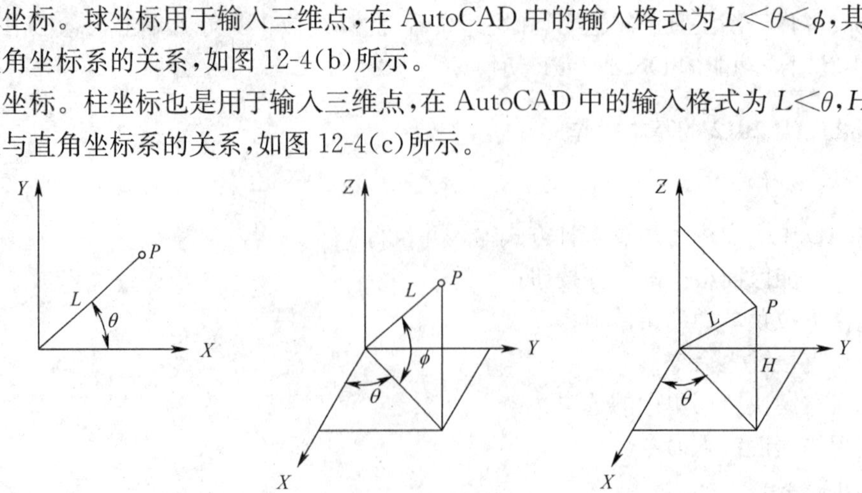

(a) 极坐标　　(b) 球坐标　　(c) 柱坐标

图 12-4　点的坐标输入方式

(2)点的相对坐标

相对坐标是指当前点相对于上一点的坐标,相对坐标也有直角坐标、极坐标、球坐标和柱坐标,其输入格式只是在绝对坐标输入格式前加@符号。例如在图 12-5 中,A 为当前点,输入 B 点相对于 A 点的坐标时,相对直角坐标的输入格式为@52,90;相对极坐标的输入格式为@104<60。

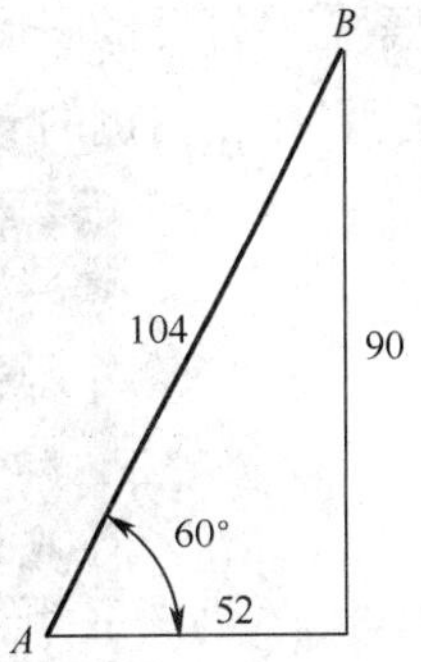

图 12-5　二维点的相对坐标

3. 数值的输入方式

绘图过程中 AutoCAD 常要求输入以下一些数据类型,如位移量(Displacement)、距离(Distance)、高度(Height)、数目(Number)、宽度(Width)、列数(Columns)、行数(Rows)、半径(Radius)、数值(Value)、角度(Angle)、长度(Length)等。由键盘输入这些数值时,可使用的字符有正号(+)、负号(−)、小数点(.)和数字 0~9 等。但是在输入"列数"和"行数"时,必须使用整数。这些数值还可通过在屏幕上拾取两点做等效输入,即以两点间的距离作为长度、高度等参数的应答值,以两点间连线与当前坐标系 x 轴的正向夹角作为角度的应答值。

五、文件的操作命令

1. 建立新图形

单击快速访问工具栏中的"新建"按钮,打开如图 12-6 所示的"选择样板"对话框。单击"打开"按钮右侧的按钮,在弹出的快捷菜单中选择"无样板打开——公制"或"无样板打开——英制"选项,系统将按默认设置创建一个新的图形文件。用户也可以在该对话框中选择某一个样板文件,创建一个新的图形文件。

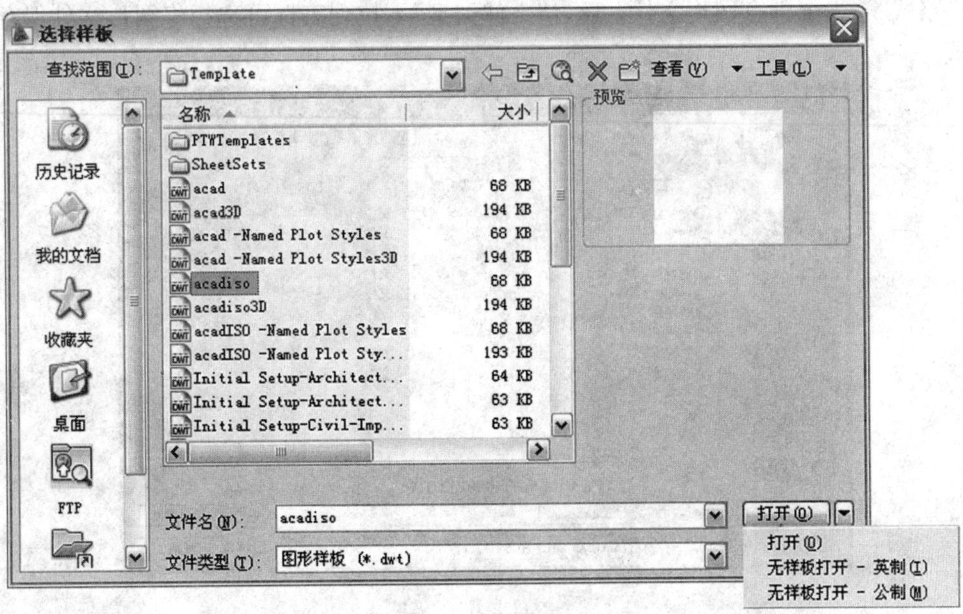

图 12-6　"选择样板"对话框

2. 打开旧图形

单击快速访问工具栏的“打开”按钮，打开“选择文件”对话框，如图 12-7 所示。在其中搜索需要打开的图形文件，其右侧的“预览”区域将显示用户所选图形文件的预览图像。单击“打开”按钮右侧的箭头，通过快捷菜单的选项可选择图形文件的打开方式。

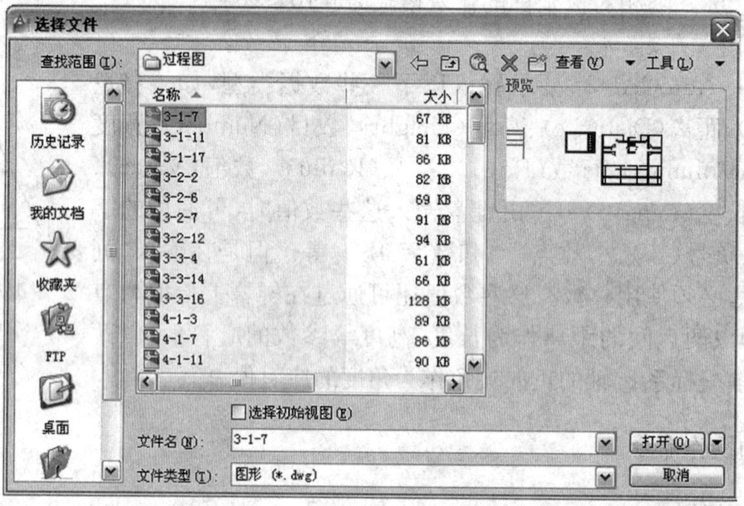

图 12-7 “选择文件”对话框

3. 保存/另存图形文件

如果当前图形文件已经命名，单击快速访问工具栏中的“保存”按钮，系统会自动以当前图形文件名保存文件；如果当前图形是第一次保存，系统会打开“图形另存为”对话框，如图 12-8 所示，提示用户指定保存的文件名称、路径和类型。默认情况下，以 AutoCAD 默认的图形文件格式 *.dwg 保存图形文件。通过“文件类型”下拉列表框可选择将图形文件保存为其他格式。

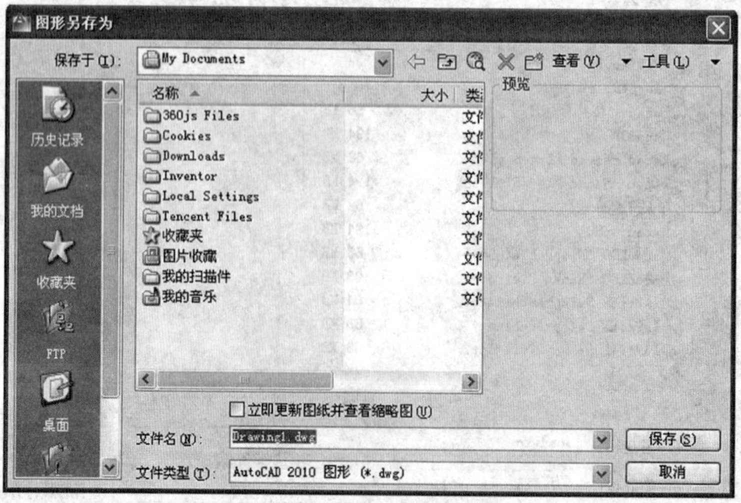

图 12-8 “图形另存为”对话框

如果要更名保存图形文件，单击“菜单浏览器”按钮，在快捷菜单中选择“另存为”命令，同样会弹出“图形另存为”对话框，供用户为图形文件更名，以及指定保存的类型和路径。

4. 自动保存文件

AutoCAD 为用户提供了图形文件的自动保存功能。在绘图区单击鼠标右键，在弹出的快捷菜单中选择“选项”命令，系统会打开“选项”对话框。单击“打开和保存”选项卡，选中“自动保存”复选框并输入自动保存的时间间隔。

5. 退出 AutoCAD

单击“菜单浏览器”按钮，在弹出的快捷菜单中选择“关闭→当前图形”命令或单击绘图区的“关闭”按钮，就可以关闭当前的图形文件。若在快捷菜单中选择“关闭/所有图形”命令，则关闭已打开的所有图形文件。

如果要退出 AutoCAD，则单击“菜单浏览器”按钮，在弹出的快捷菜单中选择“退出 AutoCAD”命令或单击标题栏右上角的“关闭”按钮，就可以退出 AutoCAD。此时若在 AutoCAD 绘图环境下打开了多个图形文件，系统会关闭已打开的所有图形文件。关闭文件前会弹出图 12-9 所示的“AutoCAD”退出对话框提醒用户保存文件。

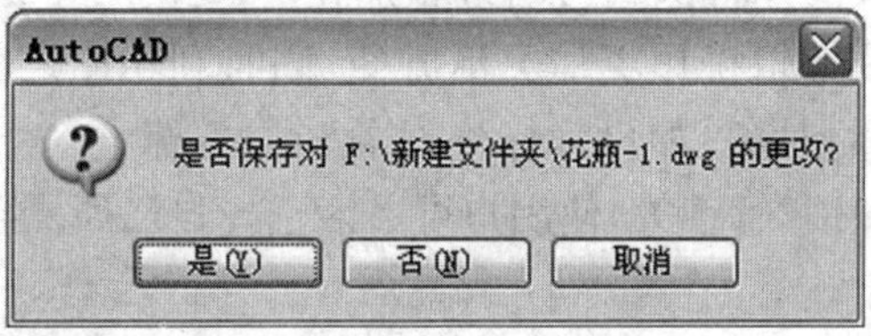

图 12-9　AutoCAD 退出对话框

六、绘图环境的设置

1. 绘图单位的设置

选择下拉菜单“格式”⇨“单位…”命令或从命令行输入 UNITS 命令，系统将弹出“图形单位”对话框，如图 12-10 所示，用户可根据需要分别在“长度”和“角度”两个组合框内设定绘图的长度单位及其精度、角度单位及其精度。

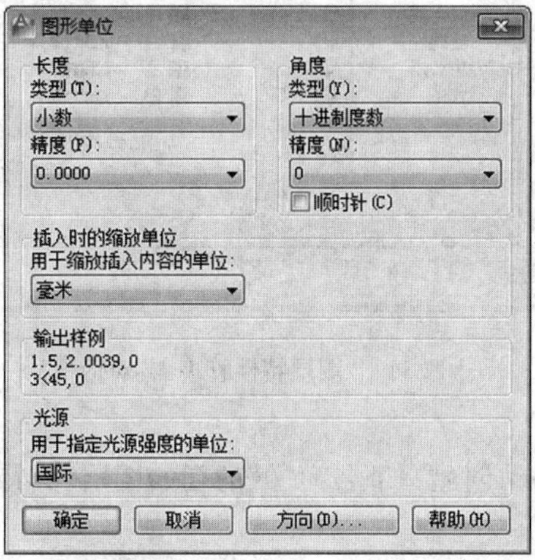

图 12-10　“图形单位”对话框

2. 绘图区域的设置

选择下拉菜单“格式”⇨“图形界限”命令或从命令行输入 LIMITS 命令，AutoCAD 在命令提示窗口要求用户给定绘图区的左下角和右上角的坐标，用来设定绘图限定范围的极限尺寸。图形界限设置完成后，使用“缩放 全部”命令，重新生成绘图边界，系统才会以所设的图形界限参数显示当前图形边界。

例如，设置A4图幅的命令显示及操作如下：

命令：LIMITS ↙(输入图形界限命令)

重新设置模型空间界限：

指定左下角点或[开(ON)/关(OFF)]〈0.0000,0.0000〉：↙

指定右上角点〈420.0000,297.0000〉：297,210(输入图幅右上角点的坐标)

命令：ZOOM(输入缩放命令) ↙

指定窗口角点，输入比例因子(nX或nXP)，或者[全部(A)/……窗口(W)]〈实时〉：A ↙

3. 图层的设置与管理

利用图层来管理图形是AutoCAD的一大特色。可以将图层理解为透明纸，图形的不同部分画在不同的透明纸上，最终将这些透明纸叠加在一起组成一张完整的图形。一个图形通过分层管理，使得对图形的编辑操作更加灵活方便，同时利用图层的特性(如不同的颜色、线宽、线型等)可以区分不同的对象(如尺寸标注对象和文本标注对象的区分)。图层管理功能(打开/关闭、冻结/解冻、加锁/解锁等)使用户可灵活选择自己所需要的显示对象，方便图形的编辑与修改。

在“草图与注释”工作空间，单击功能区“常用”选项卡→“图层”面板→工具，即打开“图层特性管理器”对话框，如图12-11所示。

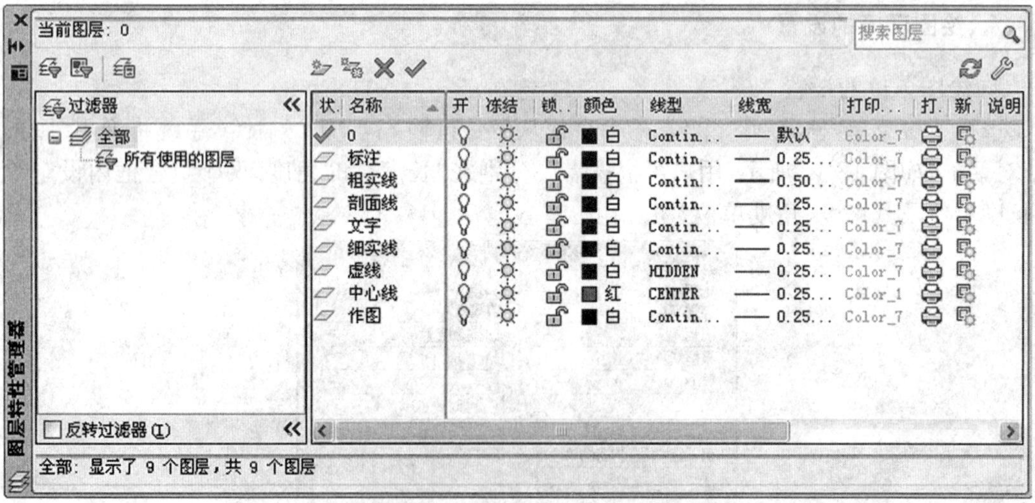

图12-11 “图层特性管理器”对话框

(1)创建新图层

①启动AutoCAD即自动创建一个名为“0”的初始图层，其特性和状态如图12-11所示，“0”层不能改名也不能删除。

②单击“图层特性管理器”对话框顶部的“新建”按钮，即可创建一个新图层，图层列表框中显示新图层的特性和状态。若创建新图层前没有选择任何图层则新图层继承“0”层的特性和状态，若创建新图层前选择了某一图层则新图层继承该图层的特性和状态。

③默认情况下，新图层的名称是以“图层1”、“图层2”……的顺序来命名的。新建新图层

后,“图层”栏内的图层名称的底色为蓝色,表示图层名称处于编辑状态。此时可以输入图层的新名称,如“虚线”、“细实线”等。之后要更改图层的名称,可以两次单击图层名称,或将光标移至需要重命名的图层名称上单击鼠标右键,在弹出的快捷菜单中选择“重命名图层”选项,即可进行入该图层名称的编辑状态,输入新的名称,按回车键可为已有图层重新命名。在对图层命名时,图层名称中不能包含通配符(＊和?)和空格,也不能与已有的图层重名。

(2)设置当前层

如同在手工绘图方式下绘图一样,尽管绘图人员可以在多张不同的图纸上绘图,但在某一个特定的时刻只能在某一张图纸上绘图。虽然 AutoCAD 允许在一个图形文件中创建多个图层,但用户在某一时刻只能在当前层上绘图。

①选中某一图层,然后单击“图层特性管理器”对话框顶部的✔“置为当前”按钮或双击某一图层名称前的图标,则该图层即设置为当前层。

②通过“图层控制”下拉列表框可以快速改变当前层、图层状态以及图形对象的所属层。单击“常用”选项卡→“图层”面板“图层控制”下拉列表右侧的箭头,如图 12-12(a)所示,在展开的下拉列表中选取某一层即可将该层设置为当前层。单击某一层相应的图层状态图标即可改变层的状态。

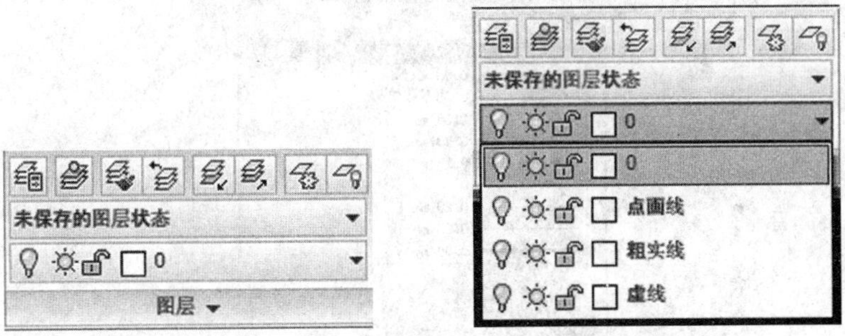

(a)图层面板　　(b)展开后的列表框

图 12-12　“图层控制”面板

③单击图层控制面板中的按钮,然后选择绘图窗口中的某一图形对象,可将选中对象所在的图层置为当前层;单击按钮,然后选择绘图窗口中的某一图形对象,可将选中对象更改到当前层。

(3)删除图层

要删除多余的图层,可以从列表框中选择一个或多个需要删除的图层,然后单击“图层特性管理器”对话框中的“删除图层✖”图标即可。

(4)修改图层颜色

每个图层都应具有一种颜色,以帮助区分图形中不同性质的对象。在“图层特性管理器”对话框中选择一个图层,单击“颜色”图标,系统弹出“选择颜色”对话框,选定图层颜色后单击“确定”按钮关闭对话框。

(5)修改图层的线型

在“图层特性管理器”对话框中,单击需要修改图层的“线型”图标,系统弹出“选择线型”对话框,如图 12-13(a)所示,单击“加载”按钮,系统弹出“加载和重载线型”对话框,如图 12-13(b)所示,选择需要加载的线型,单击“确定”按钮,即可将所选线型加载到“线型管理器”中。选择图层所需要的线型即可。

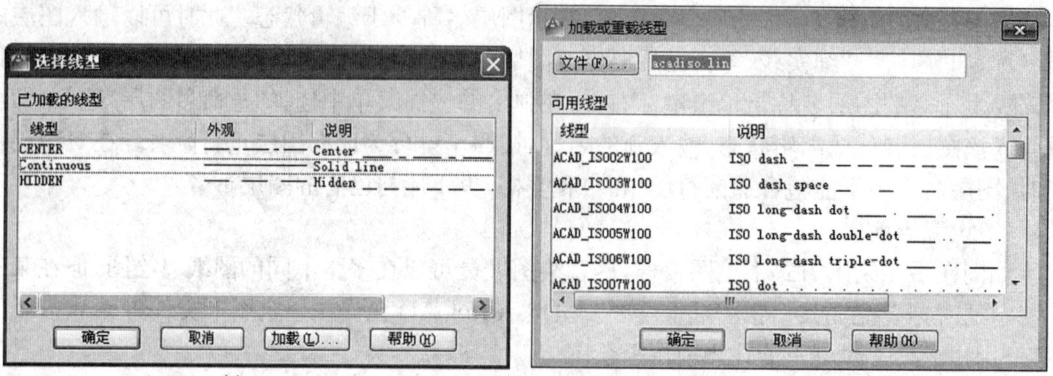

(a) (b)

图 12-13 “选择线型”和“加载或重载线型”对话框

(6)修改图层的线宽

在“图层特性管理器”对话框中，单击图层的线宽值，系统弹出如图 12-14 所示的“线宽”对话框，选择所需线宽，然后单击“确定”按钮，即可为所选图层确定线宽。

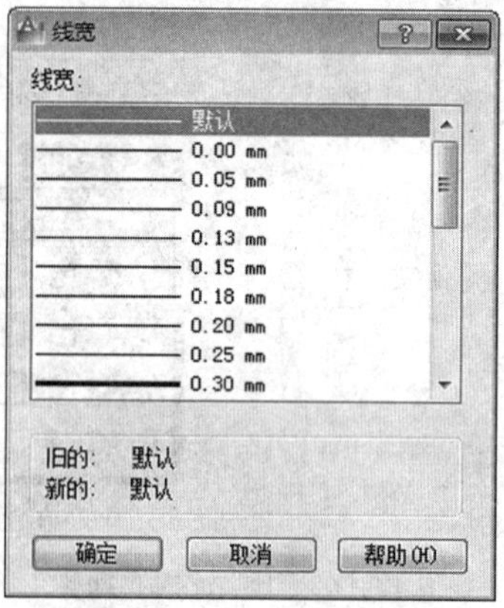

图 12-14 “线宽”对话框

(7)图层状态

打开图层开关显示为，关闭图层开关显示为，关闭时该层上的实体不显示、不打印；解冻图层开关显示为，冻结图层开关显示为，冻结图层上的实体不显示、不打印、不计算。与关闭图层上实体的区别是，冻结图层上的实体不参与某些操作（如重画、缩放图形等），可加快图形的显示速度；解锁图层开关显示为，锁定图层开关显示为，锁定的图层上的实体仍然显示，但不能对其进行编辑操作。

图层的状态显示在“图层管理器”对话框（图 12-11）的列表框中，单击某一图层的相应图标可切换图层的状态。通过“常用”选项卡“图层”面板（图 12-12）也可改变图层状态。

第二节 常用二维图形的绘制

一、AutoCAD 2012 的基本绘图命令

任何一幅工程图都是由一些基本图形元素，如直线、圆、圆弧、组线和文字等组合而成，掌

握基本图形元素的绘制和编辑功能，是学习计算机绘图的重要基础。

1. 绘制直线(LINE)

单击“常用”选项卡“绘图”面板中的“直线”按钮用于绘制直线或折线。

可以使用下列三种方法确定直线或折线第二点坐标值：

(1)输入绝对坐标值，如直角坐标 100,100；极坐标 100＜45。

(2)输入相对坐标，如直角相对坐标@100,100；相对极坐标@100＜45。

(3)移动鼠标指示直线方向，输入直线长度值，如 100。

(4)移动鼠标在绘图区单击(称拾取)。

执行直线命令，一次可以画一段直线，也可以连续画多条首尾相连但彼此独立的线段。

2. 绘制圆(CIRCLE)

单击“常用”选项卡“绘图”面板中的“圆”按钮用于绘制整圆。单击“圆”按钮后，系统给出下列 6 种画圆的方法：

(1)三点(3P)　三点决定一圆。系统提示输入三点，创建通过三个点的圆。

(2)两点(2P)　用直径的两端点决定一圆。系统提示输入直径的两端点。

(3)圆心、半径　圆心配合半径决定一圆。系统提示给定圆心和半径。

(4)圆心、直径　圆心配合直径决定一圆。系统提示给定圆心和直径。

(5)相切、相切、半径(T)　与两对象相切配合半径决定一圆。系统提示选择两对象，并要求输入半径。

(6)相切、相切、相切　通过 3 个切点(与指定的 3 个对象相切)画圆。系统提示选择 3 个需相切的对象切点的大致位置。

3. 绘制圆弧(ARC)

单击“常用”选项卡“绘图”面板中的“圆弧”按钮用于绘制一段圆弧，系统提供了下列 10 种绘制圆弧的方法：

(1)三点　通过输入三个点的方式绘制圆弧。

(2)起点、圆心、终点　以起始点、圆心、终点方式画弧。

(3)起点、圆心、角度　以起始点、圆心、圆心角方式绘制圆弧。

(4)起点、圆心、弦长　以起始点、圆心、弦长方式绘制圆弧。

(5)起点、终点、角度　以起始点、终点、圆心角方式绘制圆弧。

(6)起点、终点、半径　以起始点、终点、半径方式绘制圆弧。

(7)起点、终点、方向　以起始点、终点、切线方向方式绘制圆弧。

(8)圆心、起点、终点　以圆心、起始点、终点方式绘制圆弧。

(9)圆心、起点、角度　以圆心、起始点、圆心角方式绘制圆弧。

(10)圆心、起点、弦长　以圆心、起始点、弦长方式绘制圆弧。

默认状态下，AutoCAD 以逆时针方向绘制圆弧。

4. 绘制矩形(RECTANG)

单击“常用”选项卡“绘图”面板中的“矩形”按钮用于绘制矩形。用本命令绘制的矩形平行于当前的用户坐标系(UCS)。单击“矩形” 按钮后，命令行给出“指定第一个角点或 [倒角(C)/标高(E)/圆角(F)/厚度(T)/宽度(W)]”，各选项的意义如下：

(1)指定第一个角点　继续提示，确定矩形另一个角点来绘制矩形，如图 12-15(a)所示。

(2)圆角(F)　给出圆角半径，绘制有圆角半径的矩形，如图 12-15(d)所示。

(3)倒角(C)　给出倒角距离,绘制带倒角的矩形,如图 12-15(b)、(c)所示。

(4)宽度(W)　给出线的宽度,绘制有线宽的矩形,如图 12-15(f)所示。

(5)标高(E)　给出所绘矩形的标高,绘制有标高的矩形,用于指定三维矩形的基面高度。

(6)厚度(T)　给出所绘矩形的厚度,绘制有厚度的矩形,用于指定三维矩形的厚度。

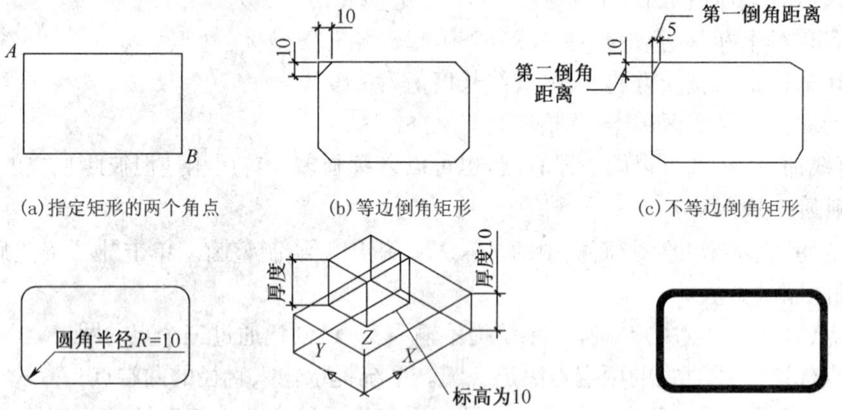

(a)指定矩形的两个角点　(b)等边倒角矩形　(c)不等边倒角矩形

(d)圆角矩形　(e)有厚度的矩形　(f)有线宽及带圆角的矩形

图 12-15　绘制矩形示例

5. 绘制正多边形(POLYGON)

单击“常用”选项卡“绘图”面板中的“正多边形”按钮用于绘制 3～1 024 边的正多边形。正多边形有以下三种创建方法:

(1)设定圆心和外接圆半径(I),如图 12-16(a)所示。

(2)设定圆心和内切圆半径(C),如图 12-16(b)所示。

(3)设定正多边形的边长(E)和一条边的两个端点,如图 12-16(c)所示。

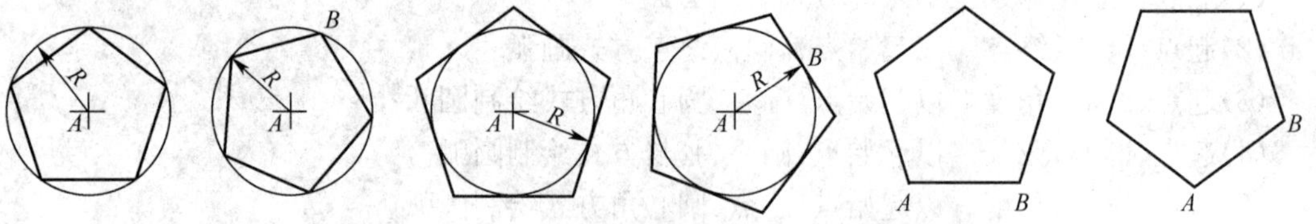

(a)“I”方式　(b)“C”方式　(c)“E”方式

图 12-16　绘制正多边形示例

二、AutoCAD 2012 的高级绘图命令

1. 多段线(PLINE)

多段线是 AutoCAD 中较为重要的一种图形对象,由多个彼此首尾相连的、相同或不同宽度的直线段或圆弧段组成,并作为一个单一的整体对象使用。

单击“常用”选项卡“绘图”面板中的“多段线”按钮,各选项的功能及操作方法如下:

(1)圆弧(A)　由绘制直线转换成绘制圆弧。

(2)半宽(H)　将多段线总宽度的值减半。系统提示输入起点宽度和终点宽度。

(3)长度(L)　提示用户给出下一段多段线的长度。系统按照上一段的方向绘制这一段多段线,如果是圆弧则将绘制出与上一段圆弧相切的直线段。

(4)放弃(U)　取消刚绘制的一段多段线。

(5)宽度(W)　与半宽操作相同,只是输入的数值就是实际线段的宽度。

例如,利用多段线命令绘制如图 12-17 所示键槽图形的操作步骤如下:

图 12-17　用多段线命令绘制键槽图形

命令:PLINE ↙(输入多线命令)

指定起点:(利用鼠标或输入坐标确定绘图位置)

指定下一个点或[圆弧(A)/半宽(H)/长度(L)/放弃(U)/宽度(W)]: A ↙(转换成绘制圆弧状态)(在绘图区绘制 180°圆弧)

指定下一个点或[圆弧(A)/半宽(H)/长度(L)/放弃(U)/宽度(W)]: L ↙(转换成绘制直线状态)(在绘图区绘制与圆弧相连接的直线)

指定下一个点或[圆弧(A)/半宽(H)/长度(L)/放弃(U)/宽度(W)]: A ↙(转换成绘制圆弧状态)(在绘图区绘制另一个 180°圆弧)

指定下一个点或[圆弧(A)/半宽(H)/长度(L)/放弃(U)/宽度(W)]: CL ↙(绘制封闭图形)

2. 样条曲线 (SPLINE)

单击“常用”选项卡“绘图”面板的样条曲线按钮。样条曲线由一系列控制点控制,并在规定拟合公差之内拟合形成的光滑曲线,称为样条曲线。

样条曲线的选项不多,各项含义如下:

(1)闭合(C)　自动将最后一点定义为与第一点相同,并且在连接处相切,以此使样条曲线闭合。

(2)拟合公差(F)　修改当前样条曲线的拟合公差。选定此项并输入新的拟合公差后,将按照新的公差值拟合现有的点。

3. 剖面线(BHATCH)

在指定的封闭区域内填充选定的图案符号。用图案填充的方法,形象地表示或区分各个区域的范围和特征以及表示或区别构成物体的材料范围等,广泛地应用于包括工程制图在内的各个图示领域中。

单击“绘图”面板中的“图案填充”按钮,功能区转换为“图形填充创建”选项卡,如图 12-18 所示。

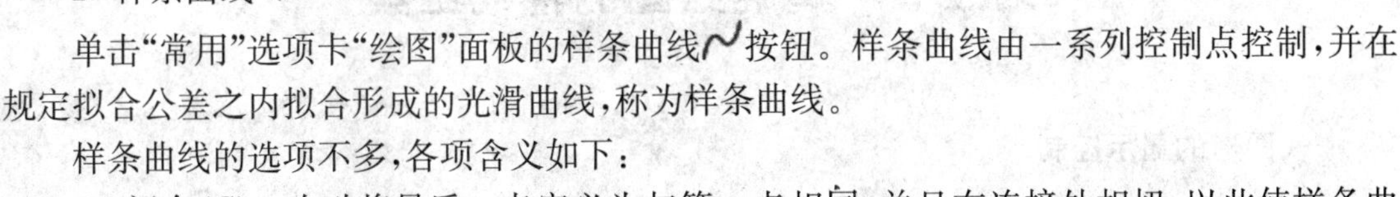

图 12-18　“图案填充创建”选项卡

在“图形填充创建”选项卡中的“图案”面板中选择“ANSI31”图案选项,在“特性”面板中设置“图案填充比例”为 1.5,然后单击“拾取点”按钮,将光标移至图 12-19 所示的图形某一区域如 1 处,包围 1 的区域中会显示填充图案的效果,若效果不是预期,可通过“图案”、“特性”和“选项”等面板调整,若效果是预期,依次单击 1、2、3…各区域,最后单击“关闭”按钮,填充图案效果如图 12-19(a)所示。

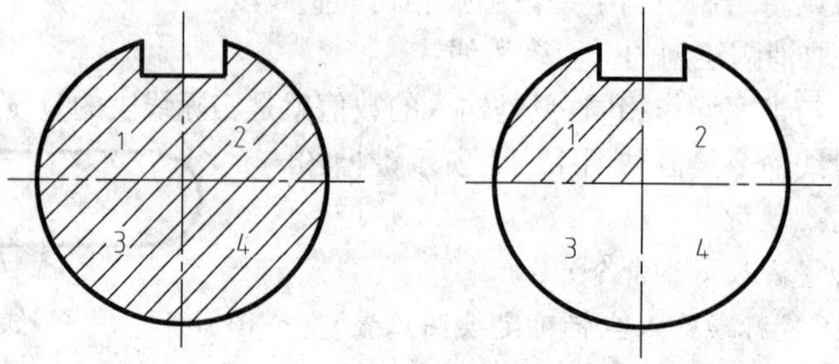

(a)　　　　　　　　(b)

图 12-19　键槽剖面图

4. 其他绘图命令

其他绘图命令还有:构造线(XLINE)、点(POINT)、圆环(DOUNT)、椭圆(ELLIPSE)、多线(MLINE)、射线(RAY)、修订云线(REVCLOUD)、面域和边界(REGION)等。这些命令的操作可查阅有关资料或 AutoCAD 的帮助命令。

第三节　精确绘图的辅助工具

一、图形的显示控制

1. 缩放(ZOOM)

(1)在"草图和注释"及"三维建模"工作空间,单击功能区"视图"选项卡→"导航"面板→范围右侧的三角形箭头,即打开缩放命令的子工具,其中集成了 AutoCAD 提供的所有的缩放命令。

(2)主要缩放功能按钮　"窗口缩放"按钮功能:放大指定的矩形区域;"实时缩放"按钮功能:可以通过按住鼠标左键向上或向下实现动态缩放;"缩放上一个"按钮功能:返回前一个缩放视图;"全部缩放"按钮功能:全部显示用户定义的图形边界及图形中的所有对象;"比例缩放"按钮功能:指定一个比例因子对图形进行缩放。滚动鼠标滚轮可实现实时缩放。

2. 图形平移(PAN)

单击功能区"视图"选项卡→导航面板按钮,绘图区光标变为"手形",此时按下鼠标左键不放,并拖动鼠标或按下鼠标滚轮不放并拖动鼠标。图形随光标向同一方向移动,松开鼠标左键或滚轮,图形即停止移动。

3. 图形重画(REDRAW/REDRAWALL)

(1)功能　清屏以及将当前屏幕图形进行重新显示。

(2)命令输入　下拉菜单:"视图"⇨"重画"。

4. 图形重生(REGEN/REGENALL)

(1)功能　指系统重新计算图形组成部分的屏幕坐标,并重新在屏幕上显示的过程。

(2)命令输入　下拉菜单:"视图"⇨"重生成"/"全部重生成"。

二、对象捕捉

对象捕捉工具是 AutoCAD 提供的一种精确定点的方式。所谓对象捕捉是指捕捉图形对象上的一些特殊点，如直线或圆弧段的端点、中点，圆的圆心点、象限点等。在绘图过程中，利用 AutoCAD 提供的对象捕捉功能很容易定位这些特殊点，从而实现精确绘图的目的。

将光标移至状态栏上的“对象捕捉”按钮并单击鼠标右键，在弹出的快捷菜单中选择“设置”选项，弹出“草图设置”对话框，“对象捕捉”选项卡，如图 12-20 所示。勾选对象捕捉模式复选框可设置各种捕捉类型。单击状态栏上的按钮或使用键盘上的【F3】功能键可打开或关闭对象捕捉运行模式。用户通过“草图设置”对话框中的“对象捕捉”选项卡，一次可设置一种或几种捕捉类型，一经设置，在后续的绘图过程中，系统会一直按所设置的捕捉类型自动捕捉这些特殊点，直到用户再次通过“草图设置”对话框重新设置或关闭对象捕捉运行模式。

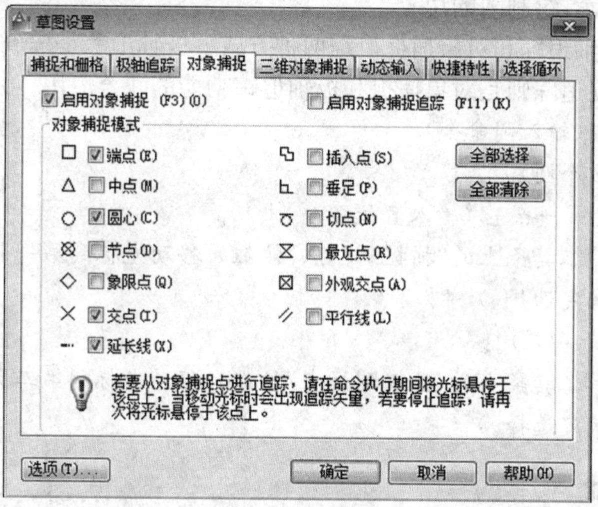

图 12-20　“草图设置”对话框“对象捕捉”选项卡

对象捕捉设置及其使用均为可以透明使用的命令。对象捕捉功能是绘图过程中非常实用的一种精确定点的方式。通常结合上一节内容中介绍过的坐标系统及数据输入方式，在绘图过程中综合应用。但绘图时不能设置太多的捕捉类型，否则在绘图过程中各个不同的捕捉类型相互会产生干扰。

在绘图过程中，当需要指定某一类特殊点时，将光标移至状态栏上的按钮并单击鼠标右键，在弹出的快捷菜单（图 12-21）中拾取相应捕捉类型的按钮，然后再拾取一点也可捕捉到所需要的特殊点，或者当需要指定某一类特殊点时，按下键盘上的【Shift】键，同时在绘图区的空白区域单击鼠标右键，在弹出的“对象捕捉”光标菜单（类似于图 12-21）中选择相应选项，然后再拾取一点捕捉所需要的特殊点。

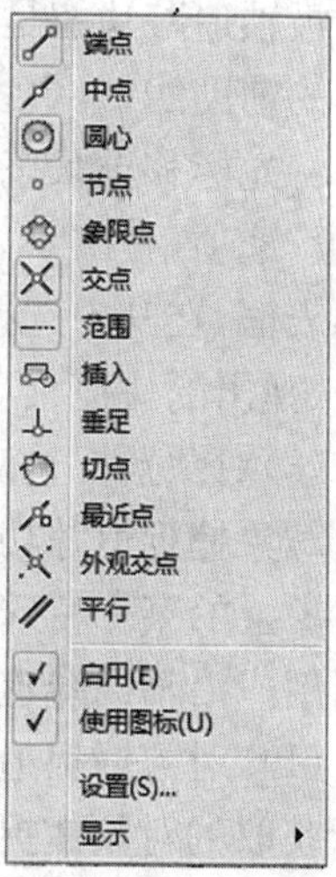

图 12-21　“对象捕捉”快捷菜单

使用快捷菜单或光标菜单选项捕捉特殊点，一次只能选择一种捕捉类型，且只对当前点的输入有效。这就是说，在绘图的过程中，每当需要拾取一个特殊点时，都必须先打开快捷菜单或光标菜单并单击其中的对应按钮或选项，再拾取所需要的点。

【例 12-1】利用对象捕捉功能完成两圆公切线(图 12-22)，操作方法如下：

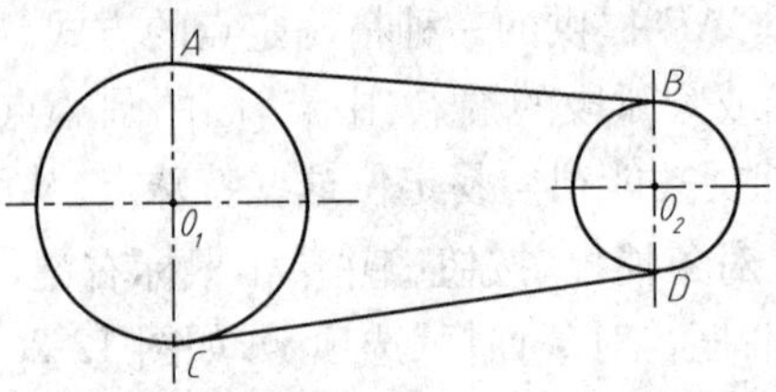

图 12-22　利用对象捕捉功能绘制两圆公切线

(1)单击“绘图”面板中的“圆”按钮，按照命令行窗口的提示，绘制两个圆。

(2)打开“对象捕捉”模式并设置扣扣类型为“切点”，单击“绘图”面板中的“直线”铵钮，按照命令行窗口的提示，绘制圆的切线。

自动追踪分为极轴追踪和对象捕捉追踪两种方式。极轴追踪是按事先设定的角度增量追踪特征点，而对象捕捉追踪则是对象捕捉和极轴追踪功能的联合应用。

命令：CIRCLE ↙(输入圆命令)

(在绘图区绘制 2 个圆)

命令：LINE 指定第一点 ↙(输入直线命令)

(单击“对象捕捉”工具条上的“捕捉到切点”按钮。移动光标到第一圆上，出现切点指示符号时，单击鼠标右键确定选择。)

指定下一点或[放弃(U)]：

(单击“对象捕捉”工具条上的“捕捉到切点”按钮。移动光标到第二圆上，出现切点指示符号时，单击鼠标右键确定选择。)

三、自动追踪功能

(1)极轴追踪

极轴追踪功能是当 AutoCAD 要求指定一个点时，按预先设置的角度增量显示一条无限延伸的辅助线(以虚线形式显示)，用户沿辅助线追踪，当显示所需要的光标点时拾取该点。

将光标移至状态栏上的“极轴追踪”按钮并单击鼠标右键，在弹出的快捷菜单中选择“设置”选项，弹出“草图设置”对话框，“极轴追踪”选项卡，如图 12-23 所示。单击“增量角”下拉列表框，在其中选择系统预设的角度增量；或将光标移至“极轴追踪”按钮上，单击鼠标右键，从弹出的快捷菜单中选择系统预设的角度增量。

(2)对象捕捉追踪

对象捕捉追踪功能是当 AutoCAD 要求指定一个点时，首先使用对象捕捉功能捕捉到图形对象上的某一特殊点，系统会在对象捕捉点上显示一条无限延伸的辅助线(以虚线形式显示)，用户沿辅助线追踪，当显示所需要的光标点时拾取该点。

(1)“对象捕捉追踪设置”区，选择“仅正交追踪”单选按钮，当启用对象捕捉追踪功能后，只显示获取的对象捕捉点的正交追踪路径；若选择“用所有极轴角设置追踪”单选按钮，当启用对象捕捉追踪功能后，按设置的极轴增量角在获取的对象捕捉点上显示追踪路径。

(2)单击状态栏上的“对象捕捉追踪”按钮或使用键盘上的【F11】功能键均可打开或关闭对象捕捉追踪功能。勾选“对象捕捉”选项卡(图 12-20)的“启用对象捕捉追踪”复选框也可

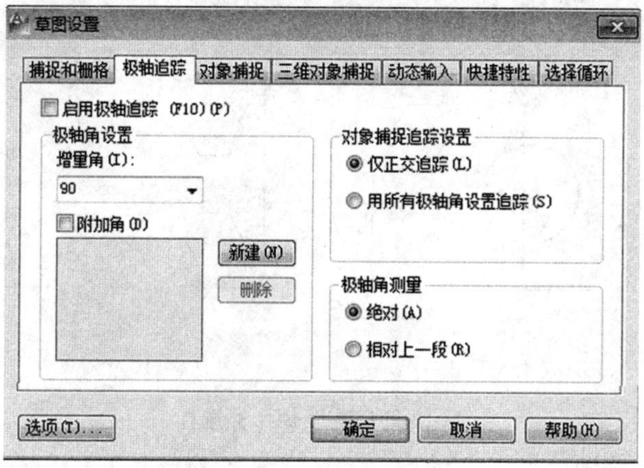

图 12-23　“极轴追踪”选项卡

打开或关闭对象捕捉追踪功能。

【例 12-2】应用对象捕捉追踪输入图 12-24 中的 E 点。

在“极轴追踪”选项卡中选择“仅正交追踪”单选按钮；对象捕捉类型勾选“端点”。将光标移至 AB 直线的端点 A 悬停，待捕捉标记“□”中有黄色“+”出现，再将光标移至 B 点悬停，待 B 点上的捕捉标记“□”中有黄色“+”出现后，再次移动光标，以 AB 两点为基点的追踪线的交点即为 E 点并出现黄色“×”标记，此时再单击鼠标左键 E 点即输入。

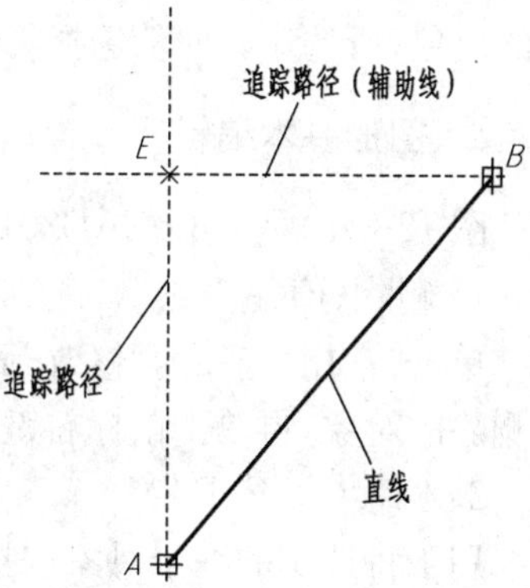

图 12-24　“对象捕捉追踪”输入点

第四节　二维图形编辑

一、选择对象的方式

AutoCAD 选择对象的方法有许多种，常用的几种方式如下：

(1)直接单击。直接在绘图区单击要选择的图形对象，选中的对象以虚线显示。

(2)框选方式。根据拖曳选择框的方向不同有两种形式。

①从左到右拖曳出一个实线矩形选择框时，再次单击鼠标左键，完全包容在选择框中的对象均被选中，如图 12-25 所示。

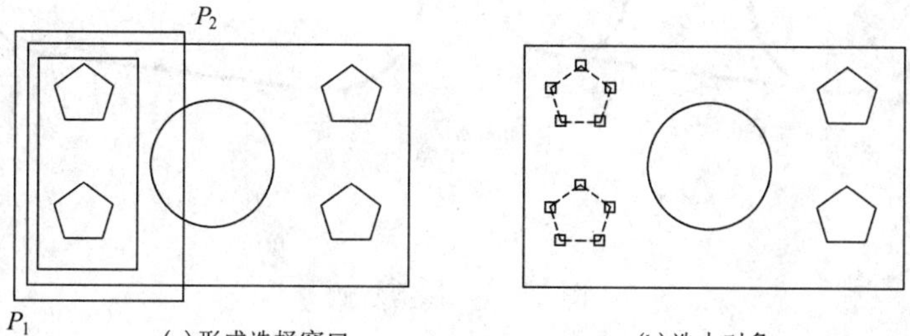

(a)形成选择窗口　　(b)选中对象

图 12-25　实线矩形框选择

②从右到左拖曳出一个虚线矩形框，与虚线矩形框边界相交以及完全包容在虚线矩形框

中的对象都选中,如图 12-26 所示。

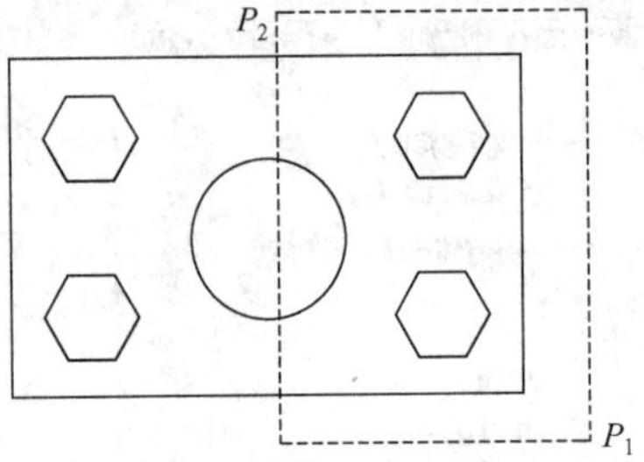

(a)形成选择交叉窗口　　(b)选中对象

图 12-26　虚线矩形框选择

(3)取消已选择的对象

如果要在已选中的对象中取消对某个对象的选择,可以按【Shift】键,同时单击要取消选择的对象,所选对象即从选择集中删除。

二、图形基本编辑

图 12-2(a)是 AutoCAD2012 功能区的“修改”面板,其中集成了所有的修改命令。

1. 删除(ERASE)

单击“常用”选项卡“修改”面板中的“删除”按钮,AutoCAD 提示选择对象,拾取所有需要删除的对象,再单击鼠标右键则将对象从绘图区清除。

2. 偏移(OFFSET)

用于将选中的一个对象按指定的偏移量或通过指定点生成一个与原对象相同或类似的新实体。单击“常用”选项卡“修改”面板中的“偏移”按钮,根据系统提示可选择按指定的偏移量或通过指定点生成新实体。

3. 修剪(TRIM)

用于将指定实体以某些对象作为边界,将需要去除的部分剪掉。单击“常用”选项卡“修改”面板中的“修剪”按钮后,按照系统提示,先选择修剪边界,再选择修剪对象如图 12-27 所示,然后单击鼠标右键完成修剪。

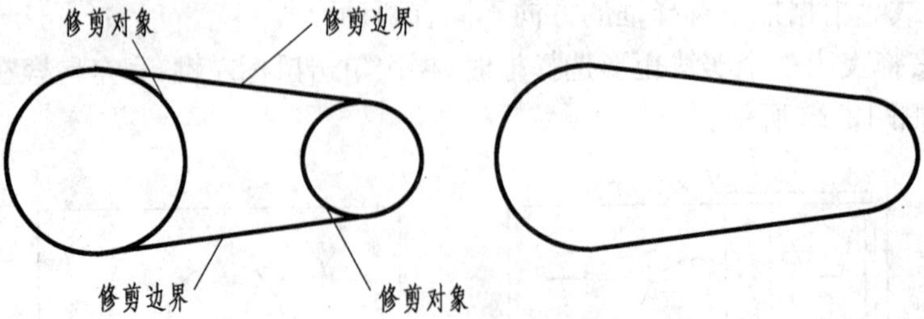

(a)修剪前　　(b)修剪后

图 12-27　修剪示例

4. 延伸 (EXTEND)

通过缩短或拉长,使对象与其他对象的边相接。单击“常用”选项卡“修改”面板中的“延伸”按钮,其操作与修剪命令基本相同,先选择作为边界边的对象,再选择要延伸的对象。

5. 倒角（CHAMFER）

用于两条相交直线及多段线的各直线交点处同时进行倒角。单击“常用”选项卡“修改”面板中的“倒角”按钮，根据系统提示：

(1)选择第一条直线　直接选择两条相交直线进行倒角。

(2)多段线(P)　选择多段线进行倒角。

(3)距离(D)　依次设置两条直线的倒角距离，并根据设置的距离进行倒角，如图 12-28(a)所示。

(4)角度(A)　根据设置第一条直线的倒角长度和角度进行倒角，如图 12-28(b)所示。

(5)修剪(T)　选择“修剪(T)”或“不修剪(N)”作为当前的控制模式，如图 12-28 所示。

(6)多个(U)　可给多处倒角。

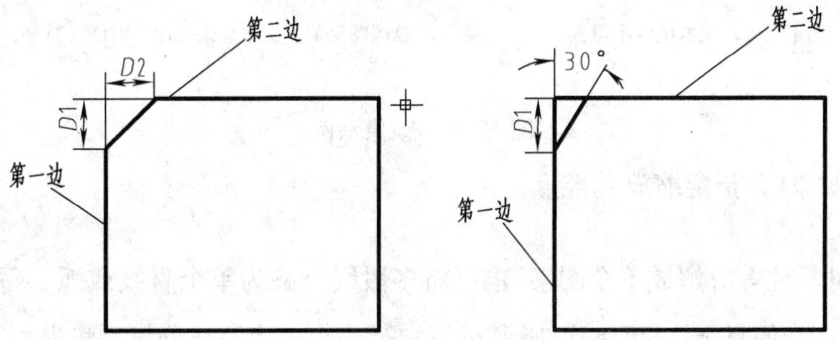

(a)倒角距离（修剪模式）　(b)距离角度（不修剪模式）

图 12-28　倒角示例

6. 圆角(FILLET)

“常用”选项卡“修改”面板中的“圆角”按钮用指定半径的圆弧来光滑连接直线、圆弧、圆等对象，也可以对两条线或多段线倒圆角。圆角命令的操作与倒角命令基本相同。

7. 移动（MOVE）

单击“常用”选项卡“修改”面板中的“移动”按钮。用于将图形对象移到指定位置。“移动”与“实时平移”命令不同，假设屏幕是一张图纸，“实时平移”命令只是将图纸进行平移，而图形对象相对图纸固定不动；“移动”命令改变图形对象在图纸上的位置，图纸固定不动。

8. 旋转（ROTATE）

将图形对象围绕某一基准点作旋转。单击“常用”选项卡“修改”面板中的“旋转”按钮，系统提示“UCS 当前的正角方向：ANGDIR＝逆时针 ANGBASE＝0”，用户选择要旋转的对象和旋转基点，并输入旋转角度即可。

9. 复制（COPY）

复制绘图区的图形。单击“常用”选项卡“修改”面板中的“复制对象”按钮，按提示完成对象选择、基点和位移的指定，即在指定位置上实现了对图形对象的复制。

10. 镜像(MIRROR)

单击“常用”选项卡“修改”面板中的“镜像”按钮。生成与源图形对称的目标图形。本命令的关键是确定对称直线上的两点，如图 12-29 所示。

11. 比例(SCALE)

将图形对象按一定比例放大或缩小。单击“常用”选项卡“修改”面板中的“缩放”按钮，

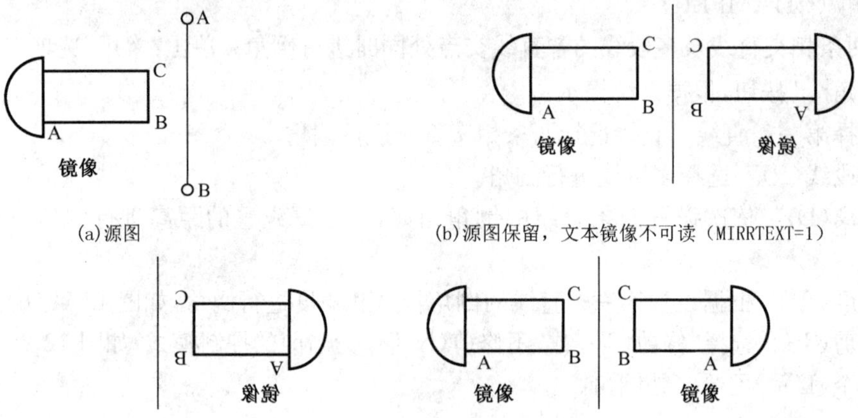

(a)源图　　(b)源图保留，文本镜像不可读（MIRRTEXT=1）

(c)源图不保留，文本镜像不可读　　(d)源图保留，文本镜像可读（MIRRTEXT=0）

图 12-29　镜像示例

选取要缩放的对象，并指定缩放基准点。

12. 分解

将块与尺寸标注等分解成单个图素，也可将多段线分解为单个直线或弧。每一次只能分解一层，对于具有嵌套的复杂体，可多次执行“分解”命令。多段线分解后将失去宽度信息。

13. 阵列（ARRAY）

将选中的图元按矩形或环形的排列方式多重复制。AutoCAD 2012 提供了矩形阵列、路径阵列和环形阵列三种方式。

(1)创建矩形阵列。矩形阵列的行与绘图边界的 X 轴平行；列与绘图边界的 Y 轴平行。还可创建旋转一定角度的矩形阵列，如图 12-30 右图所示。

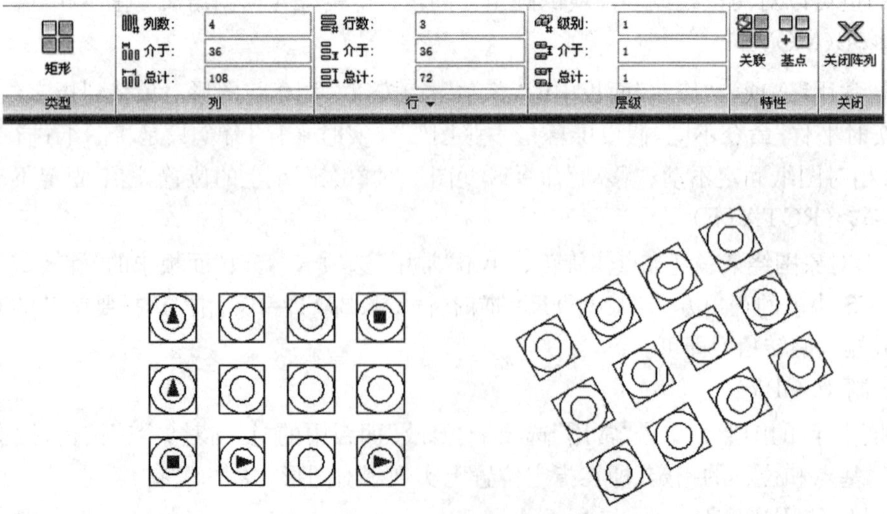

图 12-30　矩形阵列

单击“修改”面板中的“矩形阵列”按钮，按照命令行窗口的提示，在选择阵列对象后，功能区会切换为矩形阵列面板，绘图区会以默认的设置显示 3 行 4 列的矩形阵列，功能区面板如图 12-30 所示。具体操作步骤是用户需在功能区面板中设置相应的参数后，单击“关闭”按钮。

(2)创建环形阵列。单击“修改”面板中的“环形阵列”按钮，根据命令行提示选择阵列对象，再指定阵列中心，系统按默认设置6个项目显示，功能区面板如图12-31所示，功能区面板中的“项目数”用来确定环形阵列中阵列对象的总数，“介于”选项用来确定环形阵列中对象的间距；“填充”用来确定环形阵列中对象的分布角度。“层级”面板中的“级别”和“介于”(层间距)用来设置层数和层间距。特性面板中的“关联”和“基点”的含义与矩形阵列相同；“旋转项目”选项，控制阵列对象是否绕阵列中心点旋转；“方向”选项，控制阵列对象是按逆时针绕阵列中心阵列，还是按顺时针绕阵列中心阵列。阵列的半径由指定的阵列中心点与阵列对象参照点之间的距离决定。

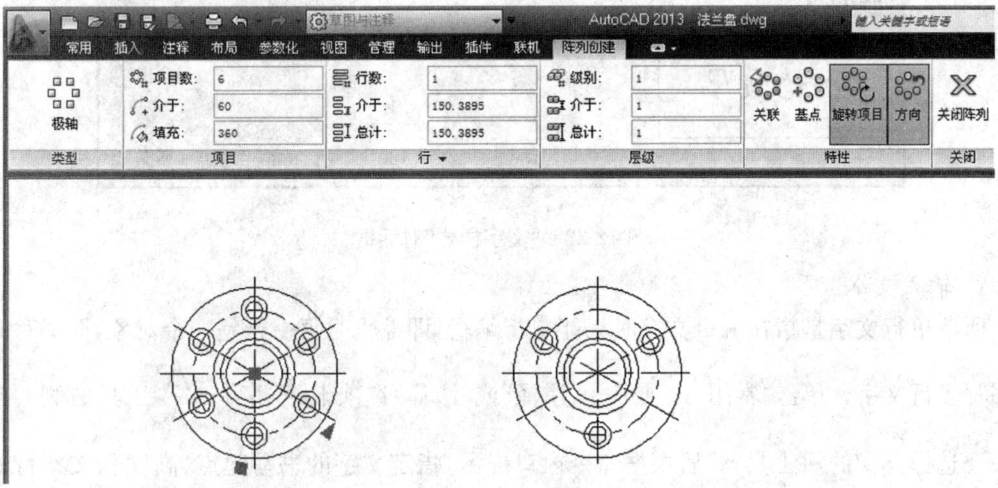

图12-31　环形阵列

第五节　尺寸标注和文本标注

一、文字标注

1. 创建文字样式

在一幅设计图样中，文字的用途是多种多样的，包括尺寸标注、技术要求、施工说明、标题栏等。由于场合不同，字体字样的要求也不同。对我国用户来讲，除数字、字母、字符外，还要使用汉字。在用单行文本书写文字前，首先要设置文字样式。

单击功能区“注释”选项卡→“文字”面板右下方的箭头；或单击功能区“常用”选项卡→“注释”面板下方的箭头→选择其中的工具，打开“文字样式”对话框，如图12-32所示。单击其中的新建钮，在弹出的“新建文字样式”对话框中输入“文字样式”的名称或采用系统默认的样式名，本例“文字样式”名为“文字”，“文字样式”的参数设置如图12-32所示。

对话框中各选项的含义和功能如下：

(1)“样式名”选项组　用于建立新的文字样式，对已有的文字样式进行更名或删除。

(2)“字体”选项组　用于选择字体文件。

(3)“效果”选项组　用于确定字体的特征。

(4)“预览”选项组　用于预显示选定字体样式。

(5)“应用”按钮　用于将当前确定的字体样式应用于当前图形中。

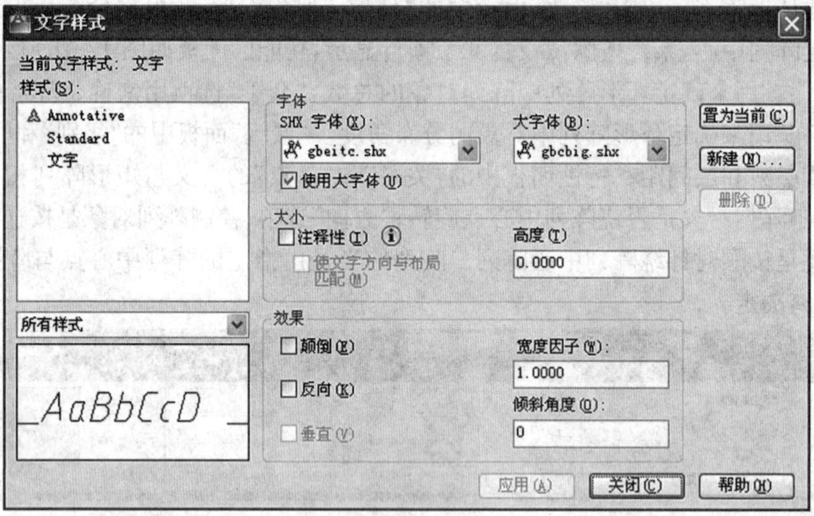

图 12-32 “文字样式”对话框

2. 输入文本

所谓单行文字是指在编辑文字时只能单行编辑，即编辑时每一行是一个对象，而书写时仍可书写多行文字。单击“常用”选项卡→“注释”或“注释”选项卡→“字”→ 多行文字 工具右侧的向下箭头→选择其中的 AI 工具，然后根据命令窗口提示，指定文字的书写起点、高度和文本行的旋转角度，即可在指定位置书写文字。

所谓多行文字命令就是一个在位文字编辑器，不仅可以创建和修改多行文字对象，还可将其他文本文件中的文字粘贴到 AutoCAD 的图形文件中。另外，AutoCAD 2012 允许将文字框背景设为透明，使得用户在输入文字时可看到新输入的文字是否与原有的其他对象重叠。多行文字在图形文件中所注写的整段文字是一个编辑对象，所以称为多行文字。

单击“常用”选项卡→“注释”或“注释”选项卡→“字”→ A 工具，根据命令行提示，在绘图区指定对角点或使用某一选项确定书写范围后，功能区转换为图 12-33 所示的文字编辑器。

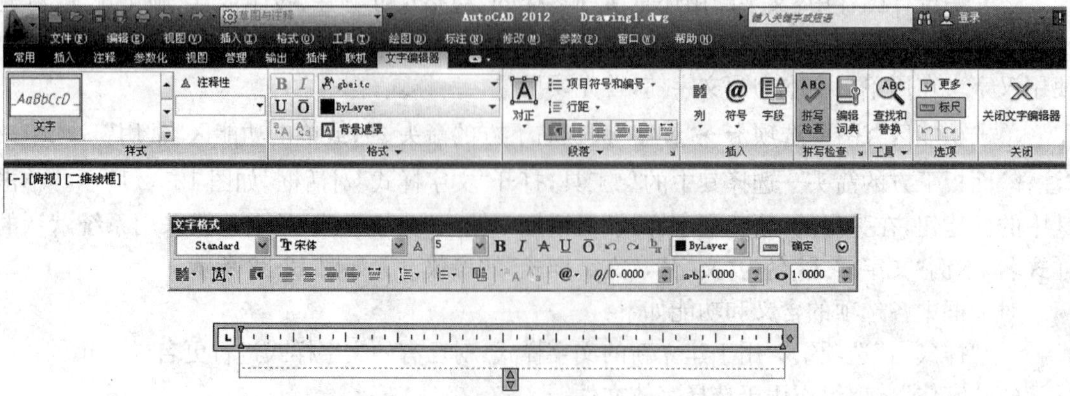

图 12-33 “文字格式”对话框

3. 文字编辑

完成文本注写后，用户可以使用 AutoCAD 提供的一系列文本编辑命令对注写的文本进行编辑修改。

(1)单击已注写好的文字(单行、多行文字均可)，绘图区域显示文字修改快捷对话框如图 12-34 所示。

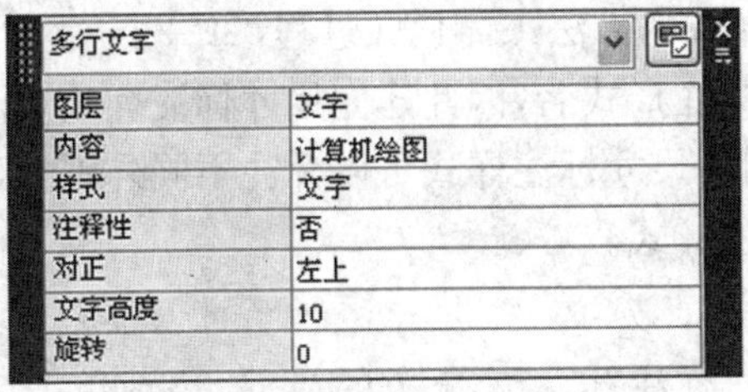

图 12-34　文字修改快捷对话框

(2)双击已注写好的文字，系统会根据不同的注写命令切换到相应的编辑模式。如多行文字命令注写的文字就会切换到图 12-33 所示的文字编辑器下。

(3)单击“常用”选项卡“特性”面板右侧的 按钮，通过“特性”窗口也可以修改文字的内容和特性，图 12-35 所示；或单击菜单中的“修改”→“对象”→“文字”→“编辑”命令，然后选择要修改的文字对象，即可对选中的文字进行修改。

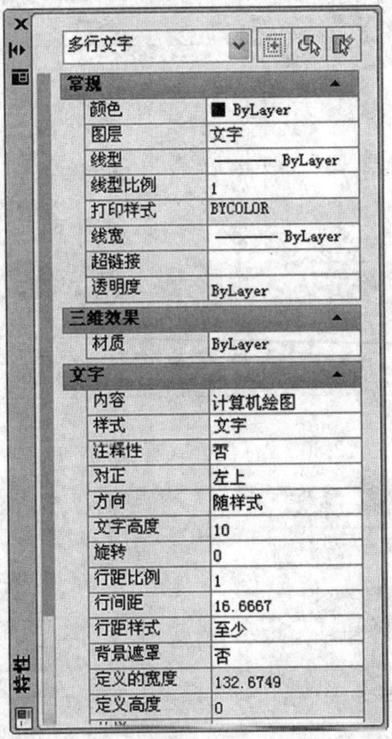

图 12-35　“特性”对话框

二、尺寸标注

1. 尺寸标注样式

由于不同国家、不同部门、不同行业对尺寸标注的规定和习惯不同，因此对尺寸标注的要求也有许多差别。AutoCAD为了满足各方面的要求,设置了相应的尺寸变量,用来控制尺寸界线、尺寸线、尺寸线起止符号及尺寸数字的外观形式,以求图中的尺寸标注能满足各个方面的要求。在AutoCAD中用户可控制的尺寸标注变量多达58个,而且尺寸标注的外观形式又是许多尺寸变量共同作用的结果。可想而知在绘图过程中,为了使尺寸标注符合图面要求,了解各尺寸变量间的内在联系及其作用结果以及相应变量的设置工作是很繁杂的。为此,AutoCAD采用建立尺寸标注样式的方法来简化此过程,每一个尺寸标注样式都是所有尺寸变量设置的集合,都有一个尺寸标注样式名,因此建立尺寸标注样式实际上就是设置各个尺寸变量并保存这些设置。采用不同的尺寸标注样式可以标注不同外观形式的尺寸。在一个图形文件中,用户可建立多种尺寸标注样式。

(1)创建新样式

①单击"注释"选项卡→"标注"面板右下方的箭头;或单击"常用"选项卡→"注释"面板下方的向下箭头→选择其中的工具,打开"标注样式管理器"对话框,如图12-36所示。选中"样式"列表框中的"ISO-25",因AutoCAD提供的"ISO-25"的大部分参数设置适合中国的情况。以"ISO-25"作为新样式的基础样式,可使新样式的默认设置与基础完全样式相同,用户可通过修改其中的一个或几个参数建立新样式,从而减少设置标注样式的工作量。单击其中的"新建"按钮,弹出"创建新标注样式"对话框,如图12-37所示。

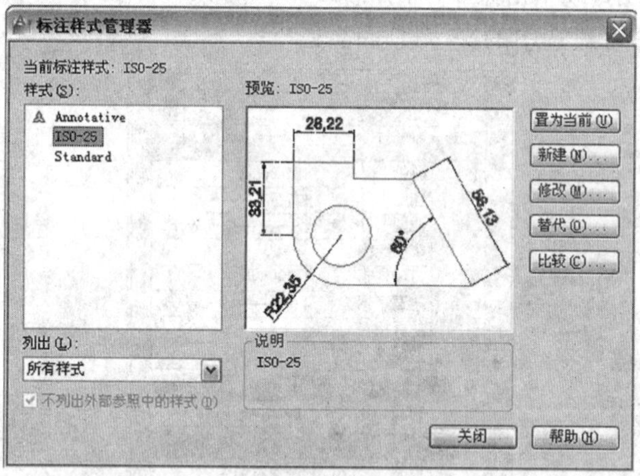

图12-36 "标注样式管理器"对话框

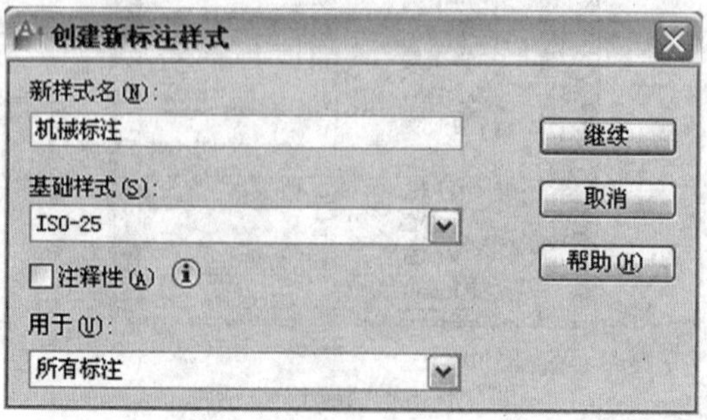

图12-37 "创建新标注样式"对话框

②在"创建新标注样式"对话框的"新样式名"文本框中,输入新建标注样式的名称,本例为"机械标注"。然后单击"继续"按钮,弹出"递增建标注样式:机械标注"对话框。本书在后续内

容中给出了符合我国《机械制图》国家标准的尺寸标注样式各项参数的设置，供读者绘制机械工程图样时参考。

(2)设置“机械标注”主样式

在“新建标注样式:机械标注”对话框中单击“线”选项卡，在“尺寸线”区域中，将“基线间距”设置为10。在“尺寸界线”区域中，将“超出尺寸线”设置为3(图略)。

单击“符号和箭头”选项卡。在“箭头”区域将所有箭头都设置为“实心闭合”，“箭头大小”设置为3，在“圆心标记”区域设置其类型为“无”(图略)。

单击“文字”选项卡。在“文字外观”区域设置“文字样式”为“文字”，“文字高度”为3.5，如图12-38所示。

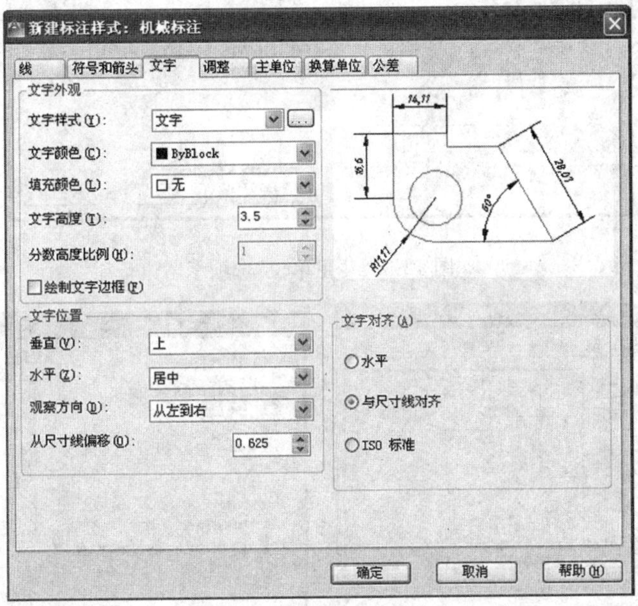

图12-38 “文字”选项卡

单击“主单位”选项卡，在“线性标注”区域，将“精度”下拉列表的参数选为“0”，因我国机械制图的习惯是尺寸数值取整数。然后将小数分隔符设为“.(句点)”，如图12-39所示。

其余参数及其他选项卡中的所有参数均采用默认值不做修改。

单击“确定”按钮，返回“标注样式管理器”对话框。在列表框中选中“机械标注”，并单击“置为当前”按钮，最后单击“关闭”按钮，完成标注主样式的设置。

机械制图中尺寸标注的类型较多，仅设置一种标注样式很难使所有类型的尺寸标注都符合《机械制图》国家标准的要求。解决办法是设置不同尺寸类型的子样式。

(3)设置直径和半径尺寸类型的子样式

在“标注样式管理器”对话框(图12-36)中，单击“新建”按钮，在弹出的“创建新标注样式”对话框中的“用于”下拉列表框中选择“直径标注”后，按“继续”按钮，进入“新建标注样式”对话框。仅需调整“文字”和“调整”两个选项卡。因直径和半径是两种不同类型的尺寸，所以要分别设置“直径标注”和“半径标注”两个子样式，但设置方法相同。

- “文字”选项卡(图12-40):在“文字对齐”区域中选择“ISO标准”单选按钮，其余参数不变。
- “调整”选项卡(图12-41):在“调整选项”区域中“文字”、“箭头”、“文字和箭头”三个单选按钮任选其一；在“优化区域”选中“手动放置位置”复选框，其余参数不变。

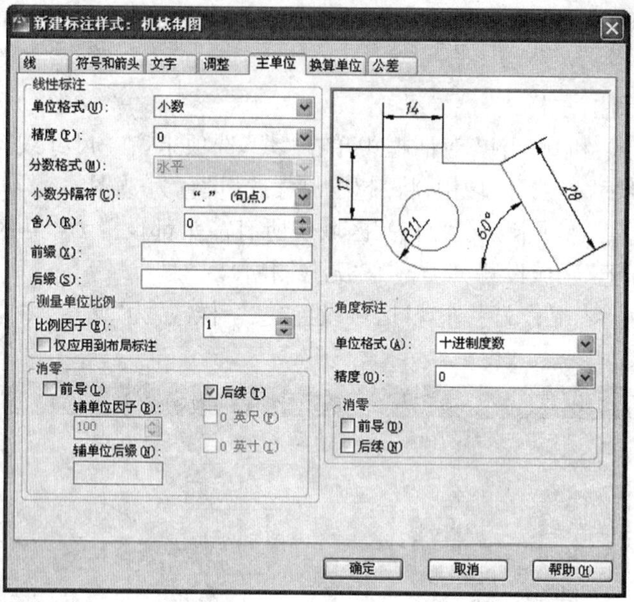

图 12-39 “主单位”选项卡

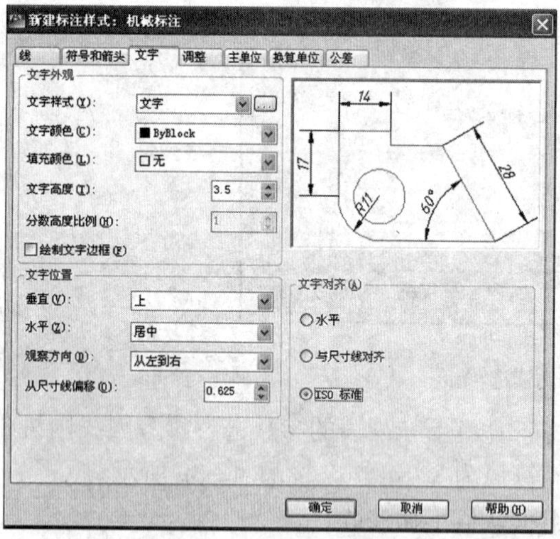

图 12-40 设置直径、半径子样式“文字”选项卡

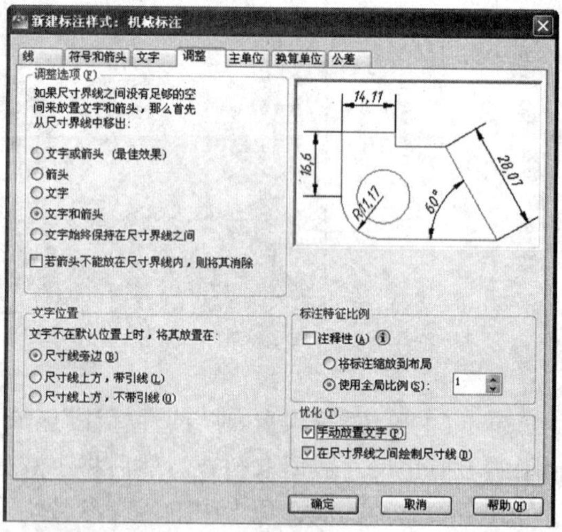

图 12-41 设置直径、半径子样式“调整”选项卡

(4)设置角度尺寸类型的子标注样式

在“标注样式管理器”对话框(图 12-36)中，单击“新建按钮”，在弹出的“创建新标注样式”对话框中的“用于”下拉列表框中选择“角度标注”后，按“继续”按钮，进入“新建标注样式”对话框，仅调整“文字”选项卡。在“文字对齐”区域选择“水平”单选按钮；其他选项不变，如图 12-42 所示。

(5)设置尺寸公差替代样式

为了不改变当前标注样式中的某些设置，可临时创建一个替代标注样式来替代当前标注样式中的某些不便修改而又必须修改的设置，如标注尺寸公差。

单击“常用”选项卡→“注释”面板右侧的三角箭头，在弹出的列表框中选择“机械标注”左侧的按钮，弹出“标注样式管理器”对话框，如图 12-36 所示。在该对话框中单击“替代”按钮，弹出“替代新建标注样式：机械标注”对话框。

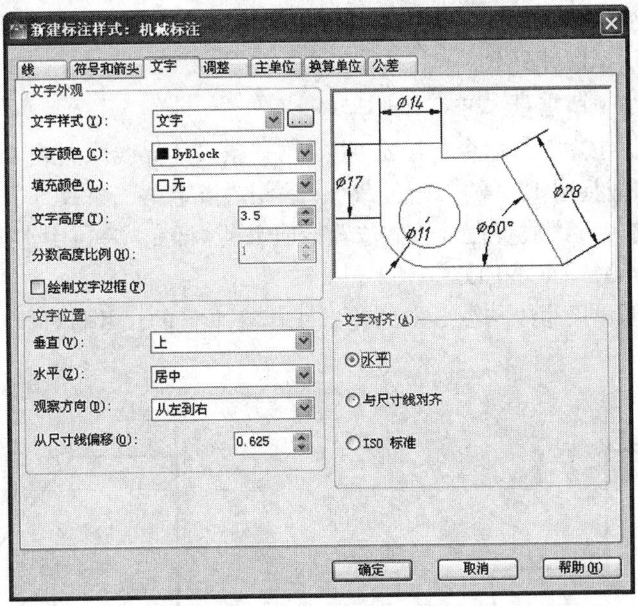

图 12-42　设置角度子样式“文字”选项卡

①如果用尺寸偏差的形式标注非圆视图上的尺寸公差如 $\phi 21^{+0.021}_{0}$，则单击“主单位”选项卡如图 12-43(a)所示，在“主单位”选项卡中的“前缀”文本框中输入“%%c”；再单击“公差”选项卡如图 12-43(b)所示，在“公差”选项卡中的“方式”下拉列表框中选择“极限偏差”，“精度”下拉列表框中选择“0.000”，“上偏差”文本框中输入“0.021”、“下偏差”文本框中输入“0.000”、“高度”文本框中输入“0.7”、“垂直”下拉列表框中选择“中”，“公差对齐”区中选择“对齐小数分隔符”单选按钮，并选中“消零”区域的“后续”复选框，其余参数不变。

②如果用公差代号的形式标注非圆视图上的尺寸公差如 $\phi 21H7$，则在“主单位”选项卡中的“前缀”文本框中输入“%%c”；在“后缀”文本框中输入“H7”，其余参数不变。

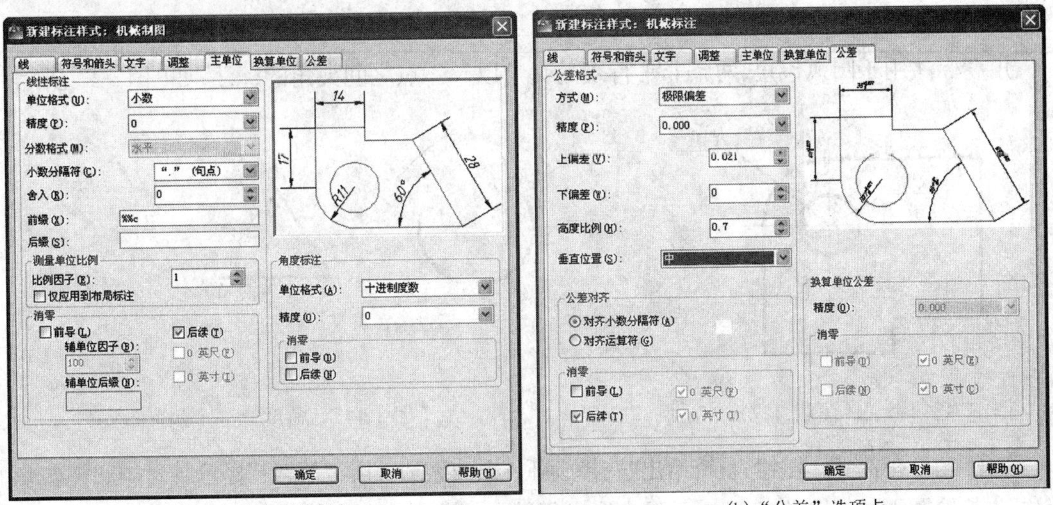

(a)“主单位”选项卡　(b)“公差”选项卡

图 12-43　标注尺寸公差的“替代”样式

2. 尺寸标注命令

在 AutoCAD 2012 的功能区“常用”选项卡的“注释”面板或“注释”选项卡的“标注”面板集

成了所有的尺寸标注命令。单击某一按钮即会执行相应的尺寸标注命令。

(1)线性标注(DIMLINEAR)

线性标注用于水平或垂直尺寸,如图 12-44 所示。

单击“线性标注”按钮,命令行给出“指定第一条尺寸界线原点或〈选择对象〉”提示,打开“对象捕捉”模式,捕捉图 12-44 中A点,命令行给出“指定第二条尺寸界线原点”提示,再捕捉B点。移动光标将尺寸线放置在合适的位置拾取 E 点,即完成一个线性尺寸的标注。

(2)对齐标注(DIMALIGNED)

对齐标注用于创建尺寸线与图形中的轮廓线相互平行的尺寸标注,如图 12-45 中的长度尺寸 29。

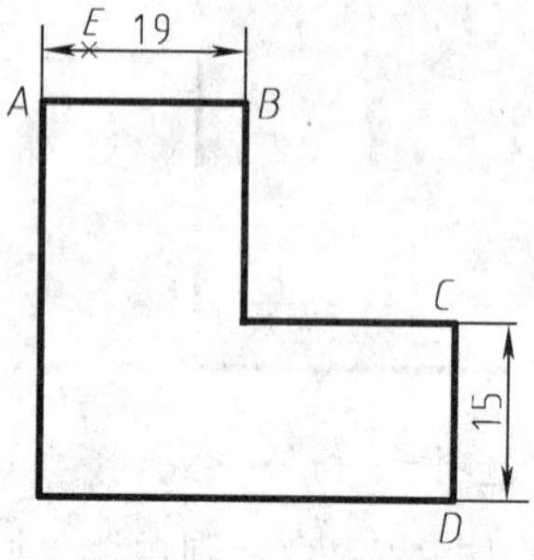

图 12-44　线性标注示例

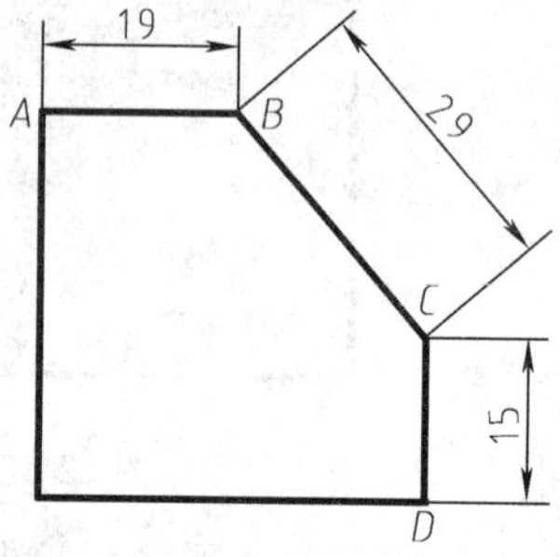

图 12-45　对齐标注示例

单击“对齐标注”按钮,按提示拾取B、C两点,或先按回车,再拾取BC线段,移动光标确定尺寸线位置,即完成对齐尺寸的标注。

(3) 半径(DIMRADIUS)、直径(DIMDIAMETER) 标注

半径、直径标注用于圆或圆弧的半径或直径尺寸标注,如图 12-46 所示。

单击“半径标注”或“直径标注”按钮,选择要标注的圆或圆弧,移动光标确定尺寸线的位置。

(4)角度标注

角度标注用于圆弧包角、两条非平行线的夹角以及三点之间夹角的标注,如图 12-47 所示。

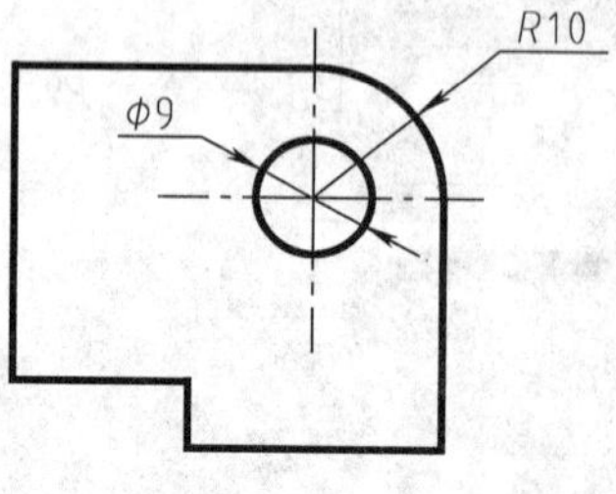

图 12-46　半径标注和直径标注示例

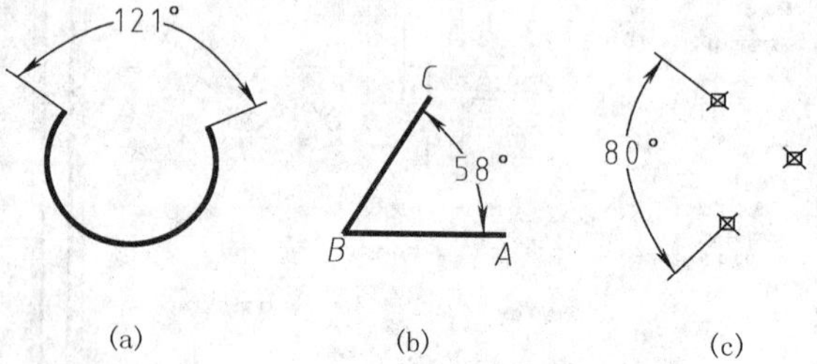

图 12-47　角度标注示例

单击“角度标注”按钮,系统给出“选择圆弧、圆、直线或〈指定顶点〉”提示。对于圆弧包角的标注,先拾取圆弧的一个端点,此时系统在命令行给出“指定标注弧线位置或[多行文字(M)/文字(T)/角度(A)]”提示,单击鼠标左键确定弧线位置,即完成角度的标注,如图 12-47(a)所示。

对于两条非平行线的夹角,则依次拾取形成夹角的两条直线,并确定标注弧线位置,即完成两条非平行线之间的角度标注,如图 12-47(b)所示。

对于三点之间夹角的角度标注，需先按回车键。待命令行出现“指定角的顶点”提示时，利用“对象捕捉”功能拾取顶点，再依次拾取两个端点，最后确定标注弧线位置，即可完成三点之间夹角的标注，如图 12-47(c)所示。

(5)基线标注(DIMCONTINUE)

基线标注用于以同一尺寸界线为基准的一系列尺寸标注，如图 12-48 所示。

基线标注必须以线性或角度尺寸标注作为基础标注如图 12-48(a)中的尺寸 26。在完成基础标注后，单击“基线标注”按钮，系统给出“指定第二条尺寸界线起点或［放弃(U)/选择(S)]〈选择〉”，将光标移动到第二条尺寸界线起点，单击鼠标左键确定，即完成一个尺寸的标注。重复拾取第二条尺寸界线起点操作，可以完成一系列基线尺寸的标注。基线标注中尺寸线之间的间距，由标注样式中的基线间距控制。

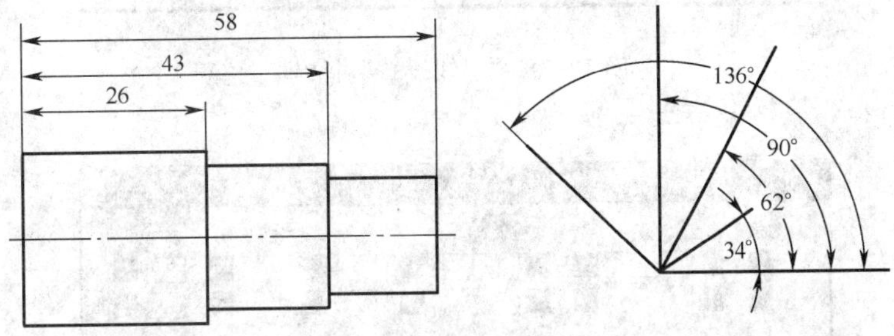

(a)长度尺寸的基线型标注　　(b)角度尺寸的基线型标注

图 12-48　基线标注示例

(6)连续标注(DIMBASELINE)

连续标注用于尺寸线串联排列的一系列尺寸标注，如图 12-49 所示。

连续标注与基线标注一样，必须以线性、坐标或角度标注作为基础标注。在完成基础标注后，单击“连续标注”按钮，系统在命令行给出与基线标注一样的提示，按照与创建基线标注相同的步骤进行操作，即可完成连续标注。

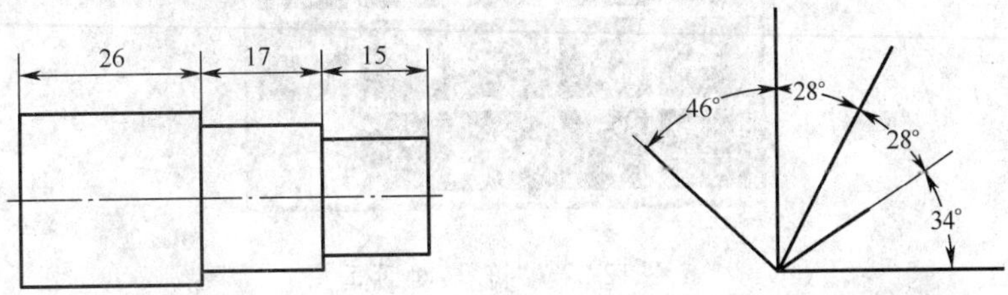

(a)长度尺寸的连续型标注　　(b)角度尺寸的连续型标注

图 12-49　连续标注示例

(7)快速引线标注(QLEADER)

引线标注用于标注一些注释、说明和形位公差等。

单击“快速引线”按钮，系统在命令行给出“指定引线起点或［设置(S)］〈设置〉”提示。因为引线的形式多种多样，为符合国标的要求，一般要先进行设置，所以在命令行输入 S，并按回车键，打开如图 12-50 所示的“引线设置”对话框进行设定。

“引线设置”对话框中“注释类型”选择“公差”单选钮时，绘制引线后单击鼠标右键，即打开“形位公差”对话框(图 12-51)，单击对话框左侧的“符号”黑色方框，系统弹出如图 12-52 所示

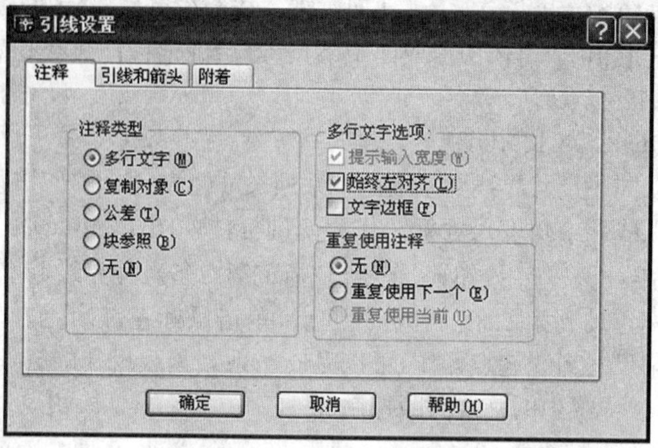

图 12-50 “引线设置”对话框

的“符号”对话框。

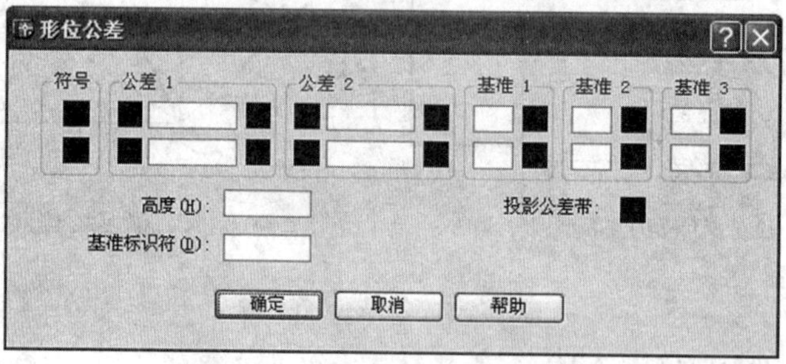

图 12-51 “形位公差”对话框

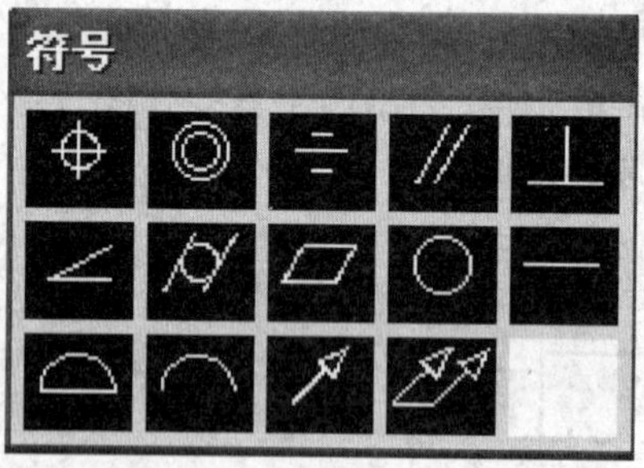

图 12-52 “符号”对话框

在对话框中进行恰当的设置，单击“确定”按钮关闭对话框，此时在命令行中出现“输入公差位置”提示，十字光标处跟随一个公差框格，移动光标至合适处，单击鼠标左键，完成公差框的定位，如图 12-53 所示。

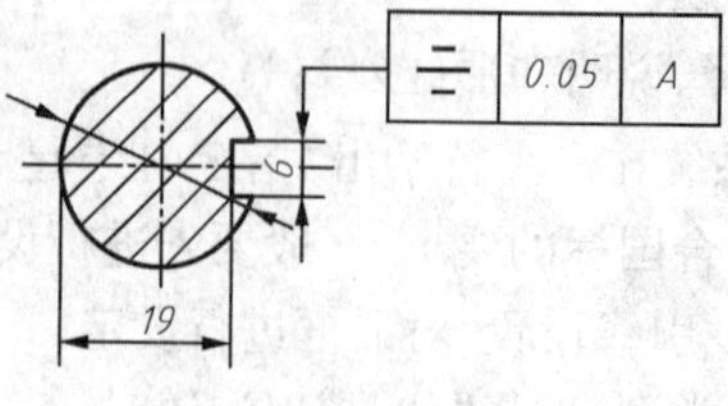

图 12-53 快速引线标注示例

第六节　图块定义与应用

一、块的概念及功能

块是图形对象的集合，常用于绘制多次重复使用的图形和符号，块有以下特点：

(1)节省存储空间　插入图块在存储时不必存储其中每个对象的信息，只存储图块名及插入点的坐标等信息，可以有效地节省图形的存储空间。

(2)方便图形修改　修改图形时，可通过修改图块或重新定义图块的方式修改图中所有插入该图块的图形。

(3)提高绘图效率　对于常用图形，可利用图块生成图形库，避免重复劳动，大大提高绘图效率。

(4)可以通过定义块的属性添加文字信息。

二、块的创建

AutoCAD 还没有将粗糙度标注作为一个特殊对象进行处理，只能利用块插入来完成粗糙度符号的标注。本节以创建粗糙度符号为例，讲解图块的定义和应用。

1. 绘制粗糙度符号

完成图 12-54 所示的符号绘制。

2. 将粗糙度符号创建成块

(1)定义属性

单击“插入”选项卡→“块定义”面板→“定义属性”按钮，弹出“属性定义”对话框。在该对话框中设置属性的“标记”为“粗糙度”、“提示”为“输入粗糙度的值”、“默认”为“*Ra*3.2”。在“文字设置”选项组设置文字的“对正”为“正中”，“文字样式”为“文字”，“文字高度”为“3.5”；“插入点”选中“在屏幕上指定”复选框，如图 12-55 所示。单击“确定”按钮，然后在图 12-54 所示的符号的横线下方拾取 *A* 点。

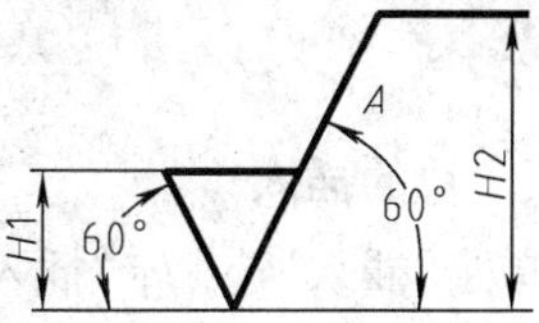

图 12-54　粗糙度符号图形

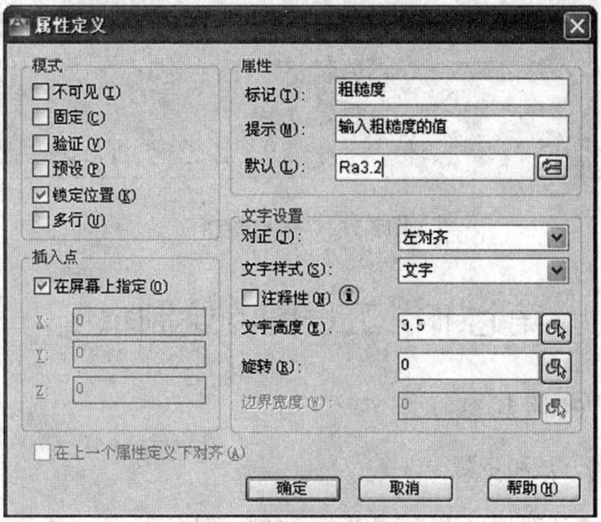

图 12-55　属性定义

(2)创建块定义

单击“插入”选项卡→“块定义”面板→“创建块”按钮右侧的三角形箭头，在弹出的菜单中单击“写块”按钮，调出“写块”对话框。在对话框中设置“文件名和路径”的文本框位置，如图 12-56 所示。然后单击“拾取点”按钮，拾取绘图窗口粗糙度符号三角形的下顶点作为基点，返回“写块”对话框，再单击“选择对象”按钮，在绘图窗口选择粗糙度符号。按【空格】键返回“写块”对话框中后单击“确定”按钮，完成“粗糙度符号”外部块的定义。

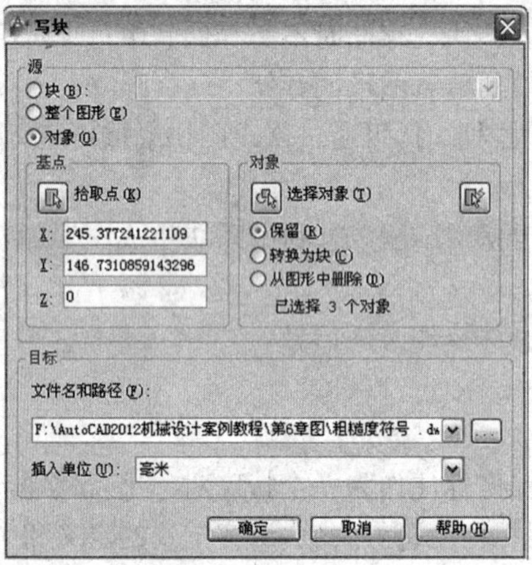

图 12-56 写块

(3)块的插入

单击“插入”选项卡“插入块”按钮，系统弹出“插入”对话框，如图 12-57 所示。除了直接进行块插入操作外，还可以选取提示中的其他选项对块进行缩放和旋转。

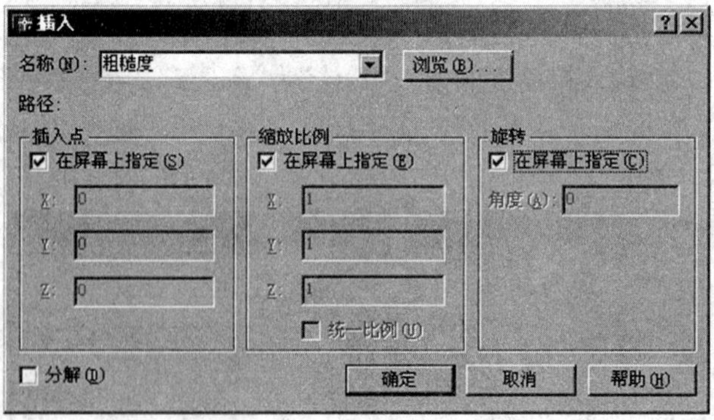

图 12-57 “插入”对话框

第七节 工程图的绘制举例

绘制如图 12-58 所示的工程图。

一、绘制工程图的方法和步骤

计算机绘图和手工绘图的步骤大致相同，一般步骤如下：

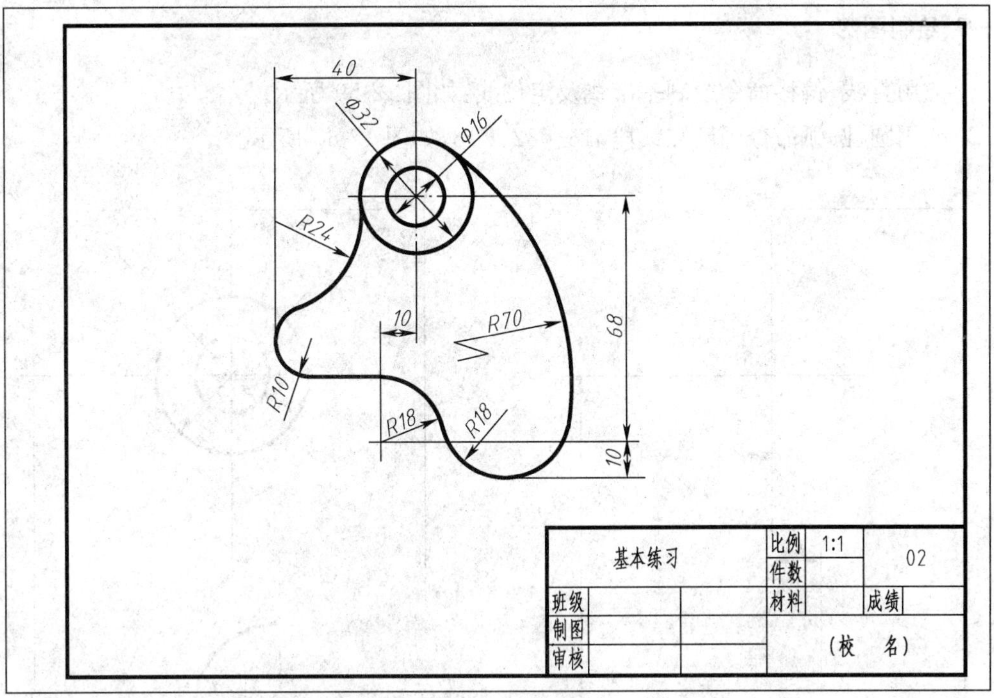

图 12-58　练习样图

1. 设置图幅、绘图比例,绘制或调入样板图框、标题栏。

2. 布置图面,绘制各个视图的定位基准线。

3. 绘制及编辑图形。

4. 标注尺寸和各种技术要求符号、代号。

5. 填写标题栏和注写文字说明。

6. 检查、修改、存盘。

二、绘图环境的设置

1. 选择下拉菜单"格式"⇨"单位",打开"图形单位"对话框,设定绘图单位。

2. 选择下拉菜单"格式"⇨"图形界线",设置图幅,根据所绘图形的大小,选用 A4 图幅,并用"全部缩放(ZOOM ALL)"命令。

3. 用 LAYER 命令新建图层,设置图层的线型、颜色和线宽,并用 LTSCALE 命令设置全局线型比例系数。

三、创建图框和标题栏

1. 用 LINE 命令绘制 A4 的图框。

2. 按照本书图 1-13 所示标题栏的尺寸,绘制标题栏。

3. 应用单行文本命令填写标题栏。

4. 保存图纸样板文件:用 QSAVE 或 SAVE AS 命令保存文件,在"图形另存为对话框中"输入文件名(如"样板 A4"),文件类型选择"AutoCAD 图形样板"文件,保存于"Template"(默认路径)文件夹中。

四、绘制图形

1. 应用直线、偏移命令绘制基准线及定位线，如图 12-59 所示。

2. 应用圆、圆弧命令画已知线段$\phi16$、$\phi32$、$R18$，如图 12-60 所示。

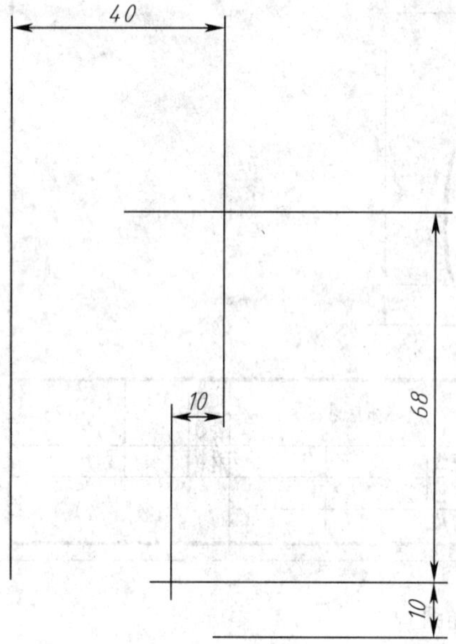

图 12-59　绘制基准线及定位线

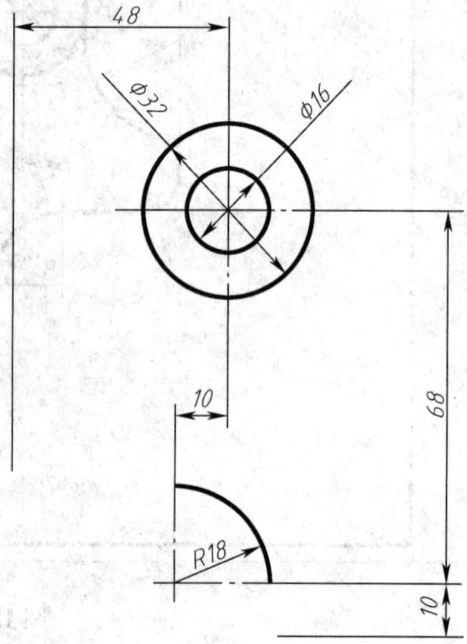

图 12-60　画已知线段

3. 应用直线命令，从已知端点画出连接线段，如图 12-61 所示。

4. 利用圆角命令绘制$R18$、$R10$ 的过渡圆弧，如图 12-62 所示 。

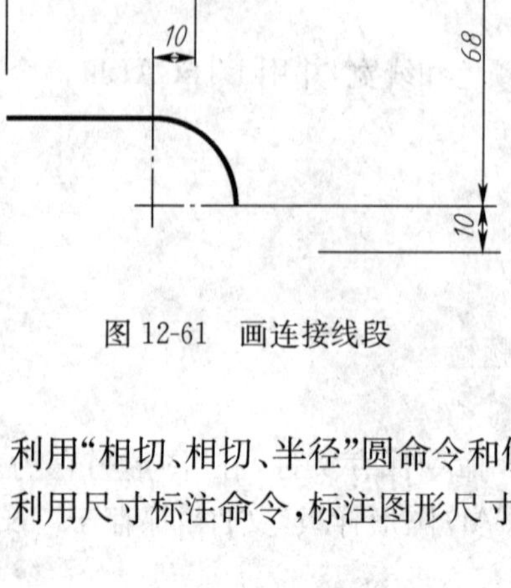

图 12-61　画连接线段

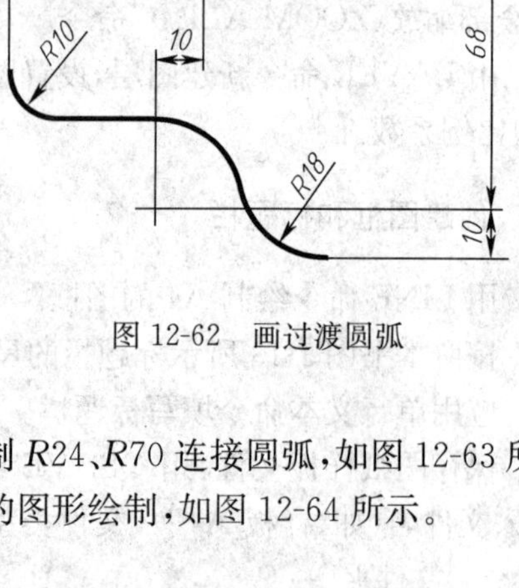

图 12-62　画过渡圆弧

5. 利用“相切、相切、半径”圆命令和修剪命令绘制 $R24$、$R70$ 连接圆弧，如图 12-63 所示。

6. 利用尺寸标注命令，标注图形尺寸，完成最终的图形绘制，如图 12-64 所示。

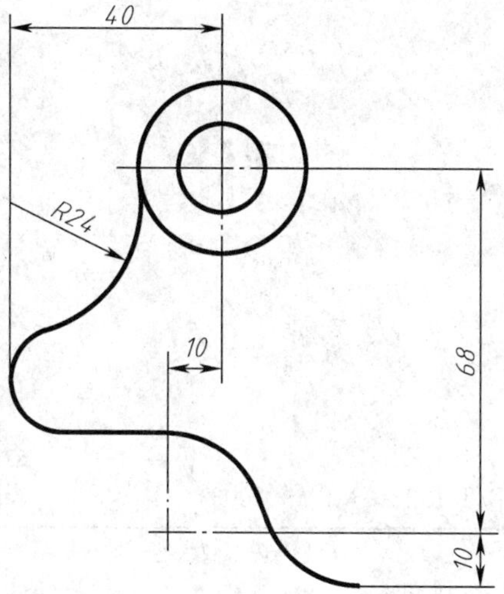

图 12-63　画连接圆弧

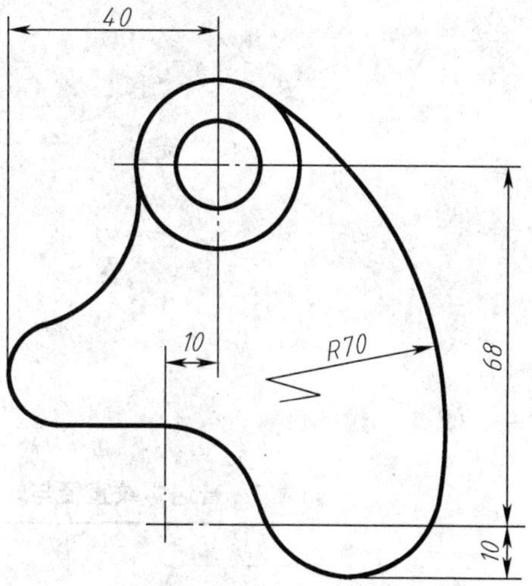

图 12-64　标注尺寸

五、存储图形并退出系统

1. 利用 QSAVE 或 SAVE AS 命令保存文件，在“图形另存为对话框中”输入文件名(如“基本练习”)，选择存储路径，保存文件。

2. 选择下拉菜单“文件”⇨“退出”，退出 AutoCAD 系统。

复习思考题

1. Auto CAD 绘图软件有什么特点？
2. Auto CAD 系统采用几种坐标输入方法？有何异同？
3. Auto CAD 系统中的对象、图层的概念？
4. 绘图范围或图幅如何设置？
5. 绘制直线有几种方法？如何绘制有一定宽度的直线？
6. 如何注写尺寸和技术要求？文字样和尺寸标注样式的作用是什么？
7. 在标注尺寸时，如何控制尺寸箭头、尺寸文字的位置、尺寸文字的大小？如何修改已经注写的尺寸及文字？

附　　录

一、螺　　纹

附表 1　普通螺纹直径与螺距(摘自 GB/T 192、193、196—2003)　　mm

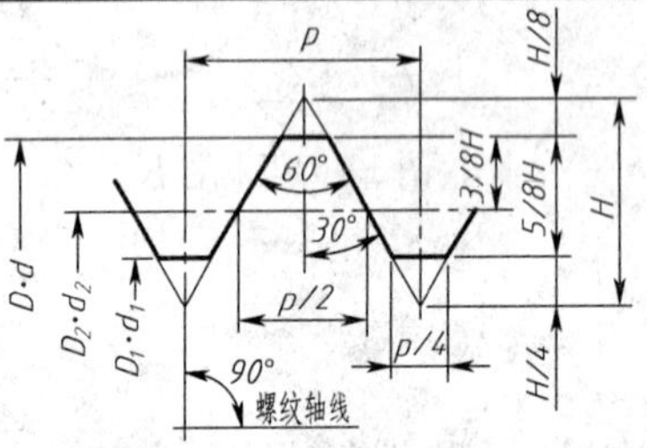

D——内螺纹大径
d——外螺纹大径
D_2——内螺纹中径
d_2——外螺纹中径
D_1——内螺纹小径
d_1——外螺纹小径
P——螺距

标记示例:
M10-6g(粗牙普通外螺纹、公称直径 d=M10、右旋、中径及大径公差带均为 6g、中等旋合长度)
M10×1-LH(细牙普通内螺纹、公称直径 D=M10、螺距 P=1、左旋、中径及小径公差带均为 6H、中等旋合长度)

公称直径(D、d)			螺距(P)		粗牙螺纹小径(D_1、d_1)
第一系列	第二系列	第三系列	粗　牙	细　牙	
4	—	—	0.7	0.5	3.242
5	—	—	0.8		4.134
6	—	—	1	0.75、(0.5)	4.917
	—	7			5.917
8	—	—	1.25	1、0.75、(0.5)	6.647
10	—	—	1.5	1.25、1、0.75、(0.5)	8.376
12	—	—	1.75	1.5、1.25、1、(0.75)、(0.5)	10.106
—	14	—	2		11.835
—	—	15		1.5、(1)	*13.376
16	—	—	2	1.5、1、(0.75)、(0.5)	13.835
—	18	—	2.5	2、1.5、1、(0.75)、(0.5)	15.294
20	—	—			17.294
—	22	—			19.294
24	—	—	3	2、1.5、1、(0.75)	20.752
—	—	25	—	2、1.5、(1)	*22.835
—	27	—	3	2、1.5、1、(0.75)	23.752
30	—	—	3.5	(3)、2、1.5、1、(0.75)	26.211
—	33	—		(3)、2、1.5、(1)、(0.75)	29.211
—	—	35	—	1.5	*33.376

续上表

公称直径(D、d)			螺距(P)		粗牙螺纹小径(D_1、d_1)
第一系列	第二系列	第三系列	粗　牙	细　牙	
36	—	—	4	3、2、1.5、(1)	31.670
—	39	—			34.670

注:① 优先选用第一系列,其次是第二系列,第三系列尽可能不用。
② 括号内尺寸尽可能不用。
③ M14×1.25 仅用于火花塞,M35×1.5 仅用于滚动轴承锁紧螺母。
④ 带 * 者为细牙参数,是对应于第一种细牙螺距的小径尺寸。

附表 2　梯形螺纹(摘自 GB/T 5796.1～5796.4—2005)　　mm

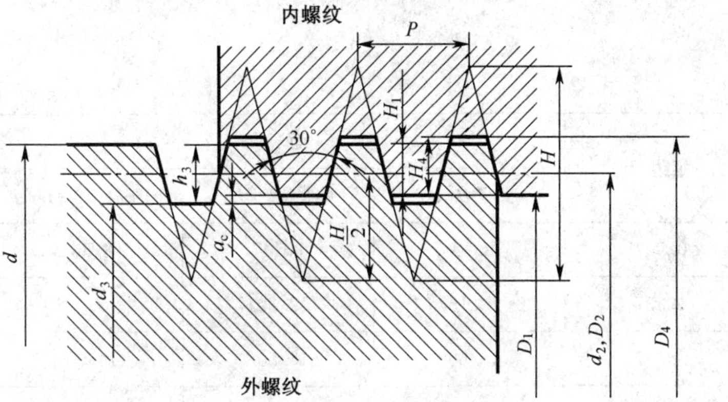

d——外螺纹大径(公称直径)
d_3——外螺纹小径
D_4——内螺纹大径
D_1——内螺纹小径
d_2——外螺纹中径
D_2——内螺纹中径
P——螺距
a_c——牙顶间隙

标记示例:
Tr40×7-7H(单线梯形内螺纹、公称直径 $d=40$、螺距 $P=7$、右旋、中径公差带为 7H、中等旋合长度)
Tr60×18(P9)LH-8e-L(双线梯形外螺纹、公称直径 $d=60$、导程 $S=18$、螺距 $P=9$、左旋、中径公差带为 8e、长旋合长度)

梯形螺纹的基本尺寸

d 公称系列		螺距 P	中径 $d_2=D_2$	大径 D_4	小径		d 公称系列		螺距 P	中径 $d_2=D_2$	大径 D_4	小径	
第一系列	第二系列				d_3	D_1	第一系列	第二系列				d_3	D_1
8	—	1.5	7.25	8.3	6.2	6.5	32	—	6	29.0	33	25	26
—	9	2	8.0	9.5	6.5	7	—	34		31.0	35	27	28
10	—		9.0	10.5	7.5	8	36	—		33.0	37	29	30
—	11		10.0	11.5	8.5	9	—	38	7	34.5	39	30	31
12	—	3	10.5	12.5	8.5	9	40	—		36.5	41	32	33
—	14		12.5	14.5	10.5	11	—	42		38.5	43	34	35
16	—	4	14.0	16.5	11.5	12	44	—		40.5	45	36	37
—	18		16.0	18.5	13.5	14	—	46	8	42.0	47	37	38
20	—		18.0	20.5	15.5	16	48	—		44.0	49	39	40
—	22	5	19.5	22.5	16.5	17	—	50		46.0	51	41	42
24	—		21.5	24.5	18.5	19	52	—		48.0	53	43	44
—	26		23.5	26.5	20.5	21	—	55	9	50.5	56	45	46
28	—		25.5	28.5	22.5	23	60	—		55.5	61	50	51
—	30	6	27.0	31.0	23.0	24	—	65	10	60.0	66	54	55

注:① 优先选用第一系列的直径。
② 表中所列的螺距和直径,是优先选择的螺距及与之对应的直径。

附表 3　55°非密封管螺纹(GB/T 7307—2001)

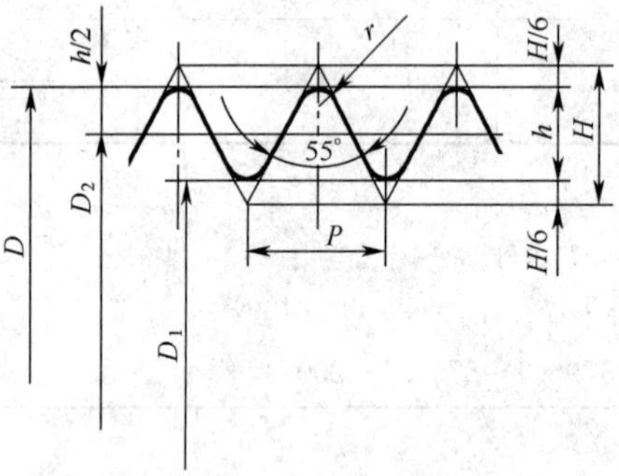

标记示例:

尺寸代号 1½的右旋内螺纹:G1½

尺寸代号 1½的 A 级右旋外螺纹:G1½A

尺寸代号 1½的 B 级左旋外螺纹:G1½B-LH

mm

尺寸代号	每 25.4 mm 内的牙数 n	螺距 P	基面直径		
			大径 $d=D$	中径 $d_2=D_2$	小径 $d_1=D_1$
1/8	28	0.907	9.728	9.147	8.566
1/4	19	1.337	13.157	12.301	11.445
3/8	19	1.337	16.662	15.806	14.950
1/2	14	1.814	20.955	19.793	18.631
5/8	14	1.814	22.911	21.749	20.587
3/4	14	1.814	26.441	25.279	24.117
7/8	14	1.814	30.201	29.039	27.877
1	11	2.309	33.249	31.770	30.291
1⅛	11	2.309	37.897	36.418	34.939
1¼	11	2.309	41.910	40.431	38.952
1½	11	2.309	47.803	46.324	44.845
1¾	11	2.309	53.746	52.267	50.788
2	11	2.309	59.614	58.135	56.656
2¼	11	2.309	65.710	64.231	62.752
2½	11	2.309	75.184	73.705	72.226
2¾	11	2.309	81.534	80.055	78.576
3	11	2.309	87.884	86.405	84.926
3½	11	2.309	100.330	98.851	97.372
4	11	2.309	113.030	111.551	110.072

二、常用的标准件

附表 4　六角头螺栓　　　mm

六角头螺栓　C 级(摘自 GB/T 5780—2000)

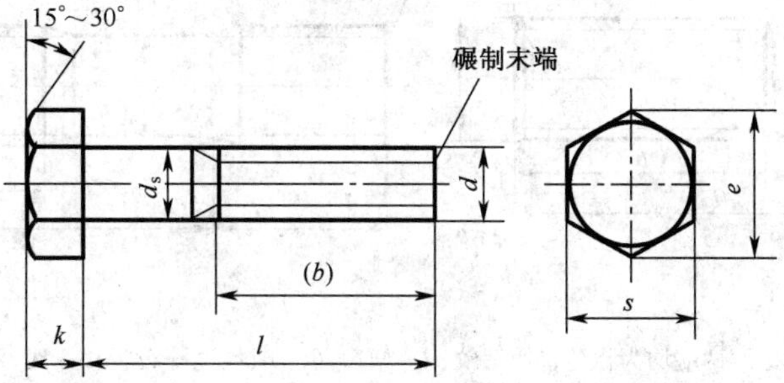

标记示例：

螺栓　GB/T 5780　M20×100　(螺纹规格 d=M20、公称长度 l=100、性能等级为 4.8 级、不经表面处理、杆身半螺纹、产品等级为 C 级的六角头螺栓)

六角头螺栓　全螺纹　C 级(摘自 GB/T 5781—2000)

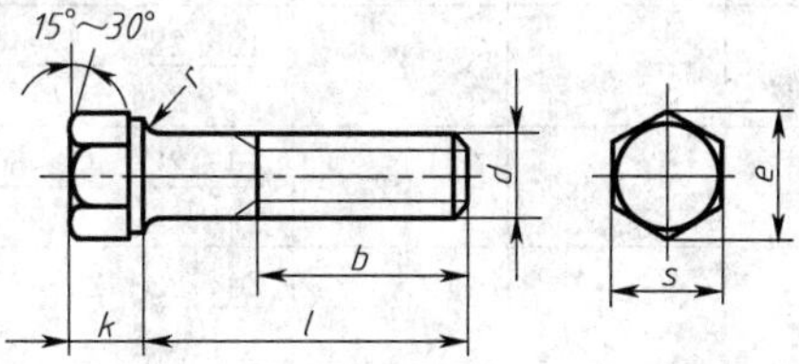

标记示例：

螺栓　GB/T 5781　M12×80　(螺纹规格 d=M12、公称长度 l=80、性能等级为 4.8 级、不经表面处理、全螺纹、产品等级为 C 级的六角头螺栓)

螺纹规格(d)		M5	M6	M8	M10	M12	M16	M20	M24	M30	M36	M42	M48
$b_{参考}$	$l_{公称}$≤125	16	18	22	26	30	38	40	54	66	78	—	—
	125<$l_{公称}$≤1 200	—	—	28	32	36	44	52	60	72	84	96	108
	$l_{公称}$>200	—	—	—	—	—	57	65	73	85	97	109	121
$k_{公称}$		3.5	4.0	5.3	6.4	7.5	10	12.5	15	18.7	22.5	26	30
s_{min}		8	10	13	16	18	24	30	36	46	55	65	75
e_{max}		8.63	10.9	14.2	17.6	19.9	26.2	33.0	39.6	50.9	60.8	72.0	82.6
d_{smax}		5.48	6.48	8.58	10.6	12.7	16.7	20.8	24.8	30.8	37.0	45.0	49.0
$l_{范围}$	GB/T 5780—2000	25～50	30～60	35～80	40～100	45～120	55～160	65～200	80～240	90～300	110～300	160～420	180～480
	GB/T 5781—2000	10～40	12～50	16～65	20～80	25～100	35～100	40～100	50～100	60～100	70～100	80～420	90～480
$l_{公称}$		10、12、16、20～50(5 进位)、(55)、60、(65)、70～160(10 进位)、180、220～500(20 进位)											

注：① 括号内的规格尽可能不用。末端按 GB/T 2—2001 规定。

② 螺纹公差：8g(GB/T 5780—2000)；6g(GB/T 5781—2000)；机械性能等级：4.6 级、4.8 级；产品等级：C。

附表 5　双头螺柱(摘自 GB/T 897～900—1988)　　mm

$b_m=d$(GB/T 897)　$b_m=1.25d$(GB/T 898)　$b_m=1.5d$(GB/T 899)　$b_m=2d$(GB/T 900)

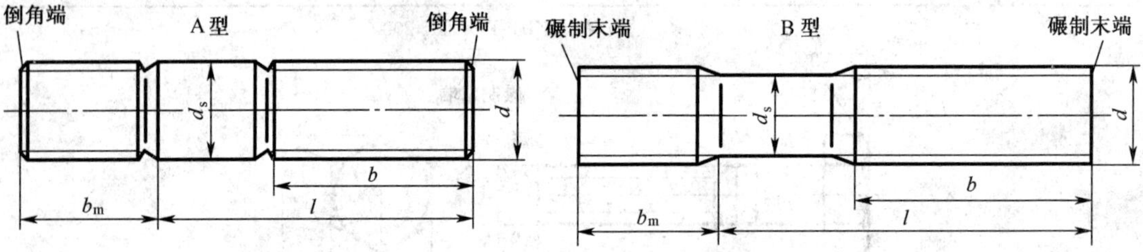

标记示例：

螺柱　GB/T 900　M10×50　(两端均为粗牙普通螺纹、d=M10、l=50、性能等级为 4.8 级、不经表面处理、B 型、b_m=2d 的双头螺柱)

螺柱　GB/T 900　AM10-10×1×50　(旋入机体一端为粗牙普通螺纹、旋螺母端为螺距 P=1 的细牙普通螺纹、d=M10、l=50、性能等级为 4.8 级、不经表面处理、A 型、b_m=2d 的双头螺柱)

螺纹规格(d)	b_m(旋入机体端长度)				l (螺柱长度) / b(旋螺母端长度)
	GB/T 897	GB/T 898	GB/T 899	GB/T 900	
M4	—	—	6	8	16～22/8　25～40/14
M5	5	6	8	10	16～22/10　25～50/16
M6	6	8	10	12	20～22/10　25～30/14　32～75/18
M8	8	10	12	16	20～22/12　25～30/16　32～90/22
M10	10	12	15	20	25～28/14　30～38/16　40～120/26　130/32
M12	12	15	18	24	25～30/14　32～40/16　45～120/26　130～180/32
M16	16	20	24	32	30～38/16　40～55/20　60～120/30　130～200/36
M20	20	25	30	40	35～40/20　45～65/30　70～120/38　130～200/44
(M24)	24	30	36	48	45～50/25　55～75/35　80～120/46　130～200/52
(M30)	30	38	45	60	60～65/40　70～90/50　95～120/66　130～200/72　210～250/85
M36	36	45	54	72	65～75/45　80～110/60　120/78　130～200/84　210～300/97
M42	42	52	63	84	70～80/50　85～110/70　120/90　130～200/96　210～300/109
M48	48	60	72	96	80～90/60　95～110/80　120/102　130～200/108　210～300/121
$l_{公称}$	12、(14)、16、(18)、20、(22)、25、(28)、30、(32)、35、(38)、40、45、50、55、60、(65)、70、75、80、(85)、90、(95)、100～260(10 进位)、280、300				

注:① 尽可能不采用括号内的规格。末端按 GB/T 2—2001 规定。

② $b_m=d$,一般用于钢对钢;b_m=(1.25～1.5) d,一般用于钢对铸铁;$b_m=2d$,一般用于钢对铝合金。

附表 6 六角螺母 C 级(摘自 GB/T 41—2000) mm

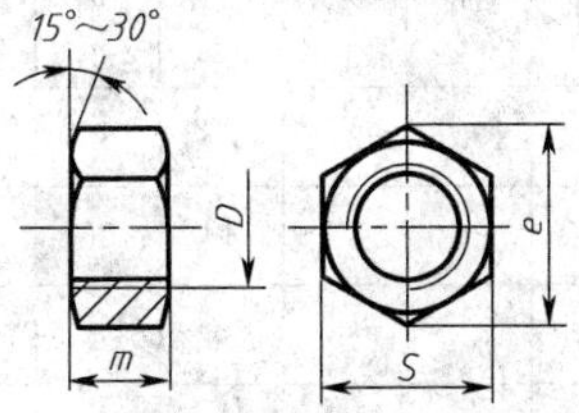

(GB/T 41—2000)

标记示例:

螺母 GB/T 41 M12

(螺纹规格 D=M12、性能等级为 5 级、不经表面处理、产品等级为 C 级的六角螺母)

螺纹规格(D)	M5	M6	M8	M10	M12	M16	M20	M24	M30	M36	M42	M48	M56
s_{max}	8	10	13	16	18	24	30	36	46	55	65	75	95
e_{min}	8.63	10.9	14.2	17.6	19.9	26.2	33.0	39.6	50.9	60.8	72.0	82.6	104.8
m_{max}	5.6	6.1	7.9	9.5	12.2	15.9	18.7	22.3	26.4	31.5	34.9	38.9	52.4
d_w	6.9	8.7	11.5	14.5	16.5	22.0	27.7	33.2	42.7	51.1	60.6	69.4	88.2

附表 7 垫 圈 mm

平垫圈 A 级(摘自 GB/T 97.1—2002) 平垫圈 C 级(摘自 GB/T 95—2002)

平垫圈 倒角型 A 级(摘自 GB/T 97.2—2002) 标准型弹簧垫圈(摘自 GB/T 93—1987)

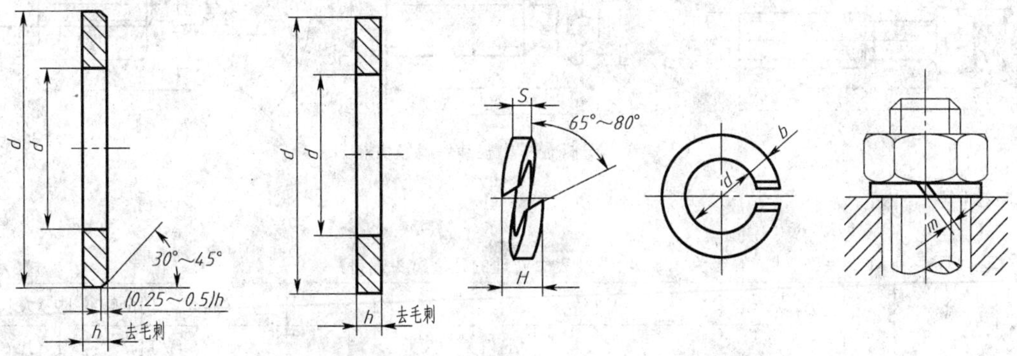

标记示例:

垫圈 GB/T 95 8-200 HV(标准系列、规格 8 mm、性能等级为 200 HV 级、不经表面处理,产品等级为 C 级的平垫圈)

垫圈 GB/T 93 10(规格 10 mm、材料为 65Mn、表面氧化的标准型弹簧垫圈)

公称尺寸 d (螺纹规格)		4	5	6	8	10	12	14	16	20	24	30	36	42	48
GB/T 97.1—2002 (A 级)	d_1	4.3	5.3	6.4	8.4	10.5	13.0	15	17	21	25	31	37	—	—
	d_2	9	10	12	16	20	24	28	30	37	44	56	66	—	—
	h	0.8	1	1.6	1.6	2	2.5	2.5	3	3	4	4	5	—	—
GB/T 97.2—2002 (A 级)	d_1	—	5.3	6.4	8.4	10.5	13	15	17	21	25	31	37	—	—
	d_2	—	10	12	16	20	24	28	30	37	44	56	66	—	—
	h	—	1	1.6	1.6	2	2.5	2.5	3	3	4	4	5	—	—

续上表

公称尺寸 *d*（螺纹规格）		4	5	6	8	10	12	14	16	20	24	30	36	42	48
GB/T 95—2002（C级）	d_1	—	5.5	6.6	9	11	13.5	15.5	17.5	22	26	33	39	45	52
	d_2	—	10	12	16	20	24	28	30	37	44	56	66	78	92
	h	—	1	1.6	1.6	2	2.5	2.5	3	3	4	4	5	8	8
GB/T 93—1987	d_1	4.1	5.1	6.1	8.1	10.2	12.2	—	16.2	20.2	24.5	30.5	36.5	42.5	48.5
	$S=b$	1.1	1.3	1.6	2.1	2.6	3.1	—	4.1	5	6	7.5	9	10.5	12
	H	2.8	3.3	4	5.3	6.5	7.8	—	10.3	12.5	15	18.6	22.5	26.3	30

注：① A级适用于精装配系列，C级适用于中等装配系列。
② C级垫圈没有 $R_a=3.2$ 和去毛刺的要求。

附表8　螺　钉(一)

mm

开槽盘头螺钉（摘自 GB/T 67—2008）　开槽沉头螺钉（摘自 GB/T 68—2000）　开槽半沉头螺钉（摘自 GB/T 69—2000）

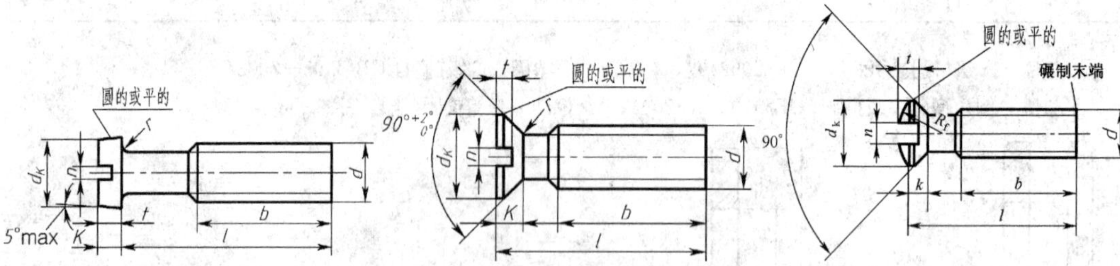

（无螺纹部分杆径≈中径或＝螺纹大径）

标记示例：
螺钉　GB/T 67　M5×60
（螺纹规格 d=M5、l=60、性能等级为4.8级、不经表面处理的开槽盘头螺钉）

螺纹规格 *d*	*P*	b_{min}	$n_{公称}$	*f* GB/T 69	r_f GB/T 69	k_{max} GB/T 67	k_{max} GB/T 68 GB/T 69	$d_{k\,max}$ GB/T 67	$d_{k\,max}$ GB/T 68 GB/T 69	t_{min} GB/T 67	t_{min} GB/T 68	t_{min} GB/T 69	$l_{范围}$ GB/T 67	$l_{范围}$ GB/T 68 GB/T 69	全螺纹时最大长度 GB/T 67	全螺纹时最大长度 GB/T 68 GB/T 69
M2	0.4	25	0.5	4	0.5	1.3	1.2	4	3.8	0.5	0.4	0.8	2.5～20	3～20	30	
M3	0.5		0.8	6	0.7	1.8	1.65	5.6	5.5	0.7	0.6	1.2	4～30	5～30		
M4	0.7	38	1.2	9.5	1	2.4	2.7	8	8.4	1	1	1.6	5～40	6～40	40	45
M5	0.8				1.2	3		9.5	9.3	1.2	1.1	2	6～50	8～50		
M6	1		1.6	12	1.4	3.6	3.3	12	12	1.4	1.2	2.4	8～60	8～60		
M8	1.25		2	16.5	2	4.8	4.65	16	16	1.9	1.8	3.2	10～80			
M10	1.5		2.5	19.5	2.3	6	5	20	20	2.4	2	3.8				
$l_{系列}$	2、2.5、3、4、5、6、8、10、12、(14)、16、20～50(5进位)、(55)、60、(65)、70、(75)、80															

注：螺纹公差：6g；机械性能等级：4.8、5.8；产品等级：A。

附表 9　螺　　钉（二）

mm

开槽锥端紧定螺钉（摘自 GB/T 71—1985）　　开槽平端紧定螺钉（摘自 GB/T 73—1985）　　开槽长圆柱端紧定螺钉（摘自 GB/T 75—1985）

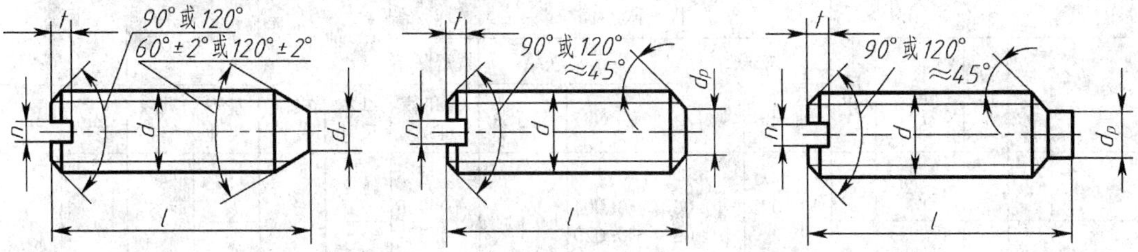

标记示例：

螺钉　GB/T 71　M5×20

（螺纹规格 d=M5、公称长度 l=20、性能等级为 14H 级、表面氧化的开槽锥端紧定螺钉）

螺纹规格 d	P	d_f	$d_{t\,max}$	$d_{p\,max}$	$n_{公称}$	t_{max}	Z_{max}	$l_{范围}$		
								GB 71	GB 73	GB 75
M2	0.4	螺纹小径	0.2	1	0.25	0.84	1.25	3～10	2～10	3～10
M3	0.5		0.3	2	0.4	1.05	1.75	4～16	3～16	5～16
M4	0.7		0.4	2.5	0.6	1.42	2.25	6～20	4～20	6～20
M5	0.8		0.5	3.5	0.8	1.63	2.75	8～25	5～25	8～25
M6	1		1.5	4	1	2	3.25	8～30	6～30	8～30
M8	1.25		2	5.5	1.2	2.5	4.3	10～40	8～40	10～40
M10	1.5		2.5	7	1.6	3	5.3	12～50	10～50	12～50
M12	1.75		3	8.5	2	3.6	6.3	14～60	12～60	14～60
$l_{系列}$	2、2.5、3、4、5、6、8、10、12、(14)、16、20、25、30、35、40、45、50、(55)、60									

注：螺纹公差：6g；机械性能等级：14H、22H；产品等级：A。

附表 10　平键及键槽各部尺寸（摘自 GB/T 1095、1096—2003）

mm

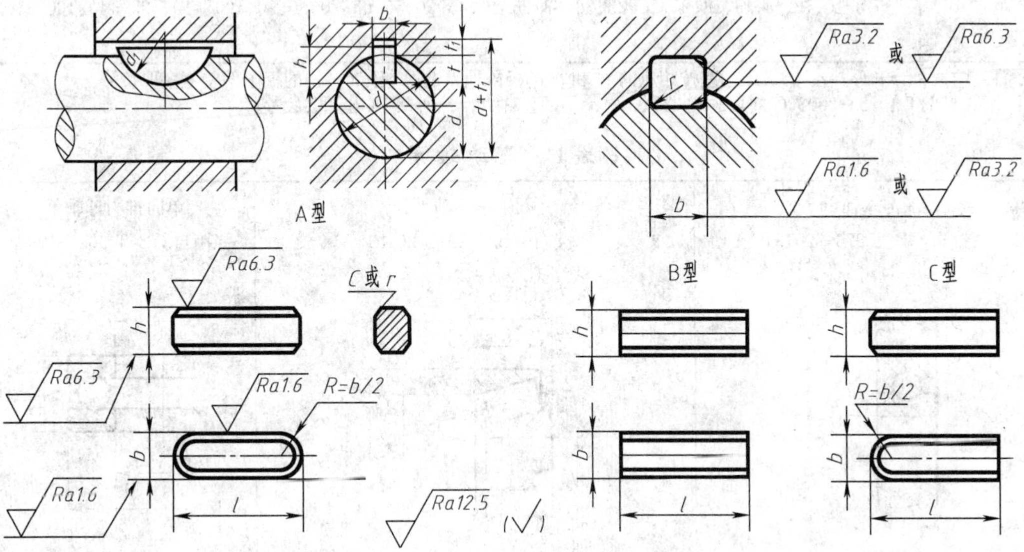

标记示例：

GB/T 1096　键　16×10×100　（圆头普通平键、b=16、h=10、L=100）

GB/T 1096　键　B16×10×100　（平头普通平键、b=16、h=10、L=100）

GB/T 1096　键　C16×10×100　（单圆头普通平键、b=16、h=10、L=100）

续上表

键尺寸				键槽											
				宽度 b						深度				半径 r	
				基本尺寸	极限偏差					轴 t_1		t_2			
公称直径 d	宽度 b	高度 h	长度 L		松联结		正常联结		紧密联结						
					轴 H9	毂 D10	轴 N9	毂 JS9	轴和毂 P9	基本尺寸	极限偏差	基本尺寸	极限偏差	min	max
6~8	2	2	6~20	2	+0.025 0	+0.060 +0.020	−0.004 −0.029	±0.012 5	−0.006 0.031	1.2		1			
>8~10	3	3	6~36	3						1.8		1.4		0.08	0.16
>10~12	4	4	8~45	4						2.5	+0.1 0	1.8	+0.1 0		
>12~17	5	5	10~56	5	+0.030 0	+0.078 +0.030	0 −0.030	±0.015	−0.012 −0.042	3.0		2.3			
>17~22	6	6	14~70	6						3.5		2.8		1.16	0.25
>22~30	8	7	18~90	8	+0.036 0	+0.098 +0.040	0 −0.036	±0.018	−0.015 −0.051	4.0		3.3			
>30~38	10	8	22~110	10						5.0		3.3			
>38~44	12	8	28~140	12						5.0	+0.2 0	3.3	+0.2 0		
>44~50	14	9	36~160	14	+0.043 0	+0.120 +0.050	0 −0.043	±0.021 5	−0.018 −0.061	5.5		3.8		0.25	0.40
>50~58	16	10	45~180	16						6.0		4.3			
>58~65	18	11	50~200	18						7.0		4.4			
$L_{系列}$	6、8、10、12、14、16、18、20、22、25、28、32、36、40、45、50、56、63、70、80、90、100、110、125、140、160、180、200														

注：①($d-t_1$)和($d+t_2$)的极限偏差按相应的 t_1 和 t_2 的极限偏差选取，但($d-t_1$)的极限偏差值应取负号。
②GB/T 1095—2003、GB/T 1096—2003 中无轴的公称直径一列，现列出仅供参考。

附表 11 滚动轴承

深沟球轴承 (摘自 GB/T 276—2013)	圆锥滚子轴承 (摘自 GB/T 297—2015)	单向推力球轴承 (摘自 GB/T 301—1995)
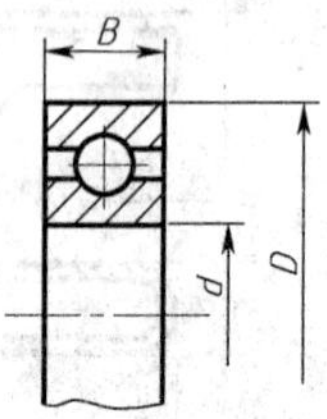	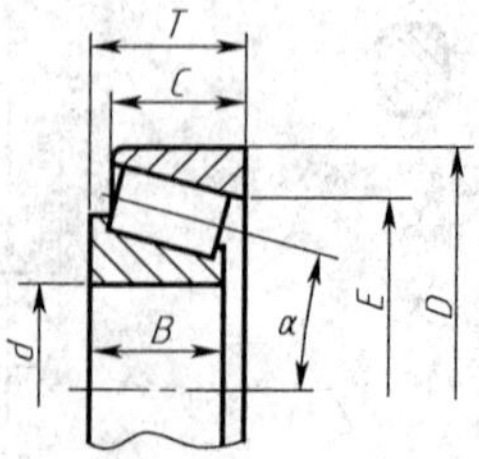	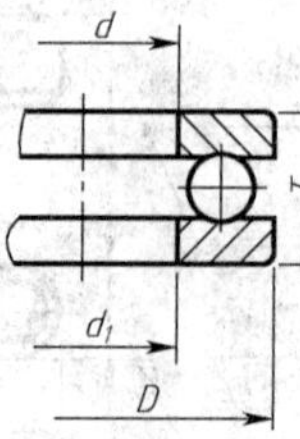
标记示例： 滚动轴承　6310　GB/T 276	标记示例： 滚动轴承　30212　GB/T 297	标记示例： 滚动轴承　51305　GB/T 301

续上表

轴承型号	尺寸/mm		
	d	*D*	*B*
尺寸系列〔(0)2〕			
6202	15	35	11
6203	17	40	12
6204	20	47	14
6205	25	52	15
6206	30	62	16
6207	35	72	17
6208	40	80	18
6209	45	85	19
6210	50	90	20
6211	55	100	21
6212	60	110	22
尺寸系列〔(0)3〕			
6302	15	42	13
6303	17	47	14
6304	20	52	15
6305	25	62	17
6306	30	72	19
6307	35	80	21
6308	40	90	23
6309	45	100	25
6310	50	110	27
6311	55	120	29
6312	60	130	31
尺寸系列〔(0)4〕			
6403	17	62	17
6404	20	72	19
6405	25	80	21
6406	30	90	23
6407	35	100	25
6408	40	110	27
6409	45	120	29
6410	50	130	31
6411	55	140	33
6412	60	150	35
6413	65	160	37

轴承型号	尺寸/mm				
	d	*D*	*B*	*C*	*T*
尺寸系列〔02〕					
30203	17	40	12	11	13.25
30204	20	47	14	12	15.25
30205	25	52	15	13	16.25
30206	30	62	16	14	17.25
30207	35	72	17	15	18.25
30208	40	80	18	16	19.75
30209	45	85	19	16	20.75
30210	50	90	20	17	21.75
30211	55	100	21	18	22.75
30212	60	110	22	19	23.75
30213	65	120	23	20	24.75
尺寸系列〔03〕					
30302	15	42	13	11	14.25
30303	17	47	14	12	15.25
30304	20	52	15	13	16.25
30305	25	62	17	15	18.25
30306	30	72	19	16	20.75
30307	35	80	21	18	22.75
30308	40	90	23	20	25.25
30309	45	100	25	22	27.25
30310	50	110	27	23	29.25
30311	55	120	29	25	31.50
30312	60	130	31	26	33.50
尺寸系列〔13〕					
31305	25	62	17	13	18.25
31306	30	72	19	14	20.75
31307	35	80	21	15	22.75
31308	40	90	23	17	25.25
31309	45	100	25	18	27.25
31310	50	110	27	19	29.25
31311	55	120	29	21	31.50
31312	60	130	31	22	33.50
31313	65	140	33	23	36.00
31314	70	150	35	25	38.00
31315	75	160	37	26	40.00

轴承型号	尺寸/mm			
	d	*D*	*T*	d_1
尺寸系列〔12〕				
51202	15	32	12	17
51203	17	35	12	19
51204	20	40	14	22
51205	25	47	15	27
51206	30	52	16	32
51207	35	62	18	37
51208	40	68	19	42
51209	45	73	20	47
51210	50	78	22	52
51211	55	90	25	57
51212	60	95	26	62
尺寸系列〔13〕				
51304	20	47	18	22
51305	25	52	18	27
51306	30	60	21	32
51307	35	68	24	37
51308	40	78	26	42
51309	45	85	28	47
51310	50	95	31	52
51311	55	105	35	57
51312	60	110	35	62
51313	65	115	36	67
51314	70	125	40	72
尺寸系列〔14〕				
51405	25	60	24	27
51406	30	70	28	32
51407	35	80	32	37
51408	40	90	36	42
51409	45	100	39	47
51410	50	110	43	52
51411	55	120	48	57
51412	60	130	51	62
51413	65	140	56	68
51414	70	150	60	73
51415	75	160	65	78

注：圆括号中的尺寸系列代号在轴承型号中省略。

三、常用零件的结构要素

附表 12　倒角和倒圆(摘自 GB/T 6403.4—2008)　mm

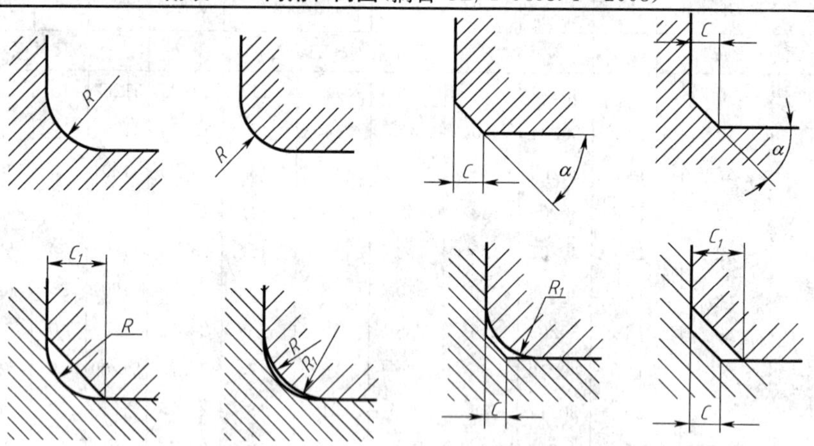

$C_1>R$　$R_1>R$　$C<0.58R_1$　$C_1>C$

直径 d、D	~3	>3~6	>6~10	>10~18	>18~30	>30~50	>50~80
C、R	0.2	0.4	0.6	0.8	1.0	1.6	2.0

直径 d、D	>80~120	>120~180	>180~250	>250~320	>320~400	>400~500	>500~630	>630~800	>800~1 000	>1 000~1 250	>1 250~1 600
C、R	2.5	3.0	4.0	5.0	6.0	8.0	10	12	16	20	25

注:α 一般采用 45°,也可采用 30°或 60°。

附表 13　回转面及端面砂轮越程槽(摘自 GB/T 6403.5—2008)　mm

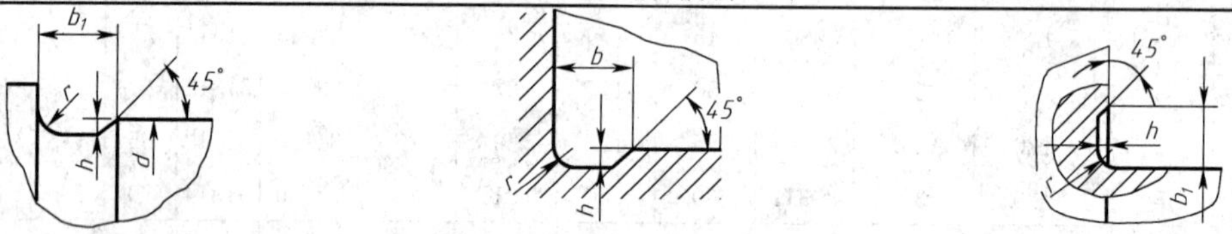

(a)磨外圆　(b)磨内圆　(c)磨外端面

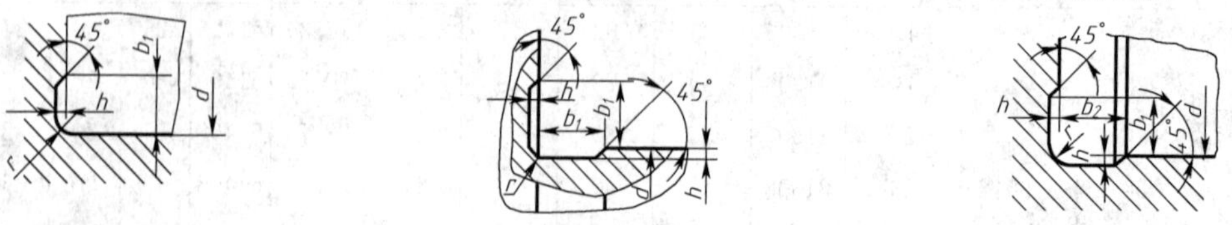

(d)磨内端面　(e)磨外圆及端面　(f)磨内圆及端面

d	~10			>10~50		>50~100		>100	
b_1	0.6	1.0	1.6	2.0	3.0	4.0	5.0	8.0	10
b_2	2.0	3.0		4.0		5.0			
h	0.1	0.2		0.3	0.4		0.6	0.8	1.2
r	0.2	0.5		0.8	1.0		1.6	2.0	3.0

四、极限与配合

附表 14　优先及常用配合轴的极限偏差

代号		a	b	c	d	e	f	g	h					
基本尺寸/mm		公												差
大于	至	11	11	*11	*9	8	*7	*6	5	*6	*7	8	*9	10
—	3	−270 −330	−140 −200	−60 −120	−20 −45	−14 −28	−6 −16	−2 −8	0 −4	0 −6	0 −10	0 −14	0 −25	0 −40
3	6	−270 −345	−140 −215	−70 −145	−30 −60	−20 −38	−10 −22	−4 −12	0 −5	0 −8	0 −12	0 −18	0 −30	0 −48
6	10	−280 −338	−150 −240	−85 −170	−40 −76	−25 −47	−13 −28	−5 −14	0 −6	0 −9	0 −15	0 −22	0 −36	0 −58
10	14	−290	−150	−95	−50	−32	−16	−6	0	0	0	0	0	0
14	18	−400	−260	−205	−93	−59	−34	−17	−8	−11	−18	−27	−43	−70
18	24	−300	−160	−110	−65	−40	−20	−7	0	0	0	0	0	0
24	30	−430	−290	−240	−117	−73	−41	−20	−9	−13	−21	−33	−52	−84
30	40	−310 −470	−170 −330	−120 −280	−80 −142	−50 −89	−25 −50	−9 −25	0 −11	0 −16	0 −25	0 −39	0 −62	0 −100
40	50	−320 −480	−180 −340	−130 −290										
50	65	−340 −530	−190 −380	−140 −330	−100 −174	−60 −106	−30 −60	−10 −29	0 −13	0 −19	0 −30	0 −46	0 −74	0 −120
65	80	−360 −550	−200 −390	−150 −340										
80	100	−380 −600	−220 −440	−170 −390	−120 −207	−72 −126	−36 −71	−12 −34	0 −15	0 −22	0 −35	0 −54	0 −87	0 −140
100	120	−410 −630	−240 −460	−180 −400										
120	140	−460 −710	−260 −510	−200 −450										
140	160	−520 −770	−280 −530	−210 −460	−145 −245	−85 −148	−43 −83	−14 −39	0 −18	0 −25	0 −40	0 −63	0 −100	0 −160
160	180	−580 −830	−310 −560	−230 −480										
180	200	−660 −950	−340 −630	−240 −530										
200	225	−740 −1 030	−380 −670	−260 −550	−170 −285	−100 −172	−50 −96	−15 −44	0 −20	0 −29	0 −46	0 −72	0 −115	0 −185
225	250	−820 −1 110	−420 −710	−280 −570										
250	280	−920 −1 240	−480 −800	−300 −620	−190 −320	−110 −191	−56 −108	−17 −49	0 −23	0 −32	0 −52	0 −81	0 −130	0 −210
280	315	−1 050 −1 370	−540 −860	−330 −650										
315	355	−1 200 −1 560	−600 −960	−360 −720	−210 −350	−125 −214	−62 −119	−18 −54	0 −25	0 −36	0 −57	0 −89	0 −140	0 −230
355	400	−1 350 −1 710	−680 −1 040	−400 −760										
400	450	−1 500 −1 900	−760 −1 160	−440 −840	−230 −385	−135 −232	−68 −131	−20 −60	0 −27	0 −40	0 −63	0 −97	0 −155	0 −250
450	−500	−1 650 −2 050	−840 −1 240	−480 −880										

注：带＊者为优先选用的，其他为常用的。

表(摘自 GB/T 1801—2009)　　μm

		js	k	m	n	p	r	s	t	u	v	x	y	z
等		级												
*11	12	6	*6	6	*6	*6	6	*6	6	*6	6	6	6	6
0 −60	0 −100	±3	+6 0	+8 +2	+10 +4	+12 +6	+16 +10	+20 +14	—	+24 +18	—	+26 +20	—	+32 +26
0 −75	0 −120	±4	+9 +1	+12 +4	+16 +8	+20 +12	+23 +15	+27 +19	—	+31 +23	—	+36 +28	—	+43 +35
0 −90	0 −150	±4.5	+10 +1	+15 +6	+19 +10	+24 +15	+28 +19	+32 +23	—	+37 +28	—	+43 +34	—	+51 +42
0 −110	0 −180	±5.5	+12 +1	+18 +7	+23 +12	+29 +18	+34 +23	+39 +28	—	+44 +33	—	+51 +40	—	+61 +50
									—		+50 +39	+56 +45	—	+71 +60
0 −130	0 −210	±6.5	+15 +2	+21 +8	+28 +15	+35 +22	+41 +28	+48 +35	—	+54 +41	+60 +47	+67 +54	+76 +63	+86 +73
									+54 +41	+61 +48	+68 +55	+77 +64	+88 +75	+101 +88
0 −160	0 −250	±8	+18 +2	+25 +9	+33 +17	+42 +26	+50 +34	+59 +43	+64 +48	+76 +60	+84 +68	+96 +80	+110 +94	+128 +112
									+70 +54	+86 +70	+97 +81	+113 +97	+130 +114	+152 +136
0 −190	0 −300	±9.5	+21 +2	+30 +11	+39 +20	+51 +32	+60 +41	+72 +53	+85 +66	+106 +87	+121 +102	+141 +122	+163 +144	+191 +172
							+62 +43	+78 +59	+94 +75	+121 +102	+139 +120	+165 +146	+193 +174	+229 +210
0 −220	0 −350	±11	+25 +3	+35 +13	+45 +23	+59 +37	+73 +51	+93 +71	+113 +91	+146 +124	+168 +146	+200 +178	+236 +214	+280 +258
							+76 +54	+101 +79	+126 +104	+166 +144	+194 +172	+232 +210	+276 +254	+332 +310
0 −250	0 −400	±12.5	+28 +3	+40 +15	+52 +27	+68 +43	+88 +63	+117 +92	+147 +122	+195 +170	+227 +202	+273 +248	+325 +300	+390 +365
							+90 +65	+125 +100	+159 +134	+215 +190	+253 +228	+305 +280	+365 +340	+440 +415
							+93 +68	+133 +108	+171 +146	+235 +210	+277 +252	+335 +310	+405 +380	+490 +465
0 −290	0 −460	±14.5	+33 +4	+46 +17	+60 +31	+79 +50	+106 +77	+151 +122	+195 +166	+265 +236	+313 +284	+379 +350	+454 +425	+549 +520
							+109 +80	+159 +130	+209 +180	+287 +258	+339 +310	+414 +385	+499 +470	+604 +575
							+113 +84	+169 +140	+225 +196	+313 +284	+369 +340	+454 +425	+549 +520	+669 +640
0 −320	0 −520	±16	+36 +4	+52 +20	+66 +34	+88 +56	+126 +94	+190 +158	+250 +218	+347 +315	+417 +385	+507 +475	+612 +580	+742 +710
							+130 +98	+202 +170	+272 +240	+382 +350	+457 +425	+557 +525	+682 +650	+822 +790
0 −360	0 −570	±18	+40 +4	+57 +21	+73 +37	+98 +62	+144 +108	+226 +190	+304 +268	+426 +390	+511 +475	+626 +590	+766 +730	+936 +900
							+150 +114	+244 +208	+330 +294	+471 +435	+566 +530	+696 +660	+856 +820	+1 036 +1 000
0 −400	0 −630	±20	+45 +5	+63 +23	+80 +40	+108 +68	+166 +126	+272 +232	+370 +330	+530 +490	+635 +595	+780 +740	+960 +920	+1 140 +1 100
							+172 +132	+292 +252	+400 +360	+580 +540	+700 +660	+860 +820	+1 040 +1 000	+1 290 +1 250

附表 15　优先及常用配合孔的极限偏差

代号		A	B	C	D	E	F	G	H					
基本尺寸/mm									公差					
大于	至	11	11	*11	*9	8	*8	*7	6	*7	*8	*9	10	*11
—	3	+330 +270	+200 +140	+120 +60	+45 +20	+28 +14	+20 +6	+12 +2	+6 0	+10 0	+14 0	+25 0	+40 0	+60 0
3	6	+345 +270	+215 +140	+145 +70	+60 +30	+38 +20	+28 +10	+16 +4	+8 0	+12 0	+18 0	+30 0	+48 0	+75 0
6	10	+370 +280	+240 +150	+170 +80	+76 +40	+47 +25	+35 +13	+20 +5	+9 0	+15 0	+22 0	+36 0	+58 0	+90 0
10	14	+400 +290	+260 +150	+205 +95	+93 +50	+59 +32	+43 +16	+24 +6	+11 0	+18 0	+27 0	+43 0	+70 0	+110 0
14	18													
18	24	+430 +300	+290 +160	+240 +110	+117 +65	+73 +40	+53 +20	+28 +7	+13 0	+21 0	+33 0	+52 0	+84 0	+130 0
24	30													
30	40	+470 +310	+330 +170	+280 +120	+142 +80	+89 +50	+64 +25	+34 +9	+16 0	+25 0	+39 0	+62 0	+100 0	+160 0
40	50	+480 +320	+340 +180	+290 +130										
50	65	+530 +340	+380 +190	+330 +140	+174 +100	+106 +60	+76 +30	+40 +10	+19 0	+30 0	+46 0	+74 0	+120 0	+190 0
65	80	+550 +360	+390 +200	+340 +150										
80	100	+600 +380	+440 +220	+390 +170	+207 +120	+126 +72	+90 +36	+47 +12	+22 0	+35 0	+54 0	+87 0	+140 0	+220 0
100	120	+630 +410	+460 +240	+400 +180										
120	140	+710 +460	+510 +260	+450 +200	+245 +145	+148 +85	+106 +43	+54 +14	+25 0	+40 0	+63 0	+100 0	+160 0	+250 0
140	160	+770 +520	+530 +280	+460 +210										
160	180	+830 +580	+560 +310	+480 +230										
180	200	+950 +660	+630 +340	+530 +240	+285 +170	+172 +100	+122 +50	+61 +15	+29 0	+46 0	+72 0	+115 0	+185 0	+290 0
200	225	+1 030 +740	+670 +380	+550 +260										
225	250	+1 110 +820	+710 +420	+570 +280										
250	280	+1 240 +920	+800 +480	+620 +300	+320 +190	+191 +110	+137 +56	+69 +17	+32 0	+52 0	+81 0	+130 0	+210 0	+320 0
280	315	+1 370 +1 050	+860 +540	+650 +330										
315	355	+1 560 +1 200	+960 +600	+720 +360	+350 +210	+214 +125	+151 +62	+75 +18	+36 0	+57 0	+89 0	+140 0	+230 0	+360 0
355	400	+1 710 +1 350	+1 040 +680	+760 +400										
400	450	+1 900 +1 500	+1 160 +760	+840 +440	+385 +230	+232 +135	+165 +68	+83 +20	+40 0	+63 0	+97 0	+155 0	+250 0	+400 0
450	500	+2 050 +1 650	+1 240 +840	+880 +480										

注：带“*”者为优先选用的，其他为常用的。

表(摘自 GB/T 1801—2009) μm

	JS		K			M	N		P		R	S	T	U
	等		级											
12	6	7	6	*7	8	7	6	7	6	*7	7	*7	7	*7
+100 0	±3	±5	0 −6	0 −10	0 −14	−2 −12	−4 −10	−4 −14	−6 −12	−6 −16	−10 −20	−14 −24	—	−18 −28
+120 0	±4	±6	+2 −6	+3 −9	+5 −13	0 −12	−5 −13	−4 −16	−9 −17	−8 −20	−11 −23	−15 −27	—	−19 −31
+150 0	±4.5	±7	+2 −7	+5 −10	+6 −16	0 −15	−7 −16	−4 −19	−12 −21	−9 −24	−13 −28	−17 −32	—	−22 −37
+180 0	±5.5	±9	+2 −9	+6 −12	+8 −19	0 −18	−9 −20	−5 −23	−15 −26	−11 −29	−16 −34	−21 −39	—	−26 −44
+210 0	±6.5	±10	+2 −11	+6 −15	+10 −23	0 −21	−11 −24	−7 −28	−18 −31	−14 −35	−20 −41	−27 −48	— −33 −54	−33 −54 −40 −61
+250 0	±8	±12	+3 −13	+7 −18	+12 −27	0 −25	−12 −28	−8 −33	−21 −37	−17 −42	−25 −50	−34 −59	−39 −64 −45 −70	−51 −76 −61 −86
+300 0	±9.5	±15	+4 −15	+9 −21	+14 −32	0 −30	−14 −33	−9 −39	−26 −45	−21 −51	−30 −60 −32 −62	−42 −72 −48 −78	−55 −85 −64 −94	−76 −106 −91 −121
+350 0	±11	±17	+4 −18	+10 −25	+16 −38	0 −35	−16 −38	−10 −45	−30 −52	−24 −59	−38 −73 −41 −76	−58 −93 −66 −101	−78 −113 −91 −126	−111 −146 −131 −166
+400 0	±12.5	±20	+4 −21	+12 −28	+20 −43	0 −40	−20 −45	−12 −52	−36 −61	−28 −68	−48 −88 −50 −90 −53 −93	−77 −117 −85 −125 −93 −133	−107 −147 −119 −159 −131 −171	−155 −195 −175 −215 −195 −235
+460 0	±14.5	±23	+5 −24	+13 −33	+22 −50	0 −46	−22 −51	−14 −60	−41 −70	−33 −79	−60 −106 −63 −109 −67 −113	−105 −151 −113 −159 −123 −169	−149 −195 −163 −209 −179 −225	−219 −265 −241 −287 −267 −313
+520 0	±16	±26	+5 −27	+16 −36	+25 −56	0 −52	−25 −57	−14 −66	−47 −79	−36 −88	−74 −126 −78 −130	−138 −190 −150 −202	−198 −250 −220 −272	−295 −347 −330 −382
+570 0	±18	±28	+7 −29	+17 −40	+28 −61	0 −57	−26 −62	−16 −73	−51 −87	−41 −98	−87 −144 −93 −150	−169 −226 −187 −244	−247 −304 −273 −330	−369 −426 −414 −471
+630 0	±20	±31	+8 −32	+18 −45	+29 −68	0 −63	−27 −67	−17 −80	−55 −95	−45 −108	−103 −166 −109 −172	−209 −272 −229 −292	−307 −370 −337 −400	−467 −530 −517 −580

五、常用材料及热处理名词解释

附表 16　常用钢材(摘自 GB/T 700、GB/T 699、GB/T 3077、GB/T 11352、GB/T 5676)

名称		钢　号	应用举例	说　明
碳素结构钢		Q215-A Q235-A Q235-B Q255-A Q275	受力不大的铆钉、螺钉、轮轴、凸轮、焊件、渗碳件 螺栓、螺母、拉杆、钩、连杆、楔、轴、焊件 金属构造物中一般机件、拉杆、轴、焊件 重要的螺钉、拉杆、钩、楔、连杆、轴、销、齿轮 键、牙嵌离合器、链板、闸带、受大静载荷的齿轮轴	“Q”表示屈服点,数字表示屈服点数值,A、B 等表示质量等级
优质碳素结构钢		08F 15 20 25 30 35 40 45 50 55 60	要求可塑性好的零件:管子、垫片、渗碳件、氰化件 渗碳件、紧固件、冲模锻件、化工容器 杠杆、轴套、钩、螺钉、渗碳件与氰化件 轴、辊子、连接器,紧固件中的螺栓、螺母 曲轴、转轴、轴销、连杆、横梁、星轮 曲轴、摇杆、拉杆、键、销、螺栓、转轴 齿轮、齿条、链轮、凸轮、轧辊、曲柄轴 齿轮、轴、联轴器、衬套、活塞销、链轮 活塞杆、齿轮、不重要的弹簧 齿轮、连杆、扁弹簧、轧辊、偏心轮、轮圈、轮缘 叶片、弹簧	1. 数字表示钢中平均含碳量的万分数,例如“45”表示平均含碳量为 0.45% 2. 序号表示抗拉强度、硬度依次增加,延伸率依次降低
		30Mn 40Mn 50Mn 60Mn	螺栓、杠杆、制动板 用于承受疲劳载荷零件:轴、曲轴、万向联轴器 用于高负荷下耐磨的热处理零件:齿轮、凸轮、摩擦片 弹簧、发条	含锰量 0.7%~1.2%的优质碳素钢
合金结构钢	铬钢	15Cr 20Cr 30Cr 40Cr 45Cr	渗碳齿轮、凸轮、活塞销、离合器 较重要的渗碳件 重要的调质零件:轮轴、齿轮、摇杆、重要的螺栓、滚子 较重要的调质零件:齿轮、进气阀、辊子、轴 强度及耐磨性高的轴、齿轮、螺栓	1. 合金结构钢前面两位数字表示钢中含碳量的万分数 2. 合金元素以化学符号表示 3. 合金元素含量小于 1.5%时,仅注出元素符号
	铬锰钛钢	20CrMnTi 30CrMnTi	汽车上的重要渗碳件:齿轮 汽车、拖拉机上强度特高的渗碳齿轮	
铸钢		ZG230-450 ZG310-570	机座、箱体、支架 齿轮、飞轮、机架	“ZG”表示铸钢,数字表示屈服点及抗拉强度(MPa)

附表 17　常用铸铁(摘自 GB/T 9439、GB/T 1348、GB/T 9400)

名　称	牌　　号	硬度(HBS)	应用举例	说　明
灰铸铁	HT100	114~173	机床中受轻负荷,磨损无关重要的铸件,如托盘、把手、手轮等	“HT”是灰铸铁代号,其后数字表示抗拉强度(MPa)
	HT150	132~197	承受中等弯曲应力、摩擦面间压强高于 500 MPa 的铸件,如机床底座、工作台、汽车变速箱、泵体、阀体、阀盖等	
	HT200	151~229	承受较大弯曲应力、要求保持气密性的铸件,如机床立柱、刀架、齿轮箱体、床身、油缸、泵体、阀体、皮带轮、轴承盖和架等	
	HT250	180~269	承受较大弯曲应力、要求体质气密性的铸件,如气缸套、齿轮、机床床身、立柱、齿轮箱体、油缸、泵体、阀体等	
	HT300	207~313	承受高弯曲应力、拉应力,要求高度气密性的铸件,如高压油缸、泵体、阀体、汽轮机隔板等	
	HT350	238~357	轧钢滑板、辊子、炼焦柱塞等	

续上表

名称	牌号	硬度(HBS)	应用举例	说明
球墨铸铁	QT400-15 QT400-18	130～180 130～180	韧性高,低温性能好,且有一定的耐蚀性,用于制作汽车、拖拉机中的轮毂、壳体、离合器拨叉等	"QT"为球墨铸铁代号,其后第一组数字表示抗拉强度(MPa),第二组数字表示延伸率(%)
	QT500-7 QT450-10 QT600-3	170～230 160～210 190～270	具有中等强度和韧性,用于制作内燃机中油泵齿轮、汽轮机的中温气缸隔板、水轮机阀门体等	
可锻铸铁	KTH300-06 KTH350-10 KTZ450-06 KTB400-05	≤150 ≤150 150～200 ≤220	用于承受冲击、振动等零件,如汽车零件、机床附件、各种管接头、低压阀门、曲轴和连杆等	"KTH"、"KTZ"、"KTB"分别为黑心、珠光体、白心可锻铸铁代号,其后第一组数字表示抗拉强度(MPa),第二组数字表示延伸率(%)

附表18 常用有色金属及其合金(摘自 GB/T 1176、GB/T 3190)

名称或代号	牌号	主要用途	说明
普通黄铜	H62	散热器、垫圈、弹簧、各种网、螺钉及其零件	"H"表示黄铜,字母后的数字表示含铜的平均百分数
40-2 锰黄铜	ZCuZn40Mn2	轴瓦、衬套及其他减磨零件	"Z"表示铸造,字母后的数字表示含铜、锰、锌的平均百分数
5-5-5 锡青铜	ZCuSn5PbZn5	在较高负荷和中等滑动速度下工作的耐磨、耐蚀零件	字母后的数字表示含锡、铅、锌的平均百分数
9-2 铝青铜 10-3 铝青铜	ZCuAl9Mn2 ZCuAl10Fe3	耐蚀、耐磨零件,要求气密性高的铸件,高强度、耐磨、耐蚀零件及 250 ℃以下工作的管配件	字母后的数字表示含铝、锰或铁的平均百分数
17-4-4 铅青铜	ZCuPbl7Sn4ZnA	高滑动速度的轴承和一般耐磨件等	字母后的数字表示含铅、锡、锌的平均百分数
ZL201 (铝铜合金) ZL301 (铝铜合金)	ZAlCu5Mn ZAlCuMg10	用于铸造形状较简单的零件,如支臂、挂架梁等 用于铸造小型零件,如海轮配件、航空配件等	
硬铝	LY12	高强度硬铝,适用于制造高负荷零件及构件,但不包括冲压件和锻压件,如飞机骨架等	"LY"表示硬铝,数字表示顺序号

附表19 常用非金属材料

材料名称及标准号		牌号	说明	特性及应用举例
工业用橡胶板	耐酸橡胶板 (GB/T 5574)	2807 2709	较高硬度 中等硬度	具有耐酸碱性能,用作冲制密封性能较好的垫圈
	耐油橡胶板 (GB/T 5574)	3707 3709	较高硬度	可在一定温度的油中工作,适用冲制各种形状的垫圈
	耐热橡胶板 (GB/T 5574)	4708 4710	较高硬度 中等硬度	可在热空气、蒸汽(100 ℃)中工作,用作冲制各种垫圈和隔热垫板
尼龙	尼龙 66 尼龙 1010		具有高抗拉强度和冲击韧性,耐热(>100 ℃)、耐弱酸、耐弱碱、耐油性好	用于制作齿轮等传动零件,有良好的消音性,运转时噪声小
耐油橡胶石棉板 (GB/T 539)			有厚度为 0.4～3.0 mm 的十种规格	供航空发动机的煤油、润滑油及冷气系统结合处的密封衬垫材料
毛毡 (FJ/T 314)			厚度为 1～30 mm	用作密封、防漏油、防震、缓冲衬垫等,按需选用细毛、半粗毛、粗毛

续上表

材料名称及标准号	牌　　号	说　　明	特性及应用举例
有机玻璃板（HG/T 2-343）		耐盐酸、硫酸、草酸、烧碱和纯碱等一般碱性及二氧化碳、臭氧等腐蚀	适用于耐腐蚀和需要透明的零件，如油标、油杯、透明管道等

附表 20　常用的热处理及表面处理名词解释

名　　词	代号及标注示例	说　　明	应　　用
退火	Th	将钢件加热到临界温度（一般是710～715 ℃，个别合金钢 800～900 ℃）以上 30～50 ℃，保温一段时间，然后缓慢冷却（一般在炉中冷却）	用来消除铸、锻、焊零件的内应力、降低硬度，便于切削加工，细化金属晶粒，改善组织，增加韧性
正火	Z	将钢件加热到临界温度以上，保温一段时间，然后用空气冷却，冷却速度比退火快	用来处理低碳和中碳结构钢及渗碳零件，使其组织细化，增加强度与韧性，减少内应力，改善切削性能
淬火	C C48：淬火回火至 45～50HRC	将钢件加热到临界温度以上，保温一段时间，然后在水、盐水或油中（个别材料在空气中）急速冷却，使其得到高硬度	用来提高钢的硬度和强度极限，但淬火会引起内应力使钢变脆，所以淬火后必须回火
回火	回火	回火是将淬硬的钢件加热到临界点以下的温度，保温一段时间，然后在空气中或油中冷却下来	用来消除淬火后的脆性和内应力，提高钢的塑性和冲击韧性
调质	T T235：调质处理至220～250HBS	淬火后在 450～650 ℃进行高温回火，称为调质	用来使钢获得高的韧性和足够的强度，重要的齿轮、轴及丝杆等零件是调质处理的
表面淬火　火陷淬火	H54：火焰淬火后，回火到 50～55HRC	用火焰或高频电流将零件表面迅速加热至临界温度以上，急速冷却	使零件表面获得高硬度，而心部保持一定的韧性，使零件既耐磨又能承受冲击，表面淬火常用来处理齿轮等
表面淬火　高频淬火	G52：高频淬火后，回火到 50～55HRC		
渗碳淬火	S 0.5～C59：渗碳层深 0.5，淬火硬度 56～62HRC	在渗碳剂中将钢件加热到 900～950 ℃，停留一定时间，将碳渗入钢表面，深度约为 0.5～2 mm，再淬火后回火	增加钢件的耐磨性能、表面硬度、抗拉强度和疲劳极限 适用于低碳、中碳（W（c）<0.40%）结构钢的中小型零件
氮化	D 0.3-900：氮化层深度 0.3，硬度大于 850HV	氮化是在 500～600 ℃通入氮的炉子内加热，向钢的表面渗入氮原子的过程，氮化层为 0.025～0.8 mm，氮化时间需 40～50 h	增加钢件的耐磨性能、表面硬度、疲劳极限和抗蚀能力 适用于合金钢、碳钢、铸铁件，如机床主轴、丝杆以及在潮湿碱水和燃烧气体介质的环境中工作的零件
氰化	Q59：氰化淬火后，回火至 56～62HRC	在 820～860 ℃炉内通入碳和氮，保温 1～2 h，使钢件的表面同时渗入碳、氮原子，可得到 0.2～0.5 mm 的氰化层	增加表面硬度、耐磨性、疲劳强度和耐蚀性 用于要求硬度高、耐磨的中小型零件及薄片零件和刀具等
时效	时效处理	低温回火后、精加工之前，加热到 100～160 ℃，保持 10～40 h，对铸件也可用天然时效（放在露天中一年以上）	使工件消除内应力和稳定形状，用于量具、精密丝杆、床身导轨、床身等
发蓝发黑	发蓝或发黑	将金属零件放在很浓的碱和氧化剂溶液中加热氧化，使金属表面形成一层氧化铁所组成的保护性薄膜	防腐蚀、美观，用于一般连接的标准件和其他电子类零件
硬度	HBS、HBW（布氏硬度）	材料抵抗硬的物体压入其表面的能力称“硬度”，根据测定的方法不同，可分布氏硬度、洛氏硬度和维氏硬度 硬度的测定是检验材料经热处理后的机械性能——硬度	用于退火、正火、调质的零件及铸件的硬度检验
	HRA、HRB、HRC（洛氏硬度）		用于经淬火、回火及表面渗碳、渗氮等处理的零件硬度检验
	HV（维氏硬度）		用于薄层硬化零件的硬度检验

参考文献

[1] 尚凤武. 制图员国家职业资格培训教程[M]. 北京:中央广播电视大学出版社,2003.
[2] 王兰美. 机械制图[M]. 北京:高等教育出版社,2004.
[3] 马慧. 机械制图[M]. 北京:机械工业出版社,2003.
[4] 吕素霞,何文平. 现代机械制图[M]. 北京:机械工业出版社,2005.
[5] 安增桂. 机械制图[M]. 北京:中国铁道出版社,2007.
[6] 李爱惠,郑文淑. 机械制图. 北京:中国铁道出版社,2012.
[7] 戴永康. 机械识图. 北京:中国铁道出版社,2007.